예제로 쉽게 배우는

사출성형 CAE

Computer Aided Engineering

Moldfolw MPI 6.0~6.1

정영득 지음

도서출판 GS인터비전

머 리 말

오늘날 제조회사들은 값 싸고 질 좋은 제품을 빠른 시일 내에 개발하기 위해 제품기획에서 시제품의 생산까지의 전 개발과정을 동시에 처리하는 동시공학적 기법을 적극 활용하고 있다. 이와 같은 제조환경의 변화에 따라 플라스틱 제품개발에 종사하는 제품설계자, 금형 기술자, 성형 기술자들도 사출성형해석 CAE 프로그램을 많이 활용하고 있다. 그러나, 이들 CAE 프로그램을 배우고 익히기에 적합한 실용서가 부족한 것이 현실이다.

이 책은 사출성형해석용 CAE 프로그램 Moldflow MPI 6.0~6.1을 쉽게 배울 수 있도록 매뉴얼 방식으로 구성하였으며, 이렇게 책으로 발간하게 된 것은 몰드플로우코리아(주)에서 제공해 준 교육용MPI 소프트웨어를 사용하여 한 학기를 수업하면서 실습용 교안을 마련할 수 있었으며, 이것을 조금 수정보완하면 이 분야의 안내서로서 역할을 할 수 있을 것 같아 발간을 추진하게 되었다. 또한, 이 책은 몰드플로우를 처음 도입하려는 회사 엔지니어나 학생들이 따라하기 식의 학습으로 쉽게 접근할 수 있도록 구성한 것이 특징이라 할 수 있다. 그리고 교육기관에서 수업 할 경우를 고려하여 모두 15단원과 4편의 부록으로 구성하였으며, 성형해석의 대상인 금형, 사출성형기, 사용수지 및 사출성형 과학에 대해서는 각 단원마다 강의자가 별도 보충자료를 준비하여 강의하면 더욱 효과가 있을 것이다. 부교재로는 "사출성형해석에 의한 제품 및 금형설계/인터버젼"을 권한다.

각 단원 별 주요 학습내용을 간단히 소개하면 다음과 같다.

1 장에서는 몰드플로우 MPI의 초기화면에 대한 주 메뉴 및 주요 창 (window)의 기능과 프로그램을 시작하여 종료하기 까지의 절차에 대해 기술하였다. 그리고 사출성형공정, 플라스틱의 유동특성 및 성형조건에 대해 간단히 기술하였다.

2 장에서는 사출성형 CAE를 수행하기 위해 필수적으로 작성해야 할 메쉬모델의 종류와 그 특성에 대해 기술하였으며, 메쉬의 품질체크에서 알 수 있는 메쉬내용과 메쉬의 품질개선을 위한 메쉬의 편집 방법을 소개하였다. 그리고 메쉬 편집에 필요한 메쉬툴(Mesh Tool) 과 그것의 사용법을 부록 1과 부록 2에 각각 게재하여 두었다.

3 장에서는 러너시스템의 기능에 대해 소개하고 러너의 레이아웃과 게이트의 종류별 특성에 대해 설명하였으며, MPI에서 스프루, 러너 및 게이트를 모델링 하는 절차에 대해 기술해 두었다.

4 장에서는 플라스틱 재료의 구조와 결정성 및 비결정성 수지의 특성을 소개한 후, 사출성형 시 플라스틱 재료의 점도 변동과 유동채널 내에서의 전단율과 점도의 관계를 나타내는 점도의 수식모델에 대해서 기술하였다. 실습으로는 성형조건의 입력방식과 유동해석 결과의 활용법에 대해 다루었다.

5 장 및 6 장에서는 금형 냉각시스템, 냉각채널의 종류, 냉각수의 유량, 온도가 냉각에 미치는 영향에 대해 각각 기술하였으며, 또한 국부 냉각에 사용되는 배플, 버블러 및 열핀에 대해서 간단히 기술하여 두었다. 실습내용으로는 컵 모델을 대상으로 냉각채널을 직선채널 및 배플 형식으로 모델링한 후 냉각해석을 수행하는 절차에 대해 기술해 두었다.

7 장에서는 퓨전 (fusion) 모델과는 다른 미드플랜 (midplane) 메쉬 모델링 방식을 기초편과 응용편으로 나누어 소개하였으며, 미드플랜의 기초편에 대한 제 2의 방법을 소개함으로써 학습자의 응용력을 높이는 데 도움을 주고자 하였다.

8 장에서는 그동안 학습하였던 내용을 종합하여 실제 제품을 대상으로 성형해석을 수행하는 종합과제를 소개 하였다. 또한, 대상 성형품에 대한 형상 특징과 해석요구사항을 제시하였으며, 그 수행 절차도 안내해 두었다. 부록 4에는 종합과제의 해석결과를 참고로 게재해 두었다. 이 종합과제는 본 학습이 끝날 때까지 완성하도록 하는 일종의 텀 프로젝트 (term project) 이다.

9 장에서는 핫 러너에 대해 간단히 소개한 후, 실습시간에는 핫 러너 시스템의 모델링을 수행하는 절차와 밸브게이트의 개폐에 대한 순차제어 (sequence control) 방식에 대해 기술해 두었다.

10 장에서는 플라스틱의 성형 수축과 PVT 선도에 대해 간단히 설명하고, 실습시간에는 이미 구축되어 있는 냉각채널 모델을 모델링 창에 불러와서 해석모델을 작성하는 방법과 해석결과에 대한 레포트 파일의 작성법을 기술해 두었다

11 장에서는 다수 캐비티 금형에서의 충전불균형 현상을 간단히 설명하고, 실습시간에는 장난감 레고블릭 성형용 8 캐비티 금형을 대상으로 오커런스 넘버 (occurrence number)의 사용법을 제시하였다.

12 장에서는 11 장에서 구축하였던 모델에 냉각시스템을 부가하여 냉각해석을 수행한 후, 냉각채널과 냉각조건이 그 결과 값에 미치는 영향을 비교분석하므로서 학습자에게 최적 냉각시스템의 중요성을 이해하도록 하였다.

13 장에서는 몰드플로우 튜토리얼 (tutorial) 에 있는 성형품을 대상으로 제품 형상 및 두께를 변경 하였을 시 , 성형품의 성형 품질에 어떠한 영향을 미치는 지에 대해 알아보도록 하였다.

14 장에서는 단원 13에서 취급하였던 모델을 대상으로 수지종류를 변경하였을 시의 해석결과를 알아보도록 하였다. 또한, 게이트를 미드플랜으로 모델링 한 후 성질을 부여

하는 예를 소개하여, 학습자로 하여금 팬 형 사이드 게이트에 대한 모델링 능력을 높이고자 하였다.

15 장에서는 3D 메쉬 모델의 작성법을 실제 성형품을 대상으로 하여 그 수행절차와 해석수행 결과의 활용법에 대해 기술해 두었다.

각 단원마다 학습자가 이해해야 할 이론적인 내용과 실습 내용에 대해 복습문제를 설명형, 단답형, 토론형으로 마련해 두었으며, 특히, 토론형 문제는 학습자끼리 팀을 이루어서 토론하면 사출성형 CAE를 활용하는데 도움이 클 것으로 생각한다.

끝으로, 이 책이 완성되기까지 따라하기 식 실습내용 작성에 도움을 준 한성렬 박사와 부록 작성 및 편집 작업에 도움을 준 석사 과정 노병수, 문영배 군에게 감사를 드린다. 그 외에도 PROID 동아리의 장민규군 외 많은 학부생 여러분에게도 감사의 뜻을 전한다. 또한, 해석에 필요한 자료제공에 적극 협력해 주신 금형업체 (주)태성정밀, 아산이노텍, 제산정공사 등 많은 협력업체의 관계자 여러분에게도 감사드린다.

2007년 7월
정 영 득

차 례

1장

사출성형 / Moldflow MPI 6.0 소개

학습목표

- 플라스틱 사출성형
- 플라스틱 유동특성
- 사출성형 조건
- Moldflow MPI 6.0 프로그램의 초기화면
- 프로그램의 시작 및 종료

이론

- 부교재 제 1장, 2.2, 제 3장

※ 부교재는 「사출성형에 의한 제품 및 금형설계/인터비젼」으로 선정하였다.

실습

- MPI 6.0의 시작과 끝내기
- MPI 6.0을 이용한 Cup 모델 Import (불러오기)

특기사항 (준비물 및 과제 등)

- 사출성형 공정의 견학 / 몰드성형실
- CAD 모델 : cup.prt

1.1 사출성형 공정의 이해

사출성형이란 플라스틱을 녹여서(melting), 압력을 가해 캐비티에 흘려보낸 후(flow), 어떤 냉각수단을 사용하여 일정한 형태로 고화(freezing) 시키는 과정(process)이다. 사출성형은 아래와 같은 5단계의 과정을 거친다.

(1) 충전 단계 : 사출기 스크류가 전진되어 용융된 수지가 금형내로 충전되는 단계이다. 이 단계는 단지 용융 수지가 금형 내에 충전되는 단계이다.
(2) 승압 단계 : 스크류가 계속 전진하여 금형 내부에 압력이 상승하는 단계이다. 플라스틱은 압축성이 있으므로 스크류가 조금 더 전진할 수 있다.
(3) 보압 단계 : 승압 단계 이후에 스크류는 계속 전진상태로 유지되는데, 이는 플라스틱이 용융상태에서 냉각 후 고체상태로 변화하면서 체적이 감소하는 현상이 발생하는데, 이와 같은 수축을 보상하기 위하여 압력을 계속 유지하는 단계이다.
(4) 냉각 단계 : 보압 단계는 물론이며, 그 이후에도 성형품이 금형 캐비티 내에서 취출할 수 있을 정도의 강도를 가질 때 까지 일정한 냉각시간이 필요하다. 이 단계를 냉각단계라 한다.
(5) 이젝팅 단계 : 형개(mold open)한 후 캐비티 내에서 플라스틱 성형품을 취출해 내는 단계이다.

위에서 설명한 충전 단계 외에 냉각 및 이젝팅 단계를 그림으로 나타내면 아래의 그림 1-1과 같다.

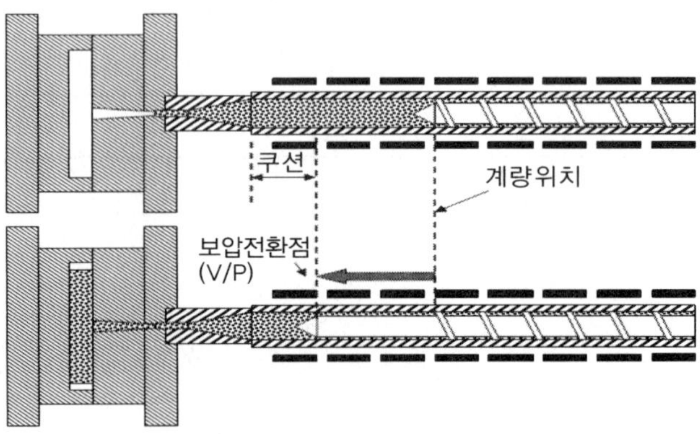

충전(Filling) 단계

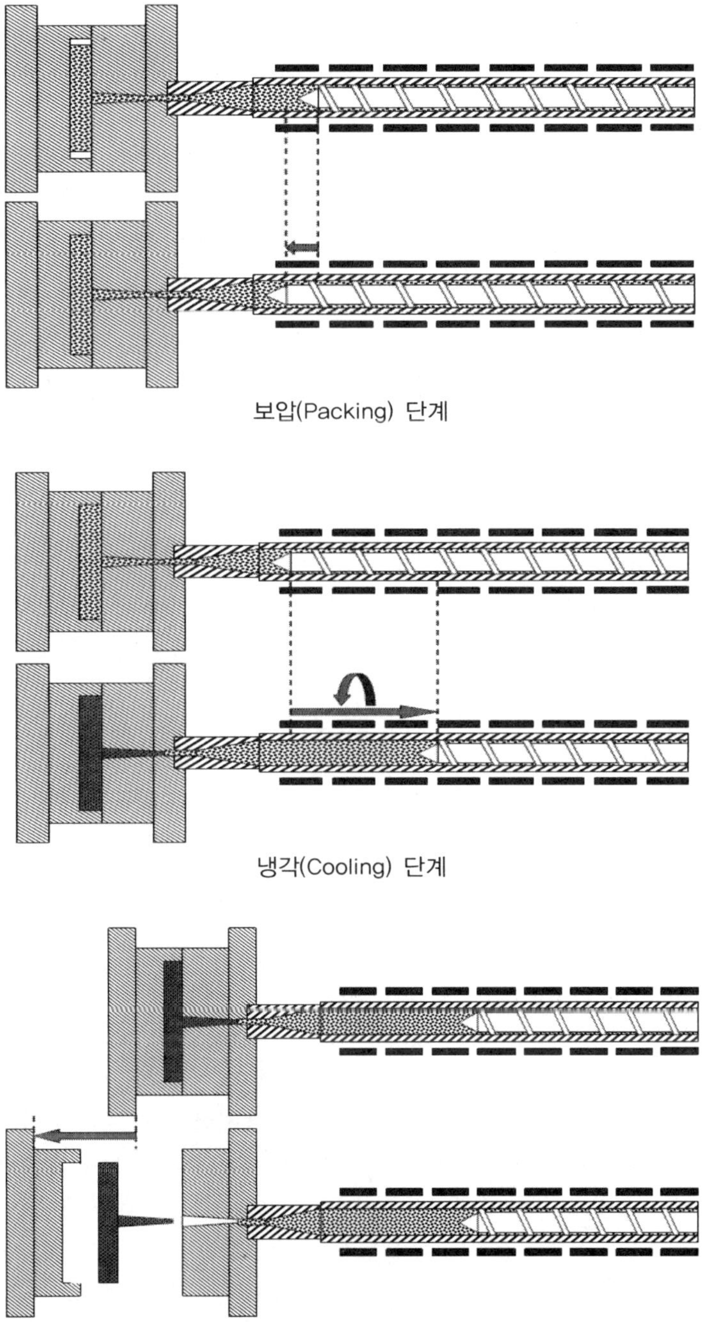

▲ **그림 1-1** 사출성형 공정

1.2 플라스틱 유동 특성의 이해

1.2.1 비뉴턴 유동

용융 플라스틱의 유동은 비뉴턴 유동(Non-Newtonian ; 점도가 전단율의 변화에 따라 변화되는 유동)이므로 금형내로 충전될 때 복잡한 변화가 있다. 즉, 용융 플라스틱의 점도는 온도, 압력, 전단 변형률에 의해서 영향을 받는다.

아래의 식 (1.1)은 Cross의 점도 수식 모델을 나타낸 것이며, 여기서 점도(η)는 전단율($\dot{\gamma}$)이 증가할수록 점차 감소하는 소위 전단감소(shear thinning) 현상이 일어나므로, 사출 속도를 빠르게 할수록 유동길이는 더 길어지게 됨을 알 수 있다.

$$\eta=\frac{\eta_0}{1+\left[\frac{\eta_0\dot{\gamma}}{\tau^*}\right]^{1-n}} \qquad (1.1)$$

여기서,

$\dot{\gamma}$: 전단율($1/s$)

τ^*: 뉴튼 특성에서 비뉴튼 특성으로 천이될 때의 전단응력(Pa)

n : 비뉴튼 지수

η_0: 제로 전단율에서의 점도($Pa \cdot s$)

1.2.2 층류 유동 (laminar flow)

플라스틱은 유동 시 높은 점도 때문에 거의 층류를 이룬다. 게이트와 같은 아주 좁은 유동통로를 흐를 때에도 레이놀즈 수는 보통 1미만으로 알려져 있다. 이와 같은 층류 유동의 특성은 사출성형시 2중(2색) 사출이 가능하게 하는 원인이 된다.

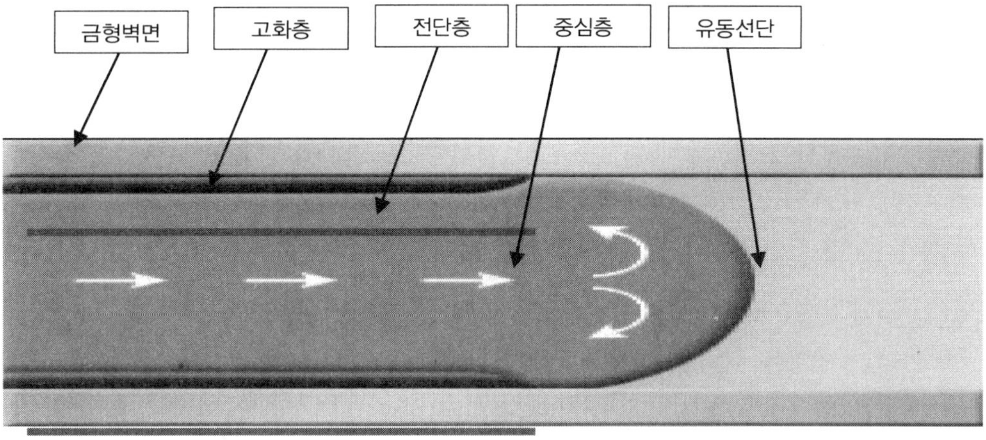

▲ 그림 1-2 용융 수지의 분수 유동

1.2.3 분수 유동 (fountain flow)

용융수지가 차가운 금형 표면과 접촉되면 빠르게 냉각되어 고화 되지만 중심층은 여전히 용융상태를 유지하면서 충전된다. 고화층과 유동 수지 사이의 전단층에 높은 전단력이 발생되고, 이로 인하여 전단 응력(shear stress), 배향(orientation), 마찰열(frictional heat) 등이 발생되면서 충전된다. 이와 같이 유동선단이 분수와 같이 고화층을 향해 흐르므로 먼저 충전된 수지는 표면층(skin layer)을 이루며, 나중에 충전된 수지는 코어층(core layer)를 이루게 된다. 그림 1-2는 분수 유동을 설명한 것이다. 플라스틱의 분수 유동 특성은 사출성형시 2중(2색) 사출을 가능하게 한다.

1.3 성형조건의 이해

사출성형에는 여러 가지의 성형조건이 적용된다. 성형조건에는 사출압(injection pressure), 보압(holding pressure), 성형 온도(melt temperature), 금형 온도(mold temperature), 사출 시간(injection time) 등이 있다. 이러한 여러 가지 성형조건이 적절하게 조합되었을 때 최상의 성형품을 얻을 수 있다. 다음은 사출성형조건의 주요 성형특성을 설명한 것이다.

(1) 성형 온도(melt temperature) : 성형 온도 즉 수지의 온도가 증가하면 금형 내부에서 유동 저항이 감소하여 잔류 응력이 감소하지만, 성형 온도가 너무 높으면 수지가 열화 되어 가스가 발생하기 쉽고, 제품 외관에 불량이 발생한다. 그리고 높은 성형 온도는 무엇보다 냉각시간이 길어져서 사이클 타임(cycle time)을 길어지게 하는 단점이 있다.

(2) 금형 온도(mold temperature) : 금형 온도의 증가는 성형 온도의 증가와 유사한 영향을 나타내지만 그 영향은 비교적 적다. 금형 온도가 증가하면 성형 시 고화층이 얇아지므로 러너의 실제 직경이 상대적으로 커져서 유동 저항이 감소한다. 그러나 금형 온도가 너무 높으면 성형 온도가 높을 때와 같이 사이클 타임이 길어진다.

(3) 사출 시간(injection time) : 사출 시간이 짧으면 전단율이 증가하여 높은 사출압이 요구되며, 이와 반대로 사출 시간을 길게 하면 전단율은 감소하지만 용융 수지의 온도가 감소하여 사출압이 증가하여 성형이 어렵게 된다. 따라서 그림 1-3과 같은 사출 시간과 사출 압력과의 관계는 일반적으로 'U'자형 그래프를 나타내며, 사출 압력이 최소로 되는 사출 시간을 설정하는 것이 중요하다.

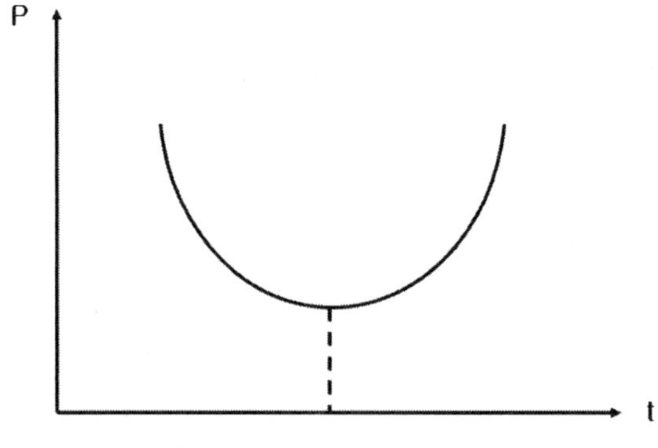

▲ 그림 1-3 사출 시간과 사출 압력

1.4 Moldflow MPI 6.0 프로그램의 초기화면

바탕화면에 있는 Moldflow MPI 6.0 아이콘을 더블클릭하여 실행하면 아래와 같은 화면이 나타나며, 이 화면을 "Synergy"라 한다. 이 창에서 pre-process(모델링, 메쉬 작업, 성형조건의 입력 등)와 post-process(성형해석 결과 표시, 결과 리포트 기능 등)가 실행된다.

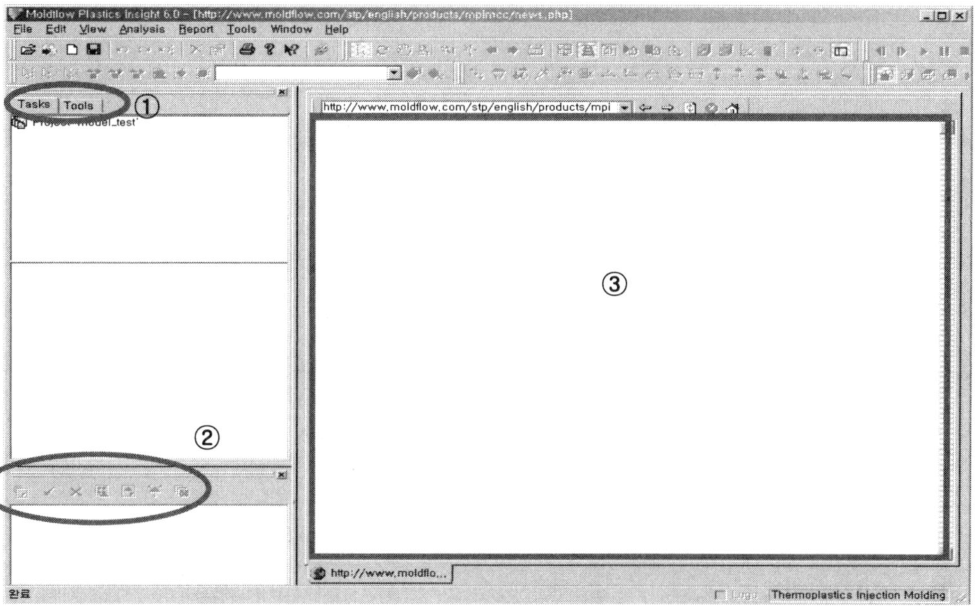

위 그림에서 ①에 Tasks/Tools 창이 있으며, Task 창에는 Project와 그 Project에 연결되어 있는 모든 Study 파일들이 나타나며, 각각의 Study를 클릭하면 작업리스트와 해석이 끝난 경우에는 그 결과들이 나타난다. 그리고 Tool 창에는 모델링과 메쉬 작업을 위한 도구들이 들어 있다.

위 그림에서 ②에 있는 창을 Layer 창이라 하며 Study에 관련된 Layer들을 나타낸다.

위 그림에서 ③에 있는 창을 Modeling 창이라 하며 각 Study에 대한 모델을 나타낸다.

1.5 프로그램의 시작

성형해석용 제품 모델과 해석 결과들의 편리한 관리를 위하여 새로운 폴더를 만든다. 이때 폴더명이 고유의 Project명이 되며, 그 순서는 다음과 같다.

(1) File → New Project 선택(Create New Project 창 생성)

(2) Project name을 쓰기 전에 폴더가 생성될 위치를 Create in에서 확인할 것(생성되는 폴더의 위치를 Browse로 선택하여 다른 곳으로 변경할 수 있음)

(3) Create New Project 창에서 Project name 쓰기(예 : New-star)

(4) Project name을 쓰고 OK하면, 화면의 Tasks 창에 'New-star' 명을 가진 프로젝트가 생성된 것을 볼 수 있다. 프로젝트 폴더 내부의 File menu를 클릭하여 확인하면 New-star. mpi 파일이 자동으로 생성된 것을 알 수 있다.

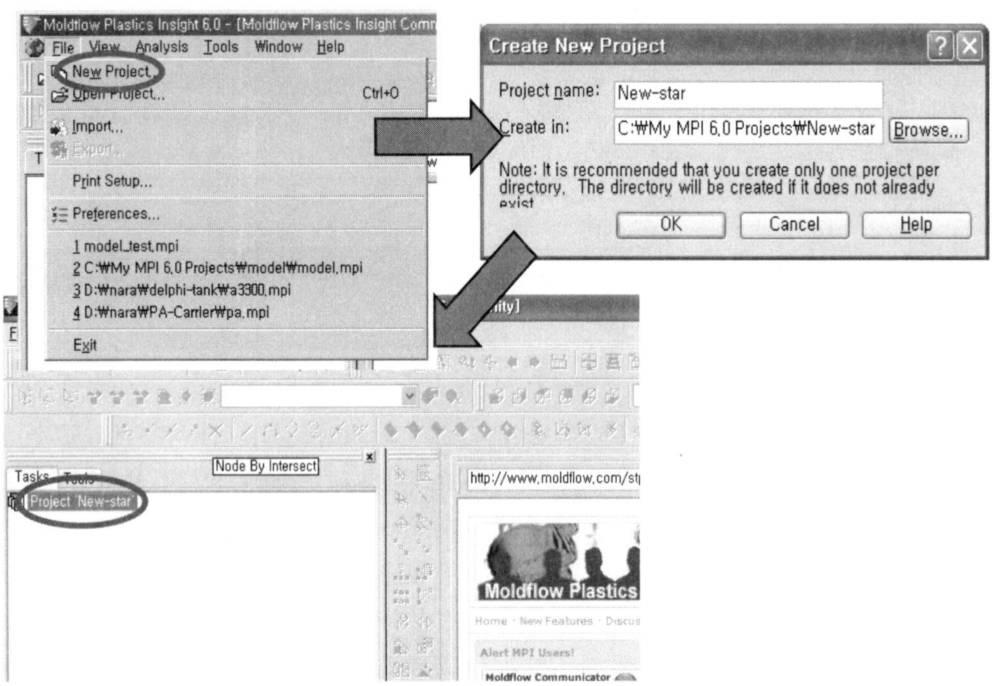

1.6 Model의 Import 방법

(1) 해석을 하기 위해서는 3D CAD모델러(UG, CATIA, IDEAS …)에서 모델링된 모델파일이 필요하며, 이들 모델파일을 Synergy에 불러들이면(import), 자동적으로 study 파일이 만들어 진다. Study 파일의 확장자는 *.sdy이며, project이름 밑에 구속된다. sdy 파일은 새로 만든 폴더에 자동으로 기록되며, 확인이 가능하다.

(2) Import하여 *.sdy 파일로 변환할 수 있는 응용 프로그램의 확장자는 아래 그림과 같은 것들이 가능하다.

File → import

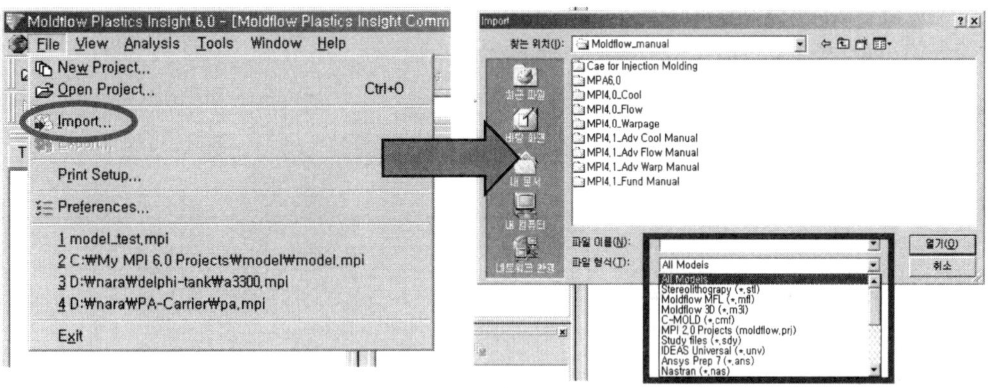

참고 Import 가능한 파일

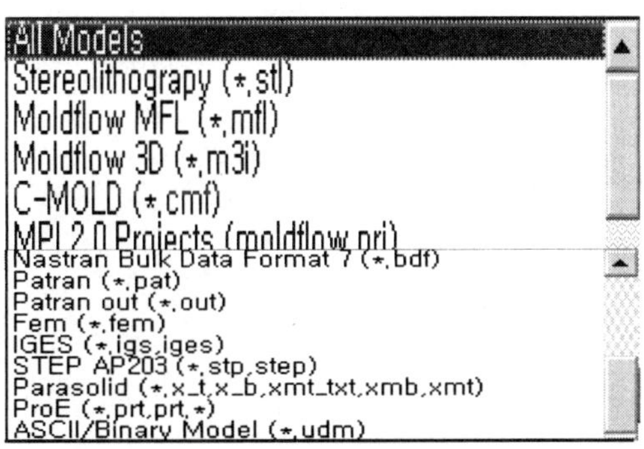

주의 위의 확장자들을 불러들이기 위해서는 Moldflow사에서 제작한 MDL(Moldflow Design Link) 프로그램이 설치되어 있어야 한다.

(3) Import할 모델 파일(예 : cup.stl)을 선택한 후, 열기를 하면 아래와 같이 불러들일 모델 파일의 단위를 정하는 Import 창이 활성된다. 이 Import 창에는 메쉬 타입(mesh type)과 불러들인 파일이 모델링 되었을 시의 단위를 선택할 수 있다. 메쉬 타입과 단위를 선택하고, OK하면 모델링 창에 불어들인 모델이 아래 그림과 같이 나타난다.

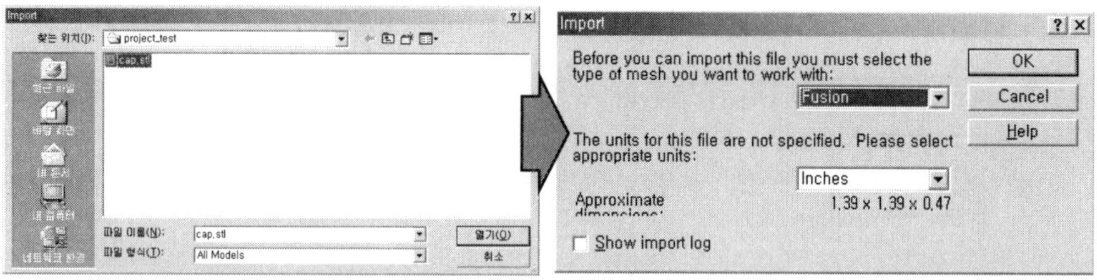

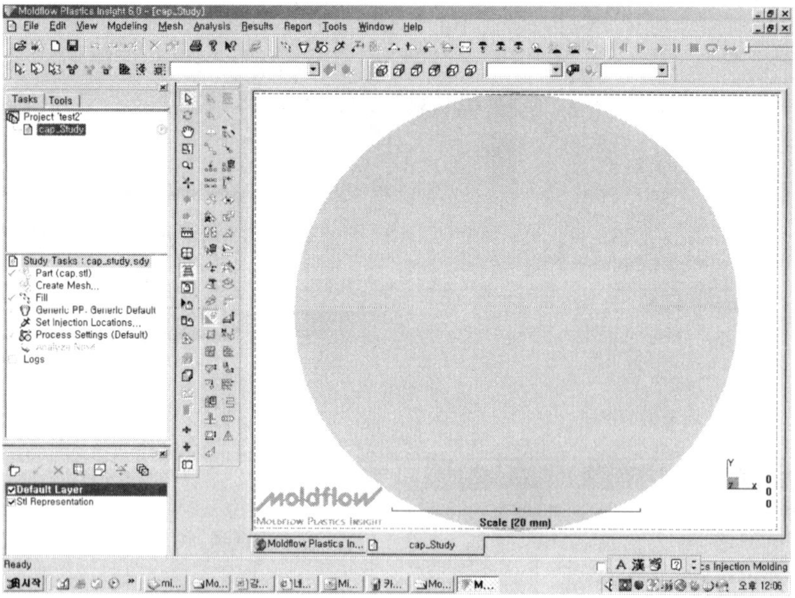

복습 문제

[1] 서술형

1. 플라스틱 사출성형 공정의 순서를 들고, 이 중에서 보압 단계(공정)에 대해 상세히 설명하시오.
2. 플라스틱 유동에서 일어나는 전단 감소(shear thinning)에 대해 설명하시오.
3. Cross 점도 모델에서 점도에 가장 영향을 많이 미치는 변수는 무엇인지? 왜 그렇다고 주장하는지?
4. 분수 유동(fountain flow)에 대해 설명하시오.
5. 사출성형 조건 중에서 사출 시간과 사출 압력의 관계에 대해 설명하시오.

[2] 단답형

1. 사출성형 공정 중에서 가장 시간이 많이 걸리는 공정은 사출공정이다. (T/F)
2. 플라스틱 분수 유동의 특성 때문에 2중(2색) 사출이 가능하다. (T/F)
3. 사출 시간이 짧으면 전단율이 감소하여 수지의 흐름성은 좋아진다. (T/F)
4. 점도 모델에 사용되는 지수 n(비뉴턴 지수)의 값은 플라스틱 재료인 경우에는 대략 3 ~ 4의 범위에 있다. (T/F)
5. MPI의 초기화면에서 나타나는 Layer 창은 성형조건을 입력하고 수정하기 위해 필요한 창이다. (T/F)
6. 성형해석의 대상인 성형품 모델을 불러오기 위해서는 File 메뉴내의 Import를 이용한다. (T/F)
7. MPI의 사용을 위해서는 Project를 반드시 지정하여야 한다. (T/F)
8. MPI에서 import한 파일은 study 파일로 변환되며, 이 파일의 확장자는 *sty이다. (T/F)

[3] 토론형

1. 플라스틱 제품의 개발과정
2. 플라스틱 성형공정과 사이클 타임
3. 사출성형 CAE 프로그램의 사용목적

2장

유한 요소 메쉬 / 메쉬의 수정작업

학습목표

- 몰드플로우에 사용되는 유한 요소의 종류
- 메쉬(mesh)의 종류
- 각 솔버(solver)에 사용된 가정들
- 메쉬의 품질 체크와 수정방법
- 메쉬 툴(Mesh Tool)의 기능과 활용법

이론

- 부교재 제 9장 (CAE 개요)

실습

- Cup 모델에 대한 메쉬 생성
- Cup 모델의 메쉬 품질 체크
- MPI 6.0의 Mesh Tools를 이용한 메쉬 수정 작업
  ※ aspect ratio, free edge, overlapping edge, intersection edge, element not oriented의 수정
- MPI내의 Tutorial/Mesh Editing

특기사항 (준비물 및 과제 등)

- CAD 모델 : cup.prt
- Mesh Tools의 활용 자료 (Moldflow_Mesh.ppt) : 부록 1 참조
- Tutorial_3_task_1 ~ Tutorial_3_task_5.sdy : MPI 프로그램 내에 있음.

2.1 유한 요소 (Finite element)

유한 요소(소영역 ; small domain)는 노드(node)에 의해 정의되며, 다음과 같은 유한 요소가 주로 사용되고 있다. 유한 요소 메쉬(finite element mesh)를 단순히 메쉬라 부르기도 한다.

(1) 빔 요소 (beam element)

2개의 노드로 구성되며, 러너 시스템과 냉각채널 모델링 시에 주로 사용된다.

(2) 삼각 요소 (triangle element)

3개의 노드로 구성되며 제품 및 금형의 인서트의 모델링 시에 주로 사용된다.

(3) 사면체 요소 (tetrahedral element)

4개의 노드로 구성되며 제품, 코어, 러너 시스템의 모델링 시에 사용된다.

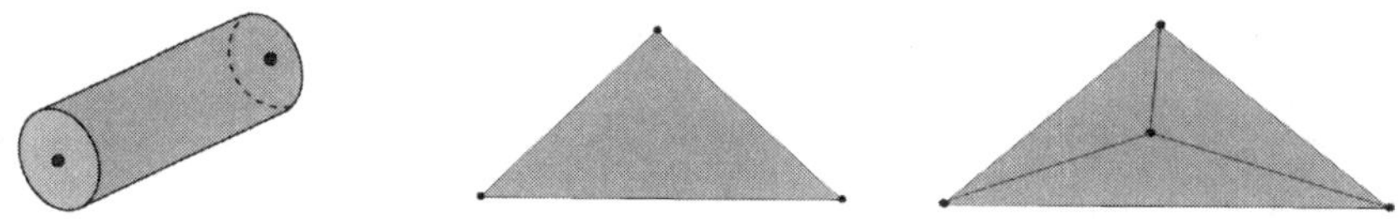

2 noded
beam element

3 noded
triangle element

4 noded
tetrahedral element

▲ 그림 2-1 유한 요소의 종류

2.1.1 형상비 (Aspect ratio)

메쉬는 성형해석의 기본단위로서 모든 수치 해석은 이 메쉬를 중심으로 수행되는데 메쉬의 크기가 작고 모양이 정 삼각형에 가까울수록 해석은 정확하지만 해석 시간이 길어지고 결과파일의 크기가 커지는 단점이 있다.

메쉬의 모양은 보통 형상비(aspect ratio)로 표현되는데 형상비는 삼각형의 장변 길이와 장변에서 수직으로 세운 높이의 비이다.

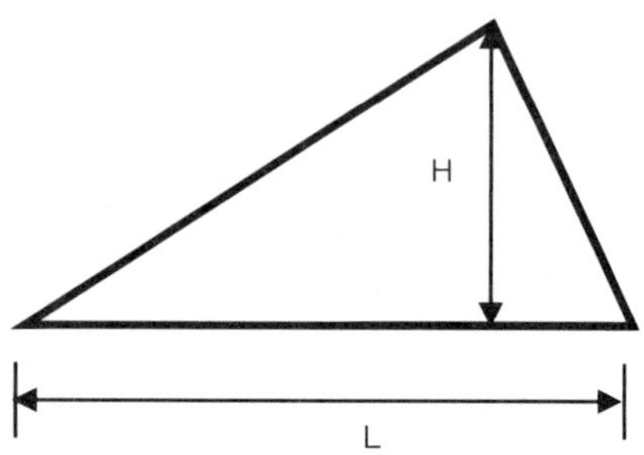

Aspect ratio = L/H

▲ 그림 2-2 Aspect ratio의 정의

2.2 메쉬의 종류

3D 모델러(UG, IDEAS, CATIA…)에서 모델링 된 형상 모델을 성형해석 하기 위해서는 3가지 메쉬 타입(mesh type) 중의 하나로 해석이 가능하다. 메쉬 타입에는 미드플랜(midplane), 퓨전(fusion), 3D(tetrahedral)가 있다. 다음은 각 메쉬의 특징에 대한 설명이다.

(1) Midplane : 이 메쉬 모델은 3D 모델을 중립면 형태로 바꾸는데 많은 시간과 노력이 필요하다. 그러나 중립면의 완성 후에는 두께 변경과 형상 변경이 용이하다. 모델의 중심면을 추출한 후, 두께 값을 입력하여 만드는 일종의 서피스 모델이다.

(2) Fusion : 3D 모델을 그대로 사용하므로 형상변경이 필요 없어 중립면 메쉬의 작성에 비하여 편집 작업 시간을 1/5 ~ 1/10 정도로 줄일 수 있다. 대상 모델의 겉 표면만 메싱(meshing)하여 사용한다. 그러나 상하 메쉬의 매칭(matching) 정도에 따라 변형해석의 결과에 차이가 발생한다.

(3) Tetrahedral : 대상 모델의 두께가 불균일하거나 두꺼울 경우에 사용하면 편리하며, Fusion 메쉬의 편집이 완전히 끝난 후에 실행할 수 있다. Fusion 메쉬가 겉 표면만 메싱하여 사용하는 반면에 Tetrahedral 메쉬는 내부에 메쉬를 생성하므로, 메쉬 숫자가 매우 많아지고 해석 시간이 증가하는 단점이 있다.

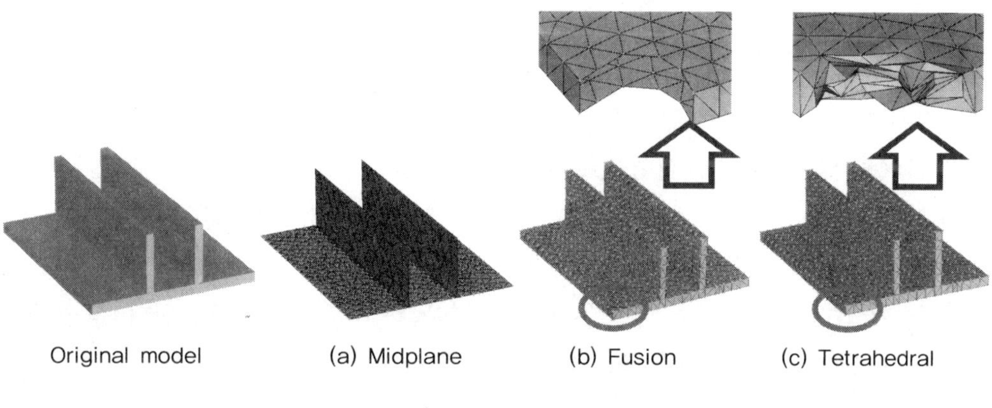

▲ 그림 2-3 메쉬의 종류

2.3 메쉬의 편집

다음은 몰드플로우 MPI 6.0에서 cup.stl 파일을 불러들여서 퓨전 메쉬를 생성한 후, 메쉬의 품질을 체크하고 그것을 수정하는 절차를 순서대로 설명한 것이다.

(1) Moldflow 프로그램을 실행하고, 새로운 프로젝트를 생성한다. 프로젝트명은 class3으로 정한다. 해석할 대상 모델(cup.stl)을 class3 폴더 내에 불러들인다. 즉, cup.stl 파일을 선택하고 열면, Import 창이 활성되면서 메쉬 타입과 단위를 선택할 수 있다. 메쉬 타입은 Fusion으로 선택하고, 단위는 inches로 선택한 후 OK 한다.

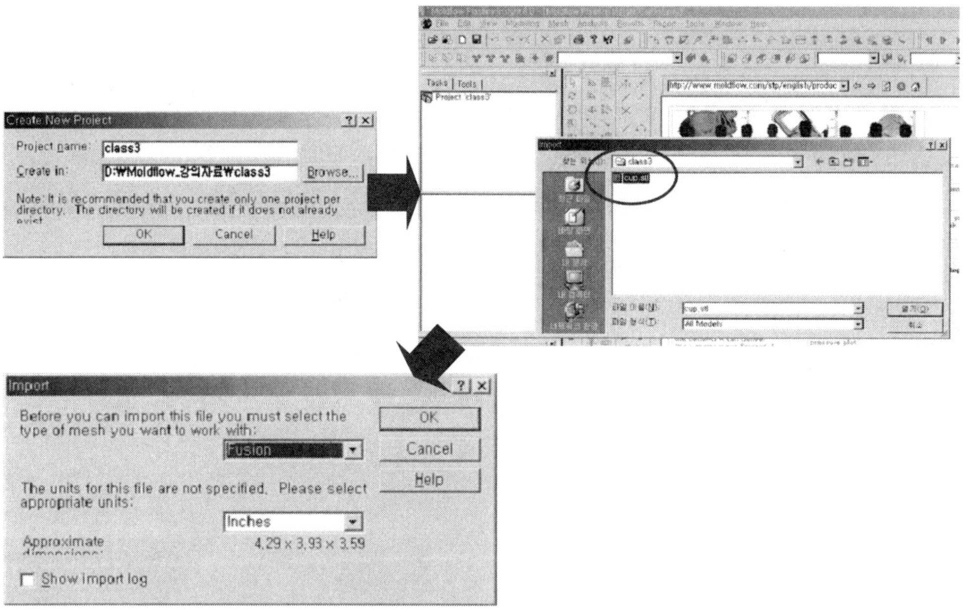

(2) 메쉬 타입과 단위를 선택하고 OK하면 다음과 같이 모델링 창에 해석할 모델이 생성된다. 이때 Project 'class3' 밑에 cup_Study가 생성되어 있는 것을 볼 수 있으며, study명의 관리를 편리하게 하기 위해서 cup_Study명을 바꿀 수도 있다. study명을 바꾸기 위해서는 커서를 study 파일 위에 두고 마우스3(이후 MB3로 표기한다.)를 클릭하여 Rename을 선택한 후 study명을 변경할 수 있다.

(3) 모델링 창에서 MB3/select를 클릭한 후 해당 모델을 선택(모델 선택 시에는 녹색에서 핑크색으로 변화)한 후, 메뉴 창의 Mesh 내의 Generate mesh를 선택한다. 메쉬 옵션 창이 활성되면서 메쉬 크기를 5 mm로 선택하고 Mesh now 버튼을 클릭하면, 메싱 작업이 수행된다. 이때 메싱 진행 창은 모델 창 하단에 나타난다. 이 메싱 결과 창은 모델 창 아래에 있는 Log 창의 체크를 off 하면 없어진다.

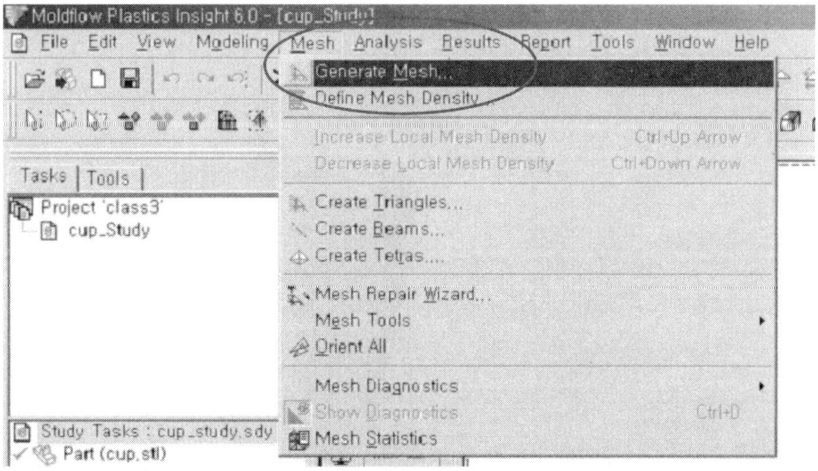

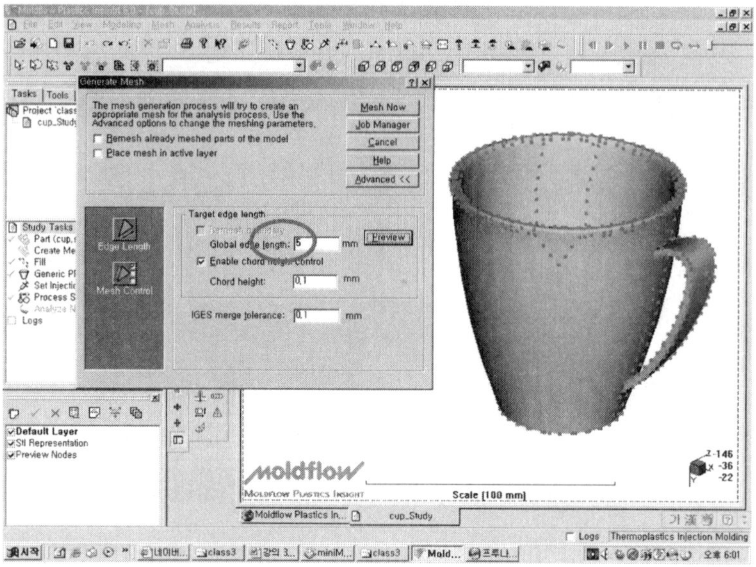

〈Mesh size 5로 선택하고, preview를 했을 때의 상태〉

(4) 메싱 작업이 끝나면 모델 창에 메쉬로 표현된 모델이 나타난다. 또한, 레이어 창에는 node와 triangle layer가 생성된다. 각 레이어의 좌측에 있는 체크를 해제하면 해당되는 레이어의 내용이 모델 창에서 사라지는 것을 볼 수 있다. 이는 삭제된 것이 아니며, 단순히 모델 창에서 보이지 않을 따름이다.

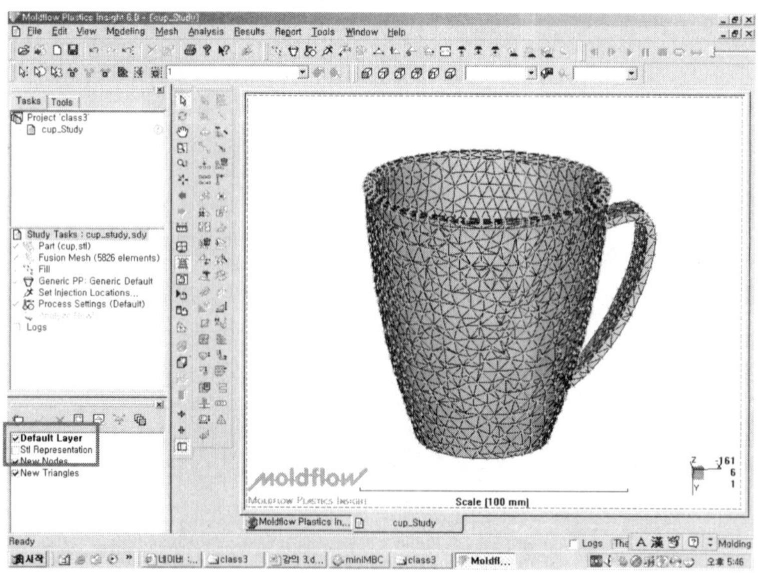

(5) 생성된 메쉬의 상태를 보기 위하여 Mesh 메뉴 내에 있는 Mesh statistic을 선택하면 모델의 메쉬에 대한 품질 상태가 아래와 같은 화면상에 출력된다.

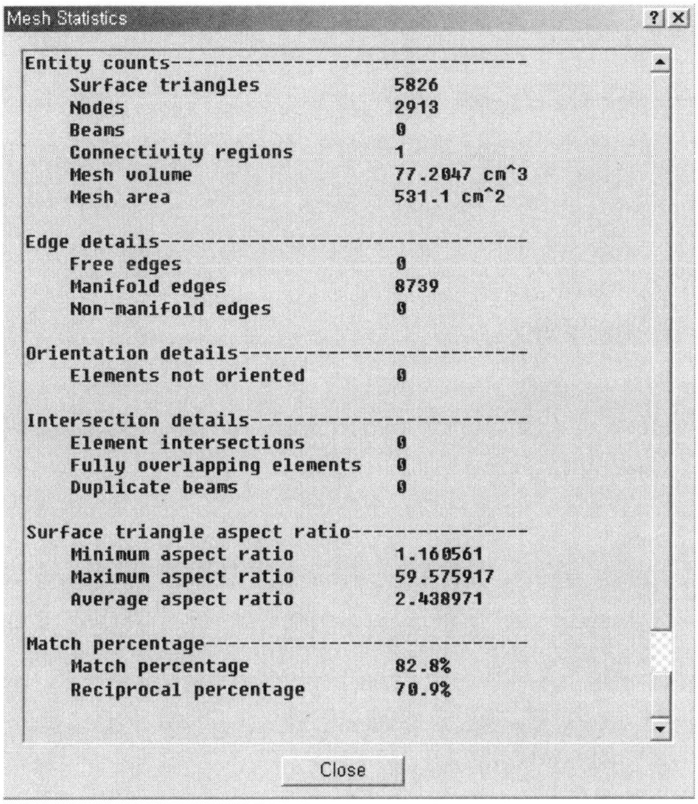

Mesh statistics는 대상 모델의 메쉬 상태를 나타내며 그 의미는 다음과 같다.

- Surface triangles 5826 : 메쉬의 개수를 나타낸다.
- Nodes 2913 : 메쉬를 형성하고 있는 node의 개수를 나타낸다.
- Connectivity regions 1 : 모델 전체가 하나로 연결되어 있다는 것을 의미한다.
- Free edges 0 : Fusion 모델은 반드시 free edge가 0 이어야 한다.
- Non-manifold edges 0 : Fusion 모델은 반드시 Non-manifold의 개수가 0 이어야 한다.
- Elements not oriented 0 : Fusion 모델은 반드시 0 이어야 한다.
- Element intersections 0 : 서로 교차하는 메쉬 개수이며, 반드시 0 이어야 한다.

- Fully overlapping elements 0 : 서로 완전히 겹치는 메쉬 개수이며, 반드시 0 이어야 한다.
- Duplicate beams 0 : 겹치는 빔 메쉬의 개수이며, 반드시 0 이어야 한다.
- Maximum aspect ratio 60 : 메쉬의 aspect ratio의 최대치를 나타내며, 추천되는 평균 aspect ratio는 6 이하이다.
- Match percentage 82.8% : 전체 메쉬에서 대향되는 메쉬의 매칭되는 정도를 나타내며, 퓨전 메쉬의 경우 약 85% 이상일 때, 유효한 매칭 값이라 할 수 있다.

주의 위의 모든 조건이 만족되도록 퓨전 메쉬를 수정하여야 한다. cup 모델의 경우는 aspect ratio만 수정하면 된다.

(6) Aspect ratio의 수정을 위하여 메뉴의 Mesh → Mesh diagnostic → Aspect Ratio Diagnostic을 선택하면 Tool 창이 아래 그림과 같이 바뀐다.

Tool 창에는 Aspect ratio의 최고 값과 최저 값을 입력할 수 있도록 되어있다. 메쉬 상태 창에서 최대 aspect ratio가 약 59.57이었으므로, 최소 값을 6, 최대 값을 60으로 입력한다. 그리고 아래 옵션에서 Display mesh/model과 Place results in diagnostics layer를 선택하고 Show를 클릭하면, 해당되는 메쉬들이 하나의 레이어로 활성되어 Diagnostic results란 레이어 창에 나타난다.

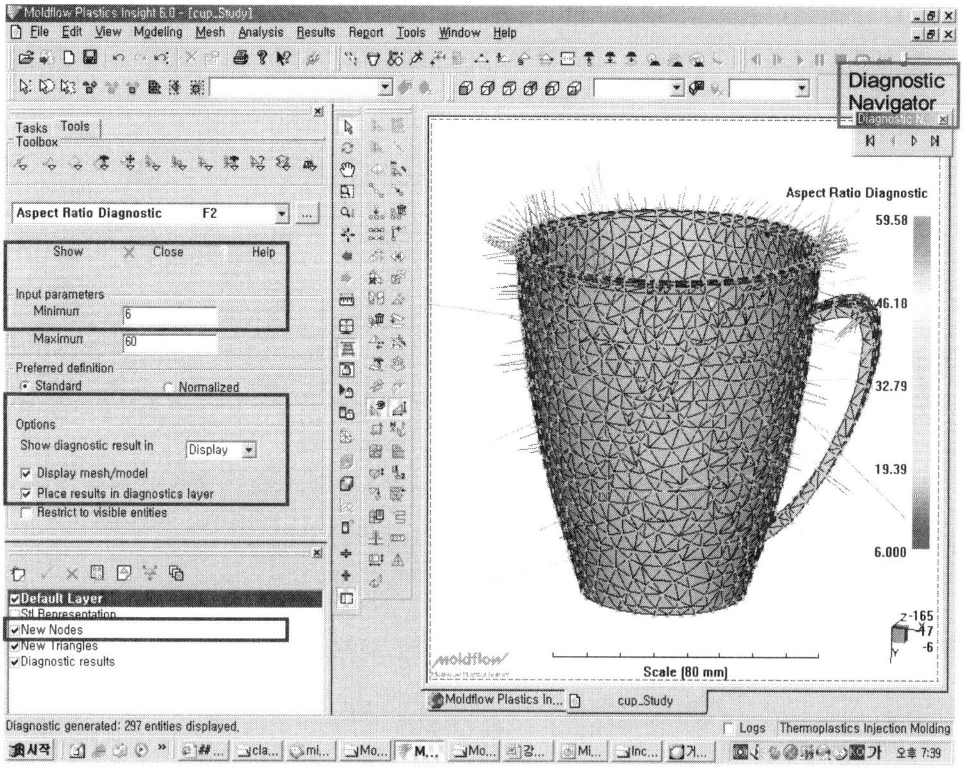

Layer 창에서 New Triangles, New node와 Diagnostic results를 제외한 모든 레이어의 체크를 풀면 위와 같이 Aspect ratio가 6에서 60사이의 메쉬만 선택된다. 이제 표시된 메쉬를 하나씩 찾아서 수정한다.

(7) 위 화면과 같이 모델링 창에 모델이 활성되었을 때 붉은색으로 표시되는 것이 Aspect ratio가 높은 것을 의미하고, 파란색은 낮은 것을 의미한다. 표시된 메쉬를 형상비가 높은 순서대로 수정 편집하기 위해서는 모델링 창 위의 Diagnostic Navigator의 화살표를 하나씩 누르면 형상비가 높은 순서로 차례로 선택된다. 우선 화살표를 하나 클릭해보면 가장 높은 Aspect ratio가 화면 중앙에 위 그림과 같이 표시된다.

메쉬를 수정 편집하는 방법은 여러 가지가 있으나, 여기서는 노드를 한 개 삽입한 후, 다른 노드와 머지(merge) 시키는 방법을 사용할 것이다. 메쉬 편집은 메뉴 바의 Mesh → Mesh Tool 내에 있는 여러 가지 기능들을 사용할 수 있다. Mesh Tool 명령을 간단히 수행하기 위해서는 Ctrl+T하면 Mesh Tools 창이 화면상에 활성되는 것을 볼 수 있다. 화면상의 높은 Aspect ratio는 노드를 insert 시킨 후 새로 생성된 노드를 다른 노드와 머지 시켜서 수정할 것이다.

주의	복잡한 메쉬 모델에 대해서는 우선 Global merge를 이용하여 전체적으로 아주 가까이 있는 노드들을 일치시키는 작업을 먼저 하는 것이 좋다. 이때 Merge Tolerance 통상 default 값인 0.1로 한다.

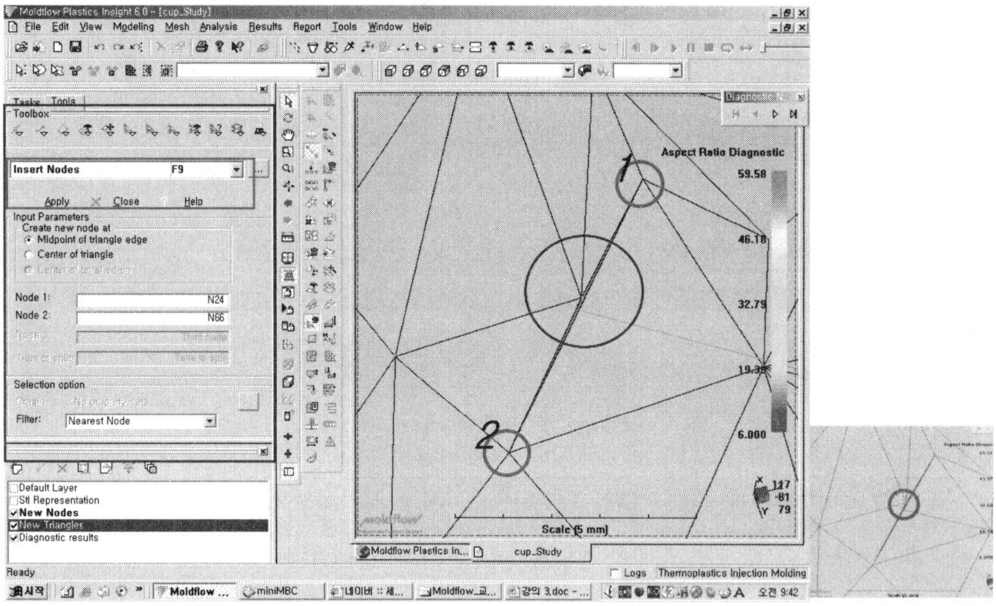

Mesh Tools 메뉴의 풀다운 메뉴에서 Insert Nodes를 선택하고, Midpoint of triangle edge 옵션을 선택하고(Center of triangle 옵션은 세 점을 이용하여 메쉬의 중앙에 노드를 만드는 명령어), Node 1은 N24, Node 2는 N66을 선택(때에 따라 노드 번호가 다를 수 있음에 유념할 것)하고, Apply를 누르면, 아래와 같이 노드와 노드사이에 새로운 노드(N2914)가 생성된다.

(8) 다음은 풀다운 메뉴에서 Merge Nodes 명령을 선택하고, Node to merge to(머지되는 곳의 노드 선택)에 N609, Node to merge from(머지 될 노드 선택)에 새로 만든 노드인 N2914를 선택하고 Apply하면 두 점이 합해지는 것을 볼 수 있다. (주의 : Fusion

메쉬에서 노드를 머지 시키기 위해서는 Tool 창의 Preserve Fusion을 반드시 on한 후에 머지 작업을 실시한다.)

이와 같이 머지 작업을 계속하여 형상비 개선작업을 어떤 목표치에 도달할 때까지 계속 진행한다.

Merge Tip	노드와 노드를 머지할 경우 가급적 새로 만들어지는 메쉬가 정삼각형에 가깝도록 노드를 선정하여 머지할 것.

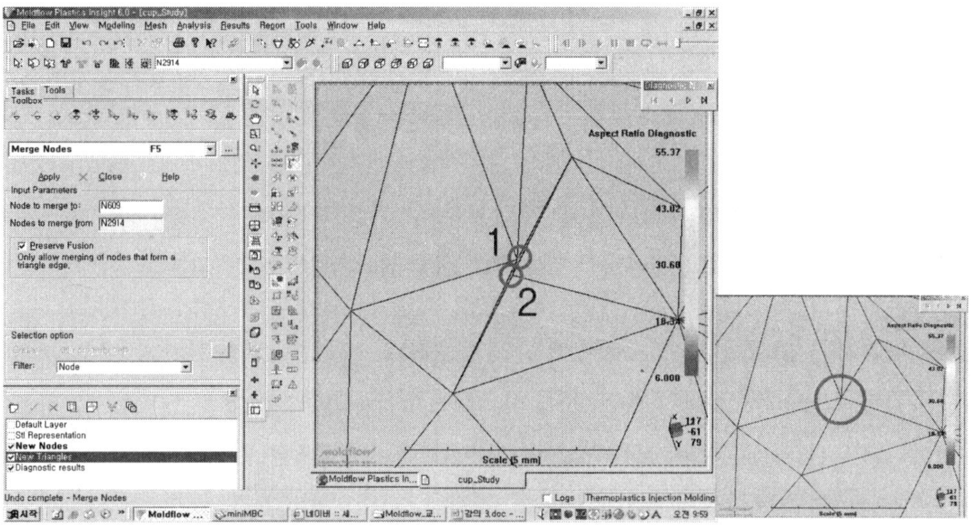

(9) Mesh Tools 내에 있는 Smooth Nodes 기능은 노드를 이동시켜 주위에 있는 메쉬의 형상비가 개선되도록 하는 기능으로, Smooth Nodes 기능을 선택하고 N188을 선택한 후, Apply하면 노드가 이동하면서 주위의 메쉬들과 균형을 이루는 메쉬로 수정된다.

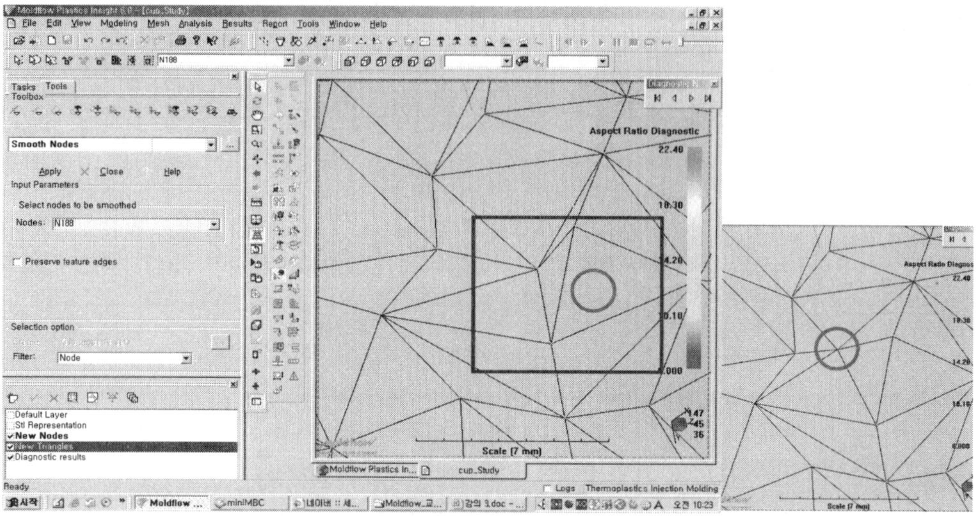

(10) Align Nodes 기능은 두 노드를 기준으로 그 사이에 있는 노드를 정렬하는 기능이다. 정렬시킬 수 있는 노드의 개수는 하나에서 여러 개까지 가능하다. 아래와 같이 컵의 손잡이 안쪽 노드의 일부가 정렬되어 있지 않은 상태이다. 이와 같이 흩어진 노드를 정렬하기 위하여 Align Nodes 기능을 선택한다. 정렬의 기준이 될 노드를 선택하기 위하여 Alignment node 1에 N2866, Alignment node 2에 N1538을 선택하고, 정렬될 노드를 Ctrl 키를 누르면서 하나씩 여러 번 선택한 후 Apply 한다.

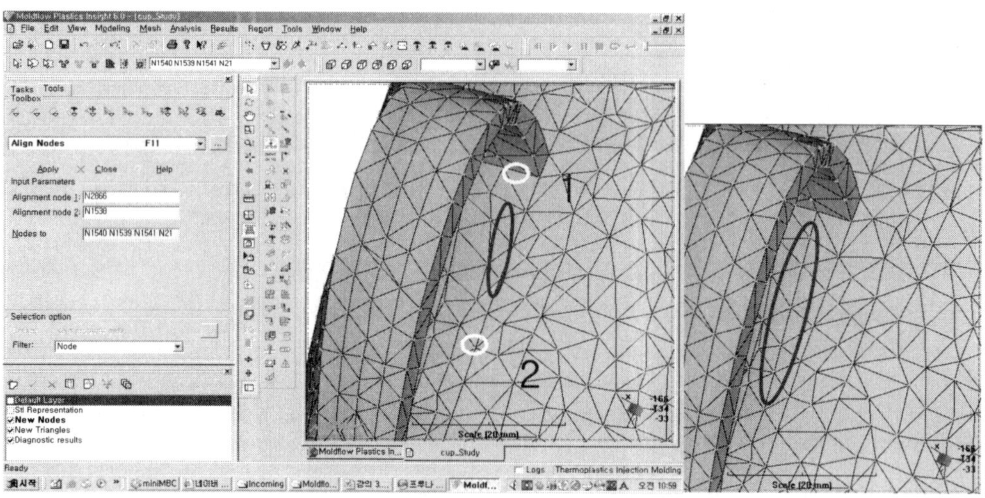

(11) 이상과 같은 메쉬 편집방법 외의 다른 편집방법을 이용하여 형상비를 낮게 수정하여 최소 10 이하의 값이 되도록 편집해 본다. 최종적인 메쉬 품질은 아래와 같은 값이 되도록 수정해 본다.

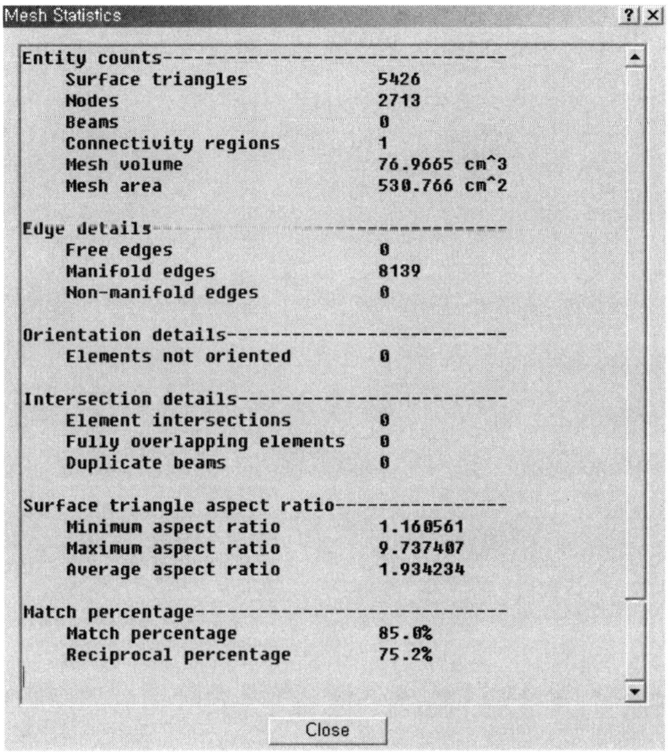

2.4 메쉬 툴(Mesh Tools)의 소개

몰드플로우 MPI에서 제공하고 있는 메쉬 편집용 툴은 다음과 같이 3가지이다.

1) 노드의 수정을 통한 메쉬의 편집을 가능하게 하는 Nodal Tools.
2) 엣지의 수정을 통한 메쉬의 편집을 가능하게 하는 Edge Tools.
3) 사면체의 수정을 통한 메쉬의 작업을 가능하게 하는 Tetra Tools.

이 중에서 1), 2)는 미드플랜 메쉬, 퓨전 메쉬에 사용되며, 3)은 3D 메쉬에 사용된다.

Nodal Tools에는 다음과 같은 메뉴(아이콘)가 제공되어 있다.

1) Insert Nodes
2) Move Nodes
3) Align Nodes
4) Purge Nodes
5) Merge Nodes
6) Match Nodes

Edge Tools에는 다음과 같은 메뉴가 제공되어 있다.

1) Swap Edge
2) Stitch Edges
3) Fill Hole

Tetral Tools에는 Remesh Tetras가 제공되고 있다. 이들의 각각에 대한 응용 예는 부록 1에 게재되어 있으므로, 참조하여 각 기능을 익혀두도록 한다.

2.5 메쉬 툴의 활용 따라하기 예제 (부록 2)

몰드플로우 MPI 6.0의 Help 메뉴 내의 Tutorials에 포함되어 있는 Mesh Editing의 내용을 그대로 한글로 번역하여 부록 2에 게재하였다. 메쉬 편집 작업을 익히는 데에 매우 유용한 자료로서 학습자는 따라하기 식으로 그 내용을 익혀두면 메쉬 작업의 기초가 확립될 것이다.

2.6 솔버(solver)에 사용된 가정들

(1) 미드플랜과 퓨전 모델

미드플랜(중립면)과 퓨전 메쉬형에는 동일한 유동 솔버가 사용되며, 일반 Hele Shaw 모델이 같이 적용되며 다음과 같은 가정들이 사용되고 있다.

1) 일반 뉴턴 유체의 층류 유동을 적용한다.
2) 관성과 중력효과는 무시한다.
3) 두께 방향의 열전도에 비해 평면 방향(폭과 길이 방향)의 열전도는 무시한다.
4) 두께 방향에서는 대류 열전달은 무시한다.
5) 엣지(edge)로의 열손실은 삼각 요소형에서 무시할 수 있다. 각 요소 종류별 가정들은 참고문헌(Shoemaker/Moldflow Design Guide/Hanser)에서 참조할 수 있다.

(2) 3D 모델

미드플랜과 퓨전 모델에 비해 가정이 적으며 다음과 같은 가정이 사용된다.

1) 완전 3D Navier-Stokes Slover를 사용한다.
2) 각 노드에서 압력, 온도 및 3 방향 속도를 계산한다. 이 모델은 전기 커넥터 및 구조물과 같은 두껍고 덩어리(thick and chunky) 제품에 좋은 해를 나타낸다.
3) 모든 방향에 대해 열전도를 고려한다.
4) 옵션으로 관성과 중력 효과를 고려한다.

복습 문제

[1] 서술형

1. 유한 요소의 종류를 노드, 엣지, 엘리먼트로 표현하여 그림을 그려 설명하시오.
2. 몰드플로우 MPI에 사용되고 있는 메쉬의 종류에 대해 상세히 설명하시오.
3. 사출성형해석용 각 솔버에 사용된 가정들에 대해 설명하시오.
4. 3D 제품 모델을 불러들여 메쉬를 생성하는 절차를 기술해 보시오.
5. 자동 생성된 메쉬에 대해 품질 체크를 하였을 때 나타나는 결과에는 어떤 것들이 있는지, 그리고 그 내용에 대해 설명하시오.
6. 메쉬 수정에 사용되는 Mesh Tools 내에 있는 Nodal Tools와 Edges Tools에는 어떤 것들이 있는지 적어보시오.

[2] 단답형

1. 제품의 메쉬 모델에는 주로 빔(beam) 메쉬가 사용된다. (T/F)
2. 퓨전 메쉬는 3D 모델을 그대로 사용하므로, 메쉬 수정작업 시간이 미드플랜 메쉬에 비해 대폭 단축된다. (T/F)
3. 메쉬에 있어 형상비(aspect ratio)는 그 값이 작을수록 해석결과는 정확해진다. (T/F)
4. MPI에서 어떤 대상을 선택(select)하면, 그 대상은 핑크색으로 변한다. (T/F)
5. Non manifold edge이란 어떤 엣지가 3개의 엘리멘트와 연결되어 있을 경우를 말한다. (T/F)
6. Free edge 이란 그 엣지가 2개의 엘리멘트와 연결되어 있는 경우를 말한다. (T/F)
7. 미드플랜 모델에서는 두께 방향의 열전도는 계산하되, 폭 및 길이 방향으로의 열전도는 무시하고 있다. (T/F)
8. Merge nodes 명령을 수행할 때, 이동시킬 노드를 먼저 선택하고 합쳐질 목표 노드를 나중에 선택한다. (T/F)

[3] 토론형

1. Mesh Statistics 창에 나타나는 결과들의 내용
2. 제품 형상에 따른 메쉬 모델의 선정 기준
3. 퓨전 모델과 미드플랜 모델의 비교

[4] 실습형

1. 1장에서 다루었던 컵과 유사한 항공기 기내용 컵(첨부 CD 내에 있음)을 대상으로 형상비를 8 이하가 되도록 편집해 보시오.

3장

러너 시스템 / 러너 시스템 모델링

학습목표

- 러너 시스템의 구성과 기능
- 스프루, 러너, 게이트
- 게이트와 성형품질과의 관계
- 러너 시스템의 메쉬 모델링

이론

- 부교재 제 5장 (금형설계)

실습

- MPI 6.0에서의 러너 시스템 모델링

  ※ 노드, 커브를 이용한 빔(beam) 모델링

특기사항 (준비물 및 과제 등)

- CAD 모델 : cup.prt
- 러너 시스템 ppt 자료
- 샘플 : 성형품과 러너 샘플 5종
- 리포트 : 사출금형의 종류별 구조와 구성 부품의 기능

3.1 러너의 이해

스프루를 통해서 유입된 용융수지는 러너(runner)를 통과하여 게이트를 지나 캐비티에 유입된다. 러너는 다음과 같은 요구조건을 만족해야 한다.

(1) 러너의 단면은 수지가 러너에 충전되는데 과도한 압력이 걸리지 않도록 하기 위해 충분히 커야 한다. 만약 러너의 단면적을 너무 작게 설계하면 캐비티 충전이 불충분하거나 보압 단계에서 때 이른 고화가 일어난다.

(2) 러너의 단면은 재활용될 플라스틱을 최소화하고, 재활용품을 사용함으로서 생기는 품질저하를 최소화하고, 러너의 냉각시간을 최소화하기 위해서는 가능한 작아야 한다.

(3) 러너는 금형 내 모든 캐비티에 균형된 충전이 이루어지도록 배치해야 한다.

(4) 러너의 표면적/단면적의 비를 최소화 함으로서 (1), (2)에서 기술한 유동채널의 효율을 극대화 시켜야한다. 완전 원형 및 정사각형의 단면을 갖는 러너일 경우가 표면적/단면적의 비가 가장 큰 값이 된다.

아래 그림은 대표적인 러너의 단면 형상과 러너 레이아웃(layout)을 나타낸 것이다.

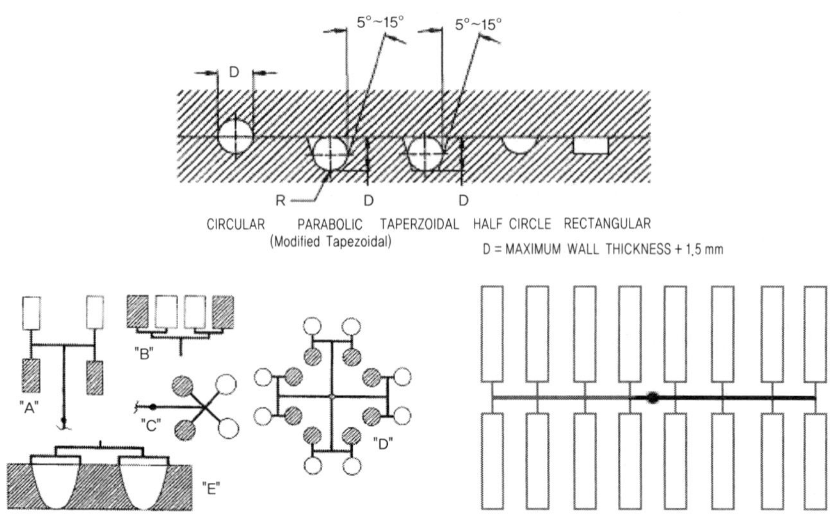

▲ 그림 3-1 러너의 단면 형상과 러너 레이아웃

3.2 게이트의 이해

3.2.1 스프루 게이트 (sprue gate)

일반적인 제한 게이트와는 달리 제품에 역 테이퍼의 스프루 형식으로 직접 수지가 제품에 유입되는 비제한 게이트이다. 주로 단일 캐비티 금형에 사용되며, 수지를 캐비티 중심에 흐르도록 한다. 양동이, 헬멧, 컵, 디스크 등과 같은 원통형 또는 대칭형의 사각통 형식의 대형 제품에 적용된다.

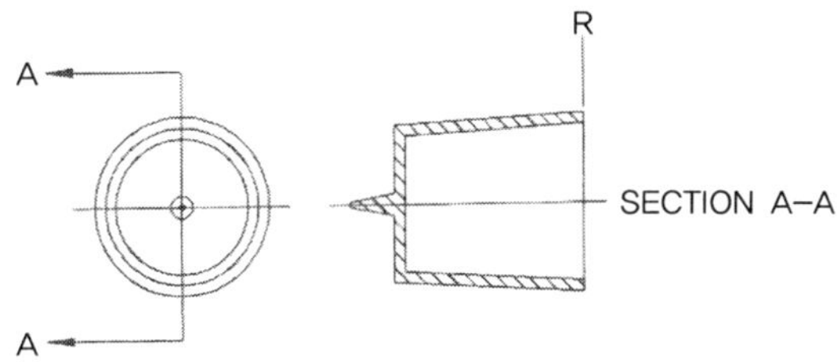

▲ 그림 3-2 스프루 게이트

3.2.2 엣지 게이트 (edge gate)

가장 기본적인 게이트 방식으로, 주로 사각형 단면을 가지며, 파팅라인에 있는 제품의 측면 모서리에 위치한다. 자동 절단이 필요 없는 다수 캐비티 금형에 적합하다. 엣지 게이트의 가장 큰 단점으로는 성형 후 게이트를 제거해야 하는 2차 작업이 필요하다.

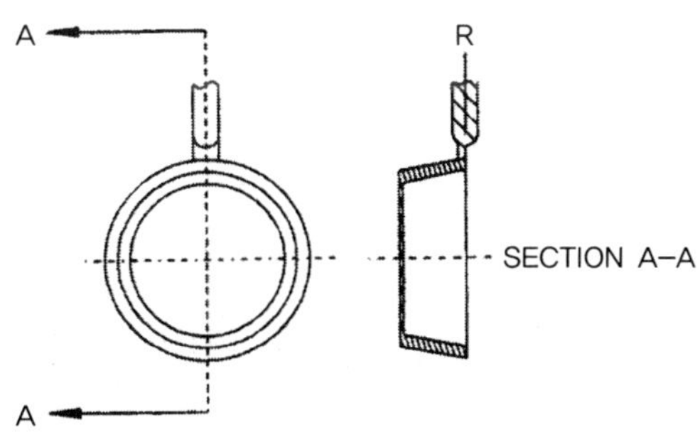

▲ 그림 3-3 엣지 게이트

3.2.3 팬 게이트 (fan gate)

제품의 파팅라인에 설치되며 수동으로 게이트를 제거하는 것은 기본 엣지 게이트와 비슷하다. 그러나 차이점은 팬 게이트는 러너의 말단부에서 캐비티의 입구에 걸쳐 부채모양으로 게이트가 형성되어 있는 점이다. 유입되는 용융수지가 느리고, 넓게 분포되어 일정한 유동선단이 캐비티를 이동하게 하며, 젯팅(jetting) 방지와 게이트 부위의 응력을 감소시킬 수 있는 이점이 있다.

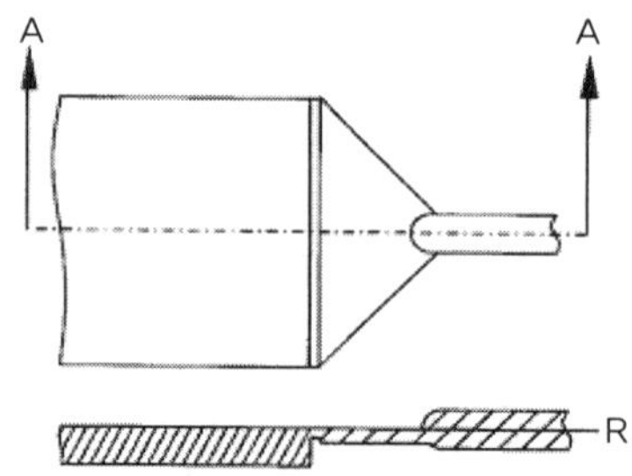

▲ 그림 3-4 팬 게이트

3.2.4 필름 게이트 (film gate)

팬 게이트의 장점을 취하면서 팬 게이트에 비해 수지재료와 게이트 부위를 줄일 수 있다. 이 형식에서 러너는 제품에 직접 연결된 넓고 얇은 게이트에 수지를 분배하는 게이트가 매니폴드에 붙어 있다. 팬 게이트와 비교하면 필름 게이트는 게이트를 통과하는 수지 흐름을 다소 예측하기 힘들다는 단점이 있다. 필름 게이트는 일반적으로 정체를 최소화시키는 빠른 충전일 경우에 가장 적합하다.

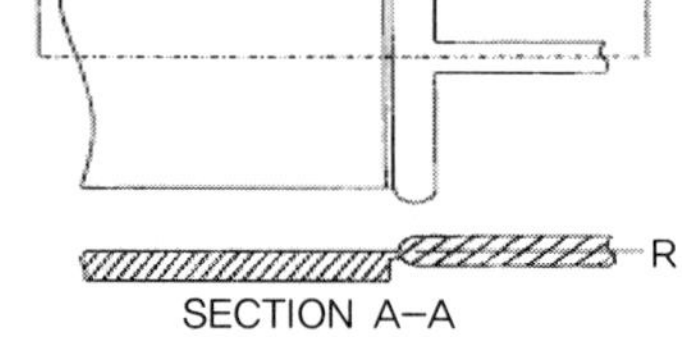

▲ 그림 3-5 필름 게이트

3.2.5 링 게이트 (ring gate)

둥근 캐비티를 둘러싸고 있는 일종의 필름 게이트이다. 이 게이트는 실린더형 제품의 외부에 게이트를 붙일 때 사용되며, 주로 튜브와 같이 위, 아래가 관통된 실린더형 제품을 성형하는 2단 콜드 러너 금형에 사용된다. 사용 목적은 웰드라인(weld line)을 없애고, 일정한 유동을 제공하고, 코어 휨(core shift)을 방지하기 위해 사용된다. 그러나 게이트의 제거가 어렵고, 필름 게이트와 같이 유동을 예측하기 힘들고, 불균형적인 흐름이 발생할 수 있다.

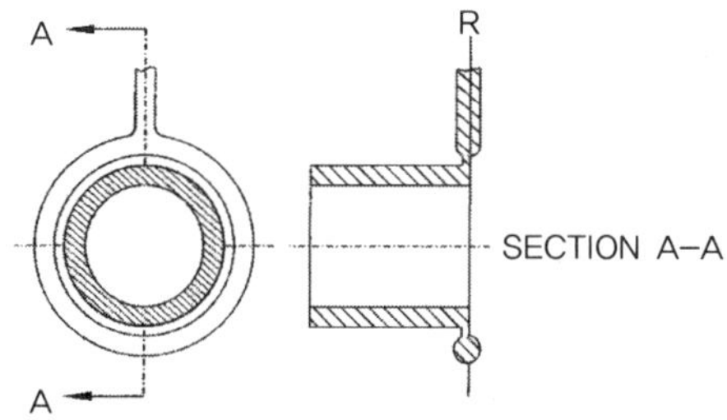

▲ 그림 3-6 링 게이트

3.2.6 다이아프레임 게이트 (diaphragm gate)

튜브와 같이 양단이 관통되어 있는 실린더형 제품에 사용된다. 이 게이트는 3단 콜드 러너, 핫 러너, 단일 캐비티 스프루 게이트 금형에 사용된다. 이 게이트는 웰드라인이 없고, 코어 휨이 방지되며, 유동 패턴을 개선할 수 있다. 그러나 링 게이트와 같이 게이트의 제거가 어려운 단점이 있다.

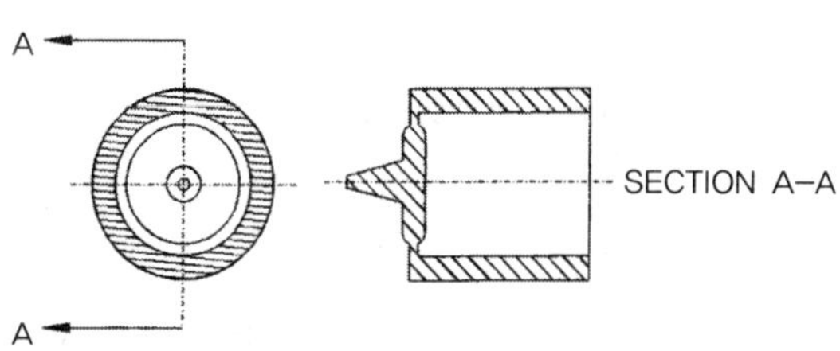

▲ 그림 3-7 다이아프레임 게이트

3.2.7 터널 게이트 (tunnel gate)

일명 서브머린 게이트(submarine gate)라 하며, 원뿔 형상으로 원뿔의 끝 부분이 제품에 붙어 있다. 터널 게이트는 금형의 파팅라인 위, 아래에 있는 캐비티에 터널로 연결되며 금형 내에서 자동 절단된다. 터널 게이트는 이젝팅 시 터널부를 당겨냄으로서 제품으로부터 전단되거나 찢겨 떨어진다. 2단 콜드 러너 금형에서 게이트를 자동 절단하려고 할 경우 가장 일반적으로 채택되는 게이트 방식이다. 이 게이트의 주된 장점은 콜드 러너 시스템에서 게이트의 자동 절단이 가능하다는 점이다.

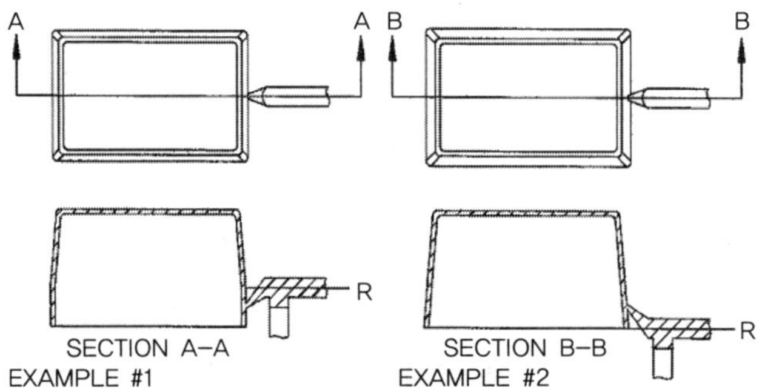

▲ 그림 3-8 터널 게이트

3.2.8 캐슈 또는 바나나 게이트 (cashew or banana gate)

표준 터널 게이트로서는 닿을 수 없는 부위에 게이트를 만들 수 있다는 점만 제외하고는 터널 게이트와 매우 유사하다. 이 게이트의 단점은 제품 취출 시 게이트 안의 재료가 심하게 뒤틀림을 받게 되어 상당한 변형이 발생한다. 따라서 상당한 변형에 견딜 수 있는 연성 재료에 적용된다.

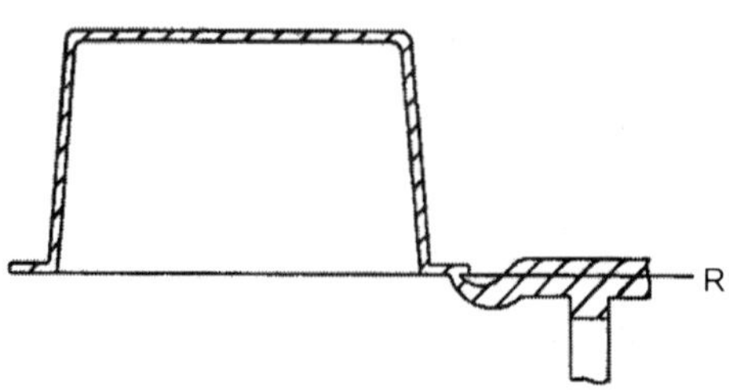

▲ 그림 3-9 바나나 게이트

3.2.9 점프 게이트 (jump gate)

이 게이트는 제품의 외관에 게이트 자국을 없애기 위해서 사용된다. 이 게이트는 터널 게이트의 변형이다. 그러나 여기서 터널 게이트는 제품의 외측을 뛰어넘어 코어의 내부를 통과하여 제품의 내측 살에 게이트를 연결시킨다.

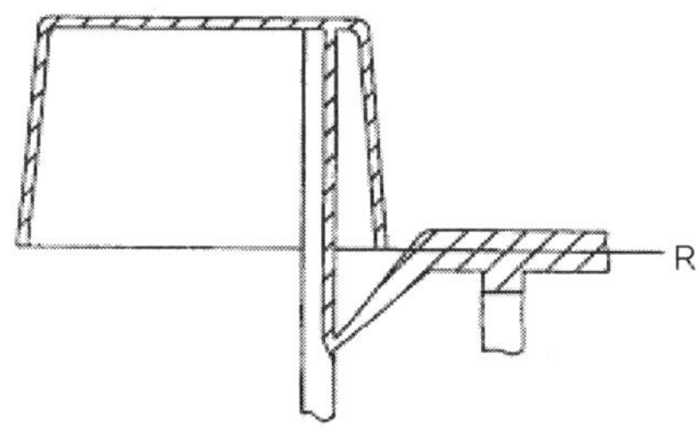

▲ **그림 3-10** 점프 게이트

3.2.10 핀 포인트 게이트 (pinpoint gate)

3단 콜드 러너 금형에 사용되는 일종의 제한 게이트이다. 이 게이트는 제품의 표면에서 제품의 손상 없이 떨어져 나갈 수 있을 만큼 충분히 작아야 한다. 이 게이트의 굵기는 일반적으로 제품 살 두께의 50%를 넘지 않는다.

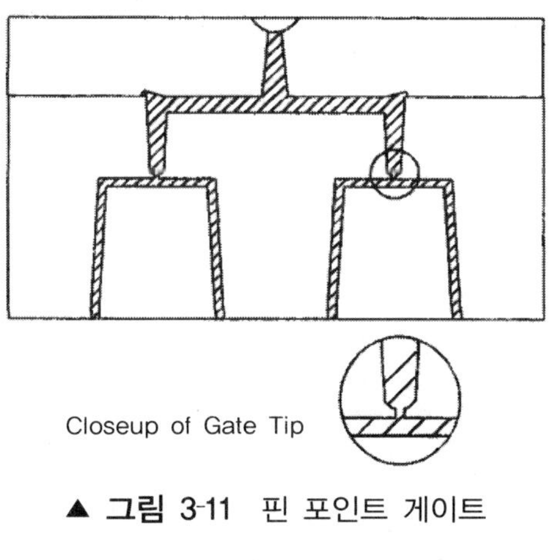

▲ **그림 3-11** 핀 포인트 게이트

3.2.11 치절 게이트 (chisel gate)

터널 게이트와 팬 게이트의 조합 형태이다. 치절 게이트는 터널 게이트처럼 제품으로 터널화되고, 취출 시 전단되어 찢겨 떨어진다. 그러나 단면은 원형이라기보다 사각단면에 가깝다. 치절 게이트는 러너에 넓게 붙어있어 언더컷을 제거하는데 불리하다. 그래서 캐비티쪽으로 터널을 이루면서 폭과 두께가 감소하게 테이퍼로 되어 있다.

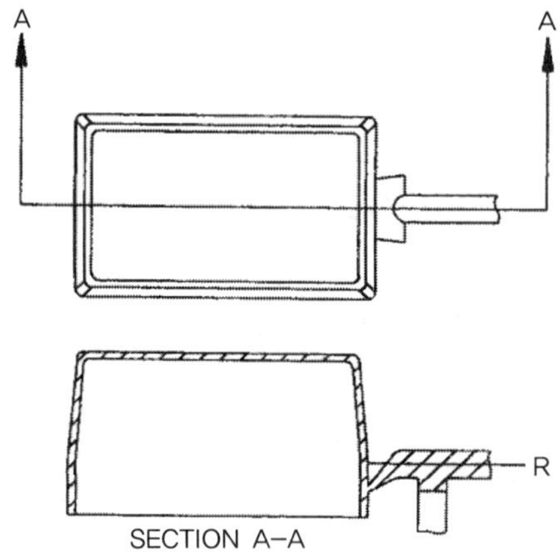

▲ 그림 3-12 치절 게이트

3.3 Moldflow MPI에서의 러너와 게이트 모델링

다음은 컵 모델을 대상으로 러너 시스템을 모델링 하는 절차를 설명한 것이다.

(1) 메쉬 작업이 끝난 컵의 밑바닥이 Z 방향을 향하도록 컵 모델을 회전시킨다(모델을 import 시킨 후 바로 회전시켜도 무방). 모델을 회전(rotate)시키기 위해서 메뉴 바의 Modeling → Move/Copy → Rotate를 선택하면, Tool 창에 회전시킬 메쉬 혹은 노드를 입력하라는 창이 활성된다. MB1을 사용하여 모델이 완전히 선택될 수 있도록 대각선 방향으로 선택하면(또는 Ctrl+A), 화면상의 메쉬와 노드들이 핑크색으로 변하여 선택되는 것을 볼 수 있다. 다음으로 회전축을 선택해야 하는데, 이 경우에는 X축을 중심으로 90°로 입력하면 컵의 밑면이 Z축 방향으로 향하도록 놓여진다. 이 때 회전방향은 반시계 방향이다. 그리고 reference point는 그대로 두고, move 옵션을 선택한 후 Apply하면 모델이 회전된다. (copy 옵션을 선택하면 원래 모델은 그대로 있으면서 X축으로 90° 회전한 방향으로 동일한 형상의 모델이 새로 생성된다.)

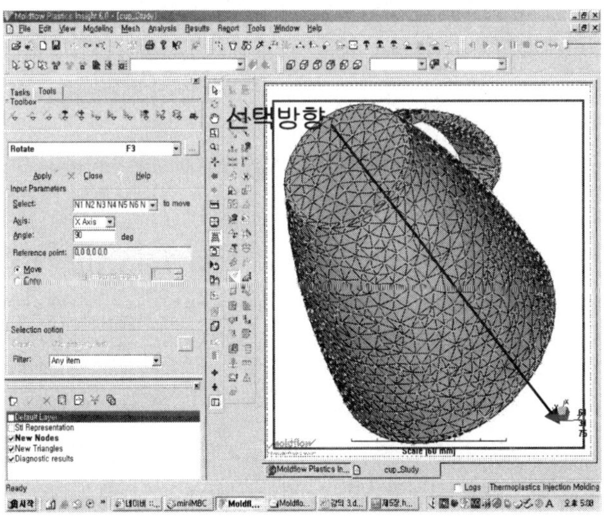

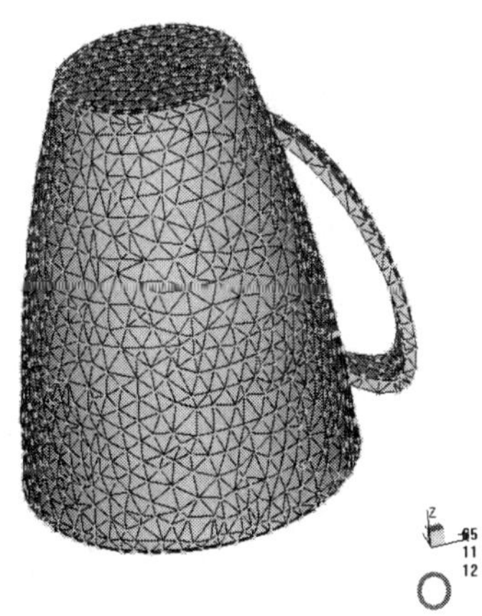

(2) 회전된 컵 모델의 바닥면 중앙에 게이트를 생성시키기 위해서 중앙부분의 메쉬를 대상으로 insert nodes의 세 점 옵션(center of triangle)을 이용하여 3개의 노드의 중앙점에 노드를 하나 생성시킨다. 여기서 제품의 기하학적 중심에 게이트 위치를 정의하는 방법에 대해 고려해 볼 것을 권한다.

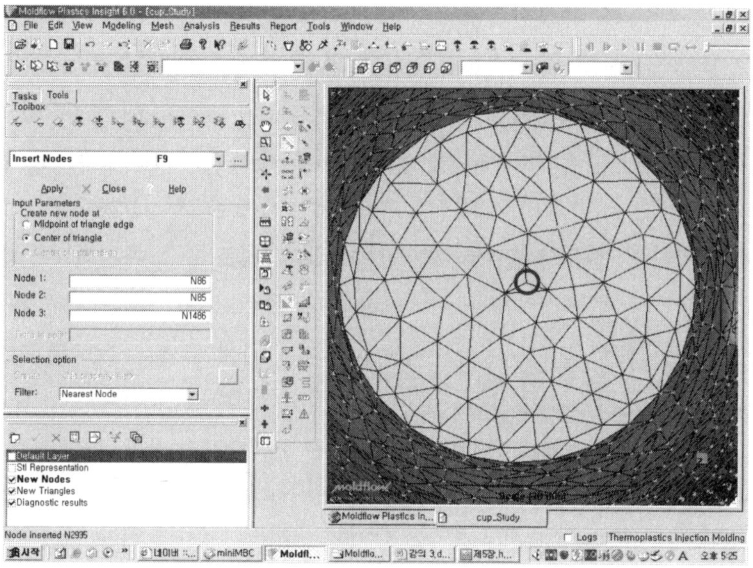

새롭게 생성된 노드 N2935(메쉬 편집에 따라 node number는 다를 수 있음)를 기준으로 높이 20 mm, 직경 1.5에서 8 mm의 크기로 변하는 원뿔형 게이트를 만들기 위해서 생성된 노드를 기준으로 Z 방향으로 20 mm에 노드를 하나 생성시킨다. 노드를 offset 시키기 위해서 메뉴 바의 Modeling → Create Nodes → By Offset를 선택하여, Coordinates(x,y,z) Base에 N2935(선택 창에는 노드의 X,Y,Z 좌표가 표시됨)를 선택하고, Offset(dx,dy,dz)에 0, 0, 20을 입력하고 Apply하면 N2935를 기준으로 Z 방향으로 20 mm 떨어진 곳에 새로운 노드 N2936이 생성된다. N2936를 기준으로 직경 8 mm인 러너를 Z 방향으로 70 mm 크기로 생성시키기 위해서 다시 N2936을 Z 방향으로 70 mm 만큼 offset 시켜 새로운 노드 N2937을 만든다.

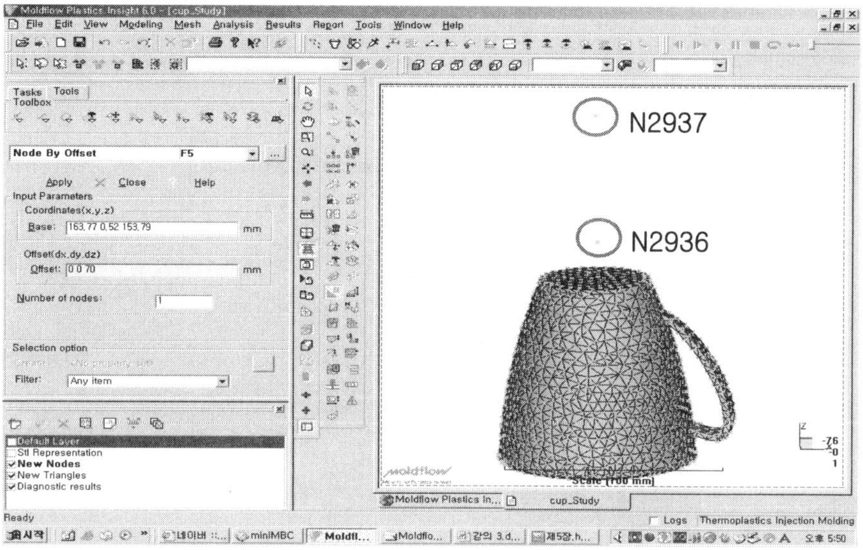

(3) 해석하고자 하는 컵 모델은 한 금형에 2개의 컵이 성형되는 것으로 하여, 현재 모델링 창에 있는 모든 노드와 메쉬를 X 방향으로 100 mm 떨어진 곳에 copy한다. Modeling → Move/Copy → Translate를 선택하고, 모델링 창의 모든 노드와 메쉬를 선택(Ctrl+A)하고, Vector에 200 0 0을 입력한다. Copy 옵션을 선택하고, Apply하면 현재 모델에서 X 방향으로 200 mm 떨어진 곳에 노드와 컵 메쉬가 복사된다.

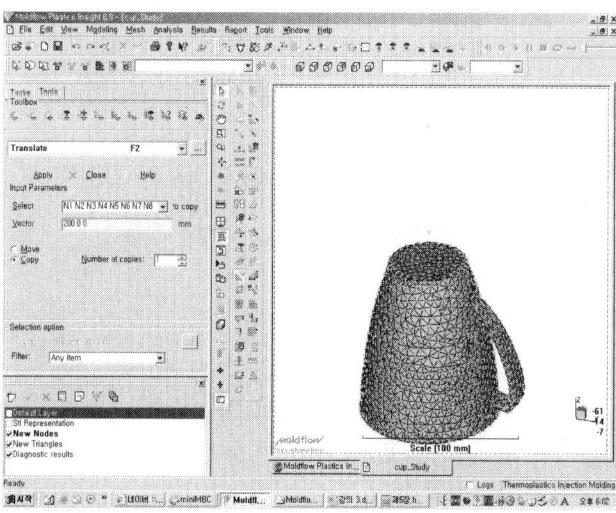

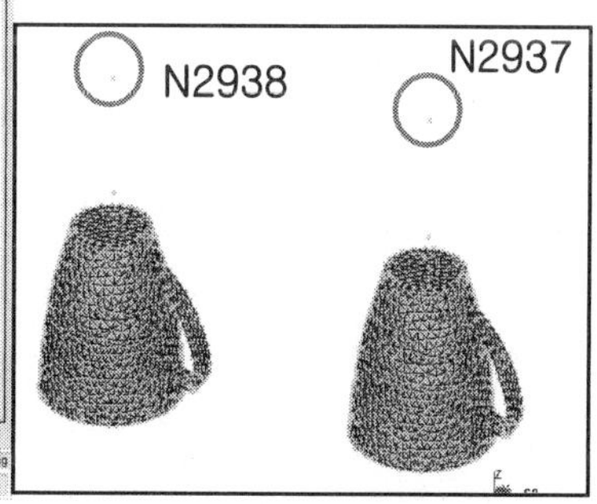

(4) 스프루가 생성될 위치를 정하기 위해서 노드 N2937과 노드 N2938사이에 새로운 노드를 생성시킨다.

메뉴 바에서 Modeling → Create Nodes → Between Coordinates를 선택하고, Coordinates의 First에 N2937, Second에 N2938을 선택하고 Apply하면 2개 노드의 중앙에 새로운 노드 N5877이 생성된다. 스프루의 입구 위치를 결정하기 위해서 N5877을 기준으로 Z 방향으로 70 mm만큼 offset 시킨 위치에 N5878을 만든다.

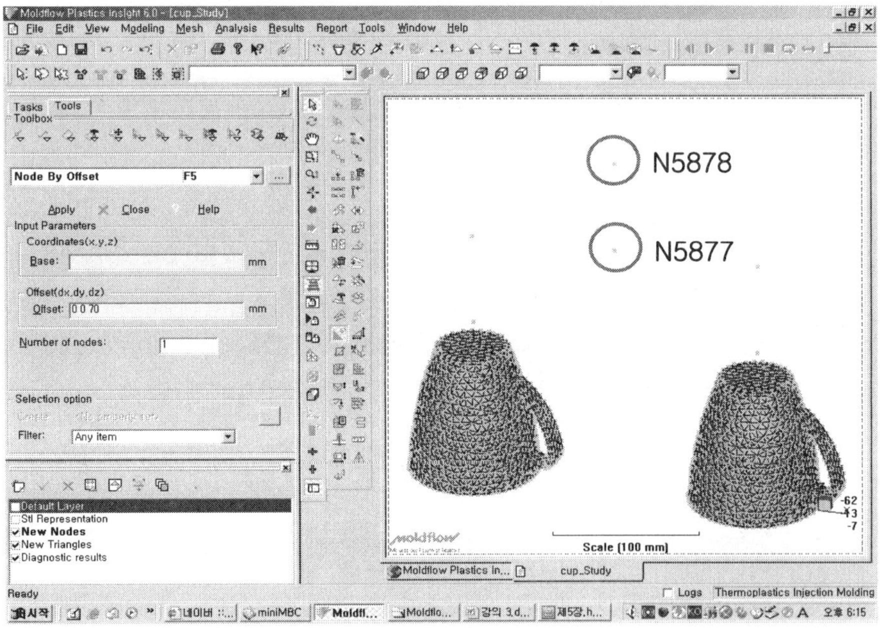

(5) 러너와 게이트의 메싱 작업을 위해 모델 창을 먼저 정리한다. 우선 레이어 창에서 New Layer 아이콘을 이용하여 새로운 레이어를 하나 만들고, 새로 만들어진 6개의 노드들을 할당한 후, 레이어 이름을 New nodes로 변경한다.

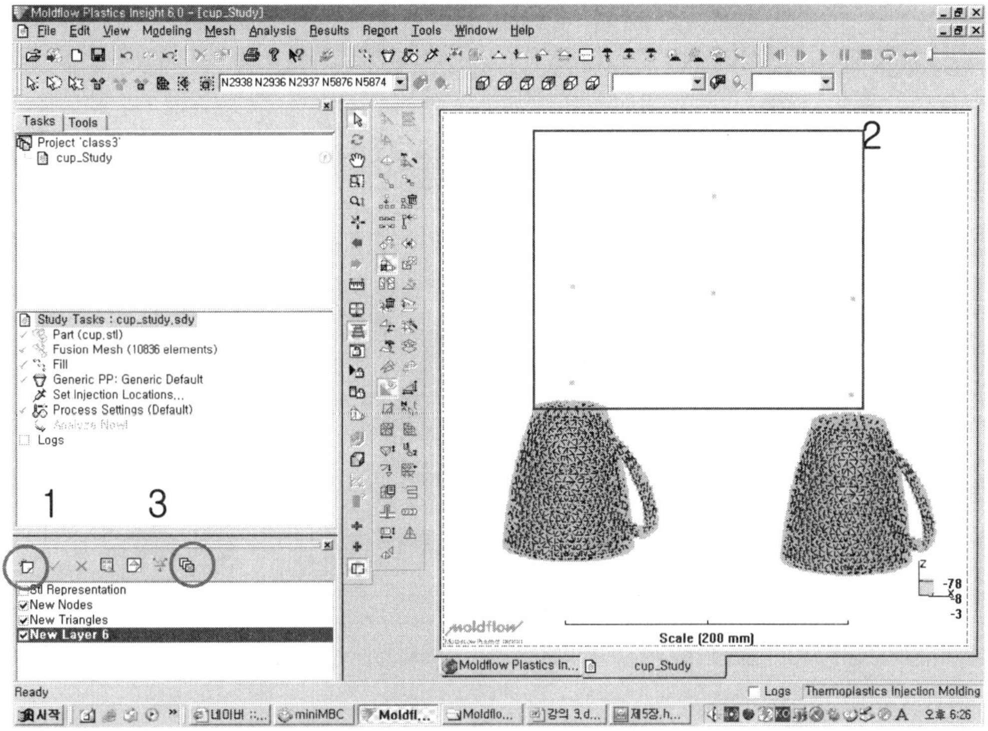

(6) Modeling → Create Curves → Line를 선택하면, 화면과 같이 노드와 노드를 이용하여 커브를 만드는 Tool 창이 활성된다. (Curve 생성 시 정확한 노드를 선택하기 위한 Tip으로 Tool 창의 아래 부분에 있는 Selection option의 Filter를 Nearest Node로 선택하면 마우스로 클릭하는 부분에서 가장 가까운 노드만 선택된다.) Coordinate 창의 First에는 N5878, Second에는 N5877을 선택하고, Apply하면 두 노드사이에 커브가 생성된다. 동일한 방법으로 러너와 게이트가 될 노드를 차례로 선택하여 커브를 생성시킨다. 제품의 게이트가 될 노드를 선택할 때에는 모델을 확대(Ctrl+MB2 상하 드래그)하여 정확히 선택해야 한다.

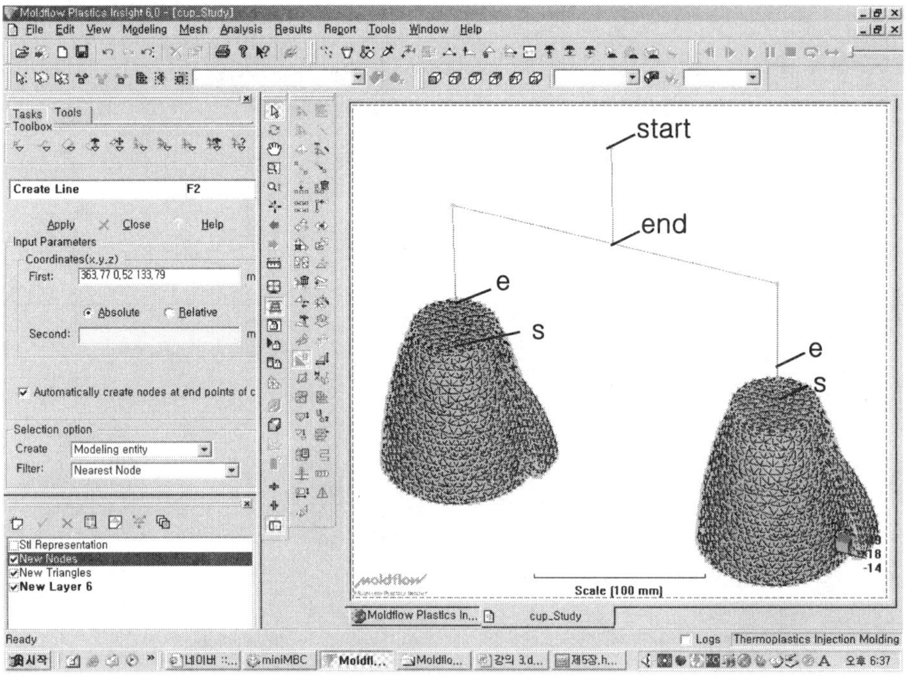

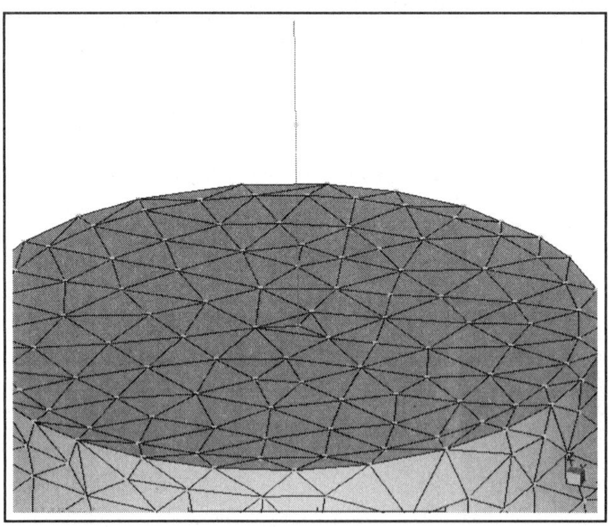

(7) 생성된 커브에 property를 입력한다. 우선 생성된 커브와 연결된 노드를 선택하여 레이어 명 New nodes에 다시 assign 시킨다. New nodes 레이어 외의 모든 레이어를 off 시키면, 새로 생성된 라인과 노드만 남게 된다. Tool 창을 Task 창으로 변환시키고,

MB1로 스프루가 될 커브를 선택하고, MB3을 클릭하면 아래와 같은 풀다운 메뉴가 생성된다.

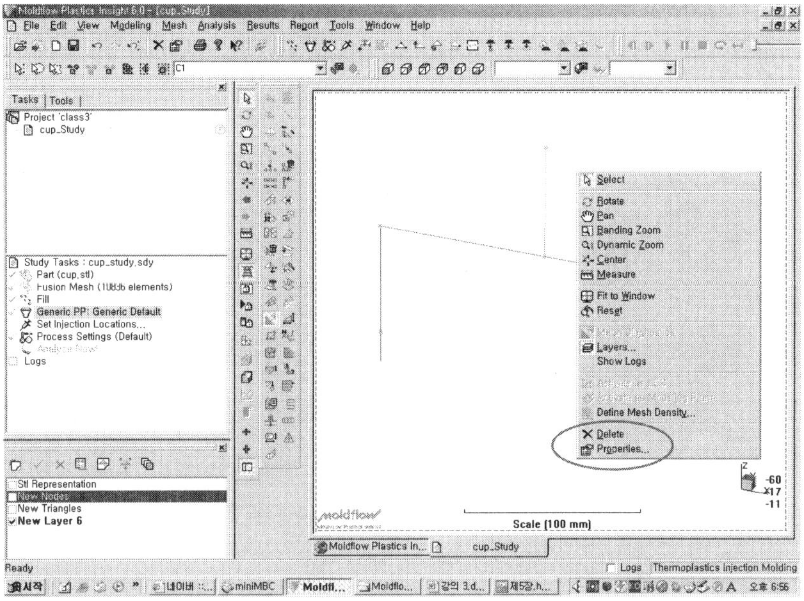

메뉴에서 가장 아래쪽의 Properties를 선택하면 '선택된 엔티티는 아무런 성질이 주어지지 않았다. 새로운 성질을 입력할 것인가?' 라는 메시지 창이 생성된다. OK하면 Assign Property 창이 활성된다.

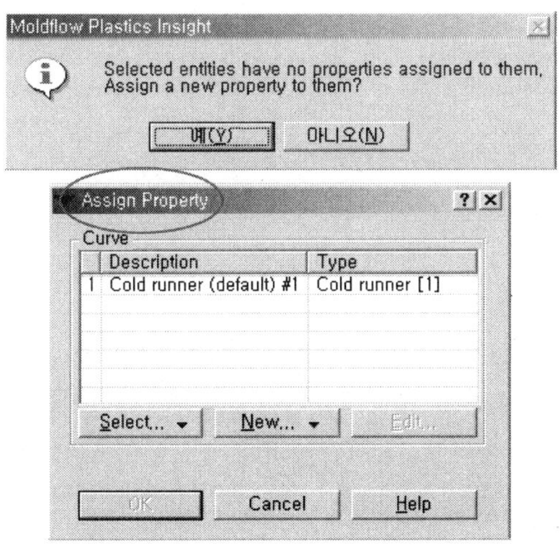

활성된 Assign Property 창에서 New를 선택하면, 여러 가지 성질을 가진 풀다운 메뉴들이 나타난다. 이 중에서 Cold sprue를 선택하면, 생성될 Cold sprue의 형상과 크기를 입력할 수 있는 창이 활성된다.

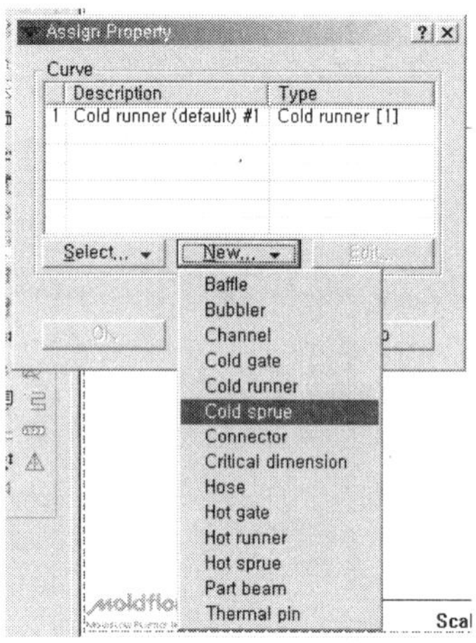

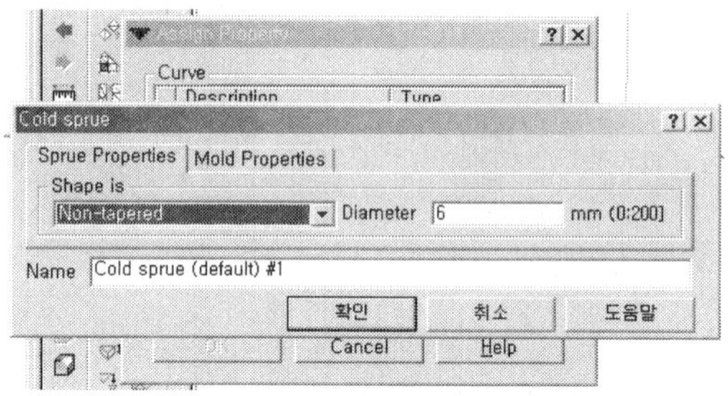

Sprue가 원뿔 형상이므로 Shape is에서 Tapered(by end dimensions)를 선택하고, Edit dimensions를 클릭하면, 직경을 입력하는 창(Cross-Sectional Dimensions)이 나온다. Start diameter에 4, End diameter에 8을 입력(스프루 Curve 생성 시 First와 Second의 순서와 동일하게 해야 한다.)하고 확인한다. Cold sprue 창도 확인한다.

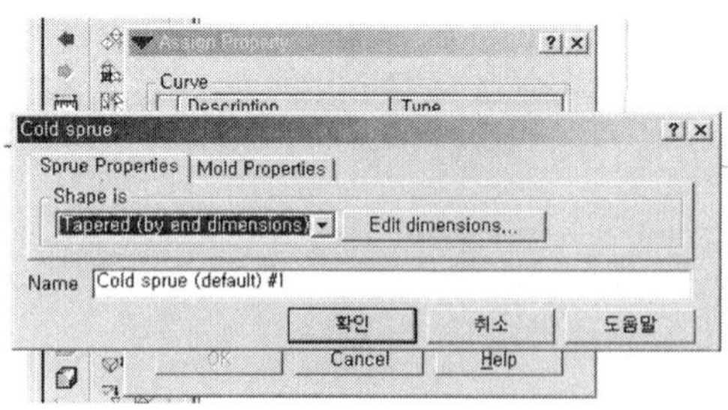

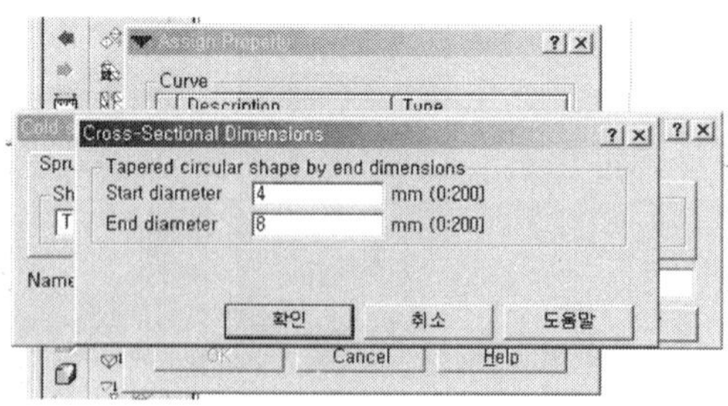

Curve 선택 후 MB3/property 또는 Edit/properties를 이용할 수 있다.

다시 Assign Property 창에서 새로 생성된 Cold sprue를 선택하고, OK를 클릭하면, Assign Property 창은 사라진다. 이때, 커브가 녹색(green color)으로 변하지 않으면 한번 더 MB1을 클릭하면 커브의 색상이 녹색으로 변하는 것을 볼 수 있다.

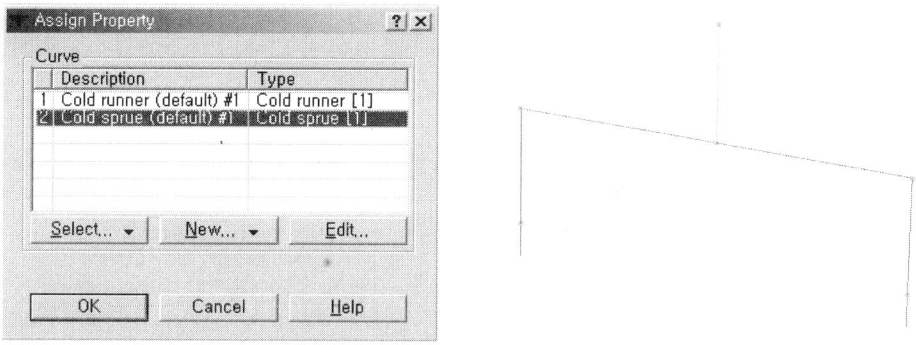

(8) 동일한 방법으로 러너가 될 4개의 커브를 Ctrl 키를 누른 채 연속 선택하고, MB3의 Properties를 선택하면, '선택된 엔티티는 아무런 성질이 주어지지 않았다. 새로운 성질을 입력할 것인가?'라는 메시지 창이 생성된다. OK하면 Assign Property 창이 활성된다. 여기서 Cold runner를 선택하면, Cold runner의 형상과 직경을 입력하는 창이 나타난다.

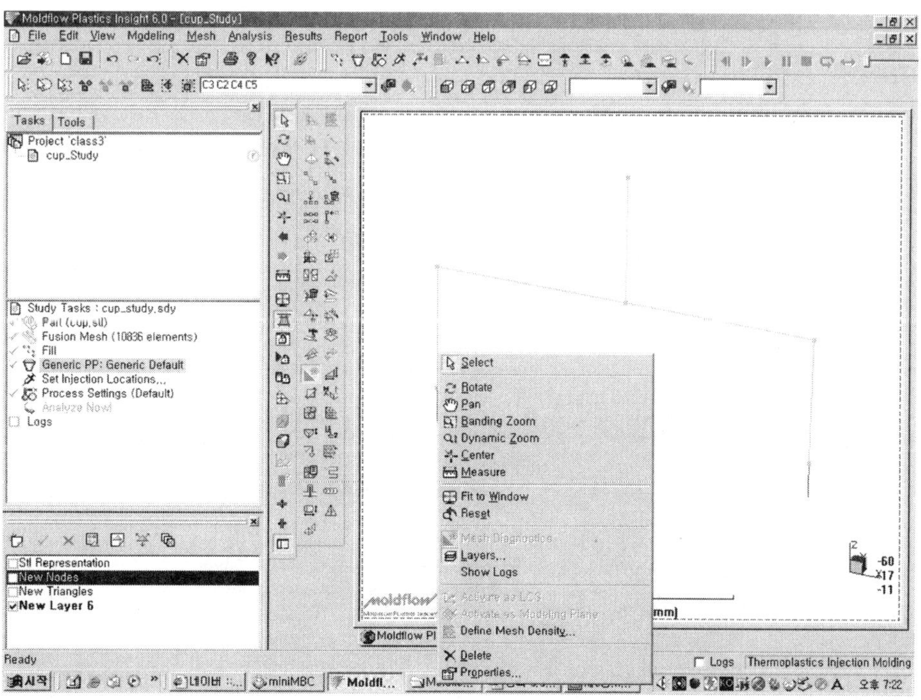

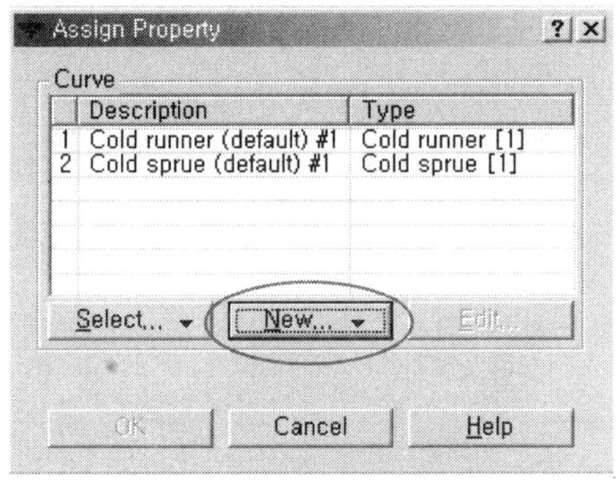

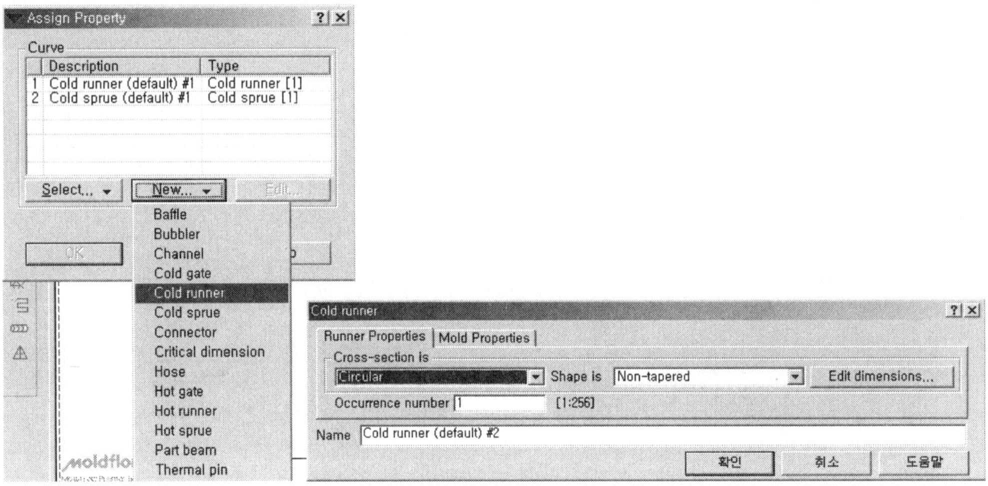

Cross-section is에 러너 형상이 원통형이므로 Circular를 선택하고, Shape is는 Non-tapered를 선택한 후, Edit dimensions를 클릭하여 러너 직경을 8 mm로 입력하고, 확인을 누른다. Cold runner 창도 확인시킨다.

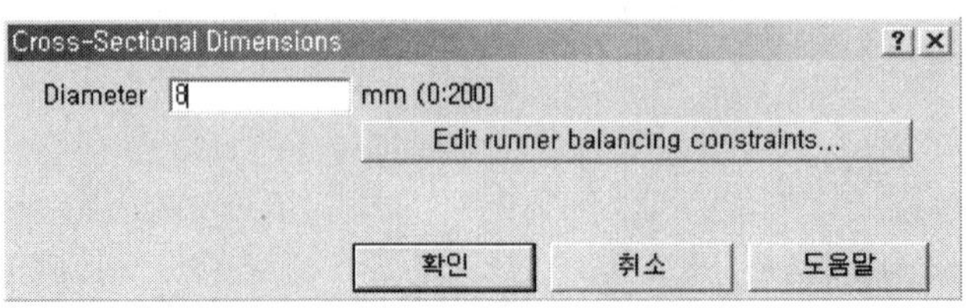

Assign Property 창에서 새로 만들어진 Cold runner를 선택하고 OK하면, Assign property 창은 사라지고, 화면상의 4개의 커브는 녹색으로 변한다.

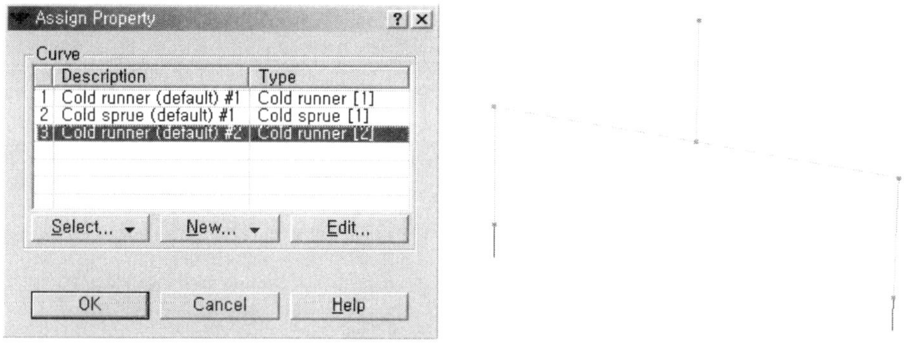

(9) 마지막으로 게이트의 형상과 직경을 위와 같은 방법으로 입력한다. 우선 게이트가 될 2개의 커브를 선택하고, MB3을 클릭하면 나타나는 메뉴 중에서 Properties를 선택한다. '선택된 엔티티는 아무런 성질이 주어지지 않았다. 새로운 성질을 입력할 것인가?'라는 메시지 창이 생성된다. OK하면 Assign Property 창이 활성된다.

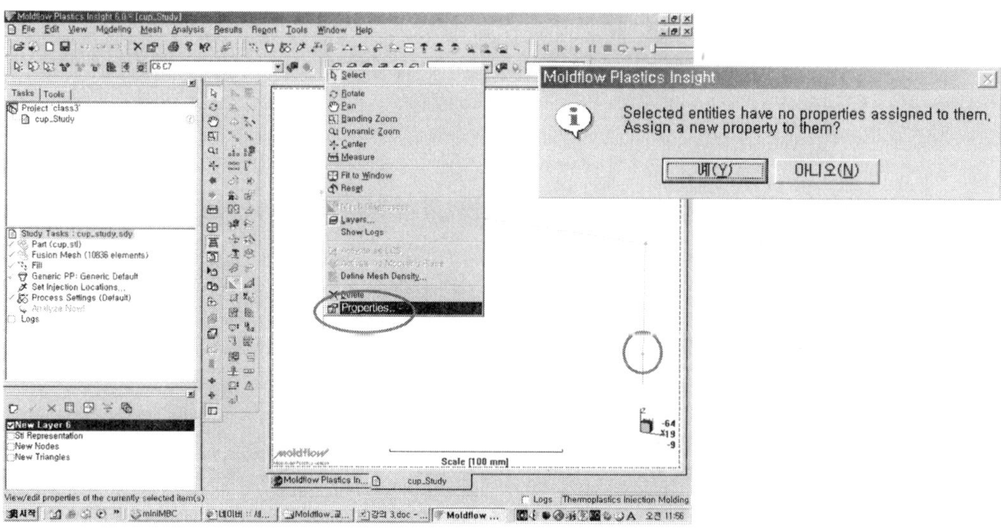

Assign Property 창에서 New를 선택한 후, Cold gate를 선택한다.

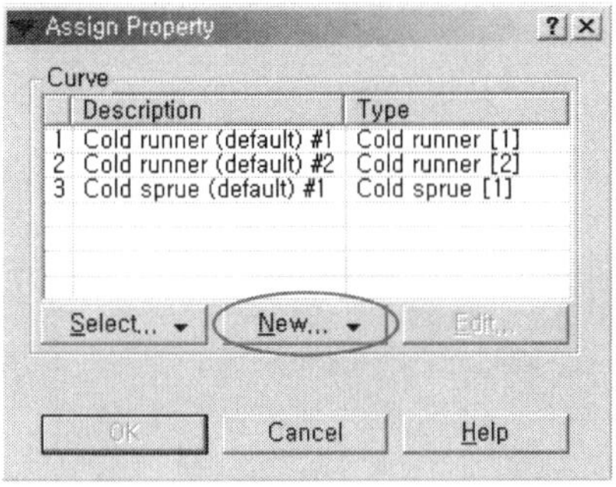

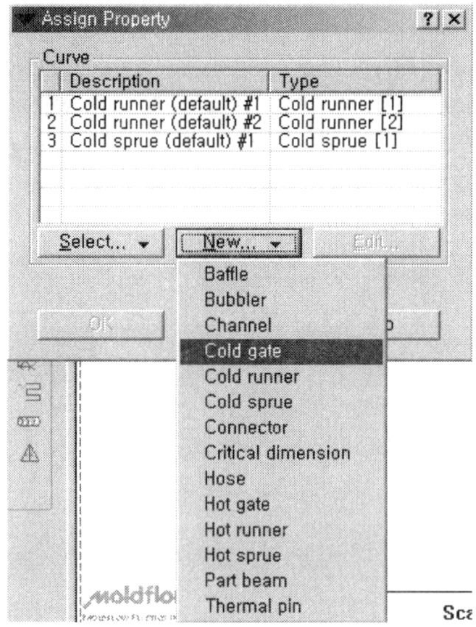

Cold gate의 형상과 직경을 입력하는 창이 뜨고, Cross-section is에 Circular(원형)를 선택하고, Shape is에 Tapered(by end dimensions)를 선택한다. 그리고 Edit dimensions를 클릭하여 게이트의 시작과 끝의 직경을 입력한다. 게이트 시작은 러너의 직경과 동일한 8, 성형품 쪽의 게이트 직경은 1.5로 정한다.

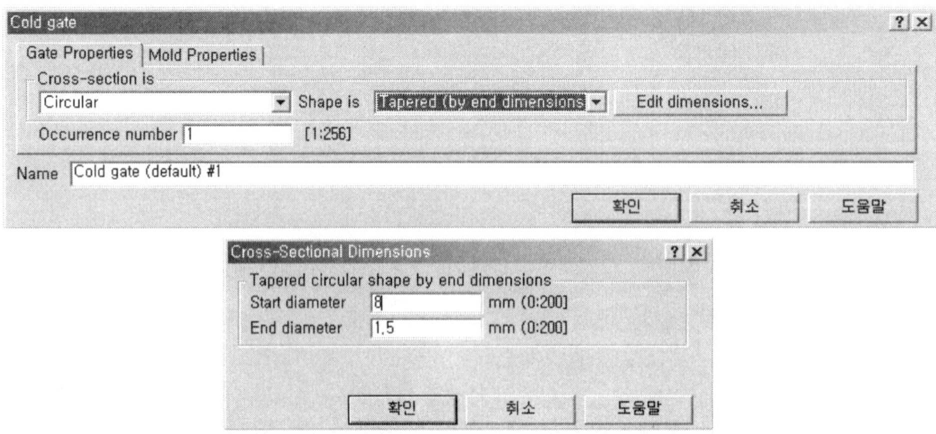

모든 입력이 끝나면 모든 창을 확인을 클릭하여 닫는다. Assign Property 창에서 생성된 Cold gate를 선택하고 OK하면, 화면상의 게이트는 커브가 녹색으로 변한다.

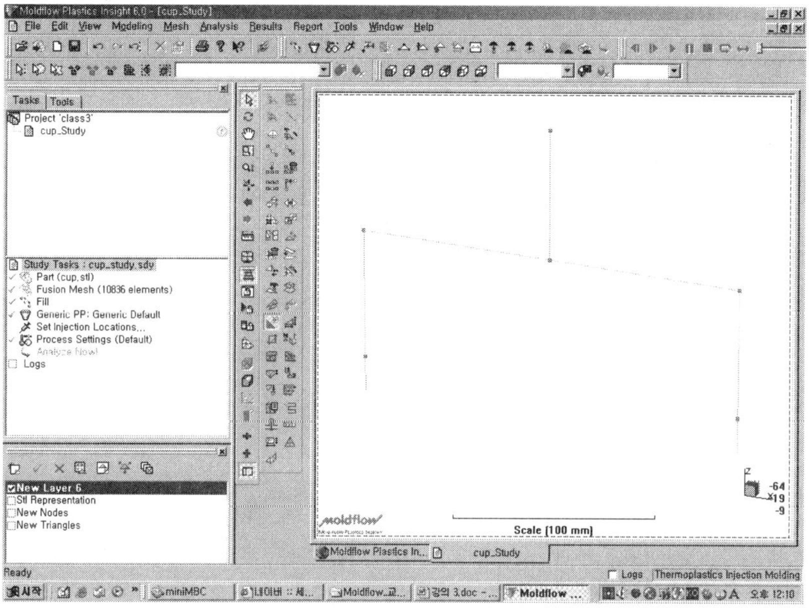

(10) Property가 정의된 모든 커브에 대하여 메쉬를 정의해야 한다. 모델링 창의 커브를 모두 선택하고, MB3을 클릭하면 메뉴가 활성되고, 이 중에서 Define Mesh Density를 선택한다.

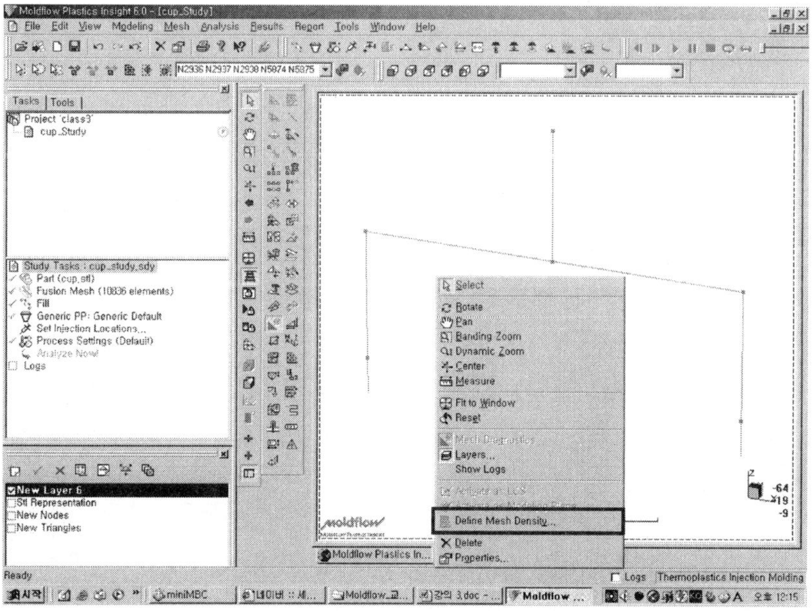

Define Mesh Density 창이 활성되고, 모델링 창의 커브가 초기의 cup.stl 모델의 메쉬 크기를 정의할 때와 같은 크기(5 mm)의 메쉬로 나누어지는 것을 볼 수 있다. 정의된 메쉬 크기를 그대로 사용하길 원하면 Apply하고, 다시 크기를 정의하길 원하면, 메쉬 크기를 다시 입력한다. 메쉬 크기를 20 mm으로 다시 정의한다. 통상 러너 직경의 2.5 배로 메쉬 크기를 정한다.

새로운 메쉬 크기를 정의하기 위해서는 Define Mesh Density 창에 표시된 커브를 모두 선택(Shift+첫 번째 커브 ~ 마지막 커브–파란색으로 모두 선택됨)하고, 메쉬 크기를 20 mm로 입력한 후 Apply한다. 커브 상에 크기 20 mm인 메쉬가 정의되는 것을 볼 수 있다. Close하여 Define Mesh Density 창을 닫는다. 아직 커브 상에 메쉬가 생성된 것은 아니며, 단지 20 mm 메쉬 크기가 정의된 상태이다.

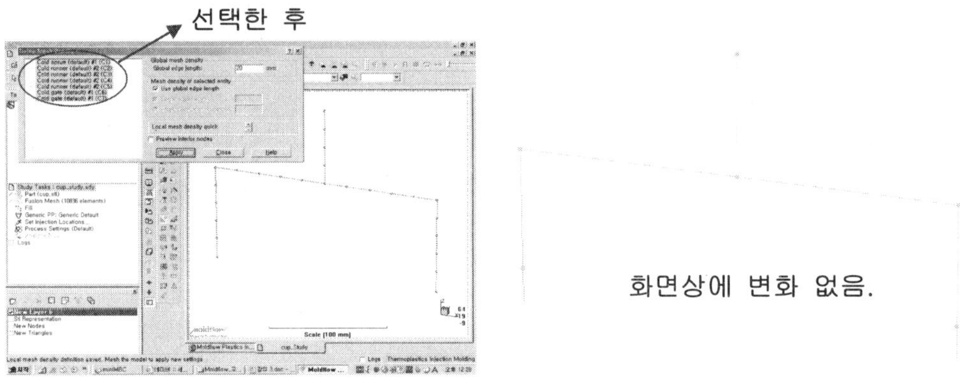

(11) 20 mm로 정의된 커브들에 대하여 메싱작업을 수행한다.

커브를 모두 선택한 상태에서 Mesh → Generate Mesh를 선택하면, 이전의 커브에 설정한 20 mm 크기의 메쉬가 입력된 Generate Mesh 창이 나타난다. Mesh Now를 클릭하면 커브의 메싱이 진행되고, 진행사항이 모델 창에 나타난다. 만약, assign 된 것을 변경하려면 Edit/Assign property를 클릭하면 Assign property 창이 뜬다. 이때 Edit를 선택하여 dimension의 시작과 끝 치수를 다시 입력하면 된다. 커브에 메싱 작업이 끝나면 메싱 완료 메시지와 모델링 창에 메싱된 스프루, 러너, 게이트가 아래와 같이 나타난다.

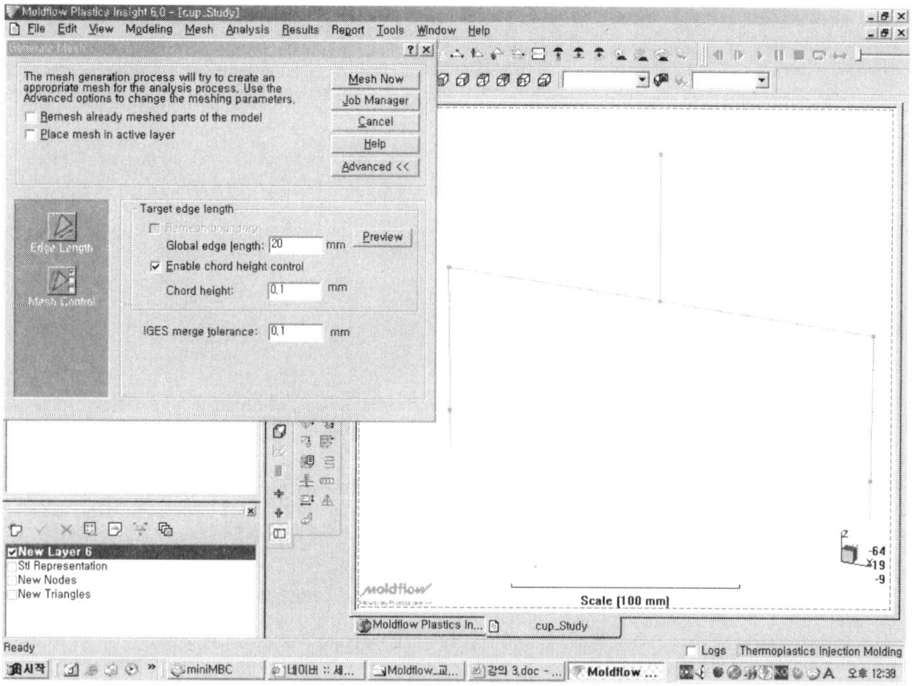

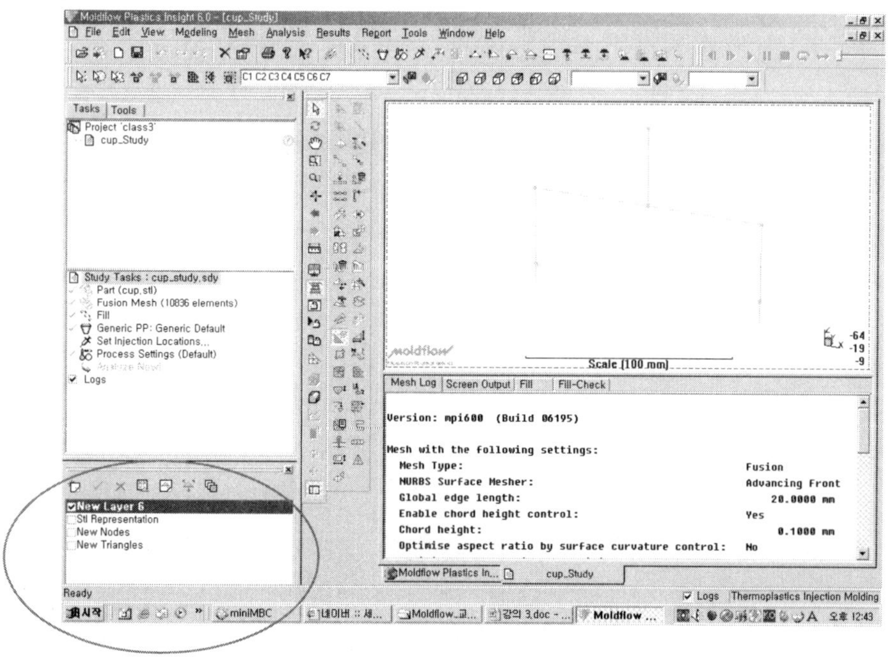

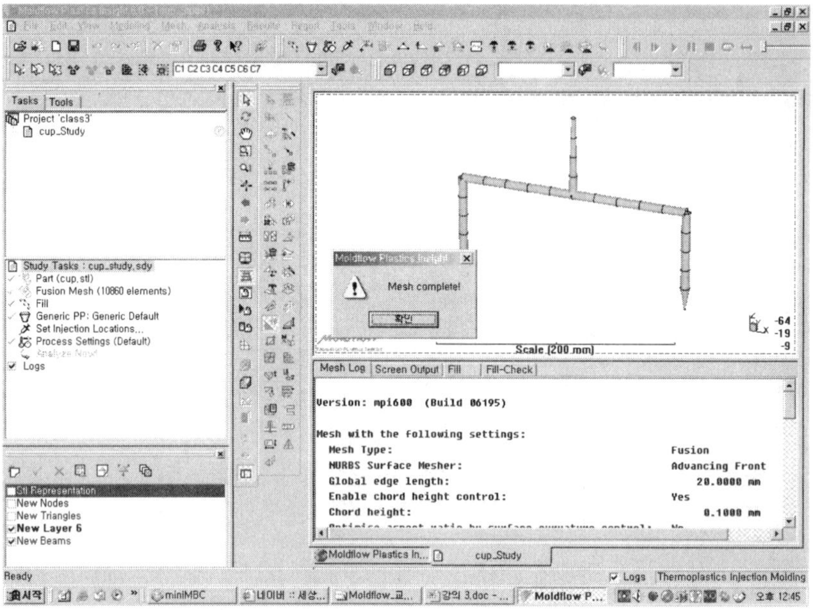

(12) 성형품과 게이트 사이에 정첩 노드를 머지 한다. 스프루, 러너, 게이트에 해당되는 커브를 메싱할 때 생긴 게이트의 노드가 성형품의 노드와 겹쳐져 있으므로 반드시 하나의 노드로 머지를 시켜야 한다.

모델링 창 아래의 Logs의 체크를 풀어서, 전체를 모델링 창으로 바꾸고, Layer 창에서 숨겼던 메쉬 모델을 불러들인다. 화면상에 모델전체를 정렬하기 위해서는 Fit to window 버튼을 사용하면 된다. Banding Zoom 버튼을 이용하여 게이트와 성형품이 접해있는 곳을 확대한다. Banding Zoom 버튼을 누르고, 확대할 부분을 드래그 하여 선택하면 그 부분이 확대된다.

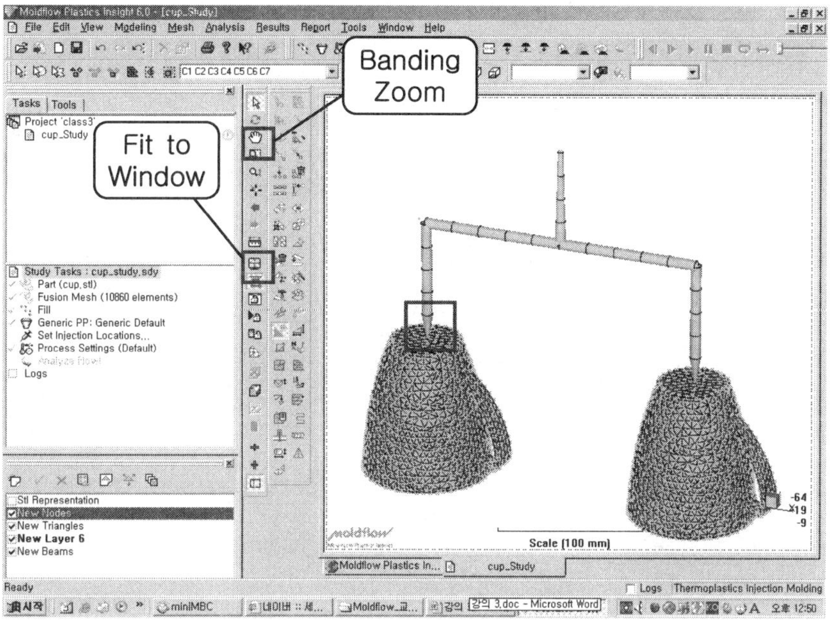

Ctrl+T하여 Tool 창을 활성시킨 후 merge nodes tool을 선택한다. Input Parameters 창의 Node to merge to에 N2935, Node to merge from에 N5899를 선택한다. Node 선택 시 selection option의 Filter를 Node로 선택하고, MB1을 사용하여 모델 창의 게이트 부위를 작게 드래그 하여 선택하면 된다. 이때, Select facing items only 아이콘을 지정하면 표면상의 노드만 선택할 수 있다. 또한, Tools 창에 있는 Preserve Fusion을 off한 상태에서 작업해야 한다.

지금까지의 형상모델, 스프루, 러너, 게이트의 메싱 작업이 정확하다면 Node to merge to에는 노드가 하나만 선택되고, Node to merge from에는 1개 또는 2개의 노드가 선택된다. (또는 Global Merge를 이용하여 머지 시킬 경우에는 Preserve Fusion 아이콘은 Off 상태에서 진행시킬 것)

주의

- Node to merge from의 노드를 선택하기 위하여 드래그 할 때 겹쳐진 노드 이외의 노드가 선택되지 않도록 확인할 것이다.
- merge의 확인 방법으로는 해당 노드를 확인해보면 merge to와 merge from이 동일한 노드 번호가 되어야 하는 것이다.

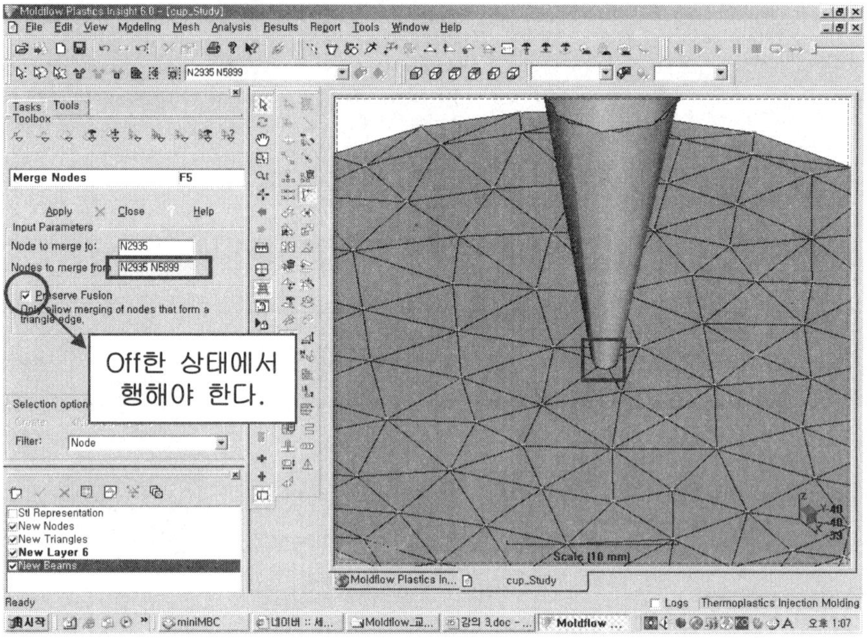

노드의 선택이 끝나면 Apply하고, 두 점을 머지 시켜 하나의 노드로 만든다. 동일한 방법으로 남은 게이트 부위의 노드도 머지 시켜서, 러너 시스템의 모델링을 끝낸다.

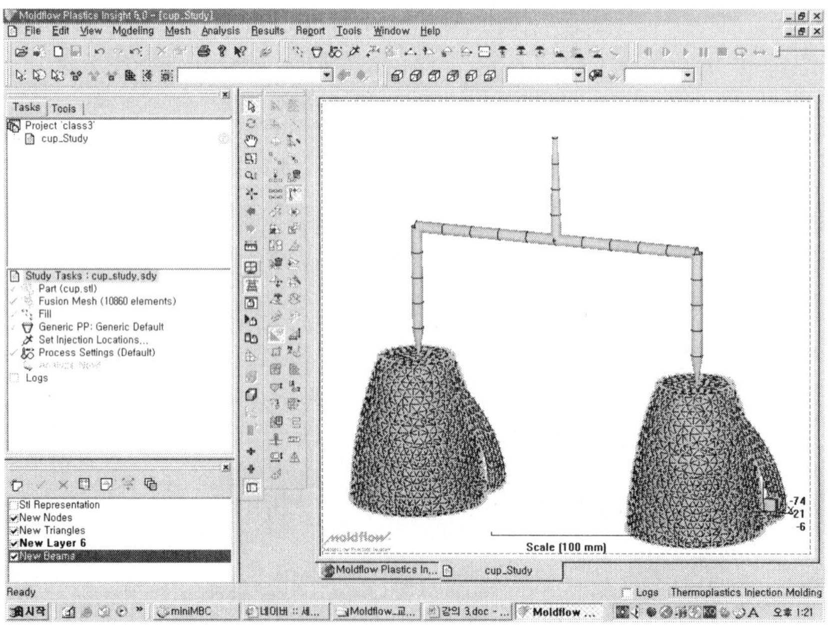

복습 문제

[1] 서술형

1. 러너 시스템의 구성 요소를 그림을 그려 표현하고, 각 구성요소의 기능에 대해 설명하시오.
2. 게이트의 종류를 체계적으로 분류해 보시오. 그리고 핀 포인트 게이트, 터널 게이트, 바나나 게이트에 대해 비교 설명해 보시오.
3. 러너의 단면 효율을 나타내는 형상계수의 정의는 무엇이며, 이 계수의 값이 커질수록 러너 단면으로서 유리하다. 그 이유는 무엇인지 설명해 보시오.
4. MPI에서 러너 시스템을 모델링 하는 절차와 방법에 대해 기술해 보시오.
5. 게이트의 메쉬 모델 작성 시 성질(properties)을 할당하는 방법에 대해 적어보시오.
6. 러너 시스템의 메쉬 모델은 통상적으로 빔(beam) 메쉬로 구성된다. 이 때문에 생길 수 있는 문제점에는 어떤 것들이 있는지 설명하시오.

[2] 단답형

1. MPI에서 러너 시스템의 모델링을 위한 라인 생성 시 라인은 청색으로 변경된다. (T/F)
2. 터널 게이트는 성형품의 측벽에 경사를 이루며 설치된다. (T/F)
3. 엣지 게이트는 주로 3단 금형에 적용된다. (T/F)
4. MPI에서 Rotate 명령 시 객체의 회전은 시계방향으로 이루어진다. (T/F)
5. 러너 시스템의 메시 작업 시 메시의 크기는 통상 러너 직경의 2.5배의 크기로 정한다. (T/F)
6. 러너 시스템의 메쉬 모델링이 완료되면, 최종적으로 성형품과 러너 시스템 사이에 겹치는 노드를 삭제(delete) 시켜야 한다. (T/F)
7. 스프루 게이트는 일종의 비제한 게이트이며, 주로 대형 원통형 제품에 적용된다. (T/F)
8. 필름 게이트는 자동 절단형 게이트로서 주로 3단 금형에 적용된다. (T/F)
9. 팬 게이트는 기본 엣지 게이트의 변형으로서, 유동선단이 일직선상에 있도록 하며 젯팅 방지에 유리하다. (T/F)

10. 러너의 레이아웃에서 기하학적으로 균형을 갖춘 러너 시스템에서는 각 캐비티에 충전 불균형이 일어나지 않는다. (T/F)

[3] 토론형

1. 게이트 위치와 성형품의 품질과의 관련성
2. 러너 시스템의 중요성
3. 사출성형용 금형이 구비해야 할 기능들
4. 스프루(sprue)가 없는 금형 구조

[4] 실습형

1. 제 2장의 실습형 문제에서 다루었던 컵 모델을 대상으로 제 3장에서 작성한 러너 시스템과 같은 형상과 크기로 모델링해 보시오.

4장

열가소성 수지 / 유동해석의 수행

학습목표

◦ 플라스틱 재료의 종류
◦ 플라스틱 재료의 특성
◦ 유동해석을 위한 입력 사항
◦ 유동해석의 결과 분석

이론

◦ 부교재 제 2장

실습

◦ 컵 모델(cup model)을 대상으로 유동해석 수행
◦ 유동해석 결과 고찰

특기사항 (준비물 및 과제 등)

◦ CAD 모델 : cup.prt
◦ 플라스틱 수지 ppt 자료

4.1 열가소성 수지

다음은 부교재의 제 2장(사출성형에서의 열가소성 수지)의 내용 중 일부를 편집한 것이다. 사출성형 CAE를 잘 다루기 위해서는 수지에 대한 이해와 활용이 매우 중요하다.

4.1.1 폴리머의 구조

폴리머라는 용어는 다량의 단량체(mer or monomer)로 구성된 집합체를 말한다. 이들 단량체들은 여러 가지 방법에 의해 긴 분자체인, 즉 폴리머로 결합된다. 폴리머 체인 내의 단량체들의 결합은 서로 공유하는 전기적 힘에 의한 강한 공유 결합력으로 결합되어 있다. 하나의 폴리머 체인은 여러 가지 방법으로 결합된 수많은 단량체 단위를 포함하고 있다. 표 4-1은 구조에 따른 일반 폴리머의 분류를 나타낸 것이다. 폴리머의 중요한 세 가지의 구조적 분류가 표에 나타나 있다.

▶ [표 4-1] 구조에 의한 일반 폴리머 분류

Amorphous	Semicrystalline	Amorphous or Semicrystalline
ABS	Acetal	Acrylonitrile
Acrylic	Cellulosic	Polyvinylidene fluoride
Polyamide-imide	Nylon	Polyesterterephthalate(PET)
Polycarbonate	Polybutylene	Polyphenylenesulfide
Polyetherimide	Terephthalate	Polyvinylidene chloride
Polystyrene	Polyetheretherketone	Polyimide
Polysulfone	Polyethylene	
Polyethersulfone	Polypropylene	
Polyvinyl chloride	Polytetrafluoroethylene	
Polychlorotrifluoroethylene	Ionomer	
Polyphenylene oxide, modified	Liquid crystal	
	Polymer	
	Polyaryletherketone	
	Polyphthalamide	

4.1.1.1 열가소성 재료

열가소성의 재료는 반복 단량체들이 선형 또는 가지 형 폴리머 단위들로 만들어진다. 아래에 일반적인 폴리머를 몇 가지 열거하였다. 이 단량체들의 결합은 그림 4-1에 나타나 있다.

- 폴리에틸렌 (PE)
- 폴리프로필렌 (PP)
- 폴리 염화비닐 (PVC)
- 폴리스틸렌 (PS)
- 나일론 6(PA-6)

플라스틱 산업에 사용되는 재료의 약 94%가 열가소성 재료(수지)이다. 열가소성 재료는 반복적으로 가열, 용융되어 제품으로 성형된다. 분자 체인내의 각각의 원자들은 서로 매우 강력한 1차 결합으로 연결되어 있다. 일반적으로 이것을 공유결합이라 부른다. 폴리머 체인사이의 결합은 1차의 공유결합에 비하여 비교적 약한 편이다. 2차 결합은 반데르발스 힘(van der Waals force)으로 일컬어지고, 일반적으로 1차 결합 강도의 5% 이하 수준이다(그림 4-2). 폴리머가 가열될 때 2차 결합은 압력이 가해질 때 분자들이 빠르게 흐를 수 있을 정도로 약해진다.

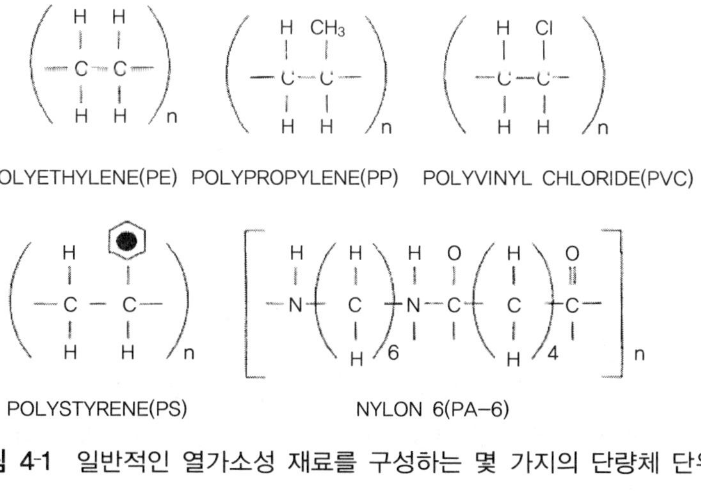

▲ **그림 4-1** 일반적인 열가소성 재료를 구성하는 몇 가지의 단량체 단위

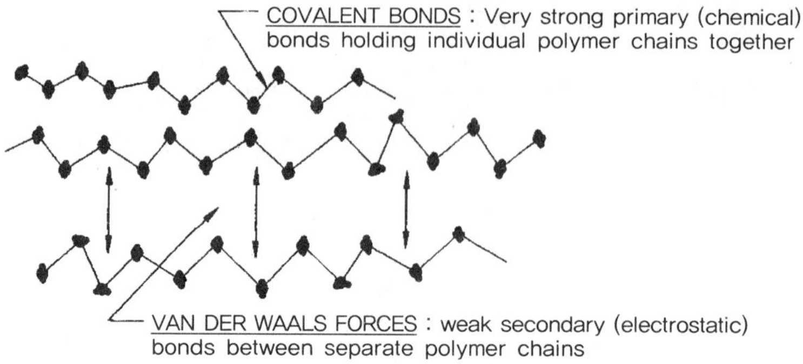

▲ **그림 4-2** 열가소성 수지는 폴리머 분자 내의 원자들 간의 강력한 1차 결합력과 각 분자들 사이의 약한 반데르발스 힘으로 구성되어 있다.

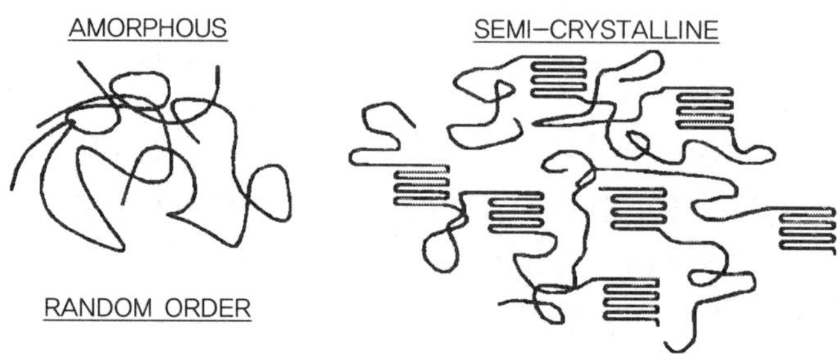

▲ **그림 4-3** 비결정성과 결정성 수지의 구조

4.1.1.2 비결정성 폴리머

그림 4-3은 비결정성과 결정성 플라스틱 재료의 구조를 나타낸 것이다. 몇 가지의 비결정성 재료를 표 4-1에 나타내었다. 비결정성 재료의 특성은 다음과 같다.

- 폴리머 체인의 랜덤 배열.
- 투명에서 반투명까지 다양함.
- 결정성 폴리머보다 내약품성이 낮음.
- 재료의 밀도는 냉각속도에 영향을 받지 않음.
- 융점이 분명하지 않음.
- 수축률이 결정성 수지에 비해 작음. (10/1000 이하)
- 지속적인 변형과 응력에 의한 스트레스 크랙킹(stress cracking)이 잘 일어남.

4.1.1.3 결정성 폴리머

결정성 플라스틱 재료에 포함된 소량의 폴리머 체인들은 조밀한 형태의 결정 영역을 형성하게 된다. 결정성 재료의 특성은 다음과 같다.

- 불투명에서 반투명성의 광학 특성. 어느 정도 투명성은 빠른 냉각과 핵제를 사용하여 결정의 성장을 제어하여 얻을 수 있다.
- 비결정 영역 내에 고도로 조직화된 결정구조를 갖는다.
- 밀도는 냉각속도에 의해 영향을 받음. 빠른 냉각은 결정성장을 방해하고, 그로 인해 밀도가 낮아진다
- 더욱 명확한 융점을 갖는다.
- 결정구조의 조밀성 때문에 냉각 시 수축이 크다. (10/1000 이상) (그림 4-3 참조)

4.1.1.4 열경화성 재료

열경화성 수지는 그림 4-4에서 보는 것처럼 가교결합, 즉 네트웍 구조의 중합체이다. 열경화성 재료는 오직 한번만 가열되어 성형되는 특성을 가지고 있다. 성형 시 분자들은 가교되어 단일 거대분자로 변화된다. 일단 한번 경화된 수지는 열가소성 수지처럼 다시 용융되지 않는다. 열경화성 재료는 고온에서 양호한 성능을 발휘한다.

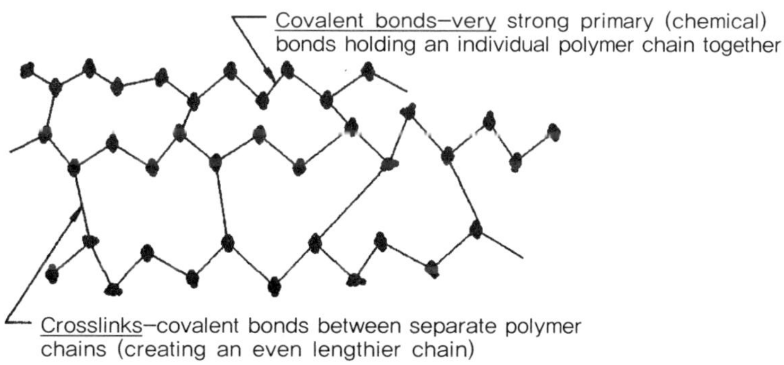

▲ 그림 4-4 열경화성 수지의 일반 구조

4.1.2 사출성형시 폴리머의 점도

4.1.2.1 점도의 온도 영향

전단율 외에 온도의 증가도 플라스틱 재료의 점도를 감소시킨다. 용융상태의 플라스틱은 긴 분자 체인으로 되어있다. 일반적으로 이러한 체인들의 등뼈(back bone)는 탄소 원자로 되어 있다. 체인을 따라 존재하는 탄소 원자는 매우 강력한 공유결합, 즉 화학적 결합으로 이루어져 있다. 이런 각각의 폴리머 체인들은 결과적으로 비교적 약한 반데르발스(van der waals) 힘에 의해 결합된다. 공정 중에 가해지는 열에 의해서 1차 결합은 약해지고, 그 결합길이는 길어진다. 일반적인 성형 온도에서 이렇게 약화된 결합들은 운동의 자유도는 증가시키지만, 그래도 여전히 체인상태로 존재한다. 만약 과도한 열이 주어지면 이들 결합은 분해 되어 영원한 열화를 일으킨다.

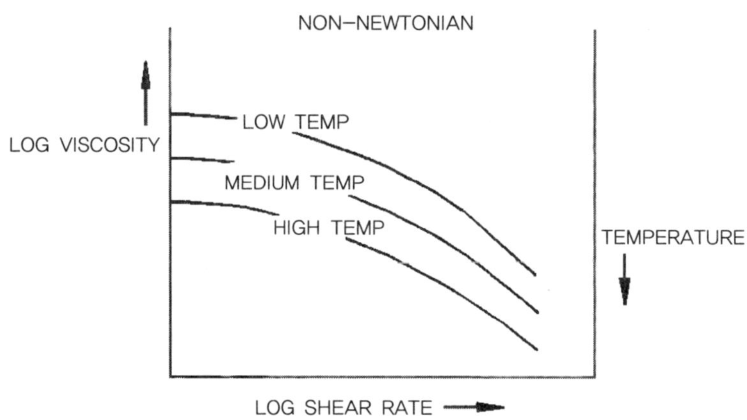

▲ 그림 4-5 점도에 대한 온도와 전단율의 영향

4.1.2.2 유동채널 내의 전단율 변동

층류는 금형충전 시 뚜렷한 층류 선을 나타낸다. 폴리머 층(layer) 사이의 상대운동과 유동채널 벽에 대해 흐르는 폴리머의 질량은 상당히 클 수 있다. 이 변화의 비율을 전단율이라 하며 다음 식으로 나타낸다.

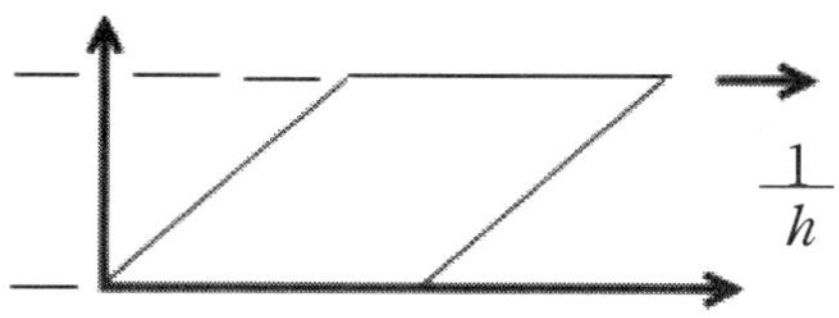

$$\frac{1}{h}\ \frac{dx}{dt} = \frac{v}{h} = \dot{\gamma}$$

여기서, t는 시간, v는 속도, h는 유동채널의 수직 방향으로의 두께, 즉 직경이며, x는 유동채널의 길이 방향의 거리이다. 전단율은 s^{-1}로 표현된다.

그림 4-6 (b)은 층들을 유한 개수로 나누어 전단율의 파형을 나타낸 것이다. 금형벽면과 유동채널의 중앙에서의 전단율은 0이다. 최대 전단율은 금형벽면의 인접지역에서 나타난다.

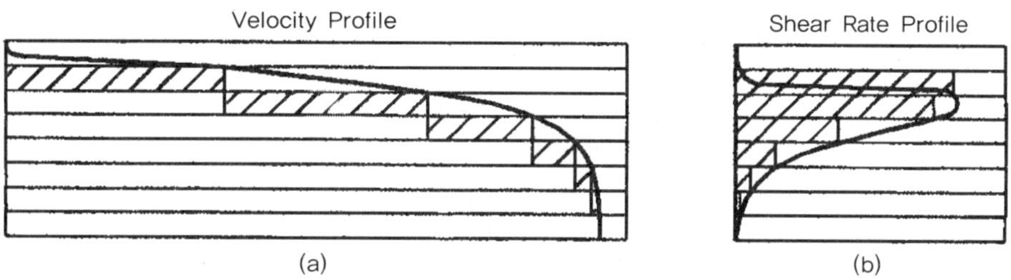

▲ **그림 4-6** 전단율 파형의 생성

전단율의 파형은 속도 파형으로부터 얻어진다. 속도 파형에서 해칭된 부분은 각각의 층에서의 상대속도를 나타낸 것이다. 이러한 상대 속도는 전단율 파형으로 나타낼 수 있다.

유동 시 층들의 상대 운동은 용융 수지에 작용한다. 이와 같은 전단력은 스트레인의 방향에 따라 폴리머를 배향시킨다. 폴리머 체인이 배향, 즉 체인이 더욱 정렬 될수록 폴리머 사이에는 입체적인 장애는 작아지며 폴리머가 상대적으로 좀더 자유롭게 움직이게 한다. 이런 효과는 유동수지의 점도를 감소시킨다.

그림 4-7은 유동채널의 단면을 흐르는 용용 수지의 정보를 보여주는 유동해석 프로그램의 해석결과이다. 이러한 특별한 결과들은 유동채널 중앙을 기준으로 대칭으로 흐른다고 가정한 해석결과이다. y축은 유동채널의 수직위치를 나타낸 것이다. 좌상측에서 시계방향으로 속도, 전단율, 온도, 점도를 각각 나타낸 것이다.

온도분포에서 높은 전단율 지역과 고온지역 사이의 관계에 대하여 살펴보자. 높은 전단율 지역은 마찰열을 발생시키는데 이것은 불규칙한 온도분포를 나타낸다. 이것은 러너와 게이트처럼 높은 전단율로서 흐를 때에 적용되는 특별한 경우이다.

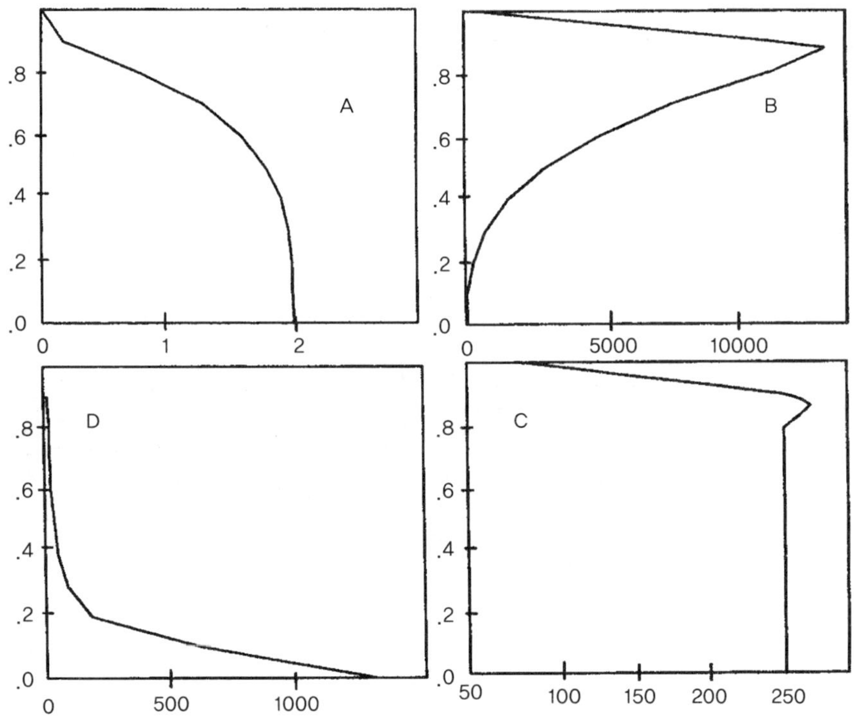

▲ 그림 4-7 유동채널의 단면 중심선에서 유동 경계까지의 유한차분 유동 해석의 출력 (A) 속도, (B) 전단율, (C) 수지온도, (D) 점도

4.1.2.3 점도 모델

점도에 대한 전단율의 영향은 수학적으로 표현할 수 있으며, 금형충전 해석에 필요하다. 일반적으로 사용되는 몇 가지 모델은 다음과 같다.

1) 멱함수(Power law) 점도 모델 :

$$\eta = m\dot{\gamma}^{\,n-1}$$

여기서 η는 점도, m은 상수, $\dot{\gamma}$는 전단율, n은 멱함수 지수이다.

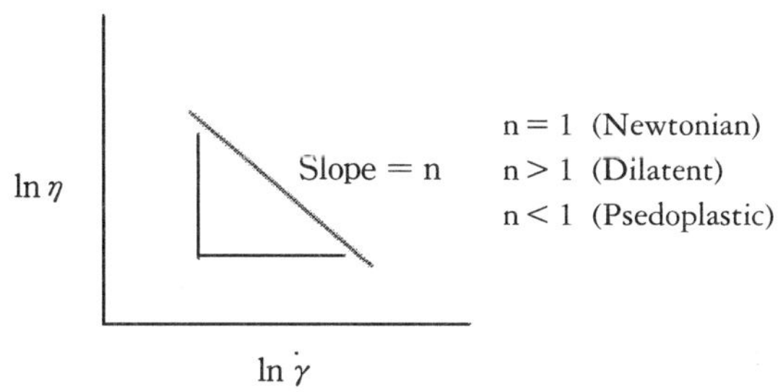

2) Bird-Carreau 점도 모델 :

$$\frac{\eta-\eta_\infty}{\eta_0-\eta_\infty}=[1+\lambda\dot{\gamma})^2]^{\frac{n-1}{2}}$$

여기서 η_∞은 뉴톤 점도의 상한치, η_0는 유동정지 시 점도, λ는 시정수이다.

3) Cross 점도 모델 :

$$\eta = \frac{\eta_0}{1+[\frac{\eta_0\dot{\gamma}}{\tau*}]^{1-n}}$$

여기서, $\tau*$는 뉴턴니언과 멱함수 영역 사이의 천이영역에서의 전단응력

4) 2차 다항식 점도 모델 :

$$\ln(\eta) = A_1 + A_2 \ln\dot{\gamma} + A_3(\ln\dot{\gamma})^2$$

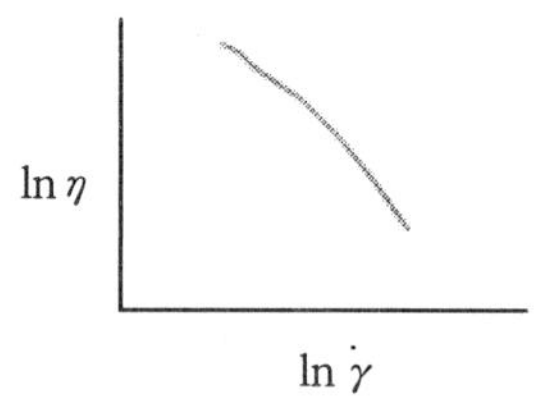

여기서, A_1에서 A_3는 상수들이다.

가장 최선의 꼭 맞는 점도 모델 식은 없다. 각각의 모델은 장단점을 가지고 있다. 재료 별로 서로 다른 모델을 사용하여 표현한다. 멱함수 식은 넓은 범위의 공정조건에서 폴리머의 점도를 대표하는 가장 좋은 모델 식으로 알려져 있다. 이 모델은 전단율이 큰 범위에서 잘 맞다. 그러나 이것은 최근의 상용 유동해석 프로그램에는 거의 사용되지 않는다.

이상적인 경우는 원 재료 데이터를 기초로 하여 임의의 모델에 대하여 실험하여 정하는 것이다. 다중의 점도 모델의 사용은 현재 금형충전해석 프로그램에 점차 일반화되고 있다. 그러나 사출성형 CAE 소프트웨어 제공자들은 특정한 모델을 더 선호하여 그것을 표준으로 사용하는 경향이 있다.

4.2 성형조건 입력

이 장에서는 제 3장에서 작성된 러너 시스템 모델을 적용한 컵 형상모델에 대해 유동해석을 수행하기 전에 행해야 할 성형조건 및 대상수지를 입력하는 방식을 설명한다. 다음은 성형조건의 입력 순서를 설명한 것이다.

(1) 우선 해석의 종류를 선택하기 위하여 Tasks 창을 선택한다. Fill을 MB3으로 클릭하면 Set Analysis Sequence 버튼이 생성되고, 이것을 선택하면 Select Analysis Sequence 창이 열린다. Flow(filling + packing)를 선택하고, OK한다.

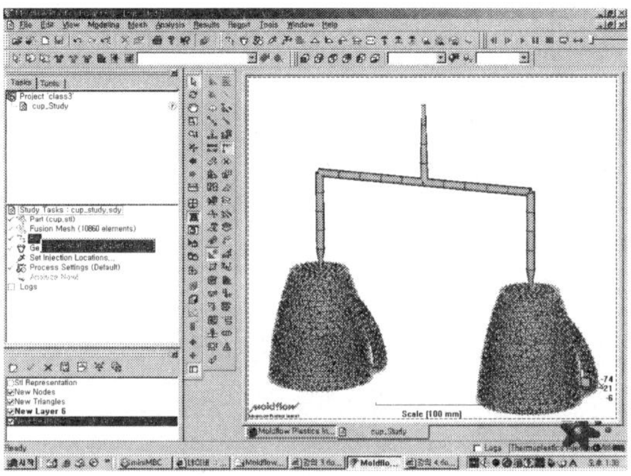

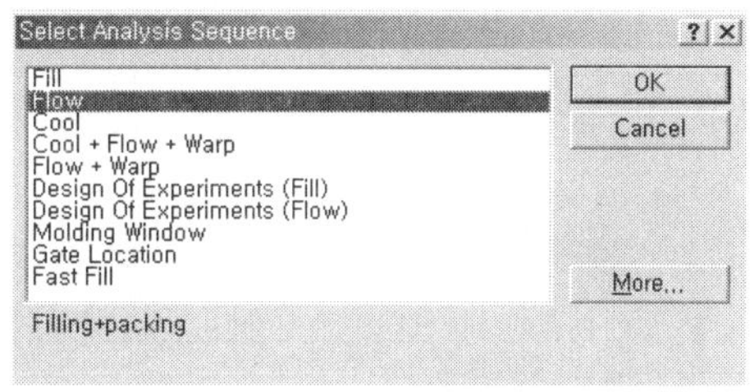

(2) 적용할 수지를 선택하기 위하여 Tasks 창의 Generic PP : Generic Default를 MB3으로 클릭하여 Select Material을 선택하면 적용할 수지를 찾을 수 있는 검색 창이 열린다.

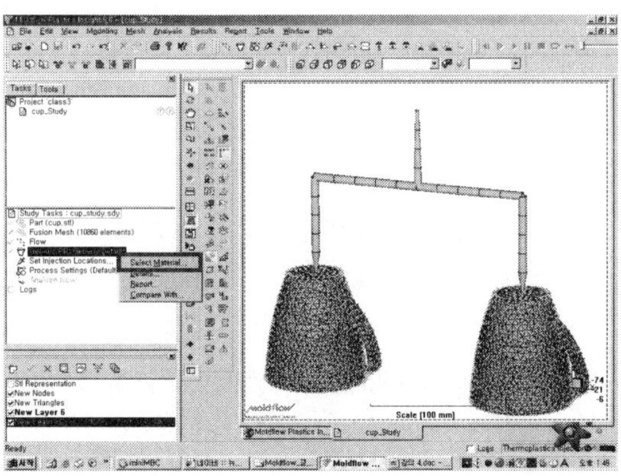

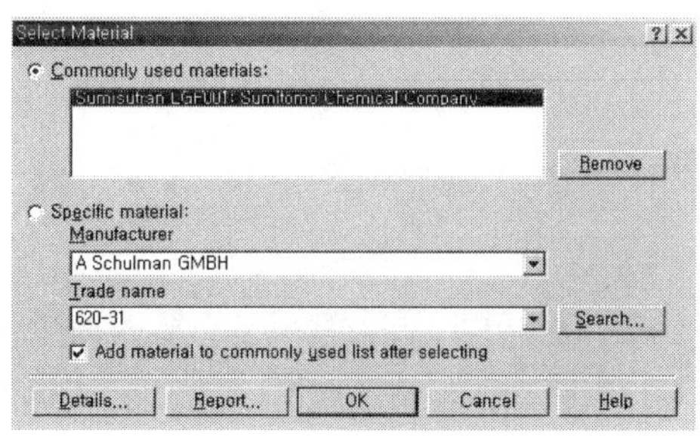

검색 창에서 Search를 누르면, Search Criteria 창이 열리고, 여러 가지 검색 옵션이 나타난다. 검색 옵션에는 적용 수지의 메이커와 종류, 충전재의 종류와 흐름 정도(MFR) 등이 있다. 여기서는 LG Chemical사의 ABS 수지 중에서 AF303을 적용한다. 따라서 메이커에 LG, 종류에 ABS를 입력하고 Search하면 LG Chemical에서 생산 중인 ABS가 아래 그림과 같이 모두 검색된다.

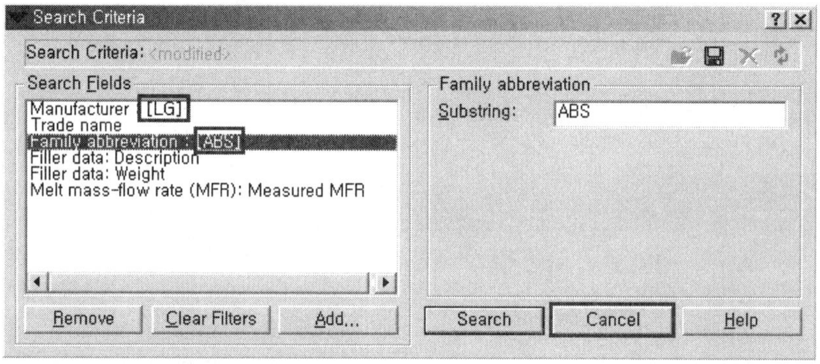

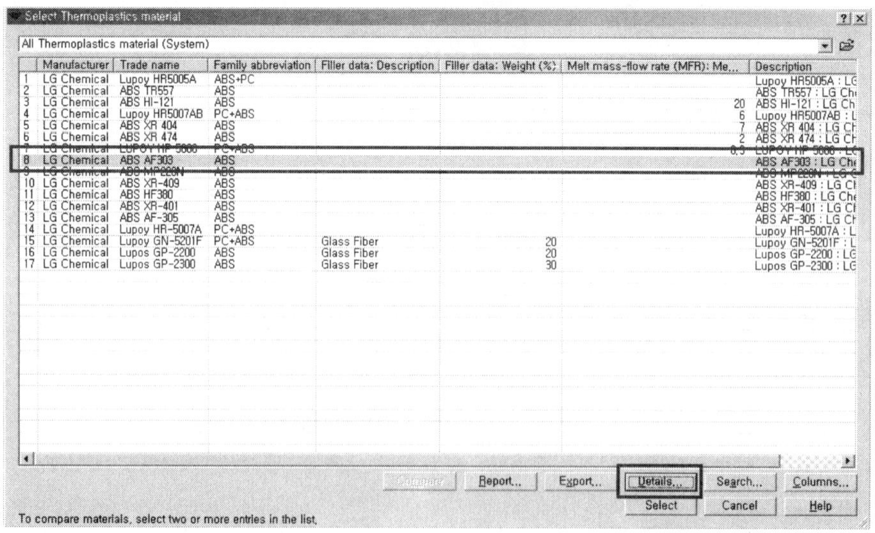

검색된 ABS 중에서 AF303을 선택한다. Select Material 창에 ABS AF303 수지가 선택된 것을 확인하고 OK한다. Tasks 창에서 AF303이 선택된 것을 확인할 수 있다.

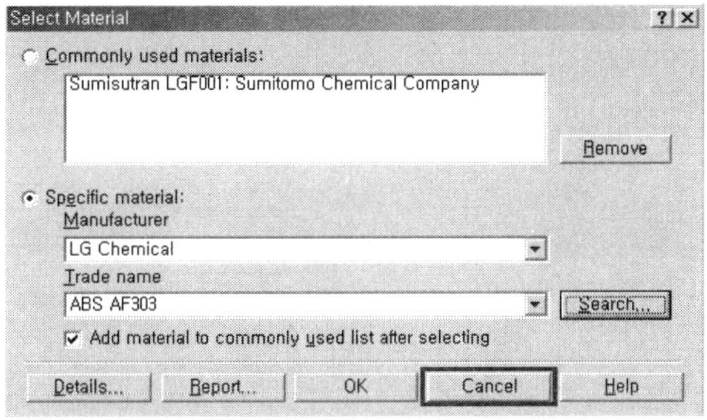

(3) 수지 주입구를 선택하기 위하여 Tasks 창의 Set Injection Locations를 MB3으로 선택하면 모델링 창에 화살표 모양의 커서가 활성되고, 이 화살표를 스프루 입구에 놓고서 클릭하면 스프루 입구에 화살표가 아래 그림과 같이 생성된다.

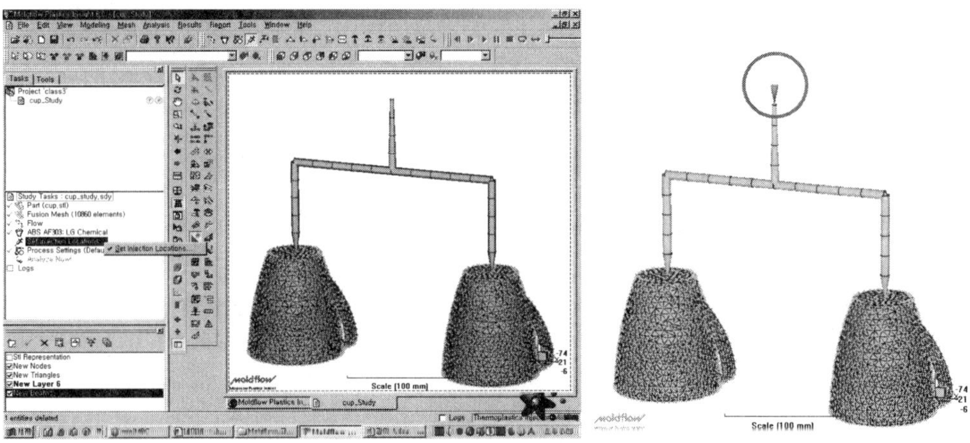

(4) 성형조건을 입력하기 위해서 Tasks 창의 Process Settings(Default)를 MB3으로 선택하면, Process Setting Wizard – Flow Settings 창이 활성된다. 이 창에는 금형 온도(Mold surface temperature), 수지 온도(Melt temperature), 사출 속도(Filling control), 보압 절환 시점(Velocity/pressure switch-over), 보압 제어(Pack/holding control), 냉각 시간(Cooling time) 등을 입력할 수 있다. 여기서는 모든 조건을 디폴트 값으로 정한 후, OK하여 성형조건의 입력을 끝낸다.

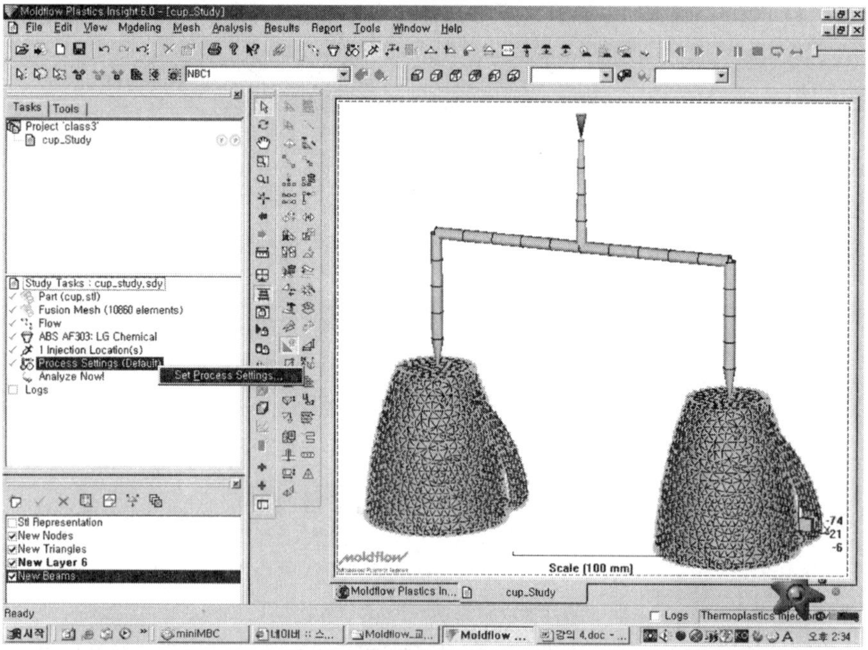

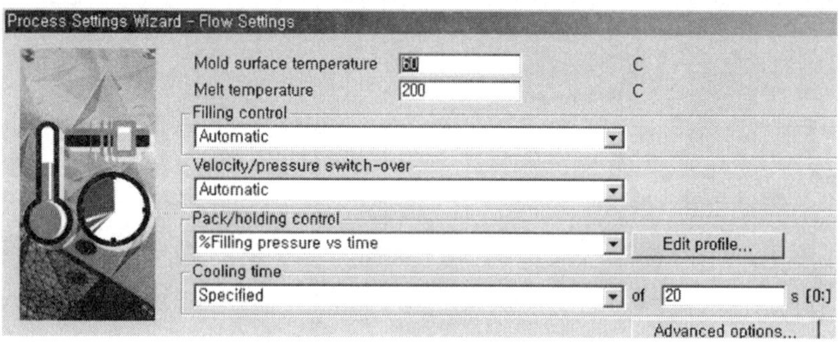

4.2.1 최적 사출 시간의 결정

1.3절에서 기술한 바와 같이 사출 압력은 사출 시간에 따라 변하며, 사출 압력을 최소로 하는 사출 시간을 정할 수 있다. 이와 같은 최적의 사출 시간은 CAE 프로그램을 통해 간단한 실험으로 구할 수가 있다.

앞 절의 예제는 사출 시간을 프로그램이 제공하는 디폴트 값으로 입력하였다. 부록 3에는 앞 예제에 대한 최적의 사출 시간을 구하고, 사출 속도를 다단으로 입력하였을 시, 사출 압력에서 약 15%의 압력 감소가 있음을 보여주는 CAE 실험보고서를 실어 두었다.

4.3 성형해석 실행

다음은 유동해석을 수행하기 위한 순서를 설명한 것이다.

(1) 해석을 위한 모든 조건의 입력을 마친 후 모델을 해석수행 단계로 넘긴다. 메뉴바에서 Analysis → Job Manager를 활성화시킨다. 활성된 Job Manager 창의 Studies 창에서 해석할 cup_Study 파일을 선택, Submit job 창에서 Batch Queue를 선택, 중앙의 Submit 버튼을 클릭하면 cup_study 파일이 Batch Queue에 입력된다.

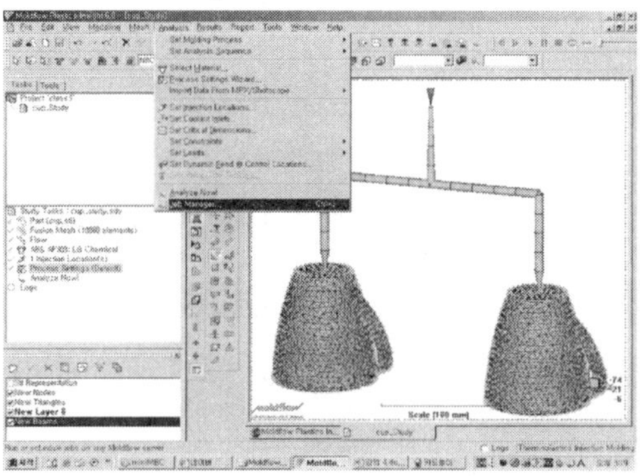

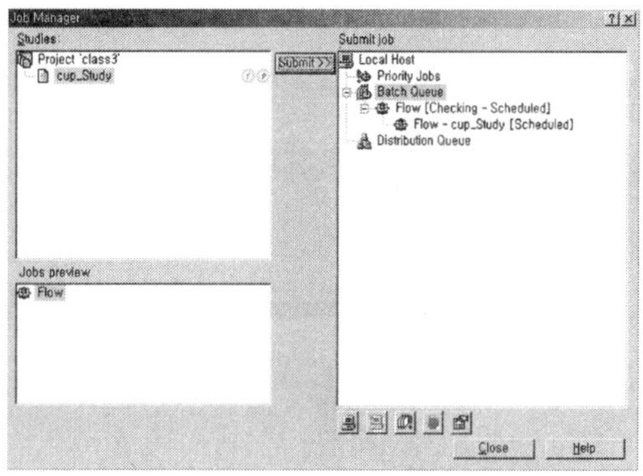

입력이 끝난 후 Flow(Checking – Scheduled)를 MB3으로 선택하면 메뉴가 활성되고, 그 중에서 Run Batch Queue를 선택하면 바로 해석이 수행된다.

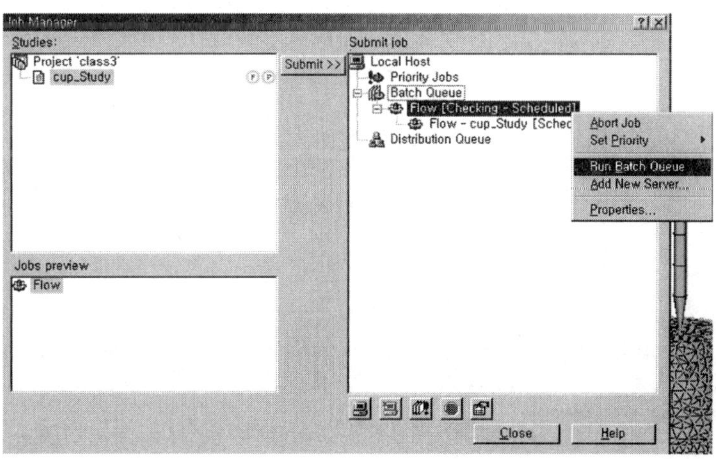

(2) Job Manager 창을 닫고, 모델링 창 아래의 Logs를 체크하면, 해석진행 사항을 볼 수 있다.

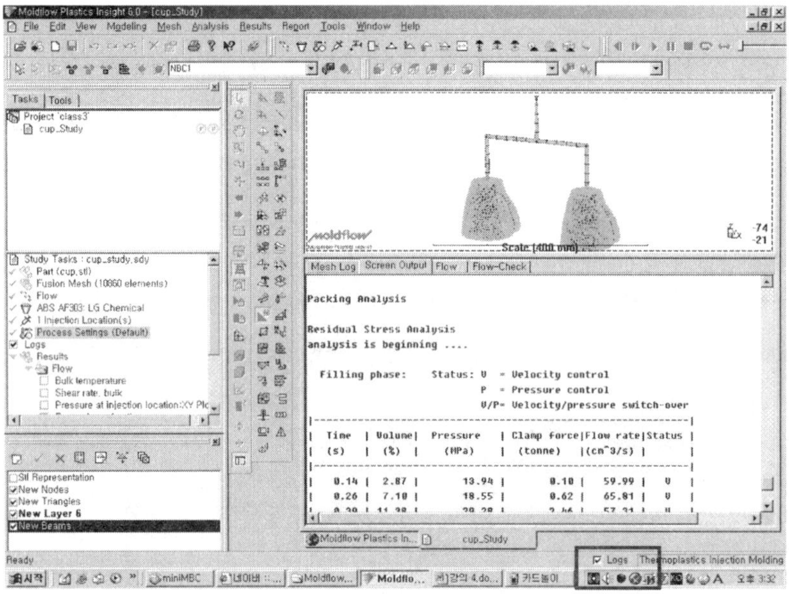

(3) 성형해석이 끝나면 해석 종료를 나타내는 메시지가 아래와 같이 나타난다.

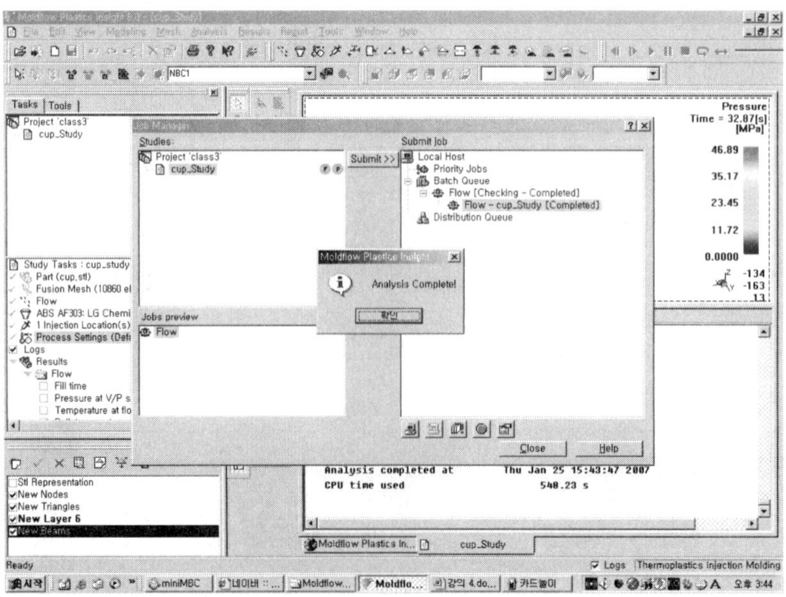

4.4 해석결과 분석

해석이 완료되면 아래 화면과 같이 Tasks project 창의 ⒻⓅ가 진하게 채색된다. 또한 study tasks에는 screen output과 results summary가 만들어지며, 모든 Filling, Packing 해석결과가 Results 아래에 나타난다.

해석결과는 다음과 같은 여러 가지 형식으로 볼 수 있다.

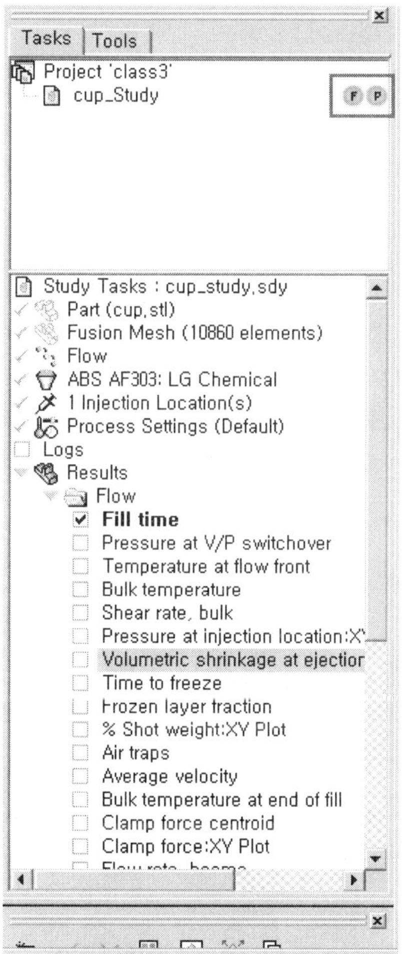

① Screen output 형식 : Logs 창에서 볼 수 있으며, 해석진행 과정의 모든 자료를 제공하고, 수지물성, 사출조건, 제품체적, 충진, 보압, 진행상황, 해석에 사용된 시간 및 해석에 문제가 있을 때 그 이유를 나타낸다. 따라서 해석이 도중에 중단되었다면 그 이유를 screen output을 통하여 찾아내고 이를 수정한 다음 다시 해석을 진행하여야 한다.

② Regular results 형식 : Tasks 창에 Results를 선택한 후 MB3으로 확인하여 New plot 메뉴를 이용하여 볼 수 있는 plot 형식의 해석결과이다. 이들은 시간에 따른 animation 또는 X축을 시간으로 하는 XY plot로 나타낸다.

예) Bulk temperature, Pressure의 결과 값 표현

③ Profiled results 형식 : 해석결과들을 사이클 진행 시간뿐만 아니라 두께 방향의 normalized thickness에 따른 animation 결과로 나타낸다. 즉 두께 방향으로 다른 값들을 가지는 해석결과들을 시간과 두께에 따른 animation 또는 X축을 시간 또는 normalized thickness로 하는 XY plot로 나타낼 수 있다. 이 형식은 2D Shell 모델의 경우에 해당된다.

예) Temperature, Velocity, Shear rate의 결과 값 표현

다음은 유동해석 결과에 대한 것으로 그 내용과 활용도에 대해 설명한 것이다.

(1) Fill time : 시간에 따른 수지의 충전 패턴을 등고선(shading 또는 contour형으로)을 이용하여 나타낸다. 같은 등고선 상에 있는 부위는 충전이 동시에 이루어지는 것을 의미하며, 등고선은 실제 충전 시간을 일정 간격으로 나눈 것이다. 따라서 등고선 간격이 좁은 영역은 넓은 영역에 비하여 충전 속도가 느린 것이며, 등고선 간격이 넓은 영역은 상대적으로 빠른 충전이 이루어지는 것을 의미한다. 등고선 간격이 좁은 영역은 유동선단의 전진속도가 느리므로 유동선단 온도가 상대적으로 낮아진다. 심할 경우 유동정체현상에 의하여 미성형이 발생할 수도 있다. 그리고 이러한 유동선단이 서로 만나서 웰드라인을 형성하면 두꺼워진 고화층으로 인하여 웰드라인의 노치(notch) 깊이가 커진다. 또한, 유동패턴을 통하여 웰드라인의 위치와 접촉각 등을 확인 할 수 있다. 수지의 충전 과정은 animation 도구를 이용하여 자세히 관찰 할 수 있다. Fill time 결과는 Weld line, Air trap, Hesitation, Overpacking, Racetrack effect, Underflow, Imbalanced flow 등을 예측하는 데 도움이 된다. Fill time 결과는 Step forward, Loop Animation, Bounce Animation 형태의 시뮬레이션으로 그 내용을 볼 수 있다.

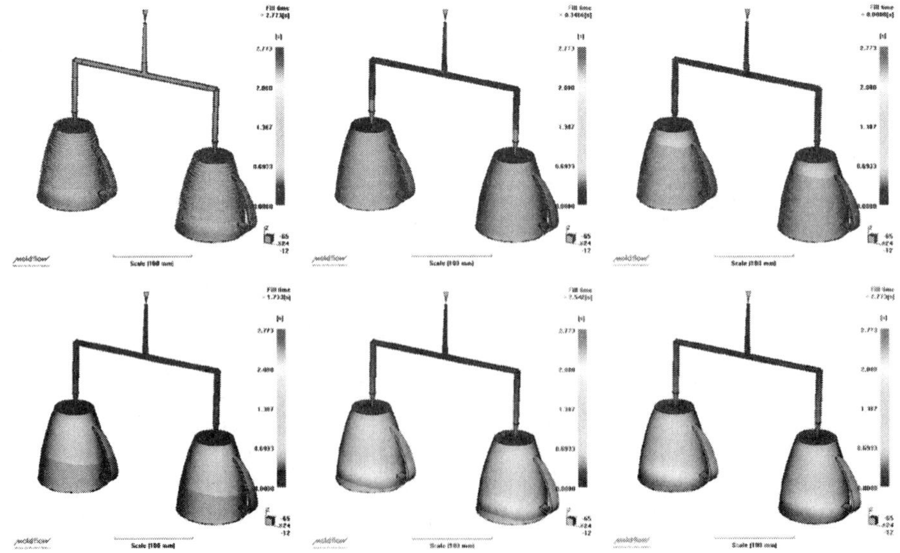

(2) Pressure at injection location : XY Plot : 제품 성형 시 요구되는 최대 사출 압력을 나타낸다. 사출성형은 충전, 보압, 냉각, 취출 단계의 사이클을 가지는데 충전과정은 속도제어 구간에 해당된다. 따라서 충전 과정의 사출 압력은 주어진 사출 속도로 수지를 캐비티 끝까지 충전하는데 필요한 압력이다. 만약 사출 압력이 충분히 주어지지 않는다면 설정된 사출 속도로 수지를 제품 내부로 충전시키지 못하고 미성형이 발생할 수 있다. 사출 압력에 가장 큰 영향을 주는 변수는 수지의 유동성, 사출 속도, 유동거리 및 제품 두께 등이다. 사출 속도에 따른 사출 압력 변화는 일반적으로 그림 1-3과 같은 U 커브를 가지며, 유동거리를 줄이는 방법은 게이트의 개수를 증가시키거나 균형 충전이 이루어지도록 게이트 위치를 변경하면 가능하다. 사출 압력의 단위는 MPa인데 실제 현장에서는 Bar, Kg/cm^2, 또는 % 압력을 사용하므로 주의하여야 한다. 일반적으로 성형은 사출기 최대 사출 압력의 80% 이내에서 성형이 완료되도록 하여야 한다.

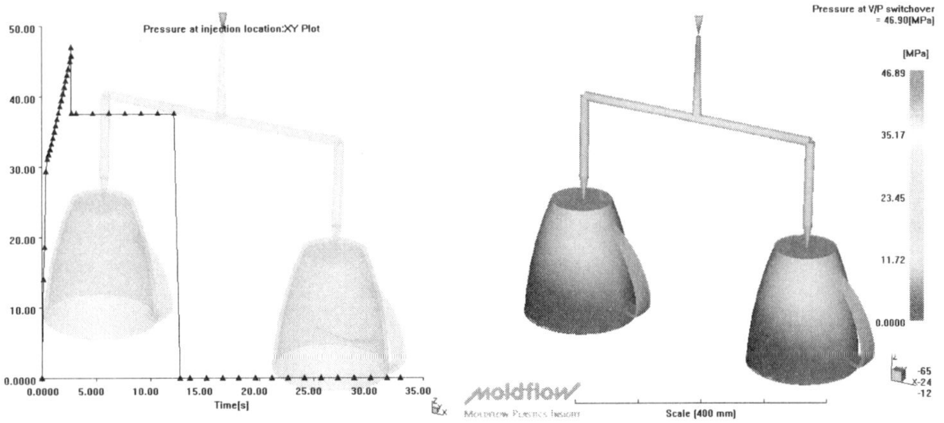

(3) Pressure : 이 결과는 제품 성형 시 캐비티 내부에 형성되는 압력을 시간과 함께 애니메이션으로 나타낸 것이다. 물론 study tasks 창의 result에서 New Plot를 선택하고 Pressure 결과를 XY Plot으로 나타낼 수 있다.

압력은 모든 부분에서 균일할수록 각 부위별 수축률이 일정하여 변형의 발생 가능성이 감소된다. 그러나 Pressure XY Plot에서 알 수 있듯이 일반적으로 게이트에 가까운 곳은 압력을 많이 받고 먼 곳은 충분한 압력을 받지 못한다. 따라서 각 부위마다 수축률 편차가 발생한다. 이를 최소화하기 위해서는 다단 보압을 적절히 활용하여야 한다. 또한 제품의 두꺼운 부분은 냉각속도가 느려 수축률이 일반적으로 크게 되므로 이를 보충하기 위하여 게이트의 위치는 가능한 제품의 두꺼운 부위에 설치하여 수축을 보충하여야 한다. 그리고 모든 부위는 일반적으로 보압의 완료 시점에 캐비티 내부 압력이 0 MPa에 도달하는데, 이는 수지 고화에 따른 수축으로 금형 벽면에 작용하던 압력이 없어졌기 때문이다. 또한 캐비티의 Pressure XY Plot 결과로부터 평균 캐비티 압력은 보압 초기에 가장 큰 것을 알 수 있으며 따라서 형체력(=투영면적 *캐비티 평균 내압)이 이 시점에서 최대가 될 것으로 예상된다.

아래의 우측 그림은 시간별 각 부위의 압력 변화를 XY Plot로 나타낸 예이다.

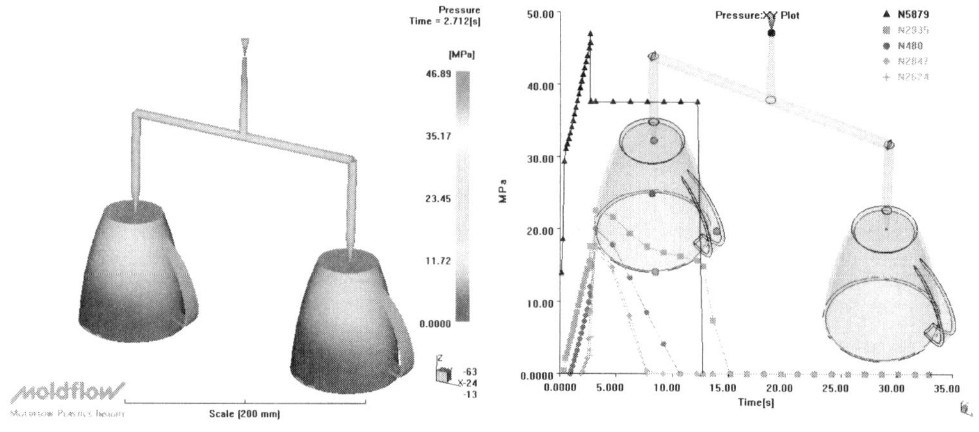

(4) Clamp force : Clamp force 는 사출성형 사이클 동안에 변화하는 캐비티 내부의 평균 압력에 의하여 금형을 가동 측으로 밀어내려는 힘을 말한다. 형체력의 크기 F는 아래와 같은 수식에 의하여 계산된다.

F (Clamp force) = 캐비티 내부 평균압력 × 제품의 투영면적 (XY 평면 면적)

여기서 제품의 투영면적이 해석에서 정확히 반영되지 않으면 형체력 값은 상당히 다르게 계산될 수 있다. 정확한 투영면적 계산을 위해서는 반드시 제품을 XY 평면상에 두고 스프루를 +Z축을 향하게 하여 해석을 진행하여야 한다. 일반적으로 형체력이 최고 값을 가지는 시점은 보압 초기이다. 이때가 캐비티 평균 내압이 최고이기 때문이다. 따라서 과도하게 높은 보압은 대형 제품(투영면적이 큰 제품)에서는 형체력을 크게 상승시키므로 다단 보압에서 적절한 초기 보압을 설정하여야 한다. 캐비티의 내부 형체력은 안전율을 고려하여 사출성형기의 최대 형체력의 80%를 초과하여서는 아니 되며, 초과할 경우 게이트 주위는 플래시(flash)가 발생할 가능성이 있으며, 유동 끝단에는 미성형이 발생할 수 있다. 또한 clamp force centroid result는 캐비티 내부의 형체압력의 중심을 나타낸다. 이 중심이 금형 중심에 근접할수록 금형의 편 마모형상이 줄어든다.

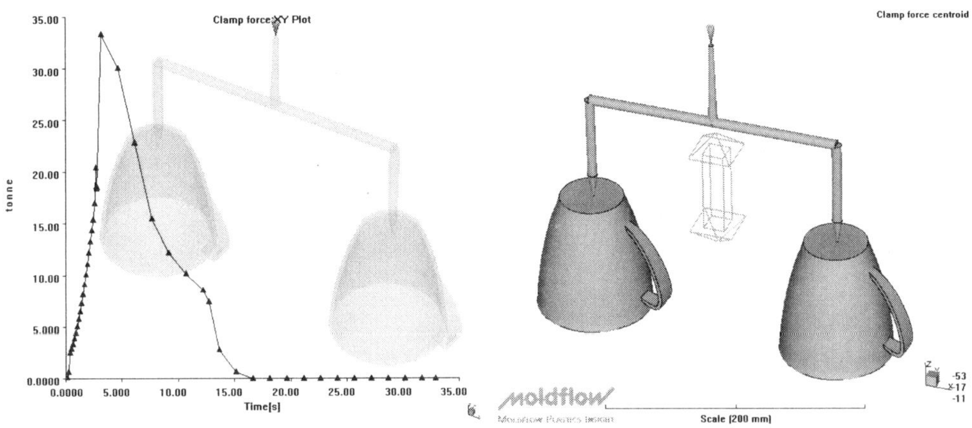

(5) Temperature at flow front : 수지가 제품 내부로 흘러갈 때 유동선단의 온도를 나타낸다. 유동선단의 온도는 유동선단의 속도에 크게 영향을 받는데, 유동속도가 느려지면 수지가 금형과 접하는 시간이 길어져 열손실이 크며 마찰열 발생이 적어지기 때문에 수지의 유동선단 온도가 낮아진다. 유동선단 온도는 일정하게 유지되는 것이 좋지만 제품 두께가 각 부위별로 차이가 나는 등의 이유로 일정한 유동선단 온도는 유지하기가 힘들다. 그러나 특정 부위에서 온도가 급격히 낮아지는 유동정체 현상이 발생하여서는 안 된다. 또한 유동정체가 일어나지 않는데도 유동선단 온도가 많이 낮아진다면 전체적인 사출 속도를 빠르게 하여야 한다. 그렇지 않으면 사출 압력이 상승한다. 따라서 유동선단 온도는 사출 속도를 결정하는 주요한 기준이 된다.

일반적으로 사출성형시 유동선단의 온도 범위는 수지 DB 내에 정의되어 있는 수지 Melt temp. 범위(수지재료에 MB3으로 Details를 선택하여 Recommended processing 내에서 찾을 수 있음) 내에 존재하는 것이 좋으며, 그렇지 않다면 최소한 수지가 더 이상 흐르지 않는 온도 Transition temp. 보다는 높아야 미성형이 발생하지 않는다. 특정 부위에서 과도한 정체현상에 의하여 유동선단 온도가 급강하 하는 경우에는 사출 압력이 충분하여도 미성형이 발생하는 경우가 된다.

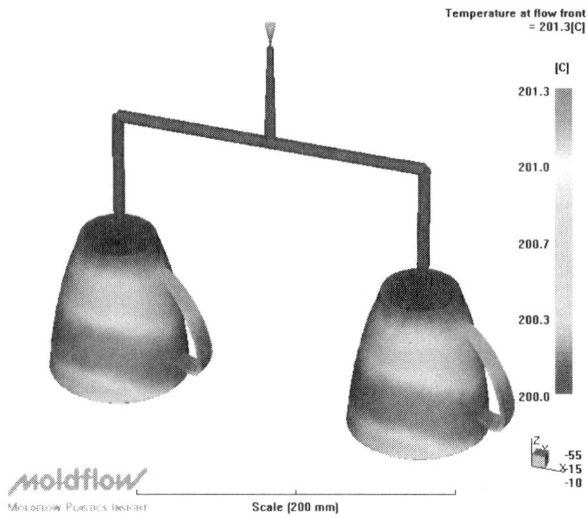

(6) Average velocity : 수지의 흐름 방향과 속도를 수지가 완전히 고화될 때까지의 시간에 대해 나타낸다. 이 결과를 통하여 제품 내의 위치에 따라 수지의 흐름 속도가 어떻게 변하는지를 알 수 있으며, 또한 시간에 따라 수지의 흐름 방향이 어떻게 변하는 지도 알 수 있다. 결국 이러한 수지의 속도는 유동선단의 온도와 전단율에 크게 영향을 주게 되므로 다단사출의 필요성을 알 수 있게 한다.

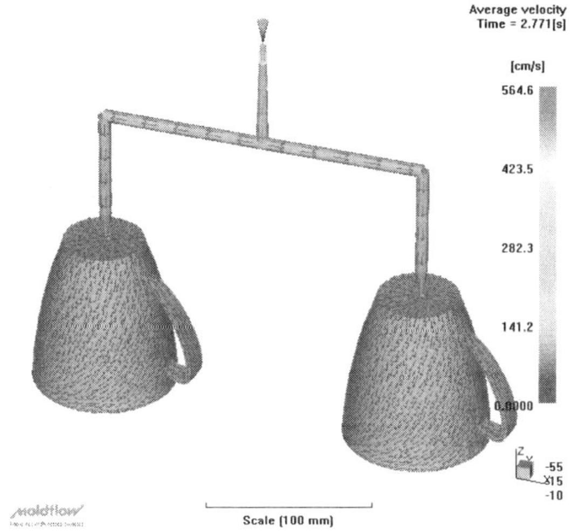

(7) Recommended ram speed profile : 유동선단 면적을 고려하여 유동선단의 전진 속도를 일정하게 하기 위한 최적의 충전 프로파일을 제공한다. 일반적으로 충전을 동일한 속도로 하였을 경우 유동선단 면적이 좁은 게이트 부위에는 수지흐름 속도가 아주 빠르며 제품 내에서는 유동선단 면적에 반비례하여 속도가 감소한다. 수지의 유동속도가 일정할 경우 수지의 유동선단 온도가 일정하게 관리되어 사출 압력이 낮아지고 웰드라인의 선명도가 감소된다. 또한 유동속도를 각 부위에 따라 동일하게 관리함으로 수지의 전단 변형률과 전단응력이 감소하여 결국 변형 발생 가능성을 줄이게 된다.

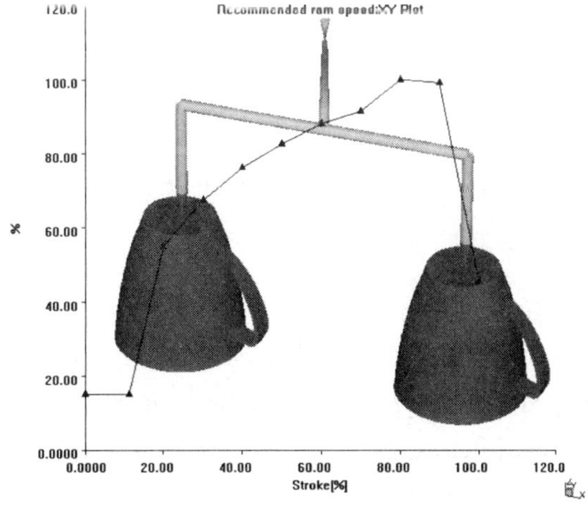

(8) Time to freeze : 충전이 100% 완료된 직후부터 수지의 취출 온도까지 냉각되는데 필요한 시간을 나타낸다. 여기서 취출 온도는 수지 DB에 정의되어 있는 ejection temp.이다. 이 결과는 사이클 타임을 예측하게 하는데 사용되며 일반적으로 제품은 80 ~ 90%, 러너는 50 ~ 60% 냉각이 이루어지면 취출이 가능하다고 본다. 대부분의 경우 제품은 빠르게 고화하지만 상대적으로 직경이 큰 러너의 고화시간이 사이클 타임을 좌우하게 된다. 또한 냉각시간이 제품의 특정 영역에서 너무 긴다면 이는 싱크 마크 또는 수축률 편차에 의한 변형의 가능성을 크게 하므로 제품설계 시 이를 고려하여야 한다.

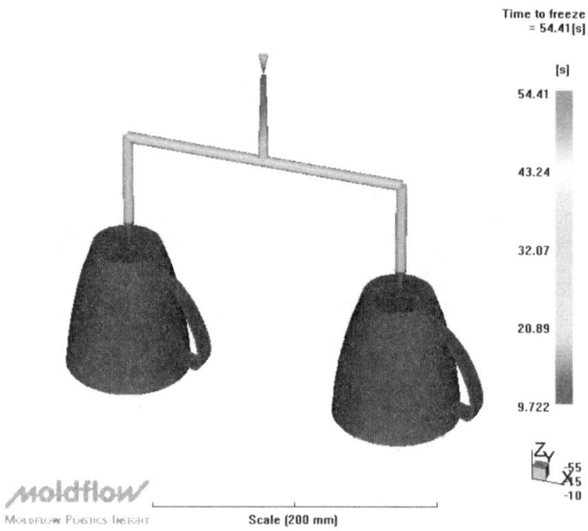

(9) Frozen layer fraction : 이것은 제품의 두께 방향에 대한 시간별 고화 정도를 나타낸다. 여기서 1의 의미는 두께 방향으로 100%의 수지가 모두 transition temperature(수지가 완전한 고체는 아니지만 큰 힘으로도 더 이상 흐르지 않는 온도)에 도달하여 고화된 것을 나타내고 0은 그것의 정반대를 의미한다. 일반적으로 제품의 모든 영역이 동시에 냉각이 이루어지는 것이 가장 좋은데, 충전 직후 고화 정도가 크다는 것은 유동과정에서 유동정체에 의하여 유동선단 온도가 급격히 강하된 것을 의미한다. Frozen layer는 유동정체에 의한 미성형을 판단하는데 좋은 자료가 된다. 그리고 냉각속도가 부위별로 큰 차이를 보이면 결국 수축률 편차가 발생하고 변형의 원인이 될 수 있다. 또한 study tasks의 result에서 New plot을 선택하고 frozen

layer fraction 결과를 XY plot로 나타낼 수 있는데, 이 결과는 제품의 정확한 고화의 진행상항을 나타내며, 보압 시간 설정을 위한 게이트 고화 시간, 냉각 시간 결정을 위한 러너와 제품의 고화 시간 등의 예측에 사용된다.

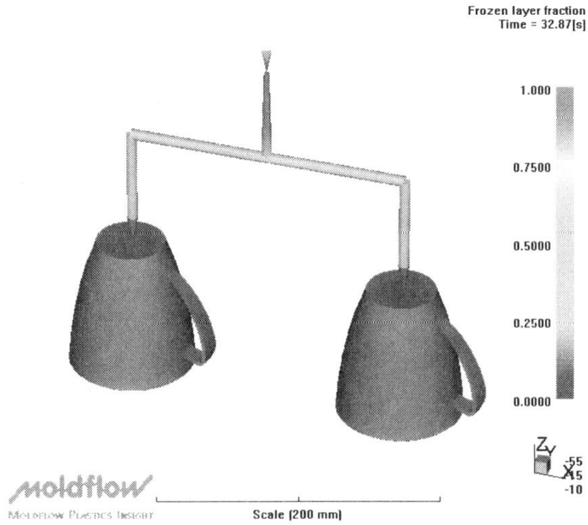

(10) Volumetric shrinkage : 제품의 각 영역별 체적 수축률을 나타낸다. 체적 수축률은 보압, 냉각 과정에서 각 부위의 온도 이력과 압력 이력에 의하여 결정된다. 즉 냉각속도가 빠를수록 압력이 클수록 수축률은 작아진다. 체적 수축률의 +값은 수축을 의미하고 -값은 팽창을 의미한다.

체적 수축률은 제품의 변형, 싱크 마크, 제품 치수 등에 큰 영향을 주며, 이러한 체적 수축률은 제품설계, 금형설계 그리고 공정조건에 따라 큰 차이가 난다. 일반적으로 제품의 영역별 체적 수축률 편차가 변형의 가장 큰 원인 중의 하나이다. 즉 변형해석결과, 그 변형의 원인이 평면방향의 수축률 편차(differential shrinkage)로 평가 되었다면, 수축률 편차를 줄일 수 있는 방안으로 설계 및 공정조건을 개선하여야 한다.

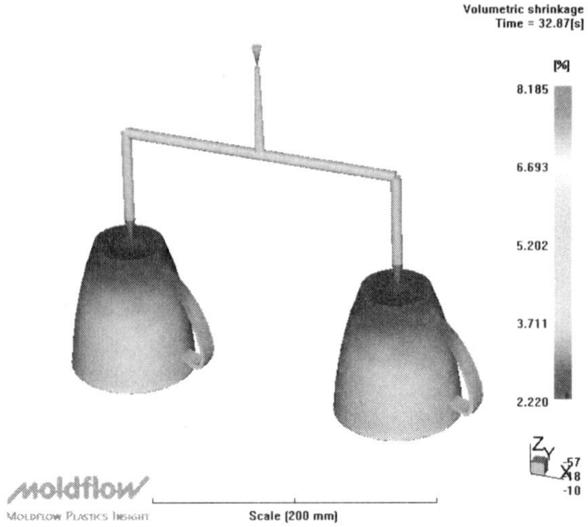

(11) Sink index : 제품의 특정 부위의 내부 캐비티 압력이 0 MPa가 되었을 경우에 그 부위에서 고화가 완료되지 않은 수지의 양을 %로 나타낸 것이다. 일반적으로 대부분의 경우 캐비티 내부 압력은 수지가 냉각되어 수축되므로 0 MPa에 도달하였는데도 아직 고화가 되지 않은 수지는 상대적으로 수축률이 클 것이며, 그 값이 크면 클수록 그 부분의 수축률이 클 것이다. 따라서 싱크 지수(Sink index)가 큰 부위는 제품 구조상 싱크가 발생할 수 있는 가능성이 크다.

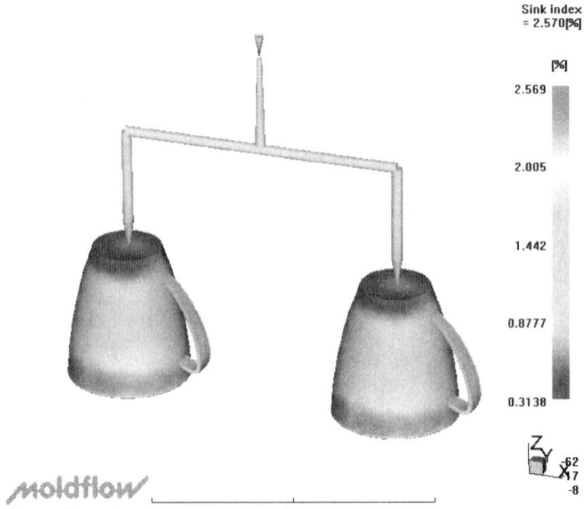

(12) Weld line & Air trap : 웰드라인은 캐비티의 유동선단이 갈라져 있다가 서로 마주치면서 합해 질 때 발생되는 선으로 성형품의 표면상에 발생하는 결함이다. 웰드라인의 깊이는 유동선단이 만나는 접촉각에 의존되며, 접촉각이 일정한 값 이상으로 되면 웰드라인이 소멸되며 이 때의 각도를 소멸각(Vanishing angle)이라고도 한다. 어떤 연구에 의하면 접촉각이 75° 이상이면 웰드라인은 사라지며 이 때의 웰드의 길이가 2㎛ 정도로 발표되고 있다. (2007 MOLDFLOW 사출성형해석 기술 세미나, Weld Line 문제해결, Mazda Atenza Bumper)

에어트랩은 용융 수지에서 발생하는 기포와 캐비티에 남아 있던 공기가 성형 시 빠져나가지 못하고 금형에 남아 성형품의 표면 불량을 유도하는 결함이다.

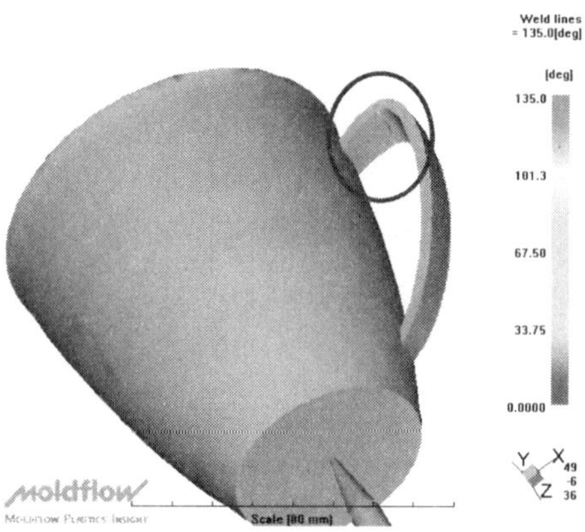

〈Weld line〉

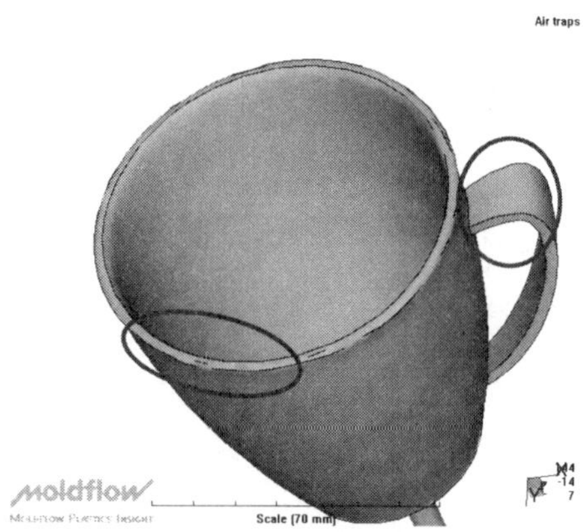

〈Air trap〉

복습 문제

[1] 서술형

1. 결정성 수지와 비결정성 수지에 대해 비교 설명하시오.
2. 범용 수지 5가지를 들고 그것의 주 용도에 대해 설명하시오.
3. 열경화성 수지와 열가소성 수지에 대해 비교 설명하시오.
4. 유동해석을 위해 해석자가 입력해야할 입력사항에 대해 정리하여 설명하시오.
5. 유동해석의 결과로서 볼 수 있는 Throughput와 Grow from에 대해 설명하시오.
6. 유동해설결과 중의 하나인 Fill time에 대해 설명하시오.
7. 유동해석결과 중의 하나인 Time to freege에 대해 설명하시오.

[2] 단답형

1. 플라스틱 재료의 열팽창계수는 일반적으로 금속 재료의 열팽창계수보다 작다. (T/F)
2. PP는 결정성 수지 중의 하나이다. (T/F)
3. 결정성 수지는 일반적으로 투명재료가 많다. (T/F)
4. 열경화성 수지는 재사용이 가능하다. (T/F)
5. MPI에서 어떤 대상을 선택(select)하면, 그 대상은 핑크색으로 변한다. (T/F)
6. 충전과정은 압력제어 구간이며, 보압 과정은 속도제어 구간이다. (T/F)
7. 유동해석 결과인 Fill time에서 등고선 간격이 좁은 영역은 그 곳에서의 충전 속도가 상대적으로 느린 것을 의미한다. (T/F)
8. Time to freege는 성형품과 러너 시스템의 각 부위별 100% 충전 완료시점에서 취출 온도까지 냉각되는데 필요한 시간을 나타낸다. (T/F)
9. 미드플랜 모델에서는 두께 방향의 연전도는 계산하되, 폭 및 길이 방향으로의 열전도는 무시하고 있다. (T/F)
10. Sink index는 어떤 부위에서 내부 캐비티 압력이 0 Mpa가 되었을 때, 그 부위에서 고화가 완료되지 않는 수지의 양을 %로 나타낸 것이다. (T/F)

[3] 토론형

1. 플라스틱 재료의 장단점
2. 유동해석 결과의 표현 형식
3. 사출 속도와 압력 강하
4. 다단 사출의 필요성

[4] 실습형

1. 제 3장의 실습형 문제에서 작성된 컵 모델에 대해 유동해석을 수행한 후, 그 결과값에 대해 고찰해 보시오.

5장

금형 냉각 시스템 / 냉각 시스템 모델링

학습목표

◦ 금형 냉각회로

◦ 국부 냉각방식 (배플, 버블러, 열핀 등)

◦ 냉각 시스템의 메쉬 모델링

※ 직선 채널, 배플, 버블러의 빔 모델링

이론

◦ 부교재 5.6절

실습

◦ 컵 모델을 대상으로 냉각채널 모델링

◦ 냉각회로 구성요소별 property 정의

특기사항 (준비물 및 과제 등)

◦ CAD 모델 : cup.prt

◦ 냉각회로 소개 ppt 자료

5.1 금형 냉각 시스템

냉각해석의 가장 큰 목적은 아래 그림 5-1과 같이 금형 온도를 계산하는 것이다. 유동해석에서는 금형 온도가 일정한 것으로 가정하고 해석하지만, 실제로는 냉각 시스템과 냉각수의 설정조건에 따라 금형 온도는 달라지며 이것이 유동해석과 변형해석에 반영된다. 물론 균일한 냉각을 위해서는 냉각 시스템의 최적화와 냉각수 조건의 최적화가 중요한 고려요소이다.

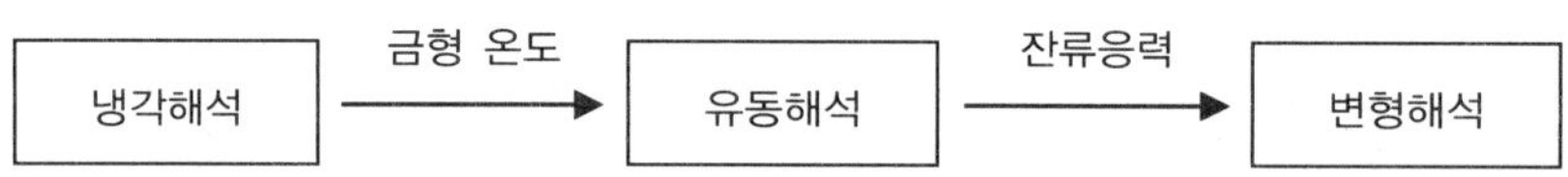

▲ **그림 5-1** 냉각해석의 목적

금형 온도는 성형품의 표면 광택도, 수축률, 잔류응력 등에 영향을 준다. 특히 캐비티와 코어의 온도 편차는 제품에 열에 의한 잔류응력을 증가시켜 변형을 일으키는 주요한 요인이 된다. 또한 금형 온도는 사이클 타임에 큰 영향을 준다. 따라서 냉각 시스템 설계와 냉각수 조건설정은 제품을 균일하고도 빠르게 냉각하여 제품 품질과 생산성을 동시에 향상시키는 데 있다. 고온의 플라스틱 수지는 충전이 시작되면 냉각 시스템의 작동에 의해 상대적으로 낮은 온도를 유지하고 있는 금형 표면을 통해 금형내부로 열을 빼앗긴다.

5.1.1 금형의 열전달

(1) 열전달 경로 : 사출에 의하여 유입된 플라스틱 수지의 열량은 금형 내에서 다양한 방법으로 열전달이 이루어진다. (냉각수를 통한 열전달, 전도, 대류, 복사 등) 그러나 대부분 열은 가장 인접한 냉각 시스템으로 열이 전달된다. 플라스틱 수지의 냉각에 영향을 주는 요소는 플라스틱 재료의 비열, 열전도도, 밀도, 금형 재질의 열전도도, 냉각수의 온도, 유량 등이다.

(2) 열전달 효율 : 수지의 열이 냉각채널에 의하여 금형 밖으로 전달되는 경로와 그 전달 효율에 영향을 미치는 요소들은 다음과 같다.

- Plastic to the mold wall – 수지의 물성(비열, 열전도도, 밀도)
- Through the mold(Plastic/metal interface to the coolant/metal interface) – 금형 재질의 물성(비열, 열전도도, 밀도)
- Coolant/metal interface to the coolant – 냉각수 온도 및 유속, 경계막열전달계수

5.1.2 냉각수 유량

5.1.2.1 유량과 금형 온도

주어진 냉각 시스템에서 금형 온도를 결정하는 중요한 요소는 냉각수의 온도와 유량이다. 일반적으로 냉각수의 속도가 느리면 냉각수는 층류를 형성하고 냉각수 내의 열은 층간의 전도에 의해서만 전달되어 결국 흐름이 진행됨에 따라 냉각수 중심에 비하여 가장자리의 온도는 금형과의 접촉시간이 길어짐에 따라 크게 상승한다. 이러한 경우 냉각수의 온도는 냉각수 가장자리 온도가 되며 결국 금형 온도를 크게 상승시킨다. 반대로 냉각수의 속도가 빠를 경우에는 난류가 형성되고 열은 전도와 대류 모두에 의하여 전달되어 냉각수 중심의 온도와 가장자리의 온도는 큰 차이가 없게 되어 결국 금형 온도는 낮아진다.

5.1.2.2 최적의 냉각수 유량

냉각수 유량에 따른 열전달율 증가는 층류에서 난류로 되면서 점차 증가하다가 레이놀즈 수가 10,000을 넘어서면서 증가율이 크게 둔화된다. 따라서 적절한 냉각수의 유량은 레이놀즈 수가 10,000이 되도록 설정할 것이며, 그 이상에서는 열전달의 작은 개선은 있지만 냉각수의 유동 상에 압력강화가 크게 증가하여 냉각수 펌프의 용량만을 증가시키는 결과가 된다. 여기서 레이놀즈 수(Reynolds No.)는 아래의 표 5-1과 같이 유체의 층류와 난류를 구분하는 기준으로 다음의 식 (5.1)과 같이 정의 된다.

$$Reynolds\ No. = \frac{\text{냉각채널직경}(D) \times \text{유속}(V)}{\text{동점도}(\nu)} \qquad (5.1)$$

▶ 표 5-1 레이놀즈 수와 유동 형태

레이놀즈 수 (Re)	유동 형태
10,000 < Re	난류 유동(turbulent flow)
2,300 < Re < 10,000	과도 유동(transition flow)
100 < Re < 2,300	층류 유동(laminar flow)
Re < 100	정체 유동(stagnated flow)

5.1.2.3 유량에 따른 냉각수 온도변화

냉각수가 금형에서 빠져나가는 출수 온도가 입수 온도 보다 2～3℃ 이상 상승하면 냉각효율이 떨어지므로, 냉각수 중심과 가장자리의 온도편차가 5℃ 이하가 되게 하여야 한다. 이것은 냉각수의 유량을 충분히 빠르게 하여 난류를 형성하고, 냉각 채널의 길이가 너무 길지 않도록 짧게 설계하면 해결이 가능하다. 온도차이가 심할 경우 제품 영역에 따라 금형 온도 편차가 생기고 결국 수축률 편차를 유발한다.

5.1.3 냉각수의 온도

냉각수 온도는 목표로 하는 금형 온도에 따라 설정되며, 채널과 캐비티와의 거리와 금형재료의 열전도도에 따라 다르지만 일반적으로 목표로 하는 금형 온도에 비해 10～20℃ 이하로 설정한다.

일반 수돗물은 냉각수로 사용할 경우 계절에 따라 온도 변화가 심하므로 주의 하여야 한다. 온도 변화가 생기면 제품의 수축률이 달라지며, 심할 경우 미성형이 발생할 수도 있다. 따라서 온도제어장치 등을 이용하여 냉각수의 온도가 일정하게 공급되도록 관리하여야 한다. 그리고 냉각수가 80℃ 이하인 경우에는 냉각수로 물을 사용하지만 그 이상이 되면 오일을 사용하여야 한다. 또한 냉각채널은 주기적으로 관리를 하여야 하는데 냉각채널에 미네랄 퇴적물이 생기면 이는 열전달을 크게 방해하여 금형 온도를 상승시킨다.

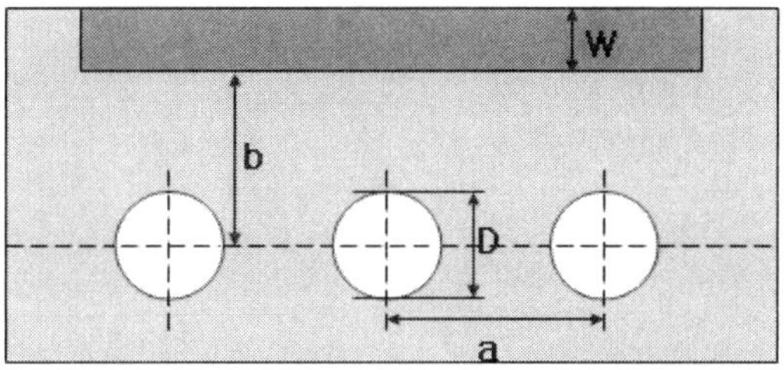

Part thickness W	Channel diameter D
< 2 mm	8 mm ~ 10 mm
< 4 mm	10 mm ~ 12 mm
< 6 mm	12 mm ~ 15 mm

Spacing b = 2 ~ 3 * channel diameter (D)
Spacing a = max 3 * channel diameter (D)

▲ **그림 5-2** 냉각수 회로의 설계 기준

5.1.4 금형 온도 관리

균일한 금형 온도를 유지하는 것이 냉각 설계에서 가장 중요하다. 제품 상,하측에서 균일하지 않은 금형 온도는 불균일 냉각에 의해 제품내의 잔류응력을 증가시켜 제품의 변형을 일으키는 주요한 원인 중의 하나가 된다. 따라서 냉각해석 결과 금형 온도가 상당히 높은 부위는 냉각채널의 수를 보강하고 오히려 금형 온도가 상당히 낮은 부위는 냉각채널 사이의 거리를 크게 하거나 냉각채널 자체를 제거하여야 한다. 그림 5-2는 냉각수 회로의 설계 시 기준이 되는 냉각수의 크기와 간격에 대한 추천치를 나타낸 것이다.

5.1.5 냉각 시스템 설계

열가소성 플라스틱 제품의 생산에서 금형 냉각 시간은 전체 성형 사이클 타임의 약 2/3 이상을 차지하고 있다. 효율적인 냉각회로 설계는 냉각 시간을 줄여서 제품의 생산성을 향상시킨다. 또한, 균일한 냉각은 잔류응력을 줄이고 치수 정확도 및 안정성을 유지함으로써 제품 품질을 향상시킨다.

5.1.5.1 금형 냉각 시스템 요소

전형적인 금형 냉각 시스템은 다음 그림 5-3과 같이 온도 제어부, 펌프, 냉각수 공급 매니폴드, 호스, 금형 내의 냉각채널 및 냉각수 배수 매니폴드로 이루어진다.

① 온도 제어부(temperature controlling unit)
② 펌프(pump)
③ 호스(hose)
④ 금형 내의 냉각채널(cooling channels in mold)
⑤ 냉각수 배수 매니폴드(collection manifold)

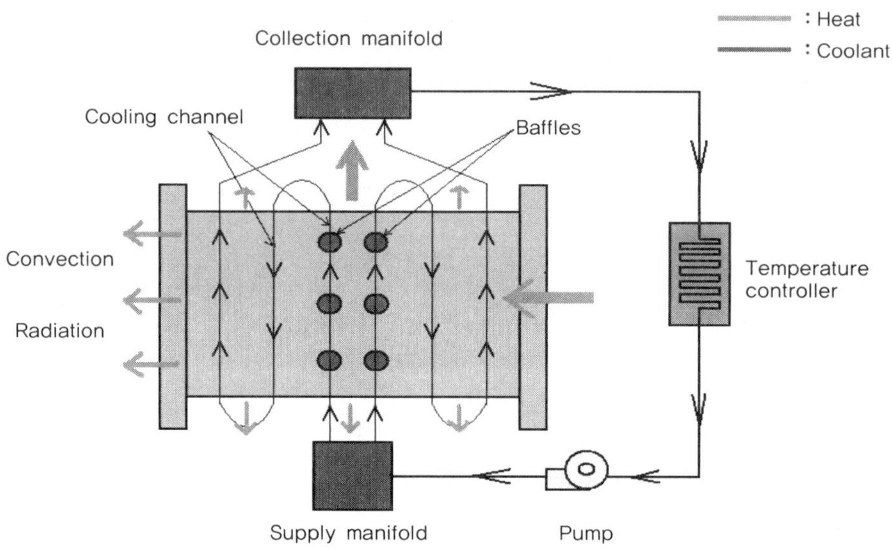

▲ 그림 5-3 금형 냉각 시스템

5.1.6 냉각채널의 종류

5.1.6.1 병렬 냉각채널

병렬 냉각채널은 그림 5-4의 (a)와 같이 냉각수 공급부로부터 냉각수 배수부까지 병렬로 여러 개의 유로로 구성되어 있다. 병렬채널은 그 유동특성에 의해 각각의 냉각채널마다 냉각수 유량이 다르므로 열전달 효율도 달라진다. 따라서 병렬 냉각채널로는 균일 냉각의 실현이 어렵다.

5.1.6.2 직렬 냉각채널

냉각수 입구에서 출구까지 하나의 유로로만 이어진 그림 5-4의 (b)와 같은 냉각채널을 직렬채널이라 하며, 이 유형의 냉각채널 배치가 많이 사용된다. 균일 냉각이 가능하다는 장점이 있지만 냉각수의 채널 길이가 길어져서 압력강하가 커진다. 따라서 냉각펌프의 용량이 커져야 한다.

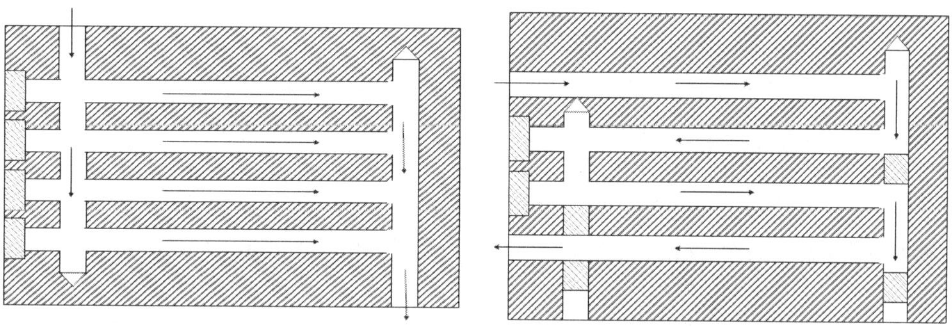

(a) 병렬 냉각채널　　(b) 직렬 냉각채널

▲ **그림 5-4** 냉각수 회로의 종류

5.1.6.3 기타 국부 냉각채널

배플, 버블러, 그리고 열핀은 일반적으로 일반 냉각채널 설계가 쉽지 않은 국부 냉각 영역에 균일 냉각을 실현하기 위하여 사용되고 있는 냉각채널 요소들이다. (그림 5-5)

① 배플(baffle) : 배플은 주된 냉각채널에 수직으로 가공되어 있는 구멍에 중간판(baffle)을 이용하여 냉각채널을 2개의 반원으로 나눈다. 냉각수는 주된 냉각채널로부터 배플의 한쪽 반원으로 흘러 들어가 반대쪽 반원으로 흘러나온다.

② 버블러(bubbler) : 버블러는 배플의 중간판을 관으로 대체한 것 외에는 배플과 동일하다. 냉각수는 주된 냉각채널에서 버블러의 중앙관을 통해 분수처럼 위로 흘러나와 바깥 관으로 흘러 들어가서 냉각채널로 이어져 계속 흐른다.

③ 열핀(thermal pin) : 높은 열전도율을 가진 액체로 채워진 실린더로써 액체는 금형으로부터 열을 받아서 기화되고 냉각채널에 열을 방출하면서 액화된다. 열핀의 열전달률은 구리관의 거의 10배정도로 높다.

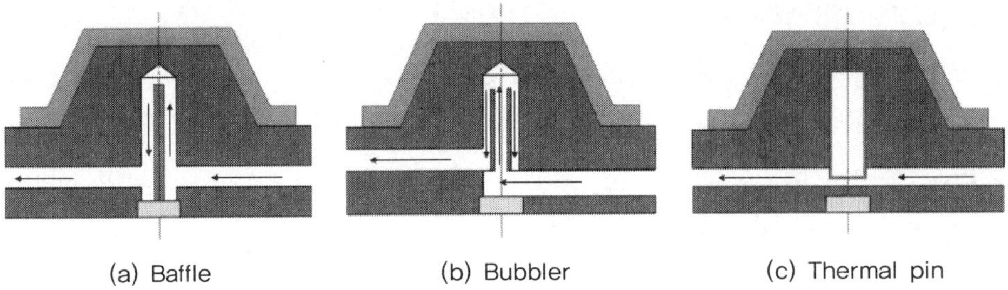

▲ 그림 5-5 국부냉각 방식

5.2 냉각채널의 메쉬 모델링

다음은 냉각채널의 메쉬 모델을 작성하기 위한 순서를 설명한 것이다.

(1) Moldflow MPI를 실행시키고 Cup의 유동해석 프로젝트 폴더의 *.mpi를 선택하여 프로그램을 오픈 한다.

이전에 모델링 또는 해석된 모든 sdy 파일이 Tasks 창에 나타난다. Cup_study를 선택하고 MB3 메뉴의 Duplicate를 선택하여 새로운 cup_study를 생성시킨다. 새로 만든 study를 선택한 후, MB3 메뉴의 Rename을 선택하고 study 이름을 cup_cooling으로 입력한다.

(2) Cup_cooling study를 활성화시킨 후, 냉각채널을 생성시키기 위해 필요한 기준점을 우선 생성시킨다.

기준점을 만들기 위하여 Modeling → Create nodes → By offset를 선택한 후, base가 되는 Reference 노드에 스프루 입구의 노드를 선택한다. Offset 거리는 Z 방향으로 -290으로 한다. Apply를 클릭하면 스프루 입구 노드에서 Z 방향으로 -290인 곳에 새로운 노드가 생성된다.

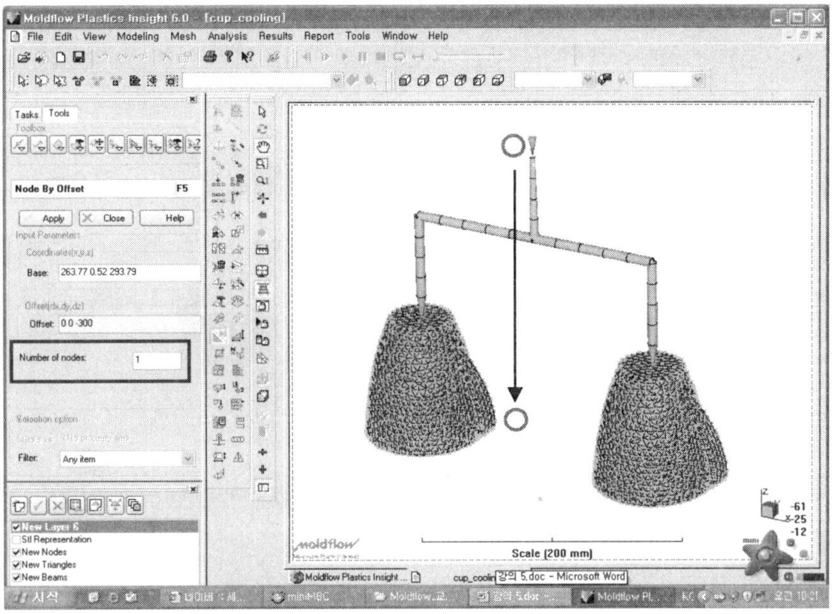

(3) 새로운 노드를 중심으로 Y 방향으로 냉각채널을 만든다.

냉각채널의 길이는 500 mm이다. 새로 만든 노드를 중심으로 Y 방향으로 250, -250으로 각각 옵셋하여 거리가 500 mm이 되는 두 점을 생성시킨다.

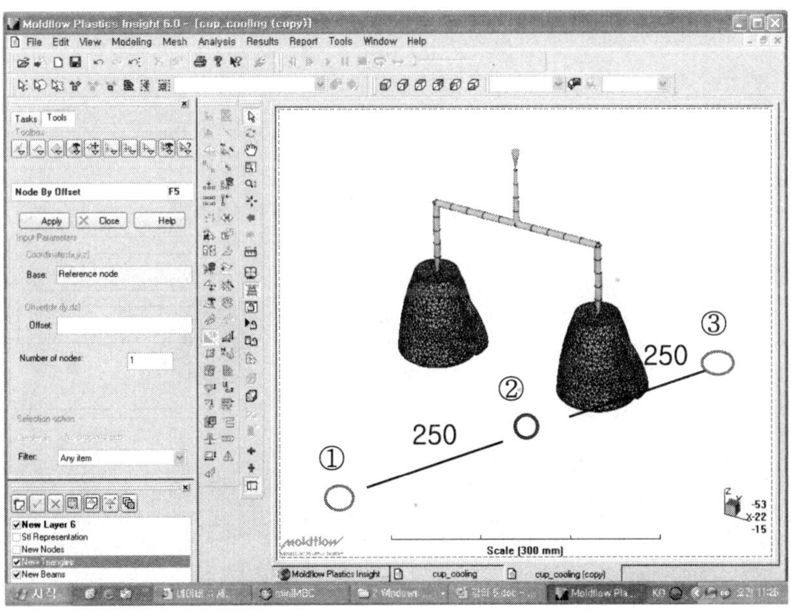

(4) 생성된 노드 ①, 노드 ②, 노드 ③을 다시 X 방향으로 100 mm 위치에 노드를 복사시켜 만든다.

Modeling → Move/Copy → Translate를 선택한 후, select에 노드 ①, 노드 ②, 노드 ③을 모두 선택하고, Vector(x,y,z)에 (100 0 0)를 입력하고, Number of copies에 1 (X 방향으로 100 mm 떨어진 곳에 노드를 하나만 생성)을 입력하고 Apply하면 X 방향으로 100 mm 간격으로 1개의 노드가 생성된다.

(5) 중앙의 노드들은 일반 직선 냉각채널으로 하고, 우측 채널에는 높이 100 mm인 배플(baffle) 채널을 생성시킬 것이다.

우측 채널의 중앙 노드를 중심으로 Z축의 + 방향으로 100 mm 거리에 노드 1개를 생성시킨다. Modeling → Move/Copy → Translate하고, select에 아래 화면과 같이 노드 ①을 선택하고, Vector (x,y,z)에 0, 0, 100 (Z축의 +100 거리)을 입력하고, 옵션을 Copy로 선택하고, Apply하면 선택한 노드 ①에서 Z축으로 +100거리에 새로운 노드 ②가 생성된다.

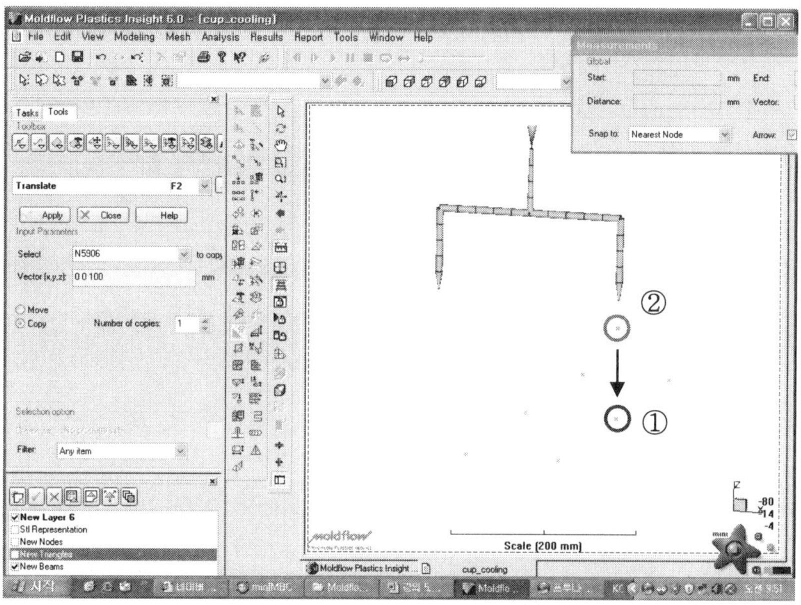

(6) 냉각채널의 생성을 위하여 노드들을 커브로 연결한다.

Modeling → Create Curves → Line을 선택하고, 노드를 하나씩 연결한다. 우선 중앙의 직선채널을 연결하고, 그 후 우측 배플 채널을 연결한다.

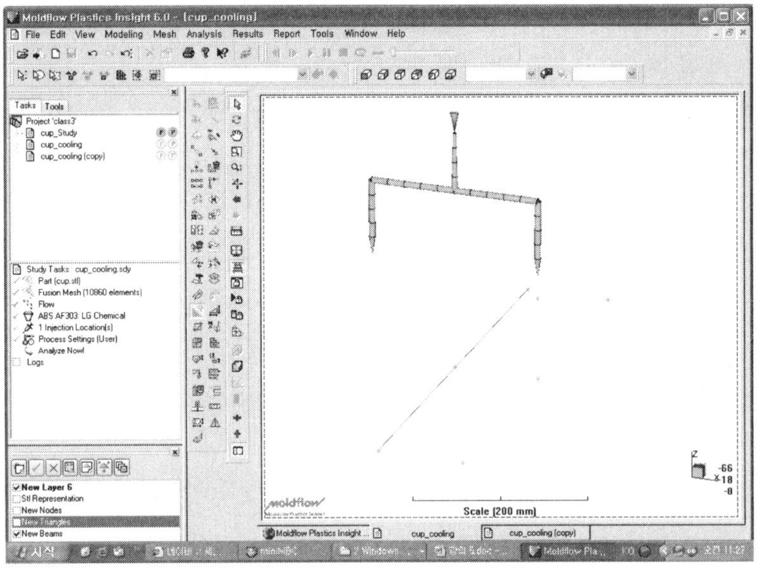

(7) 일반 냉각채널의 커브가 구성되면, 커브에 Property를 입력한다. 우선 중앙의 2개의 커브를 선택하고, MB3 메뉴의 Properties를 선택하면, 새로운 Property를 생성한다는 메시지가 나타난다. Yes를 클릭하면, Assign Property 창이 생성된다. New 아래의 Channel를 선택한다.

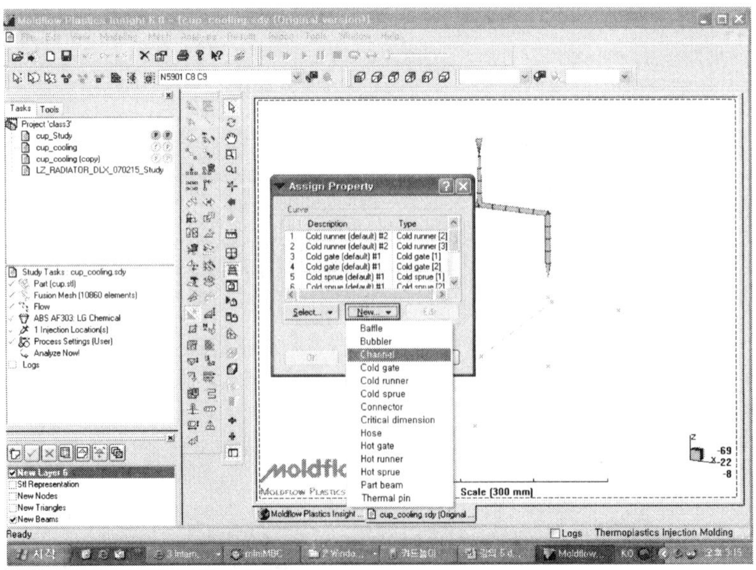

Channel를 선택하면 아래와 같이 냉각 채널의 직경과 Name을 입력하는 창이 활성된다. 채널의 직경을 12, Name을 Channel 1로 입력하고 OK하면, Channel 창이 사라지고, 다시 Assign 창이 나타난다. 여기서도 OK하고, Assign Property 창을 닫는다. 모델링 창에 냉각채널이 청색 커브로 변경된다.

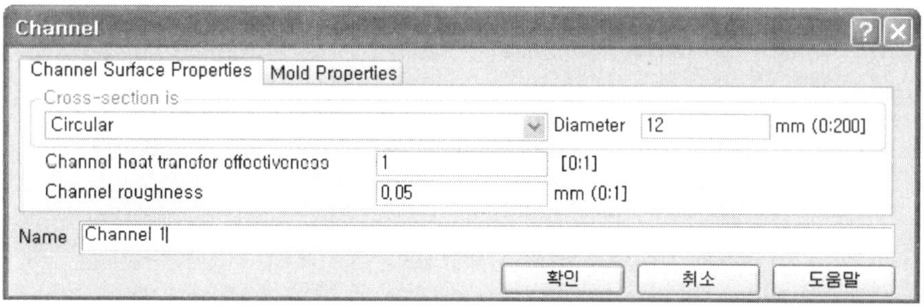

Moldflow상에서 배플을 모델링하기 위하여 아래의 내용을 숙지할 필요가 있다. (Moldflow상의 help 메뉴에서 baffle를 검색하면 아래와 같은 내용을 찾을 수 있다.)

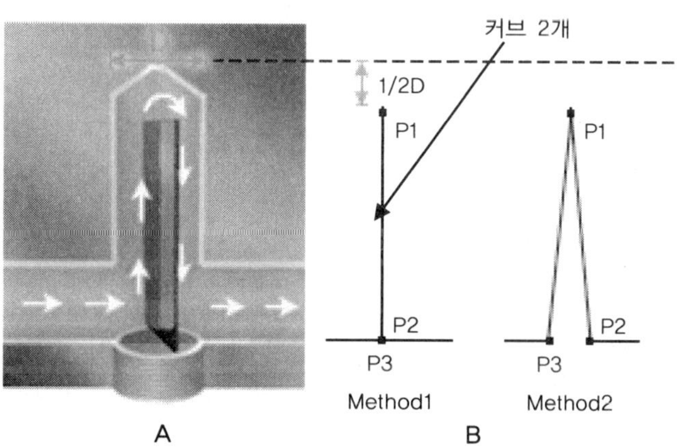

배플은 냉각채널에 금속판을 구멍의 한가운데에 설치하여 구성되는 냉각 시스템이다. 설치된 금속판은 냉각수를 상승시켰다가 금속판의 반대쪽으로 냉각수를 하강시킨다. 이 배플냉각은 냉각수의 유동을 규칙적이고, 직접적으로 흐르게 하므로 냉각이 어려운 공간에, 더욱 효과적으로 금형을 냉각시킬 수 있다. 냉각채널에서 흐름을 방해하는 배플은 경계부위에서 와류를 생성시키고, 냉각수의 열전달 능력을 향상시킨다. 배플은 냉각수를 흐를 수 있도록 상부에 간격을 가진 2개의 반원 형상의 빔(beam) 엘리먼트로 모델링 한다. 노란색은 배플의 고유 색깔을 나타내며 단면형상은 팔각형이다. 위 그림에서, A는 배플의 단면을 나타내고, B는 금형상의 모델을 나타낸 것이다. 이 배플은 연전달계수가 0.5인 반원형상의 빔 엘리먼트로 구성된다.

① Modeling → Create curves → Line 선택하고, 입수라인의 노드(P3)로부터, 튜브의 상측 노드(P1)를 연결하는 라인을 만든다.

② 다시 튜브의 상측 노드(P1)로부터, 출수라인의 노드(P2)를 연결한다. 그림과 같이 P2와 P3를 겹쳐서 라인을 만들 수도 있고, 약간의 간격을 두고 만들 수 있다. ***(주의 : 라인을 하나만 모델링하지 않도록 할 것)***

③ 라인 P1-P3을 선택하고 라인을 겹쳐서 모델링 한 경우, 배플라인 전체를 드래그하여 선택하고, 메뉴 바의 Select Saved Selection List 창에서 커브명(예 : C11 C12)을 확인한 후, 커브의 앞 번호(즉, C11)부터 입력하고, Enter하면, 해당 라인이 선택된다. 선택된 커브에 대하여 MB3 메뉴의 Properties를 선택하고, 새로운 성질을 부여할 것이므로 Yes를 선택한다.

④ New를 클릭하고, Baffle를 선택한다.

⑤ 채널의 열전달계수(Channel heat transfer effectiveness; HTE)에 0.5를 입력한다.

⑥ 채널의 직경과 금형 재질을 선택하고, Name 박스에 채널의 적절한 이름을 기입하고, OK를 두 번 입력한다.

⑦ 다시 나머지 라인 P1-P2를 ③에서 설명한 방법과 동일한 방법으로 선택하고, MB3 메뉴의 Properties를 선택하고, 새로운 성질을 부여할 것이므로 Yes를 선택한다.

⑧ New를 클릭하고, Baffle를 선택한다.

⑨ 스탭 ⑥에 설정했던 배플을 선택하고, OK 한다.

⑩ 배플라인 전체를 선택하고, MB3 메뉴의 Define Mesh Density 에서 배플 직경의 2.5배 정도로 입력하고, Apply, OK 한다.

⑪ Generate Mesh를 선택하고, Mesh Now 한다.

(8) 배플 냉각채널의 구성을 위하여 4개의 노드를 커브로 연결한다.

앞에서 설명하였던 배플 냉각채널의 구성방법을 참조하여, 커브를 생성시킨다. 배플채널의 경우 커브를 겹쳐서 생성시키는 방법을 사용할 것이므로 아래의 순서대로 커브를 구성한다. 1-2-3-2-4 순서로 커브를 생성시킨다. 2-3 커브는 배플채널 라인이 중복됨을 명심해야 한다.

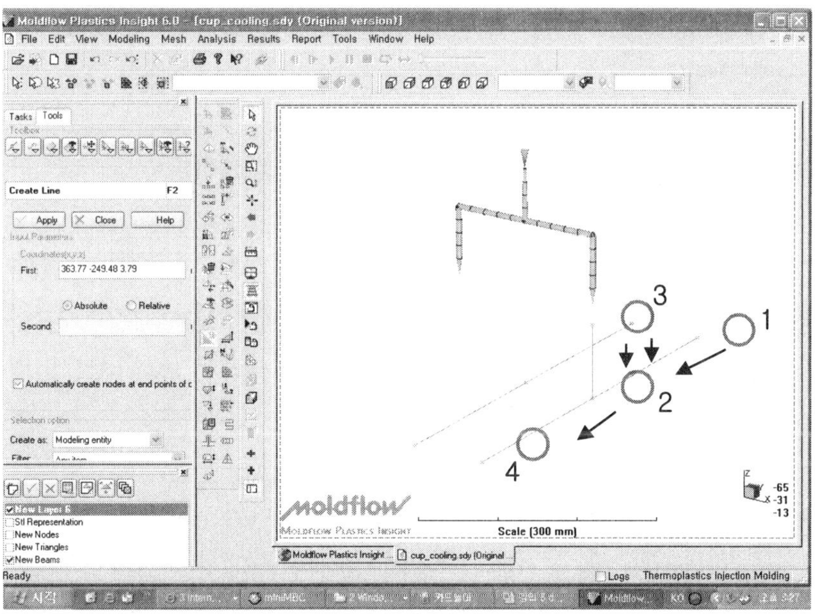

(9) 배플채널의 Property를 입력하는 단계이다.

우선 1-2와 2-4 채널은 일반 직선형 냉각채널이므로, 두 직선을 동시에 선택하고, MB3 메뉴의 properties를 선택하여, 단계 (7)에서와 같이 채널의 property를 입력한다. 이때, 이전에 생성시켰던 Channel 1과의 구별을 위하여 Name를 Channel 2로 정한다.

중앙의 배플채널을 구성하기 위해서는, 배플채널의 커브를 모두 선택하여 커브 명을 Select Saved Selection List 창을 통하여 확인하면, 현재 모델에서 배플채널의 커브는 C11 C12 임을 알 수 있다. 커브명의 확인이 끝나면, C11을 입력하고, Enter 한다.

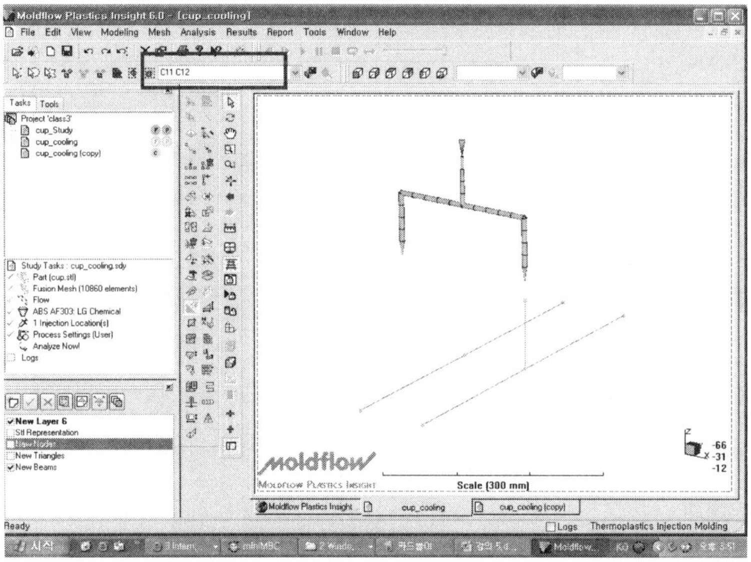

채널 : 파란색

그 후 배플 커브 근처에서 MB3 메뉴의 properties를 선택하고, Assign property 창에서 New 아래의 Baffle를 선택하면, Baffle의 직경과 열전달계수, 금형재질을 입력하는 창이 활성된다. 배플채널의 직경은 15, 열전달계수는 0.5, Name은 Baffle 1로 입력하고 OK 한 후, Assign property 창도 OK하고 닫는다.

(10) 동일한 방법으로 Select Saved Selection List 창에 나머지 배플 커브 C12를 입력하고, MB3 메뉴의 Properties를 선택하고, Assign Property 창에서 (9)단계에서 정의 하였던 Baffle을 선택하고, OK하고, Assign Property 창을 닫는다. 이렇게 하면 이전에 생성시킨 Baffle의 property와 동일한 Baffle이 정의된다. 정의가 완료되면 배플채널의 커브가 노란색으로 변경된다.

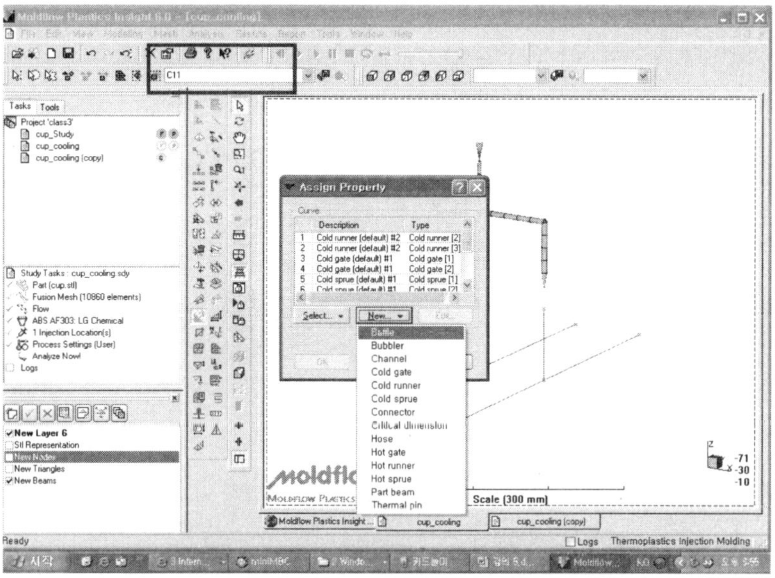

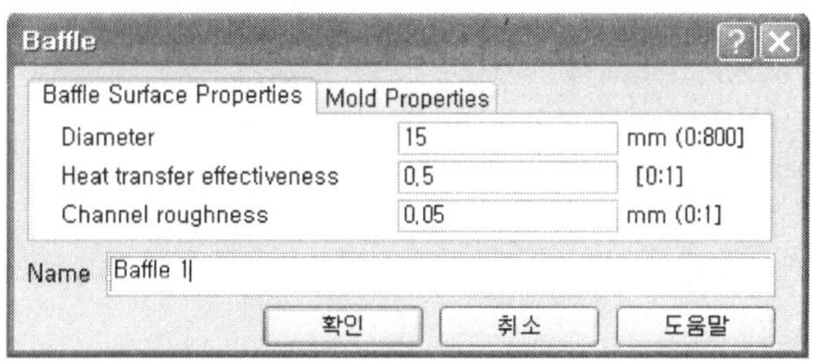

(11) 모든 냉각채널이 정의되면 정의된 냉각채널에 대하여 Define Mesh Density를 정의한다.

냉각채널을 모두 선택한 후, MB3 메뉴의 Define Mesh Density를 선택하면, Define Mesh Density 창이 나타나고, 구성한 냉각채널과 배플 채널이 리스트 되고, 정의할 메쉬 크기를 입력한다. 채널의 메쉬를 정의하기 위해서는 배플 채널 직경의 2.5배 정도의 값을 메쉬 크기를 입력한다. 여기서, 40을 입력하고 Apply한다. 이때, 모델링 창에서 모델의 변화는 없다.

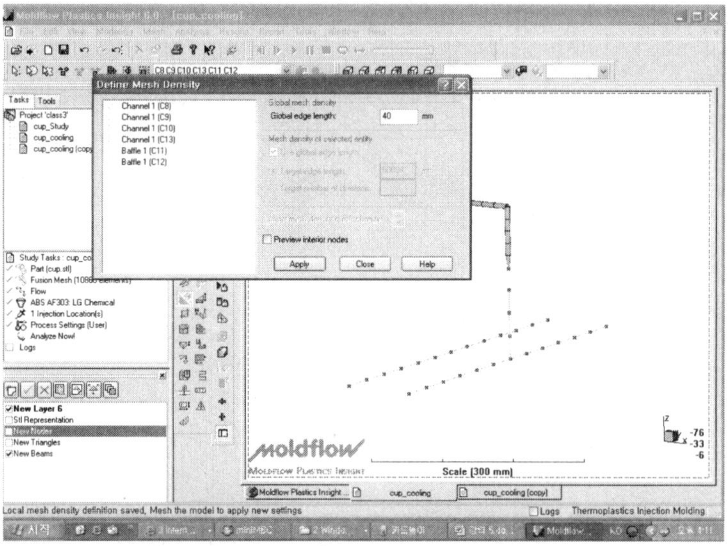

(12) Mesh Density가 정의되면, 냉각채널을 모두 선택한 후, Mesh → Generate Mesh하여 메쉬를 생성시킨다.

이때 메쉬 크기는 이전에 Mesh Density를 정의할 때의 크기가 그대로 적용된다.

주의 메싱이 정상적으로 수행되었다면, 직선채널은 파란색으로 배플은 노란색 8각형으로 나타난다.

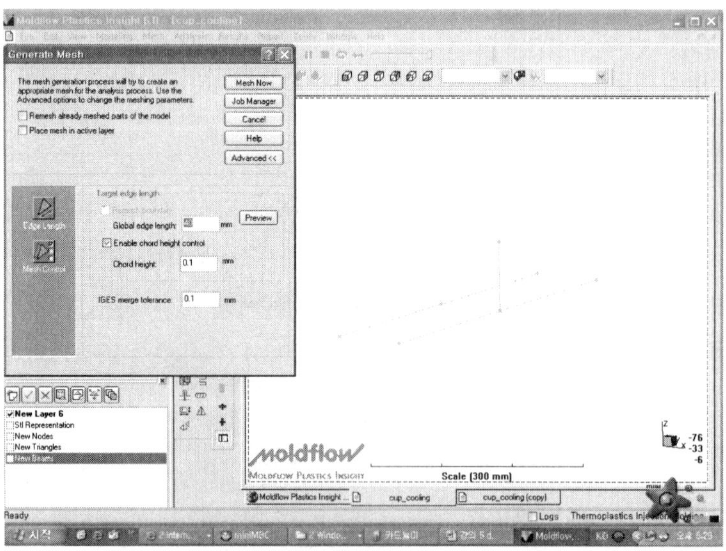

(13) 메싱된 냉각채널을 카피하여 전체 냉각채널을 구성한다.

카피 작업 전에 레이어 창에서 새로 만든 배플채널을 활성화 시켜두고 카피 작업을 하면, 작업 내용이 전부 배플채널에 포함된다. Modeling → Move/Copy → Translate 명령어를 입력하고, 중앙의 일반 냉각채널을 선택한다. X 방향으로 50과 -50인 거리에 중앙의 냉각채널을 이동 카피한다. 동일한 방법으로 중앙 채널을 X 방향으로 150, 200, -150, -200으로 다시 복사 이동시킨다. 9개의 일반 냉각채널을 생성시킨다.

일반 냉각채널의 복사이동 후, 배플 냉각채널도 동일한 방법으로 X 방향으로 -200으로 복사이동 시켜서 냉각채널 구성을 마친다.

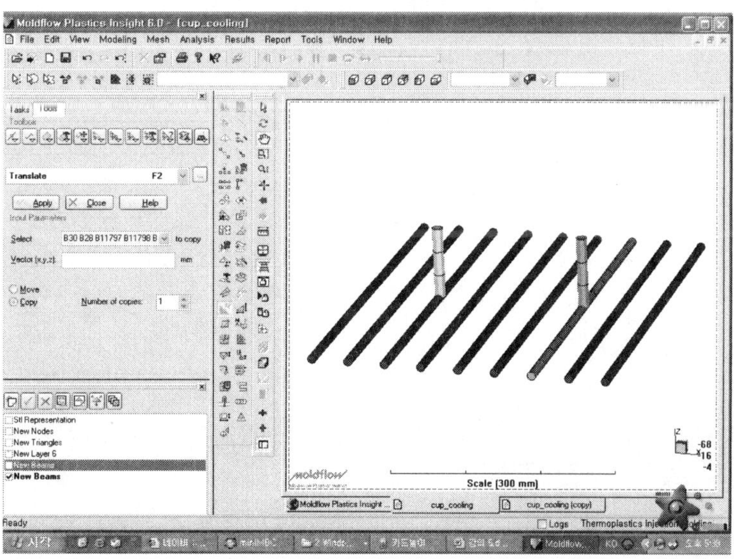

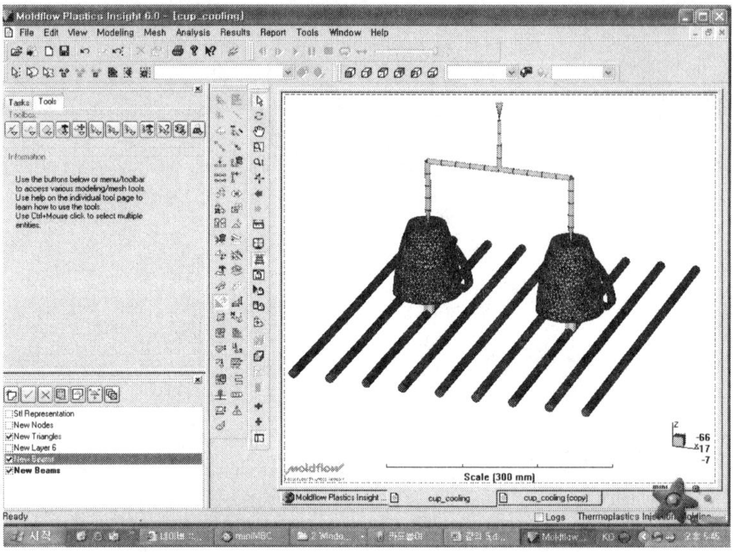

5.3 냉각해석의 실행

다음은 냉각채널의 작성을 끝낸 후, 냉각해석을 수행하기 전에 냉각수에 관련된 입력 값을 지정하는 절차를 설명한 것이다.

(1) Tasks 창에서 해석 종류를 Cool로 설정한다.

아래와 같이 해석종류를 선택하고, MB3를 클릭하여, Set Analysis Sequence를 선택하면, Set Analysis Sequence 창이 활성되고, 이 중에서 Cool를 선택하고 OK하면, Tasks에 해석 종류가 Cool로 변한다.

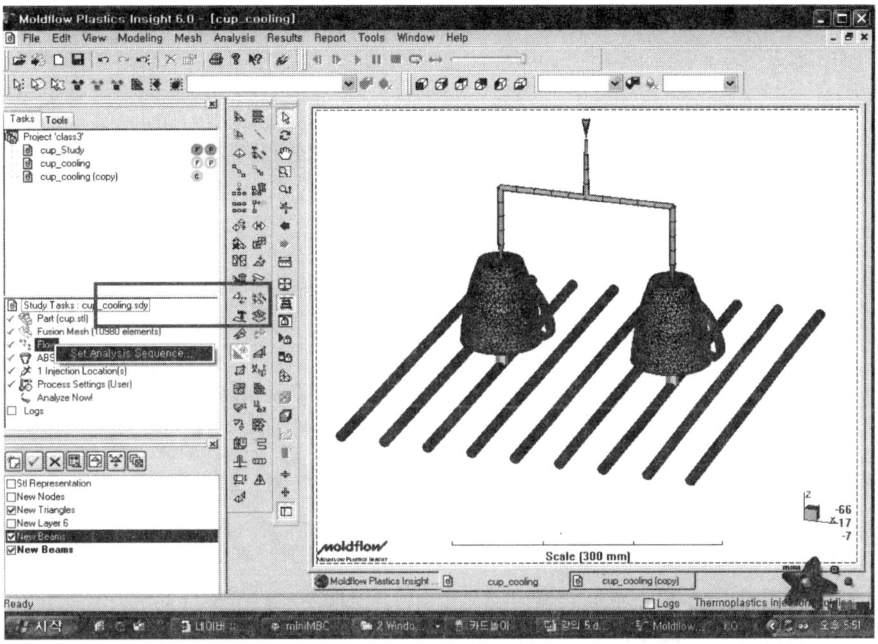

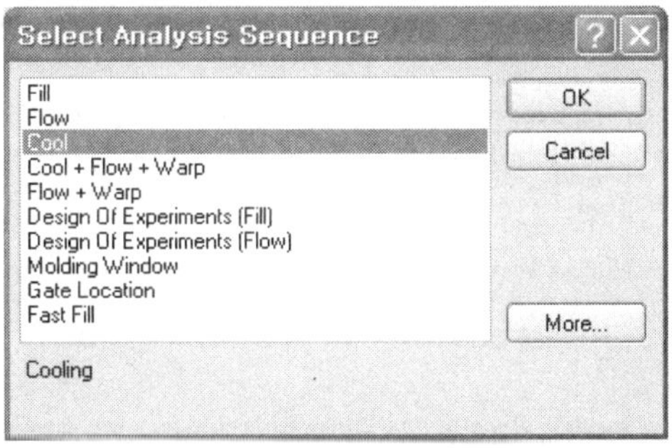

(2) 냉각수의 입수를 정의한다.

Cool해석으로 변하면 Tasks 창에 Create cooling circuits가 생성된다. 이것을 MB3으로 선택하고, 메뉴에서 Set Coolant Inlets를 선택하면, 냉각채널의 입구와 냉각수 온도를 정의하는 창이 뜬다. New를 선택하면, 냉각수를 정의하는 창이 활성되고, 여기에 냉각수 온도를 20℃로 하고, Name에 Coolant inlet 1로 정의하고, OK한다.

Tip 이 창에서 물 이외의 냉각수를 정의할 수 있으며, 냉각수의 제어 방법도 설정할 수 있다.

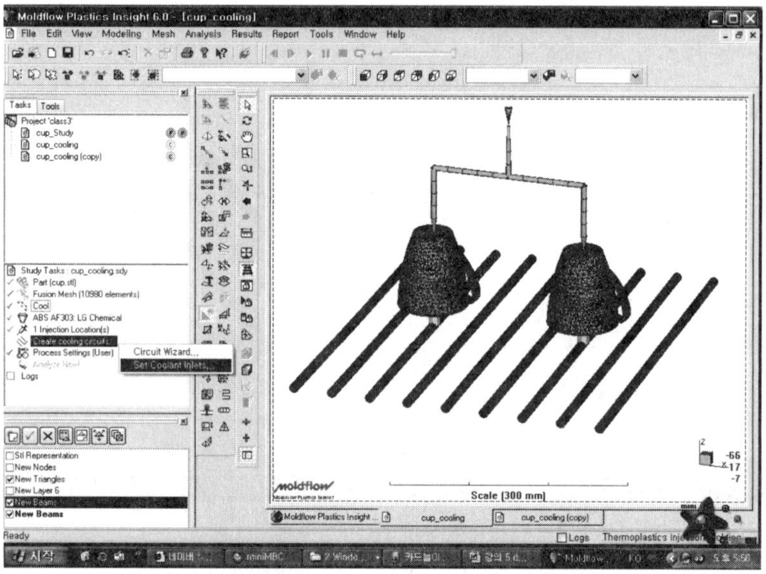

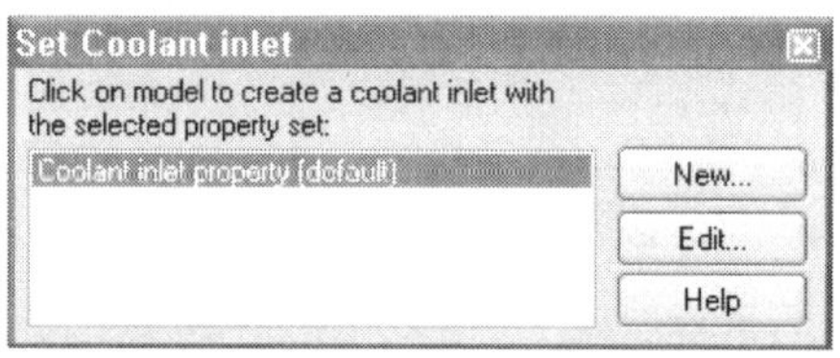

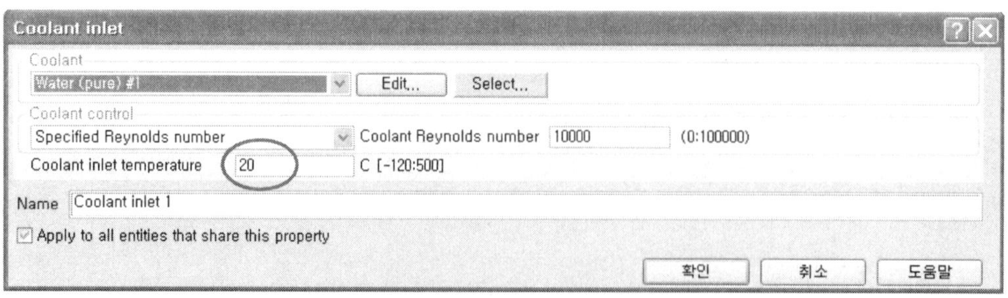

(3) Coolant inlet 정의 창이 사라지면 모델링 창의 커서가 큰 ＋로 바뀐다. ＋ 커서를 이동시켜 직선채널의 끝부분으로 옮기고, 클릭하면 냉각수의 입구가

정의된다. 배플채널을 제외한 모든 채널을 이와 같은 방법으로 냉각수 입구를 정의한다. 모든 냉각채널에 적용되는 조건은 Coolant inlet 1에서 정의된 것이 그대로 동일하게 적용된다.

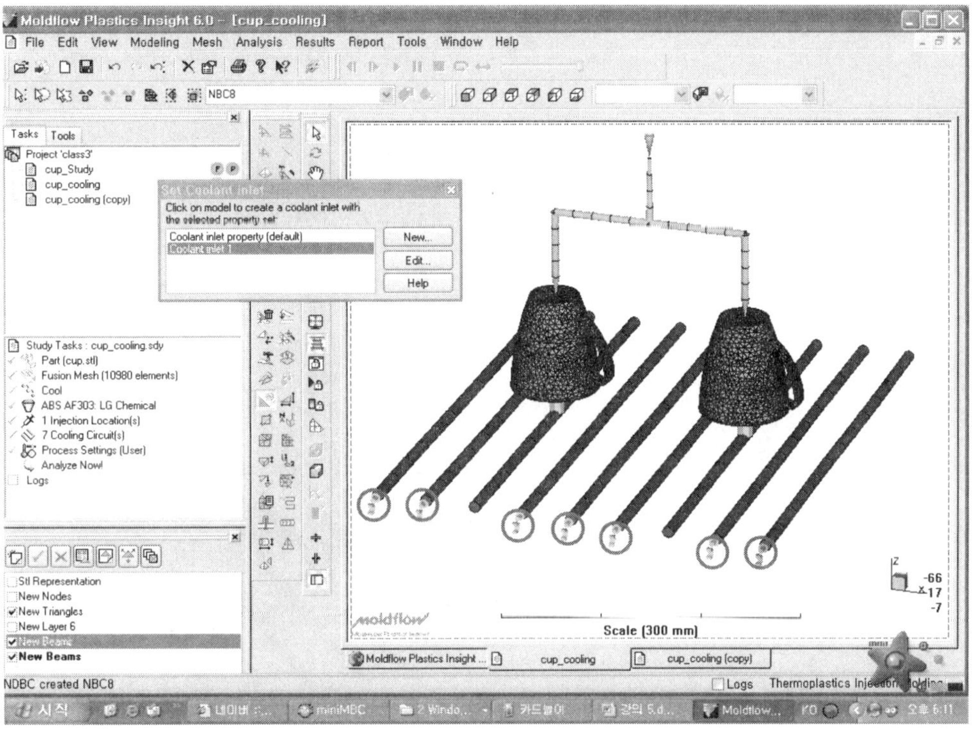

(4) 배플채널의 냉각수를 정의하기 위하여 Set Coolant inlet 창에서 New를 선택하고, 생성되는 Coolant inlet 창에서 냉각수 온도를 18℃로 하고, Name을 Coolant inlet_baffle로 정의하고 OK한다.

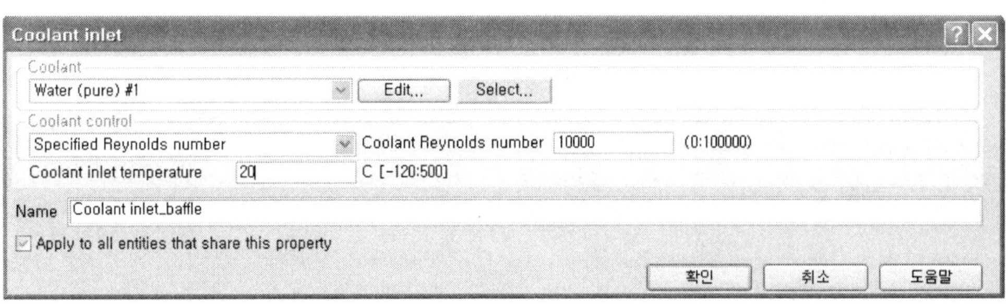

다시 ┼ 커서로 배플채널 입구를 선택하면, 배플채널의 입수가 정의된다. 더 이상 냉각수 입구의 정의가 필요 없으므로, Set Coolant inlet 창을 닫으면, 모든 냉각채널의 구성이 완료된다.

Tip 모든 냉각채널를 구성한 후, 냉각수 온도를 따로 입력하는 방법보다는 냉각채널을 이동복사하기 이전에 미리 냉각수 온도까지 정의하여 냉각채널을 이동복사하면 작업이 더욱 편리하다.

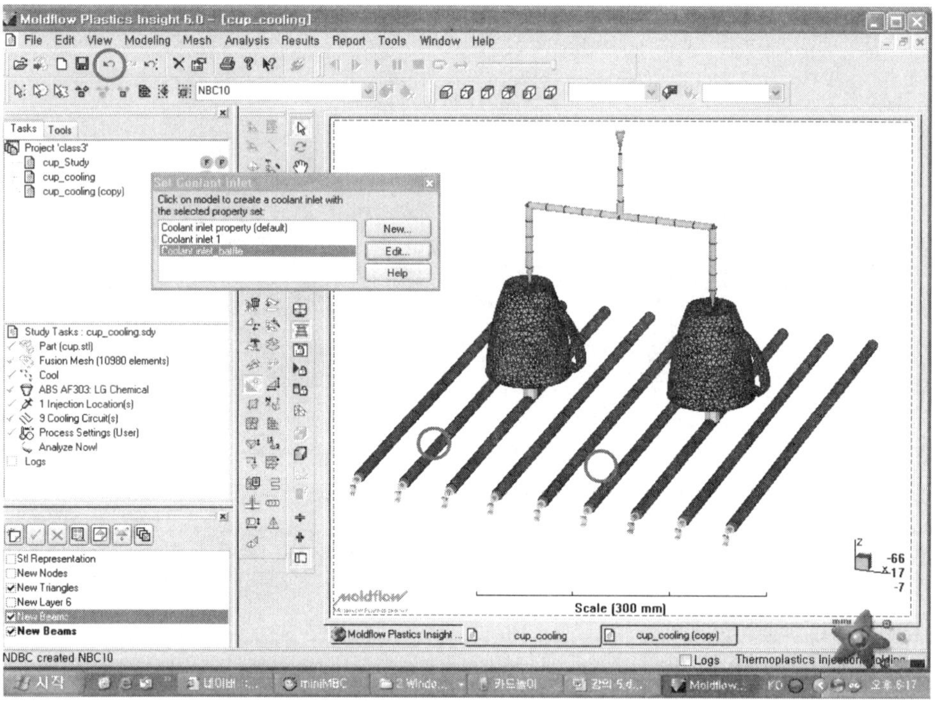

(5) 모든 준비가 완료되면 해석을 수행하기 전에 저장(Save) 한다.

(6) Tasks 창에서 Analysis Now! 를 MB3으로 선택하고, Analysis Now를 누르면 해석이 진행된다.

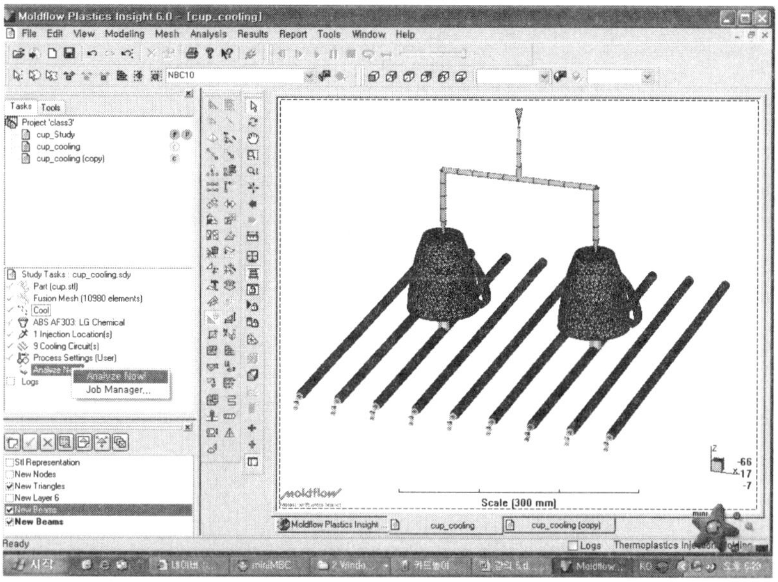

(7) 해석이 완료되면 Analysis Complete 메시지가 나타난다.

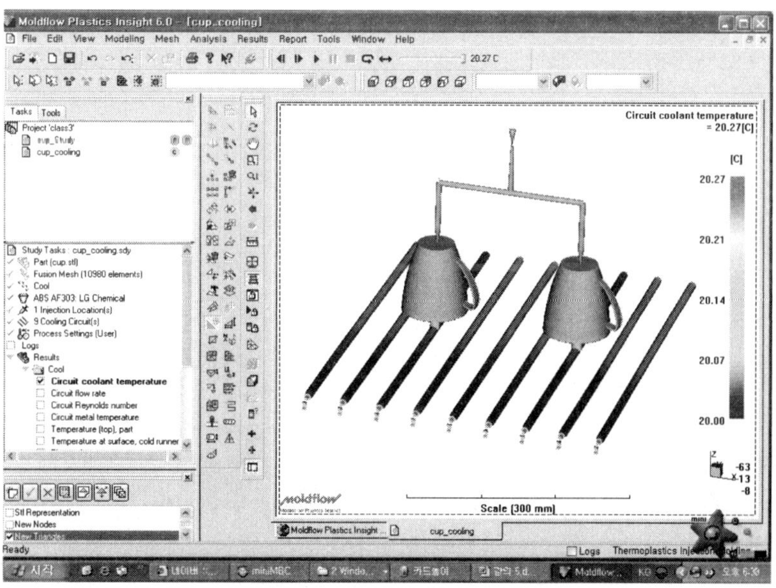

복습 문제

[1] 서술형

1. 금형 냉각의 목적과 냉각해석의 목적에 대해 설명하시오.
2. 금형의 냉각회로 구성 방식에 대해 설명하시오.
3. 직선 채널의 설계 기준에 대해 설명 하시오.
4. 금형 냉각 시스템에 대해 그림을 그려 설명하시오.
5. 냉각회로 내를 흐르는 냉각수 유량의 크기에 따라 냉각 효율이 어떻게 달라지는 지에 대해 설명하시오.
6. 직경이 비교적 작은 금형 코어에 적용되는 냉각채널의 종류에 대해 설명하시오.
7. 직선 채널의 메쉬 모델링 방법에 대해 설명하시오.
8. 배플의 메쉬 모델링 방법에 대해 설명하시오.

[2] 단답형

1. 냉각수의 유동 속도가 느리면 냉각수는 층류를 이루므로 금형의 냉각효율이 좋아진다.(T/F)
2. 냉각수의 온도는 통상 금형 온도보다 약 20 ~ 30℃이하로 설정한다. (T/F)
3. 냉각수 회로 중 직렬 회로는 병렬 회로보다 압력강하가 커지므로 잘 채용되지 않는다. (T/F)
4. 금형 코어의 직경이 너무 작아서 배플을 적용하기가 곤란할 경우에 버블러를 적용한다. (T/F)
5. 배플을 모델링 할 경우 채널의 열전달계수에 0.5를 입력한다. (T/F)
6. 냉각 채널에 대하여 메쉬 크기(Mesh density)를 정의할 경우 채널 직경의 약 1.5배 크기의 값을 메쉬 크기로 입력한다. (T/F)
7. 냉각 채널의 메싱이 정상적으로 수행되었다면, 직선 채널은 파란색으로, 배플은 노란색 8각형으로 나타난다. (T/F)
8. MPI 6.0에서는 물 이외의 냉각 매체는 정의 할 수 없다. (T/F)

[3] 토론형

1. 냉각수 유량에 따른 냉각 효과
2. 배플 냉각이 직선채널 냉각보다 냉각 효율이 떨어지는 이유
3. 동일한 냉각 채널이 복수 개 있을 경우 효율적인 모델링 방식
4. 배플 냉각 회로의 모델링 방식

[4] 실습형

1. 제 4장까지의 실습형 문제에서 작성되었던 컵의 메쉬 모델에 제 5장에서 제시된 냉각 시스템을 모델링해 보시오.

6장

금형의 열전달 / 냉각해석 결과 분석

학습목표

◦ 열전달 모드의 3형식
◦ 후리에 열전도 미분방정식
◦ 성형품의 냉각 시간 계산
◦ 냉각해석의 결과분석

이론

◦ 부교재 제 14장

실습

◦ 냉각설계에 따른 냉각해석 결과의 비교 분석
◦ 냉각채널 및 냉각조건의 변경에 따른 금형 온도 분포 조사

특기사항 (준비물 및 과제 등)

◦ CAD 모델 : cup.prt
◦ 각 수지 종류별 열적성질 자료

6.1 열전달의 3형식

열전달은 전도, 대류 및 복사(방사)의 3형식을 통해 이루어지며, 금형내의 열전달은 주로 전도에 의해 이루어지며, 냉각수 통로를 흐르는 냉각수에 의해 금형내의 열을 대류 형식으로 금형 밖으로 뽑아낸다. 다음은 열전달 3형식에 대한 간단한 설명이다.

6.1.1 전도 (conduction)

전도는 고체 또는 정지하고 있는 유체 내부에서 일어나는 열전달 형식으로 고온의 분자로부터 저온의 분자로 에너지가 전달되는 형식이다. 각 물질마다 정해져 있는 전도의 정도를 나타내는 열전도도는 주로 k 또는 λ의 기호로 나타내며, 공업단위는 kcal/mh℃로 표시된다. 열전도도의 물리적 의미는 단위 길이당 1℃의 온도구배가 있을 때, 단위 시간에 단위 면적을 따라 흐르는 열량으로, 이것은 각 물질의 열적 물성치 중의 하나이다. 일반적으로 고체, 액체, 기체의 순으로 열전도도가 높다.

6.1.2 대류 (convection)

대류는 운동중인 유체와 고정된 고체 사이에 일어나는 열전달 형식으로 경계층을 중심으로 에너지가 전달되는 형식이다. 대류의 열전달계수는 주로 h로 표시되며 일명 경막전열계수(convection heat transfer coefficient)라 부르며, 공업단위로서 kcal/m²h℃로 표시된다.

6.1.3 복사 (radiation)

복사는 열에너지가 중간의 물질과 관계없이 적외선이나 가시광선을 포함하는 전자파인 열선의 형태로 전달되는 열전달 형식이다. 금형에서는 금형 온도가 100℃ 이상의 경우에 그 효과가 아주 조금 있을 뿐이므로, 금형의 열전달에서 무시하고 있는 것이 일반적인 공학적 방법이다.

6.2 후리에 열전도 미분 방정식

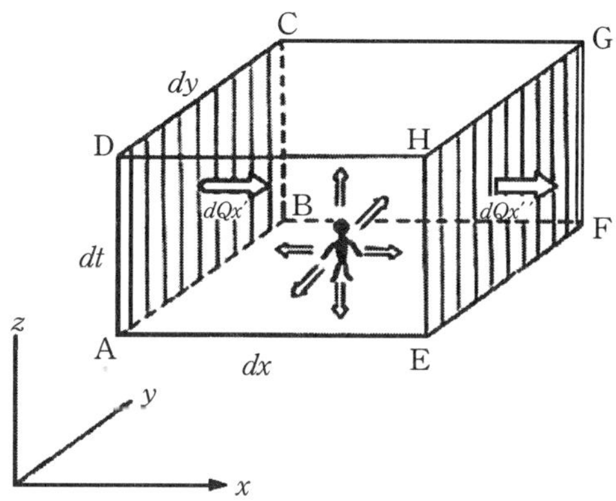

▲ **그림 6-1** 열전도식 유도를 위한 미소 요소

상기 그림 6-1에서 미소 체적요소에 대해 다음과 같은 열평형 방정식에서 유도된 것이 아래의 식 (6.8), (6.9)로 표현되는 후리에(Fouriear) 열전도 미분 방정식이다.

- dt 시간동안 유입열량

$$dQx' = -\lambda \frac{\partial T}{\partial x}(dy \cdot dz) \cdot dt \quad \cdots\cdots (6.1)$$

- dt 시간동안 유출열량

$$dQx'' = -\lambda \frac{\partial}{\partial x}\left(T + \frac{\partial T}{\partial x} \cdot dx\right)(dy \cdot dz) \cdot dt \quad \cdots\cdots (6.2)$$

- 체적요소를 dt 시간에 온도 $\frac{\partial T}{\partial t} \cdot dt$ 만큼 상승시키는데 필요한 열량

$$dT_2 = \rho C_P(dxdydz) \cdot \frac{\partial T}{\partial t} \cdot dt \quad \cdots\cdots (6.3)$$

ρ: kg/m^3 C_P: $kcal/kg℃$ Heat tank : ρC_P

- 내부열원이 있어 단위체적에 단위시간당 발생열량을 q라 하면, 내부열원에 의한 발생열량

$$dQ_3 = q(dx \cdot dy \cdot dz)dt \quad \cdots\cdots (6.4)$$

- (6.1)~(6.4)의 열평형식

$$dQx' + dQ_3 = dQ_2 + dQx'' \quad \text{(6.5)}$$

$$\therefore q + \lambda\frac{\partial^2 T}{\partial x^2} = C_P\rho\frac{\partial T}{\partial t} \quad \text{(6.6)}$$

양변을 C_P로 나누면

$$\frac{\partial T}{\partial t} = \frac{\lambda}{C_P\rho}\frac{\partial^2 T}{\partial x^2} + \frac{q}{C_P\rho} \quad \text{(6.7)}$$

만약 내부열원이 없으면

$$\frac{\partial T}{\partial t} = \frac{\lambda}{C_P\rho}\frac{\partial^2 T}{\partial x^2} = a\frac{\partial^2 T}{\partial x^2}$$

여기서,

$$a = \frac{\lambda}{C_P\rho}\,[m^2/s]$$

Thermal Diffuslvity : 열확산도

일명 Themorate Conductivity(온도전도율) : 온도의 이동속도에 관계되는 량

x, y, z 방향에 확장하면

$$\frac{\partial T}{\partial t} = a\left(\frac{\partial^2 T}{\partial x^2} + \frac{\partial^2 T}{\partial y^2} + \frac{\partial^2 T}{\partial z^2}\right) \quad \text{(6.8)}$$

$$\nabla^2(Laplacian) = \frac{\partial^2}{\partial x^2} + \frac{\partial^2}{\partial y^2} + \frac{\partial^2}{\partial z^2}$$

$$\frac{\partial T}{\partial t} = a\nabla^2 T \quad \text{(6.9)}$$

6.3 성형품의 냉각 시간

후리에 열전도 미분 방정식에서 (i) 캐비티 내 수지 온도는 각 부위에 균일하고 일정한 값을 갖으며, (ii) 캐비티 내의 온도는 갑자기 변하여 일정한 값을 갖는다는 2가지의 가정에 의해서 구해진 성형품의 냉각 시간 계산식은 식 (6.10)과 같다.

$$t_c = \frac{s^2}{\pi^2 a} \ln\left(\frac{8}{\pi^2} \frac{T_M - T_W}{\overline{T_D} - T_W}\right) \quad \cdots\cdots (6.10)$$

$\overline{T_D}$: 성형품의 평균온도

T_W : 금형 온도

T_M : 수지 온도

위 식에서 알 수 있는 것은 성형품의 냉각 시간(t_c)에 가장 영향도가 높은 인자는 성형품의 살 두께(s)이며, 그 다음으로는 수지의 열확산도(a)이며, 그 밖의 금형 온도, 수지 성형 온도, 이젝팅 온도도 관계된다.

6.4 버블러 냉각의 이해

버블러(bubbler)는 배플의 중간판을 관(tube)으로 대체한 것 외에는 배플과 동일하다. 냉각수는 주된 냉각채널에서 그림 6-2와 같이 중앙관으로 흘러들어가서 마치 분수처럼 위로 흘러나와 바깥 관을 통해 출구측 직선 채널로 흘러나간다.

6.5 버블러의 메쉬 모델링

Moldflow상에서 버블러의 모델링은 다음과 같은 것을 반드시 숙지해야 한다. (Moldflow상의 help 메뉴에서 bubbler를 검색하면 아래 내용을 찾을 수 있음)

버블러는 금형에 구멍을 가공하고, 구멍의 중앙부에 구멍보다 작은 직경의 튜브를 구멍의 상부까지 고정시킨다. 따라서 중앙은 원형 채널이 되고, 튜브 바깥은 링(ring) 형상의 원형 채널이 된다. 냉각수는 안쪽 튜브를 통하여 들어와서 튜브의 상부까지 흐르고, 다시 튜브의 바깥쪽으로 흐른 후 튜브의 아래쪽 출구로 빠져나간다. 그러므로 이 냉각방법은 금형에서 냉각하기 어려운 국부 냉각에 적용된다.

위의 그림 6-3에서 A는 버블러의 단면을 나타내고, B는 해석 프로그램에서의 버블러 모델을 나타낸다. P3와 P1 사이의 빔 엘리먼트는 열전달계수(HTE)가 0인 원형단면의 튜브이다. P1과 P2 사이의 빔 엘리먼트는 열전달계수가 1인 링 형상의 단면이다. 오렌지색은 버블러를 나타내는 색상이다. 다음은 버블러의 모델링 순서를 설명한 것이다.

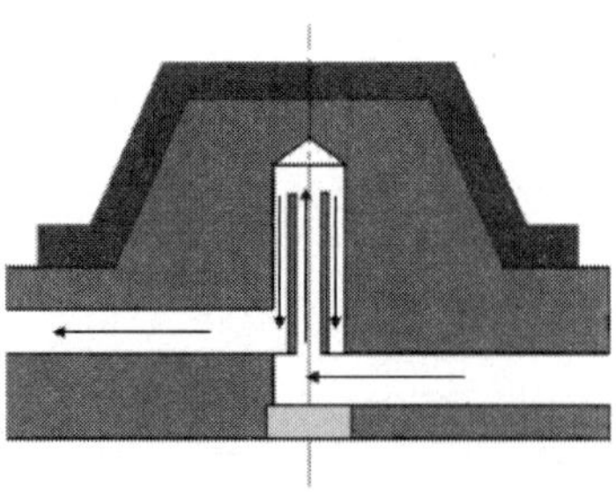

▲ 그림 6-2 버블러 냉각

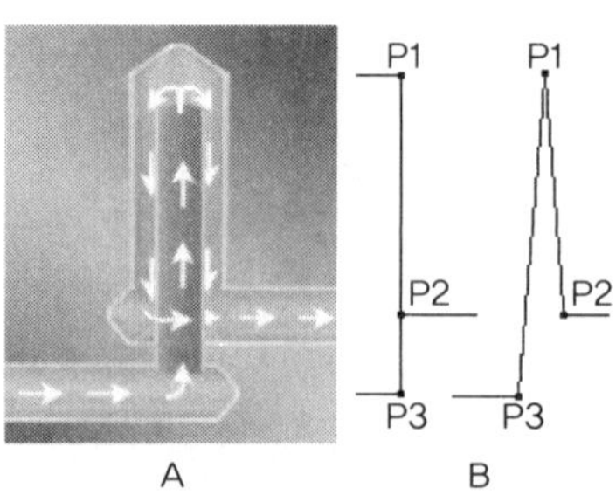

▲ 그림 6-3 버블러 모델링

(1) P3와 P1 사이에 라인을 생성한다.

(2) 튜브의 상부(P1)와 출수 구멍(P2)까지 라인을 만드는데, 새로운 두 라인을 분리하기 위하여 버블러 구멍의 축 사이에 작은 간격을 둔다.

(3) 입구채널 라인(line P1-P3)을 선택한 후, MB3을 클릭하여, 메뉴에서 Properties를 선택하고, 새로운 Property를 입력하기 위하여 Yes를 선택한다.

(4) Assign property 창에서 New를 선택하고, Channel를 선택한다.

(5) 열전달계수(Channel heat transfer effectiveness ; HTE)를 0으로 입력한다.

(6) Name box에 채널을 구별하기 위해 적절한 버블러의 이름을 입력하고, OK를 두 번 클릭한다.

(7) 출수 채널(P1-P2)라인을 선택하고, MB3 메뉴의 Properties를 선택한 후, Assign new property 창의 Yes를 클릭한다.

(8) Assign property 창에서 New에서 bubbler를 선택한다.

(9) 열전달계수(HTE)를 1로 입력한다.

(10) 버블러의 직경, 금형재료, 이름을 기입하고, OK를 두 번 클릭한다.

(11) 버블러의 직경은 이전에 만든 채널(튜브)의 직경보다 커야 한다.

(12) Tasks 창에서 버블러 라인을 모두 선택한 후, MB3 메뉴에서 Define Mesh Density를 선택하고, 메쉬 밀도를 버블러 직경의 2.5배 정도의 값을 입력하고, Apply, OK한다.

(13) 버블러 라인을 선택하고, Generate Mesh에서 메쉬를 생성시킨다.

6.6 버블러 모델링 실습

버블러의 실습에서 채널구성은 제 5장의 실습과제 (7)단계까지와 동일하며, 그 이후에 대한 작업 내용은 다음과 같다.

(1) 버블러 채널의 입수구를 만들기 위하여 노드 1과 2를 +Z 방향으로 25 mm 지점에 copy한다.

Modeling → Move/Copy → Translate에서 노드 1과 2를 선택하고, Vector에 0 0 15를 입력하고, Copy 옵션을 선택하고, Apply한다.

버블러 채널의 구성을 위하여 새로 생성한 노드들과 나머지 노드들을 연결하여 아래와 같이 커브로 연결한다. 버블러 채널의 모델링을 위하여 커브를 겹쳐서 생성시키는 방법을 사용할 것이므로 아래의 순서대로 커브를 구성한다. 3-4-5-2-6 순서로 커브를 생성시킨다. 여기서 버블러 채널 라인은 중복되어 있음을 명심해야 한다.

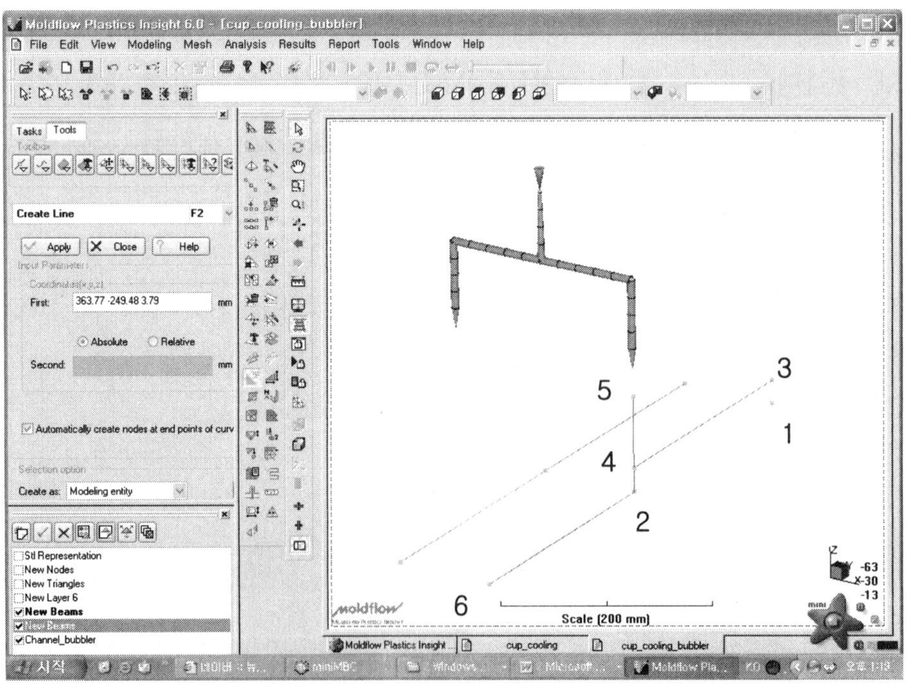

(2) 버블러 채널의 성질을 입력하는 단계이다.

우선 라인 3-4는 직경 Ø12로 라인 4-5는 직경 Ø8의 일반 냉각채널로 성질을 할당한다. 라인 3-4를 선택하고, MB3 메뉴의 properties를 선택하여, 새로운 성질을 입력한다는 메시지를 OK하고, Assign property 창에서 New 아래의 Channel를 선택하면, 냉각채널의 성질을 입력하는 창이 열린다. 채널의 직경은 Ø12, HTE는 1, Name에 Channel 3으로 입력하고 확인한다. Assign property 창도 확인하여 닫는다. 다시 라인 4-5를 선택하고, MB3 메뉴의 properties를 선택하여, 새로운 성질을 입력한다는 메시지를 OK하고, Assign property 창에서 New 아래의 Channel를 선택하면, 냉각채널의 성질을 입력하는 창이 열린다. 채널의 직경은 Ø8, HTE는 0, Name에 Channel 4로 입력한 후, 확인한다. Assign property 창도 확인하여 닫는다.

버블러의 외곽 직경을 정의하기 위하여 라인 5-2를 선택하고, MB3 메뉴의 properties를 선택하여, 새로운 성질을 입력하겠다는 메시지를 OK하고, Assign property 창에서 New 아래의 bubbler를 선택하면, bubbler의 property 입력 창이 나타난다. Outer diameter에 16, Inner diameter에 8, HTE는 1, Name에 bubbler 1로 입력하고 확인한다. Assign property 창도 확인하여 닫는다.

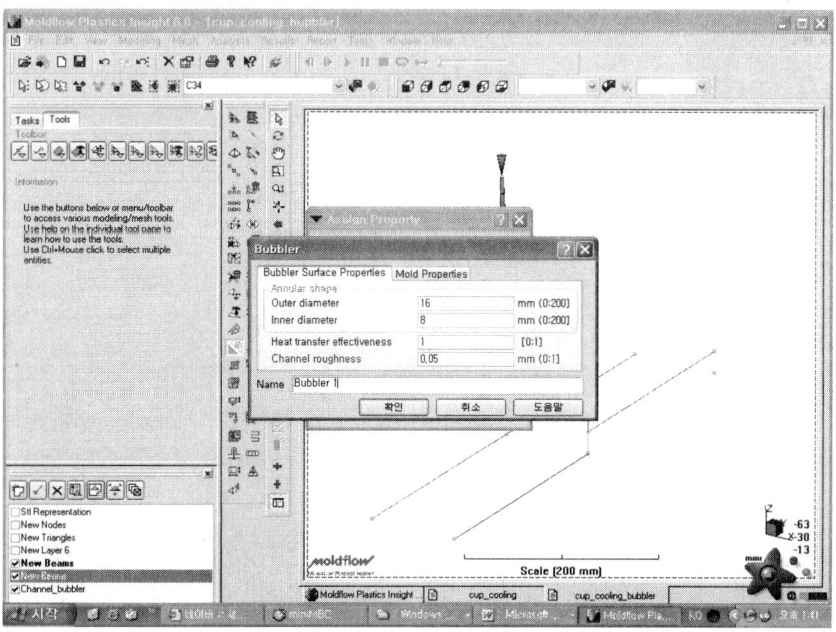

마지막으로 라인 2-6을 선택하고, MB3 메뉴의 Properties를 선택하여, 새로운 성질을 입력하겠다는 메시지를 OK하고, Assign property 창에서 이전에 입력했던 Channel 3을 선택하고, 확인하여 Assign property 창을 닫는다. (Channel 3과 동일한 직경의 냉각채널)

(3) 모든 냉각채널이 정의되면 정의된 냉각채널에 대하여 Define Mesh Density를 정의한다.

냉각채널을 모두 선택한 후, MB3 메뉴의 Define Mesh Density를 선택하면, Define Mesh Density 창이 나타나고, 구성한 냉각채널과 버블러 채널이 리스트되고, 정의할 메쉬 크기를 입력한다. 메쉬 크기를 40으로 입력하고, Apply한다. 모델링 창에서 모델의 변화는 나타나지 않는다.

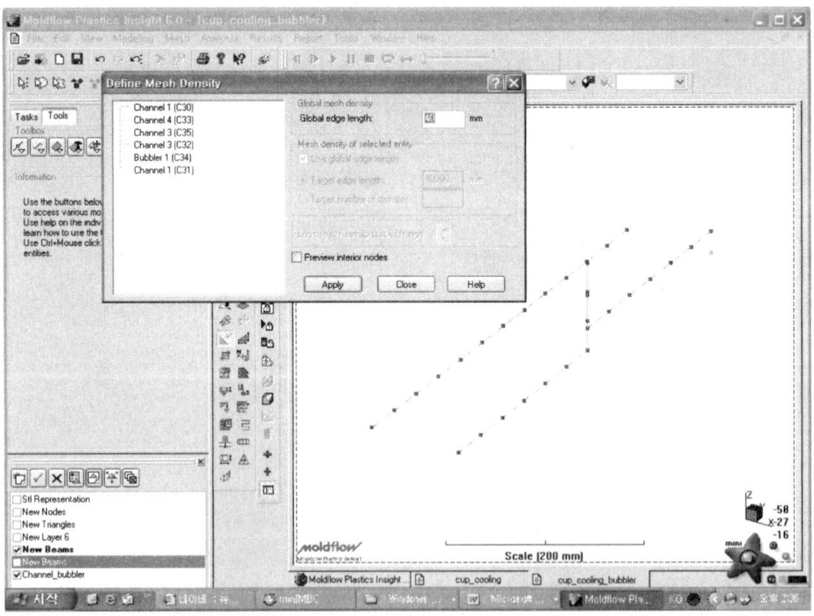

(4) 냉각채널 전체를 메싱하기 위하여, Mesh → Generate Mesh를 선택하면, 이전에 정의했던 메쉬 크기가 디폴트로 입력되어 있는 것을 볼 수 있다. 메쉬 크기를 확인하고 Mesh Now하면 냉각채널의 메쉬 작업이 진행된다.

멧싱 작업이 끝나면 레이어 창에서 Stlrepresentation layer를 제외한 모든 레이어를 on 시켜서 모델링 창에 모든 엔티티를 활성화시켜 완성된 모델을 확인한다.

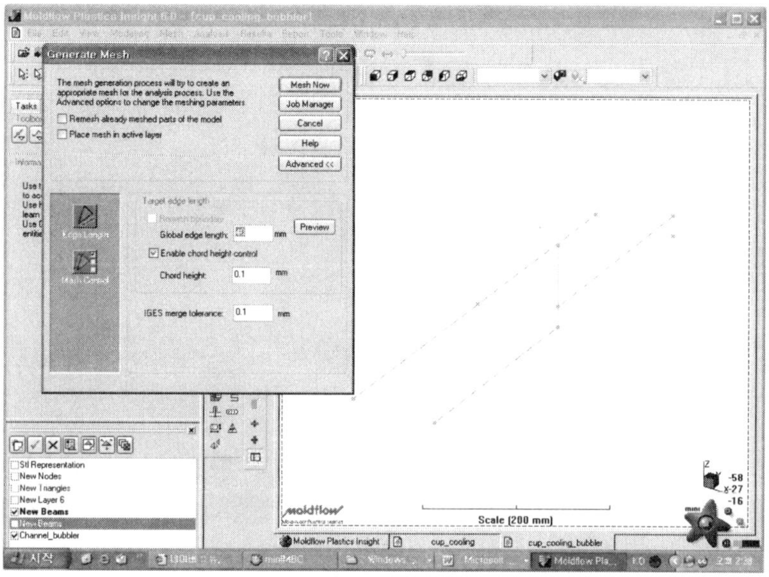

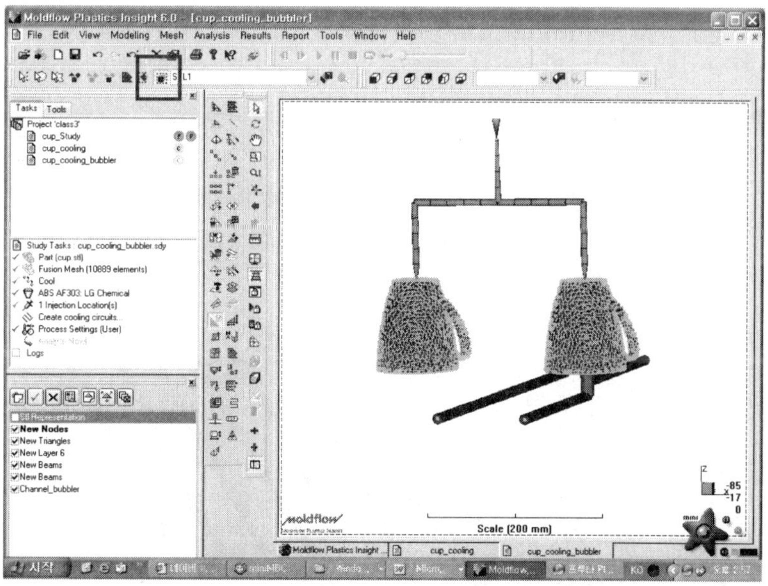

(5) 냉각채널의 편리한 제어를 위하여 냉각채널을 위한 레이어를 새로 정의한다. 레이어 창에서 New layer를 하나 생성시키고, 메쉬 작업이 완료된 냉각채널들을 선택한 후 Assign 시킨다. New layer의 이름을 다시 Channel_bubbler로 바꾼다. 냉각채널을 Assign 시킬 때 Select Facing Items Only 버튼과 zoom 명령을 적절하게 활용하여 Assign 한다. 컵 안쪽의 버블러 beam과 버블러 노드 모두를 Assign 시켜야 한다. (세심한 주의 !)

Tip	모델링 창에서 entity를 드래그 하여 선택하면 화면상의 보이는 entity는 물론 뒤쪽의 entity도 동시에 선택되는 것을 알 수 있다. 단지 화면상의 entity만 선택하기 위해서 Select Facing Items Only를 사용한다.

(6) Channel_bubbler layer만 활성시키고, 나머지 레이어는 off 한 후, Copy 명령을 이용하여 냉각채널을 복사하여 냉각채널의 모델링을 완료한다.

Modeling → Move/Copy → Translate한 후, 직선 냉각채널을 선택하고, Vector에 50 0 0 (+X 방향으로 50 mm 부위에 냉각채널을 복사), 옵션을 Copy로 바꾸고, Apply한다. 다시 직선 냉각채널을 선택하고, Vector에 150 0 0, 옵션이 Copy인지 확인한 후, Apply 한다. 반대로 −X 방향으로 50, 150에 직선채널을 각각 복사 시킨다.

직선채널의 복사가 끝나면 마지막으로 버블러 채널을 복사 시킨다. 버블러 채널 전체를 선택하고, Vector에 -200 0 0를 입력하고, Copy 옵션 선택 후 Apply하면 완료된다. 아래는 채널의 복사작업이 완료된 상태를 나타낸 것이다.

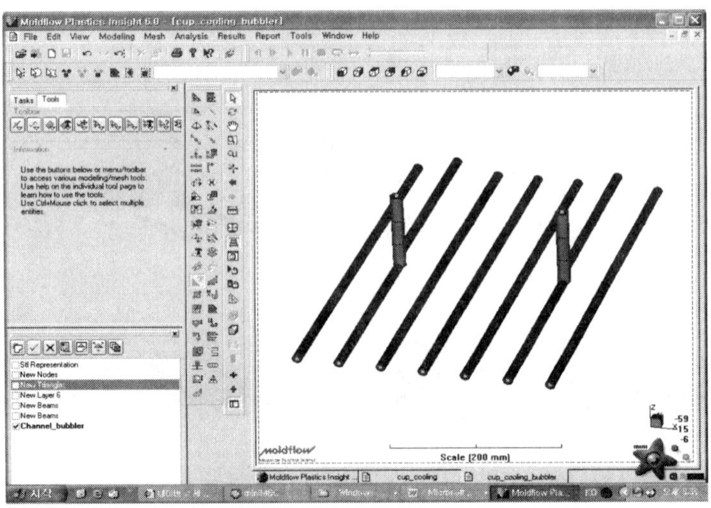

6.7 냉각해석 및 결과분석

냉각해석의 과정(입, 출수의 정의, 냉각해석의 실행 등)은 제 5장의 3절에서 설명한 것과 동일하므로 생략하고, 여기서는 그 결과에 대한 것 중에서 중요한 몇 가지에 대해 살펴본다.

(1) Temperature (Top)

Temperature(Top)는 주어진 냉각 시스템과 냉각수 조건에 의하여 예상되는 상하 측의 금형표면온도를 나타낸다. 금형표면온도에 대한 결과는 냉각해석의 가장 주요한 목적 중의 하나라고 할 수 있다. 유동해석에서는 이 결과를 입력 값으로 하여 충전 및 보압해석을 진행한다.

금형표면온도는 수지의 사출 압력, 형체력, 웰드라인, 사이클 타임 및 변형에 큰 영향을 미친다. 전체 평균 금형 온도가 높으면 수지의 유동성이 증가하지만, 냉각 시간이 증가하여 사이클 타임도 증가하게 된다. 또한 금형 온도가 제품의 상, 하측 또는 영역별로 균일하지 않으면 수축률 편차에 의한 변형이 발생한다. 따라서 금형표면온도는 가능한 모든 부위에서 균일하여야 하며, 목표로 하는 금형 온도에 도달하도록 해야 한다. 그렇지 않을 경우 냉각 시스템과 냉각수 조건을 변경하여 금형 온도의 편차를 가능한 최소화 시켜야 한다.

금형표면온도의 전체 편차를 알아보기 위해서는 Results/Query Result를 이용하여 각 노드별 온도를 알아보는 것이 중요하다.

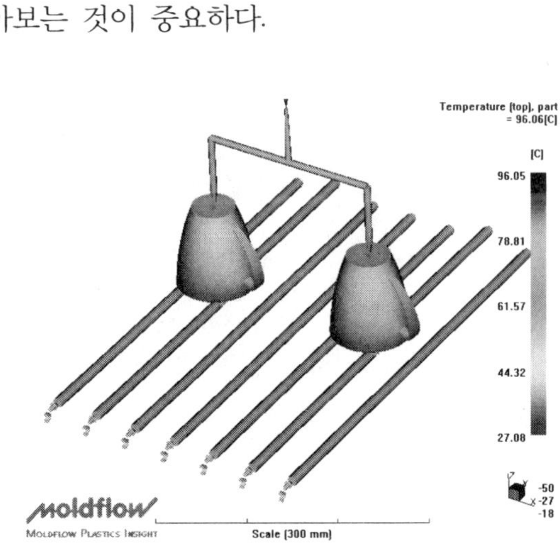

(2) Circuit Reynolds number

Circuit Reynolds number 에 대한 결과는 냉각채널의 각 부분별 레이놀즈 수를 나타내는데, 이는 입수부의 냉각수 유량과 냉각채널 직경에 비례한다. 레이놀즈 수는 냉각수의 냉각효율을 판단하는 기준이 되며, 레이놀즈 수가 10,000에 가까워질수록 냉각효율은 커진다. 즉 냉각수 유속이 증가하여 흐름이 층류에서 난류가 될수록 냉각효율은 커진다. 하지만 10,000 이상에서는 냉각효율의 증가율이 극히 미미하다. 따라서 레이놀즈 수가 10,000에 가까워지도록 냉각수의 유량을 조절할 필요가 있다. MPI 냉각해석에서는 냉각수 유속 조건을 레이놀즈 수 또는 유량으로 지정할 수 있다.

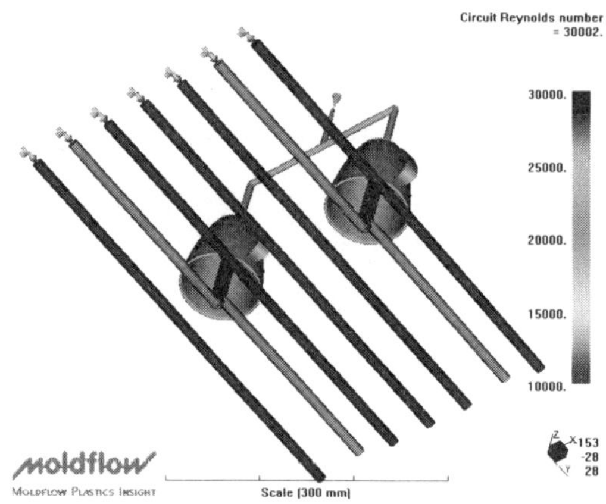

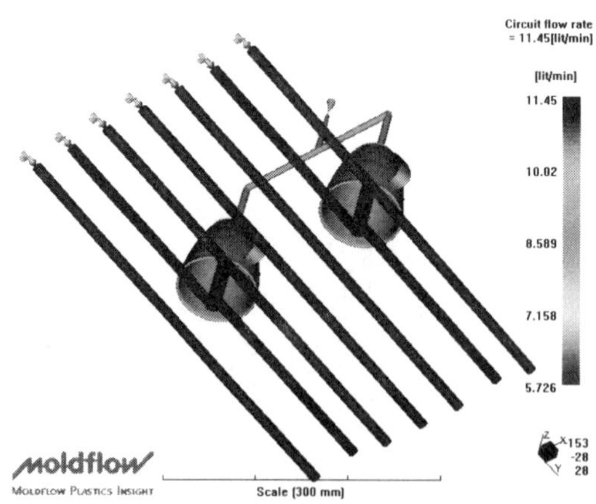

(3) Circuit Coolant Temperature

Circuit Coolant Temperature는 냉각수의 입구와 출구 사이의 온도 변화를 나타낸다. 냉각수는 입수부를 통과하여 금형 밖으로 나올 때 까지 용융수지로부터 열을 받게 되어 온도가 상승한다. 일반적으로 냉각수의 입수부와 출수부 사이의 온도편차는 2℃ 이하가 되도록 관리한다. 온도가 그 이상으로 증가하는 경우에는 냉각채널을 분리하거나 추가하는 설계를 하여야 한다. 그렇지 않으면 불균일한 수축 편차에 의한 제품 변형이 발생할 수 있다.

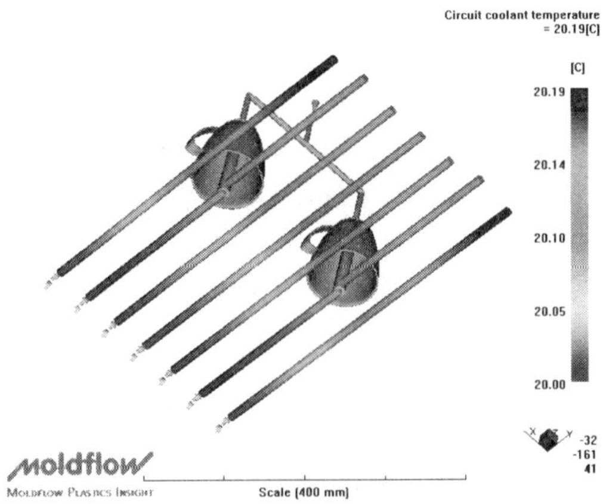

(4) Time to freeze

Time to freeze는 제품의 각 부위가 두께 방향으로 취출 온도까지 100% 냉각되는데 필요한 시간을 나타낸다. 냉각은 모든 부위가 균일하게 그리고 가능한 빠르게 이루어져야 한다. 고화 시간이 균일하지 않다면 영역에 따른 수축편차가 발생하며, 이것은 결국 제품을 변형시키는 잔류응력을 생성시킨다. 전체적으로 냉각 시간이 길어지면 사이클 타임도 길어져서 결국 제품 원가가 상승하게 된다.

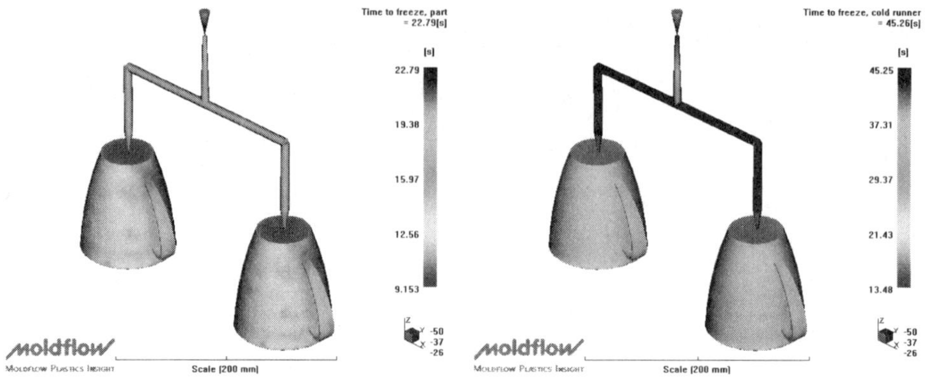

(5) Circuit Heat Removal efficiency

Circuit Heat Removal efficiency 결과는 제품으로부터의 냉각채널의 각 요소가 얼마나 열을 효과적으로 제거할 수 있는 지에 대한 효율을 0과 1사이의 값으로 나타낸다. 여기서 효율은 제품과 냉각채널과의 거리가 가까울수록, 냉각채널의 레이놀즈 수가 클수록, 제품과 냉각수의 온도편차가 클수록 증가한다. 따라서 이 결과는 어느 채널이 다른 채널들에 비하여 제품으로부터 열을 얼마나 많이 제거하는 지를 나타낸다. 만약 이 결과가 0에 가까운 채널이라면 제품으로부터 열을 많이 제거하는 지역이 아니라는 것이며, 그 지역의 냉각채널은 제거하여야 하며, 그 반대의 경우는 채널을 추가 하거나 근접 이동하여 제품으로부터 열을 균형 있게 제거하여야 한다.

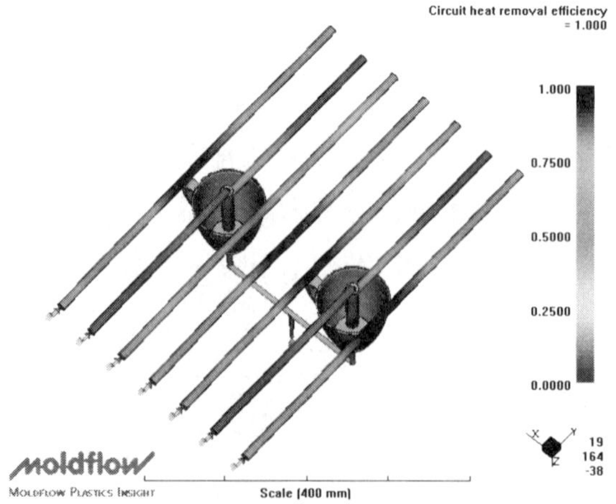

복습 문제

[1] 서술형

1. 열전달의 3가지 형식(mode)에 대해 설명하시오.
2. 버블러 냉각채널의 메쉬 모델 작성 방법에 대해 설명하시오.
3. 후리에 열전도 미분방정식을 유도해 보시오.
4. 성형품의 냉각 시간에 영향을 주는 요소를 들고, 그 영향의 정도에 대해 설명해 보시오.
5. 열전도도와 열확산도를 비교하여 설명하시오.
6. MPI 6.0에서는 냉각해석의 결과로 얻을 수 있는 결과들에는 어떤 것들이 있는지 나열해 보시오.
7. 냉각해석 결과 중의 하나인 Time to freeze에 대해 상세히 설명하시오.
8. 냉각해석 결과 중의 하나인 Temperature(top), part에 대해 상세히 설명하시오.

[2] 단답형

1. 버블러의 입구 측 튜브는 빔 엘리먼트로 표현하여 성질을 정의할 때 열전달계수는 1로 입력한다. (T/F)
2. 냉각채널을 별도의 레이어로 관리하는 것이 편리하다. (T/F)
3. 냉각해석 결과 중의 하나인 Time to freeze는 어떤 부위가 취출 온도까지 냉각하는데 필요한 시간을 나타낸다. (T/F)
4. 냉각수의 유동 시 레이놀즈 수는 냉각수 유량, 냉각수 채널의 직경, 냉각수의 점도, 냉각수의 색상에 의해 영향을 받는다. (T/F)

[3] 토론형

1. 금형 냉각 시 적용되는 열전달 형식들
2. 성형품의 냉각 시간에 영향을 미치는 관련 요인
3. 냉각해석 결과인 Temperature difference, part의 활용법
4. 핫 러너의 냉각 방법

[4] 실습형

1. 제 5장까지의 실습형 문제에서 다루었던 기내 컵을 대상으로 냉각해석을 수행한 후, 제 6장에서 다루었던 냉각해석의 결과와 비교분석해 보시오.

7장

미드플랜(Midplane) 해석

학습목표

- 성형불량 : 웰드라인(weld line)과 플로우 마크(flow mark)
- 미드플랜(midplane) 모델링
- 각 서피스(surface)별 두께 입력
- 레이어 창의 활용법

이론

- 부교재 제 6장

실습

- Plate_A 성형품의 3D 모델에서 중립면 서피스 생성 작업
- 각 서피스별 레이어 작성 및 두께 성질 부여
- 서피스별 두께 변경 시 유동해석 결과 분석

특기사항 (준비물 및 과제 등)

- CAD 모델 : Plate_A.x_t

7.1 미드플랜(Midplane) 모델링의 기초 (1)

아래 그림 7-1의 제품 모델은 미드플랜 해석을 위하여 마련된 3D 모델이다. 제품 베이스의 살 두께는 2.5 mm, 제품 중앙의 리브의 두께는 왼쪽에서부터 각각 1, 2이며, 리브의 폭은 30, 높이 15로 동일하다. 제품의 베이스에는 Ø20의 구멍이 있고, 보스는 두께 1.8, 높이 25이다.

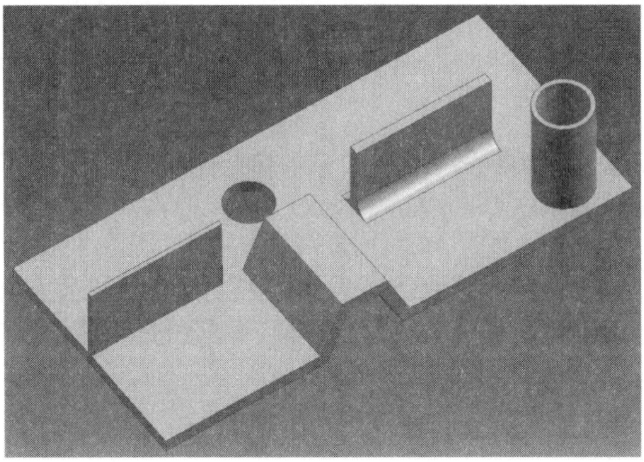

▲ 그림 7-1 제품 모델

위 제품 모델에 대한 미드플랜 모델(일명 서피스 모델)또는 쉘(shell) 모델을 작성하는 순서는 다음과 같다.

(1) 새로운 Project를 만들고, 프로젝트명을 class7이라 한다.

미리 준비한 surface_midplane.x_t를 import 시킨다. MPI의 모델링 창에 나타난 모델의 서피스를 제거하면서 미드플랜 작업을 수행한다.

원칙적으로 미드플랜 작업은 제품 두께에 따른 중립면을 대상으로 작업을 수행해야 하지만 작업의 편의성을 위해서 제품 베이스의 밑면과 측면을 제거한다. 리브의 경우는 한쪽 면과 리브의 두께에 해당하는 측면을 제거한다. 이때 두께가 2인 리브는 제품 베이스와의 사이에 필렛되어 있는 서피스도 제거한다. 보스는 내부 서피스와 두께 서피스를 제거한다. 리브를 나타내는 서피스는 리브 두께의 절반에 해당하는 중립면으로 리브 서피스를 이동시킨다.

Modeling → Move/Copy → Translate를 선택하고, 두께가 얇은 리브의 서피스를 선택한 후 Vector를 0 0.5 0을 입력하고, 옵션은 Move를 선택하고, Apply한다. 다음은 두께가 2인 리브의 서피스를 선택하고, 이전 리브와 같이 이동시킨다. 이때 이동 Vector는 0 1 0으로 한다.

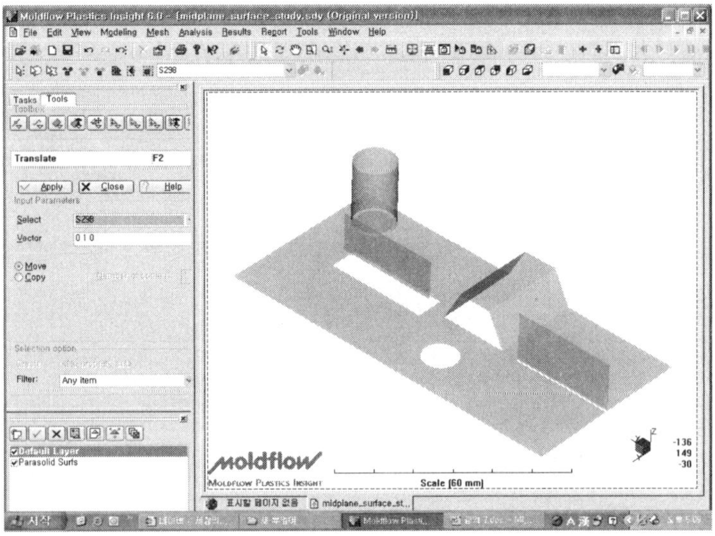

(2) 서피스만 남긴 모델에 대하여 메쉬 작업을 수행한다. 이때 Mesh size는 2로 한다.

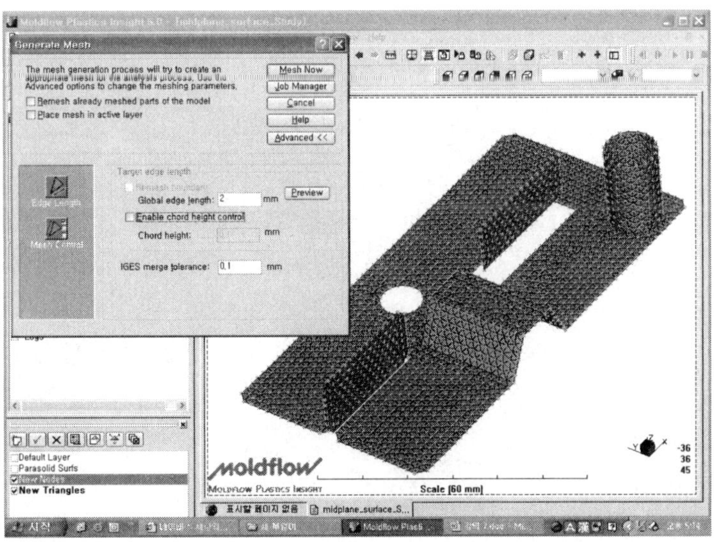

(3) 두께가 1인 리브에 대하여 메쉬 수정작업을 실시한다. 우선 작업의 편리를 위하여 모델링 창에서 리브를 확대한다. 리브와 베이스의 연결부에 노드가 누락되어 있음을 알 수 있다. 따라서 우선 누락된 노드를 생성시킨다. Modeling → Create node → Between Coordinates를 클릭한 후 노드 ①, ②를 선택하고, 생성될 노드의 개수를 2로 하고, Apply한다.

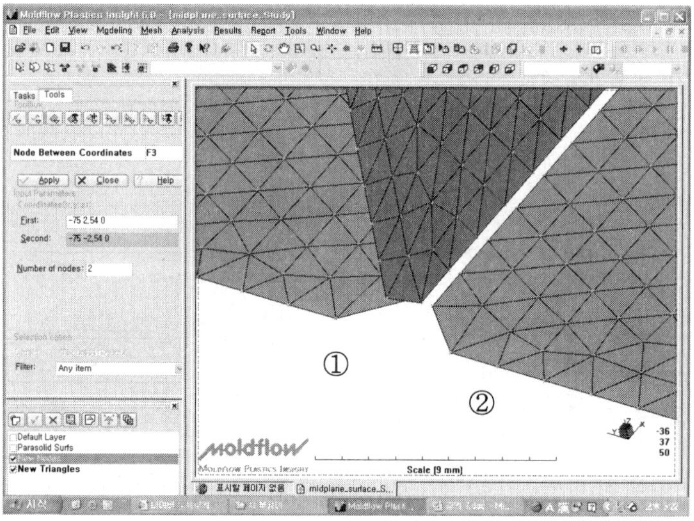

다시 새로 생성된 2개의 노드를 이용하여 중앙에 노드 한 개를 더 만든다.

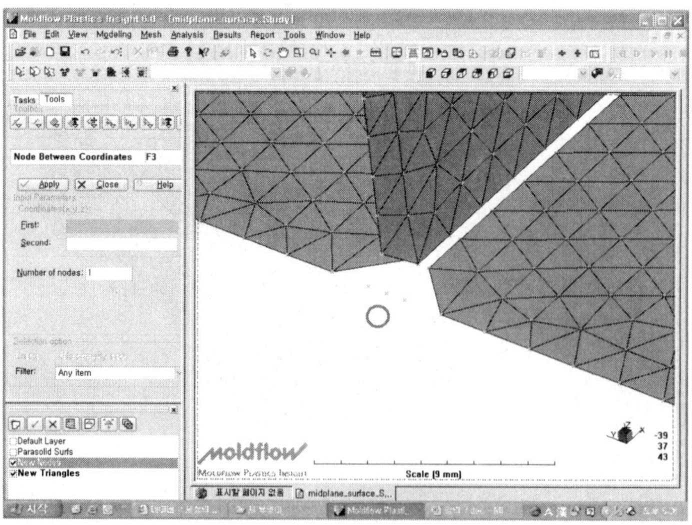

(4) 리브와 베이스를 연결하는 메쉬를 생성시킨다.

Ctrl+T(mesh tool)를 선택한 후, Create Triangles를 선택하고, 3개의 노드를 선택하고, 메쉬를 생성시킨다. 아래 그림과 같이 노드 3개를 차례로 선택하고, Apply하면 새로운 메쉬가 생성된다.

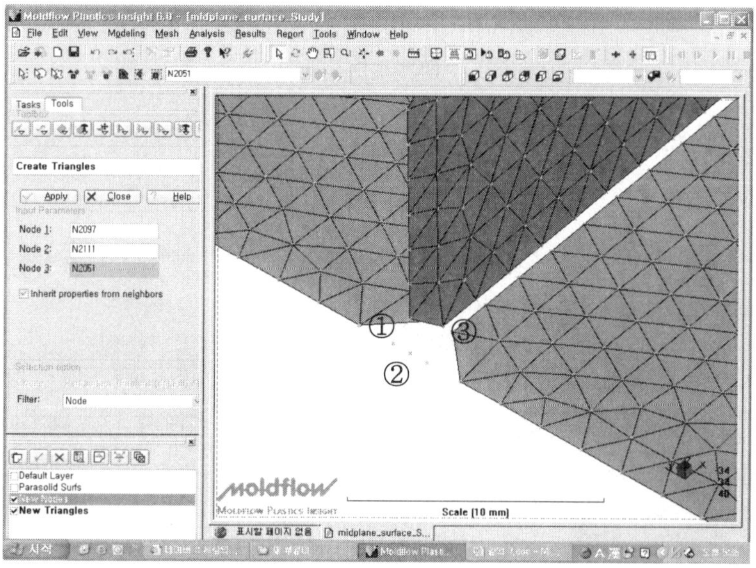

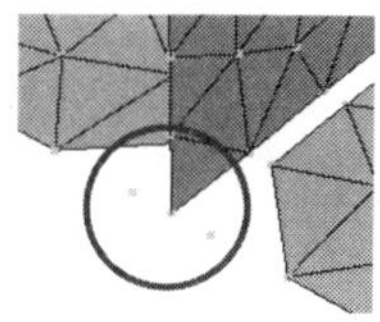

새로 생성된 메쉬를 중심으로 베이스부의 메쉬를 아래의 형태로 생성시켜 나간다. (반드시 아래 그림과 같은 방법으로 메쉬를 생성시킬 필요는 없으며, 다른 메쉬 생성 기능을 이용해도 무방하다.)

동일한 방법으로 리브의 반대쪽 메쉬도 생성시킨다.

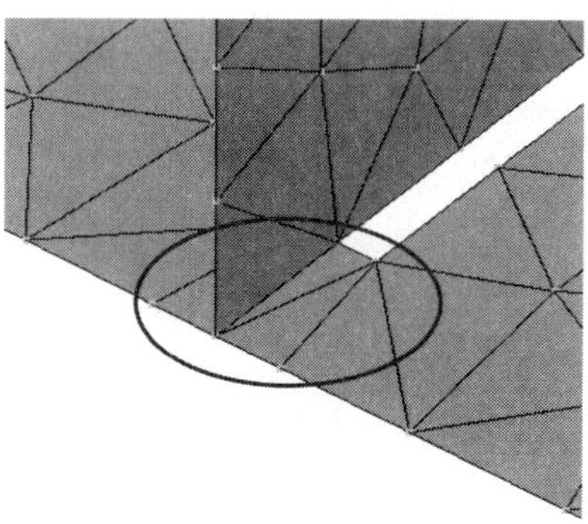

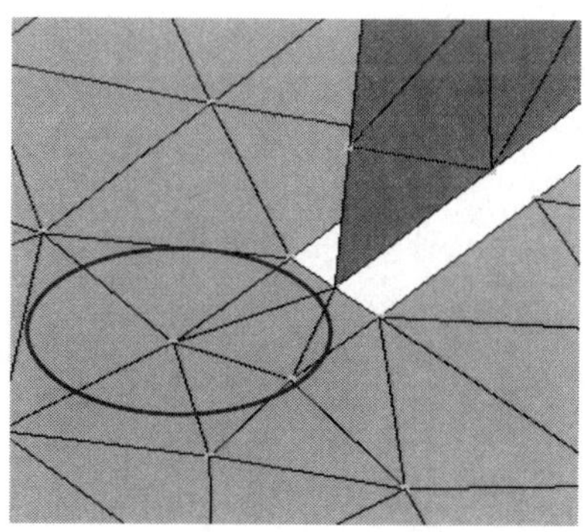

(5) 다음 단계는 아직도 비어있는 리브와 베이스의 연결부위에 메쉬를 생성시킨다. Mesh tool에서 Fill Hole을 선택한다. Select에 베이스 또는 리브 하부의 노드들 중에서 하나를 선택하고, search 버튼을 누르면, 메쉬가 채워질 부위에 노드들이 선택되면서, 그 노드들을 연결하는 파란색 라인이 나타난다. 노드들이 정확히 선택되었는지 확인하고, Apply하면 선택된 부위에 자동적으로 메쉬들이 생성된다.

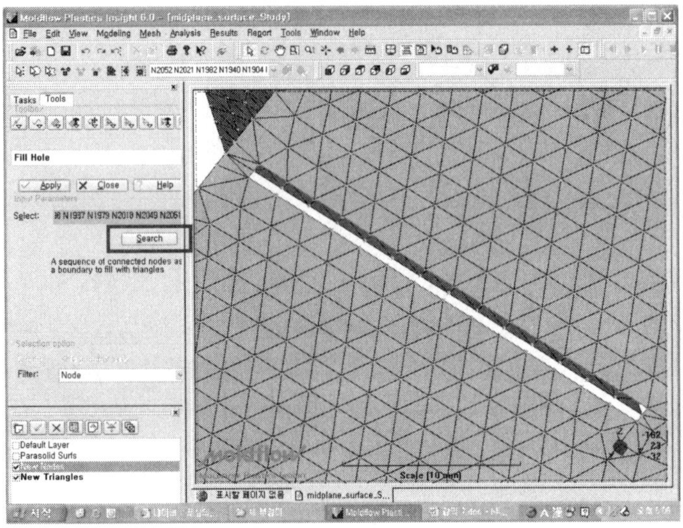

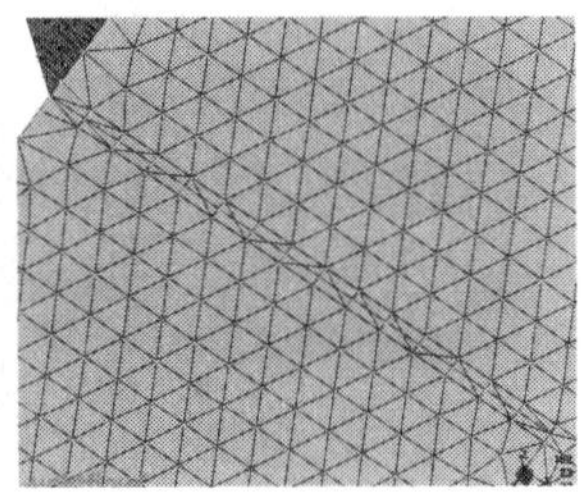

(6) 보스의 하부와 베이스 연결부의 메쉬를 수정하기 위하여 아래와 같이 베이스 바닥이 모델링 창에 나타나도록 회전하여 디스플레이 한다. Fill Hole 명령을 사용하기 위해서 우선 몇 개의 메쉬를 Create triangle 명령을 이용하여 아래 그림과 같이 생성시킨다.

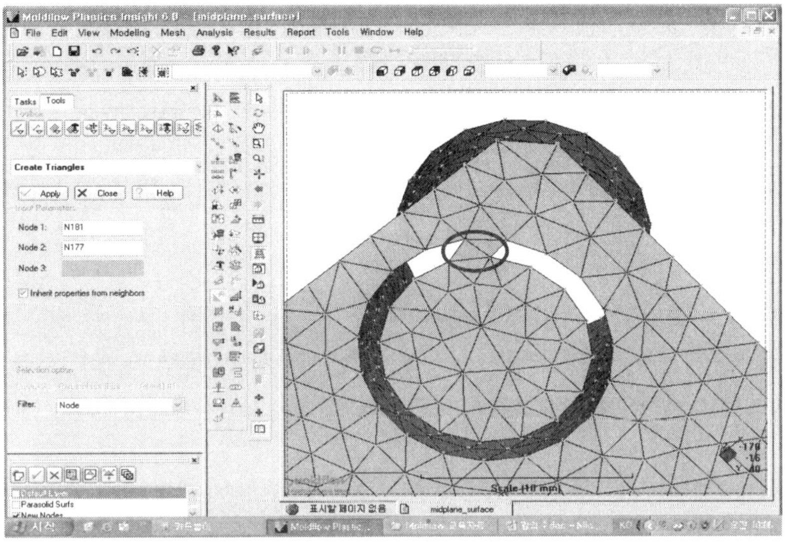

새로 생성된 메쉬를 시작으로 Fill Hole 명령을 사용하여 메쉬를 생성시킨다. Fill Hole 명령 상태에서 보스에 속해 있는 노드 하나를 선택한 후 계속해서 Ctrl키를 누른 상태에서 인접 노드를 하나씩 선택한 후, Apply한다. 이런 방법으로 우선 빈 공간의 반 정도만 메쉬를 생성시킨다.

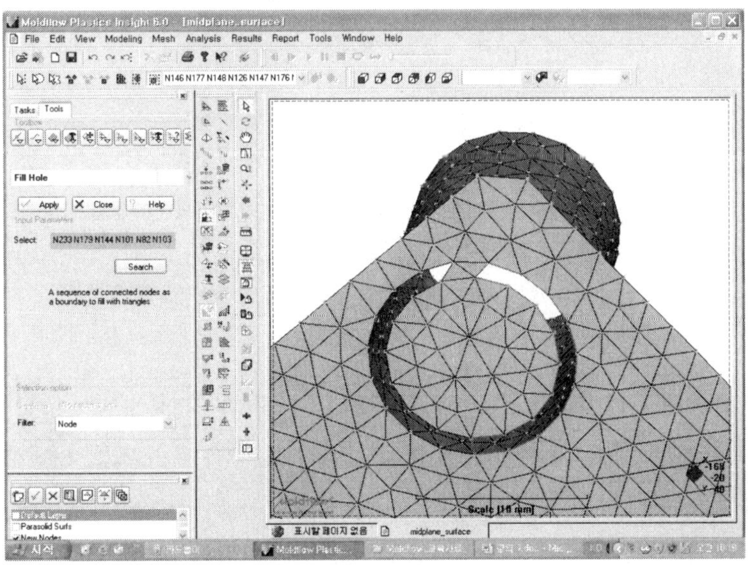

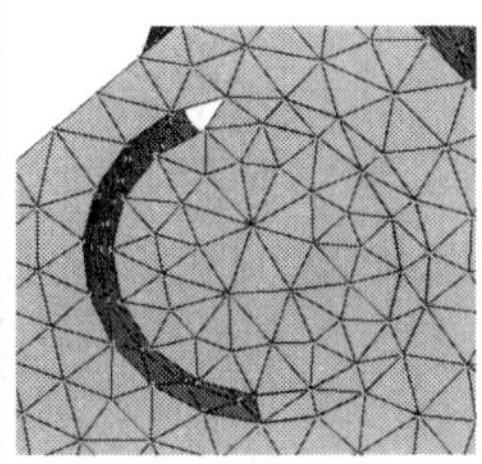

나머지 반쪽도 Fill Hole 명령을 이용하여 메쉬를 생성시킨다.

주의 위에서 설명한 메쉬 생성 방법 외에 다른 명령을 사용하여 작업해도 무방함.

(7) 두께가 2인 리브의 하부를 베이스와 연결하는 메쉬를 생성시키기 위하여 몇 개의 노드를 새로 생성시킨다.

Modeling → Create nodes → By Coordinate를 선택하고, 아래 그림과 같이 리브의 하부와 베이스의 노드 사이에 2개의 노드를 생성시킨다. 반대쪽 리브의 하부와 베이스 사이에도 동일하게 2개의 노드를 생성시킨다.

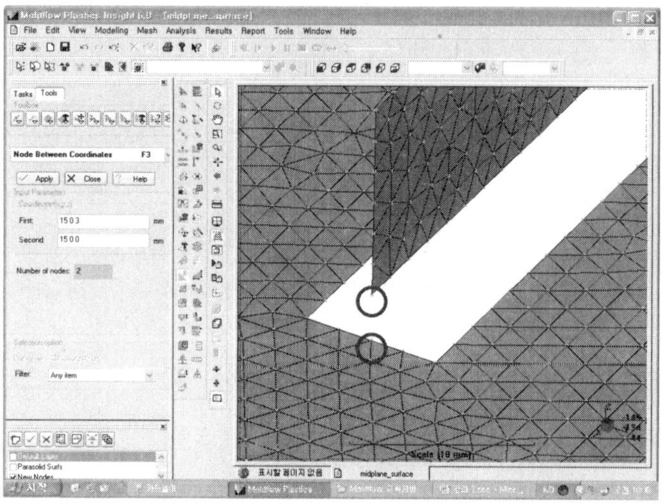

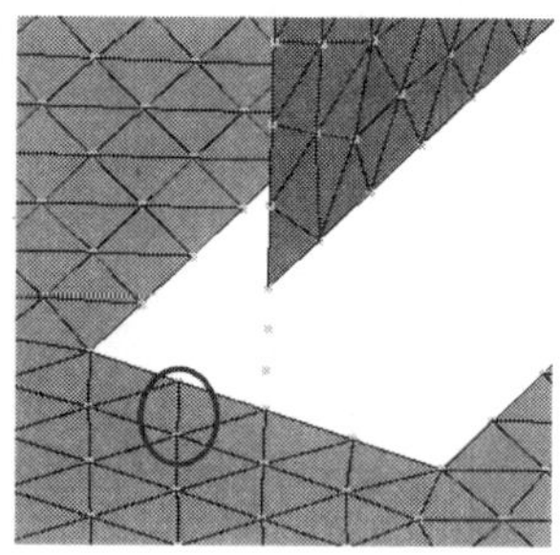

(8) 두께가 2인 리브의 하부에는 3 mm 필렛이 들어가 있으므로 필렛의 반경부에 두께를 다르게 부여할 필요가 있다. 새로 생성된 반대쪽 노드 사이에 새로운 노드를 생성시켜서 3줄의 메쉬를 만들고 각기 다른 두께를 부여한다.

새로 생성된 리브 하부의 첫 번째 노드와 반대쪽의 동일한 부위의 노드 사이에 Modeling → Create nodes → Between Coordinate 명령을 선택하고, 양쪽의 노드를 선택하고, 14개의 노드를 생성시킨다. 다시 두 번째 노드와 베이스의 노드 사이에도 14개의 노드를 생성시킨다.

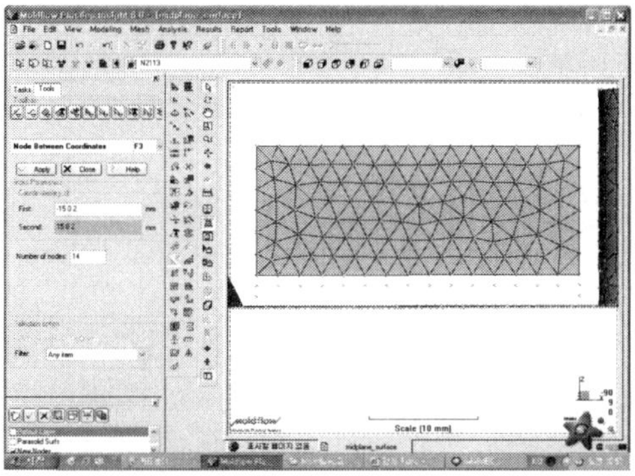

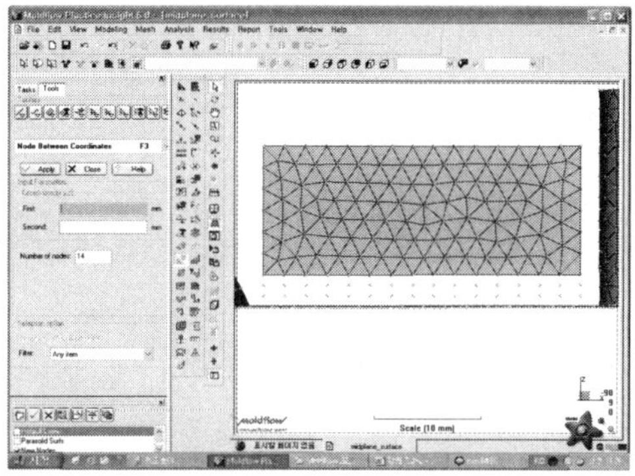

(9) 새로 생성한 노드에 대하여 메쉬를 3줄에 걸쳐서 생성시킨다. Ctrl+T를 선택하고, Fill Hole 명령을 선택하고, 첫 번째 메쉬 줄의 노드를 하나씩 선택하고, Apply한다. 나머지 두 번째, 세 번째 메쉬 줄도 동일하게 생성시킨다.

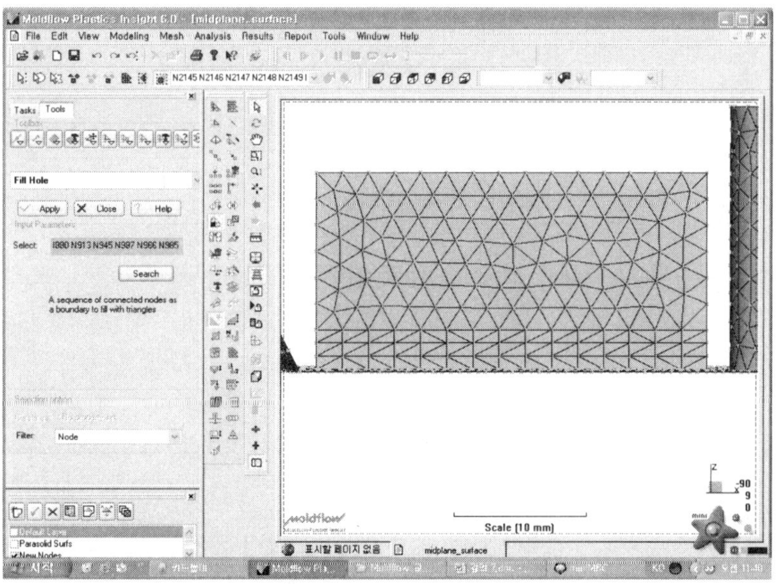

(10) 리브와 베이스 사이의 빈 곳에도 메쉬를 채우기 위해서 Fill Hole 명령을 선택하고 해당하는 노드들을 하나씩 선택한 후, Apply하여 메쉬를 채운다. 동일하게 반대쪽의 빈 곳에도 메쉬를 채워서 작업을 완료한다.

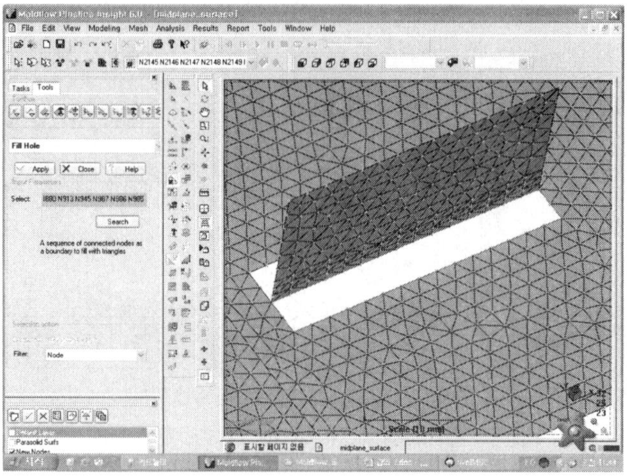

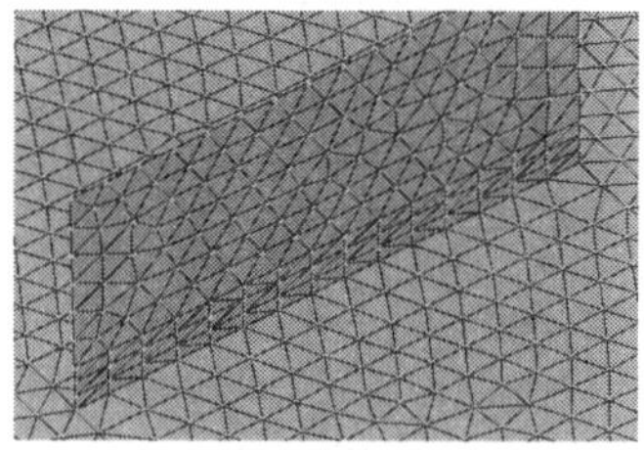

(11) 마지막으로 모델의 각 모서리 부분에 노드를 생성시켜 그것을 기반으로 메쉬를 생성시킴으로서 모델링을 완료한다.

7.2 미드플랜(Midplane) 모델링의 기초 (2)

7.1절에서 사용한 제품 모델을 제 2의 방법으로 미드플랜 모델을 작성하는 방법을 소개한다. 작성 순서 및 절차는 다음과 같다.

(1) 새로운 Project를 만들고, Project명을 class7-3이라 한다.
7.1절에서 사용한 surface_midplane.x_t를 import시킨다.

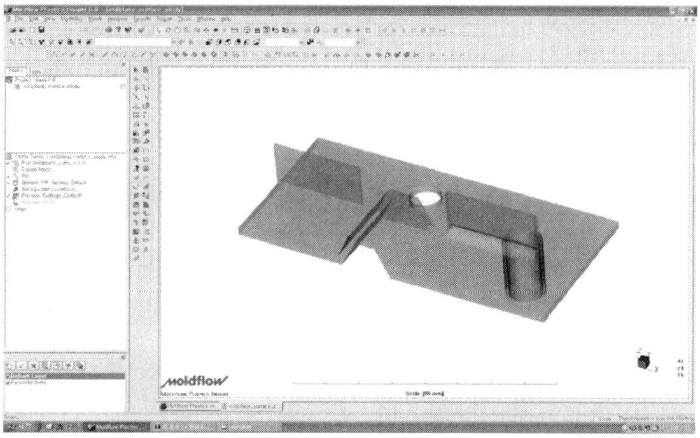

(2) New layer를 클릭하고 새로운 레이어 명을 surface로 입력한다.
필요한 서피스를 선택하고 surface layer에 할당시킨다.
Parasolid Surf layer의 체크를 해제하면, 다음 그림과 같이 필요한 서피스만 남게 된다.

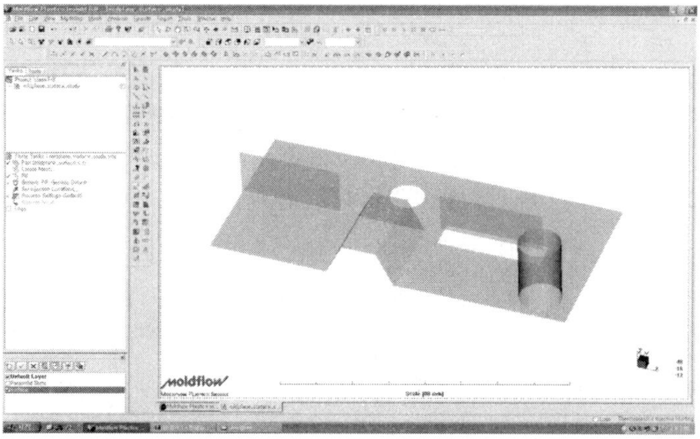

(3) 리브의 서피스를 중립 위치로 이동하는 작업을 한다.
이때 두께 1인 리브이므로 0.5만큼 다음 그림과 같이 이동한다.

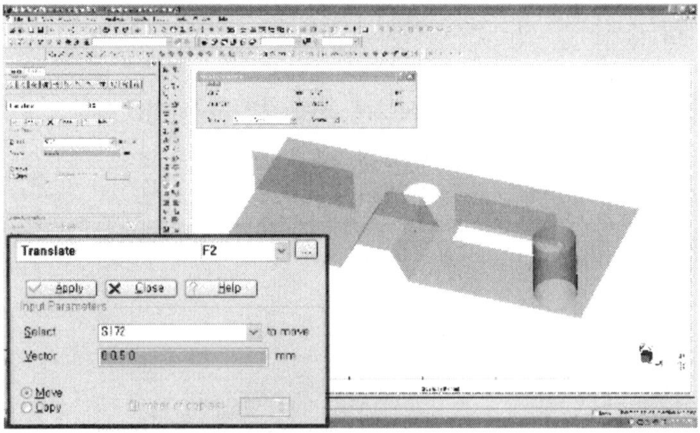

두께 2인 리브는 1만큼 다음 그림과 같이 이동한다.

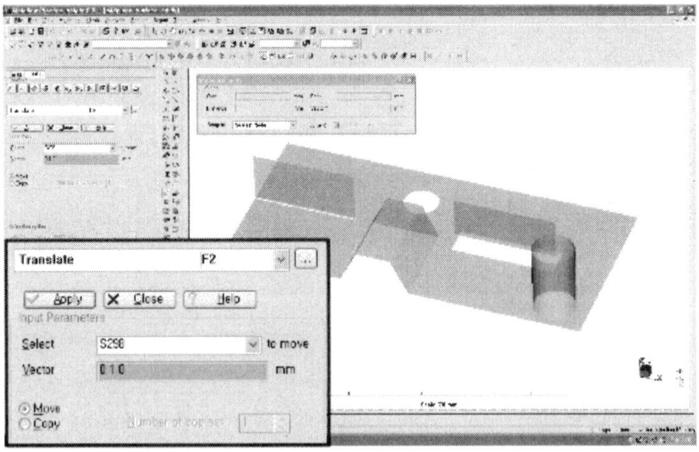

(4) 서피스만 남긴 모델에 대하여 메쉬 작업을 수행한다. 이때 Mesh size는 2로 한다.

(5) 다음 그림과 같이 노드가 없는 부분에 노드를 만들어 준다.

Modeling → Create Nodes → By Offset을 선택한 후, 그림과 같이 노드를 선택하고 화살표 방향으로 2만큼 offset한다.

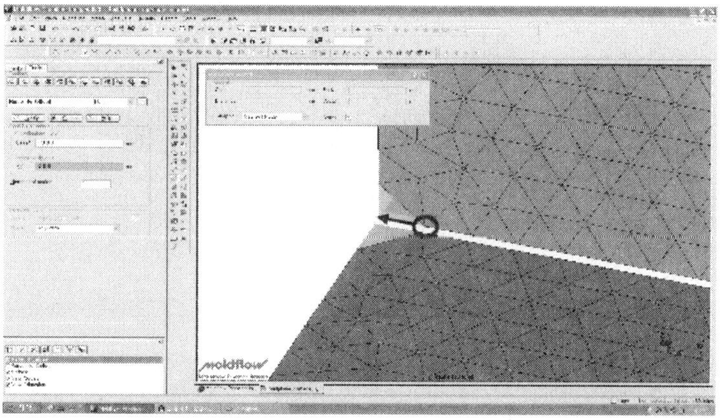

(6) Ctrl+T(Mesh tool)를 선택한 후, Align Nodes를 선택하고, 새로 생성된 노드의 윗부분에 있는 노드 2개를 차례로 선택한 후, 새로 생성된 노드를 선택하고 Apply하면 Node 3의 위치가 정렬된다.

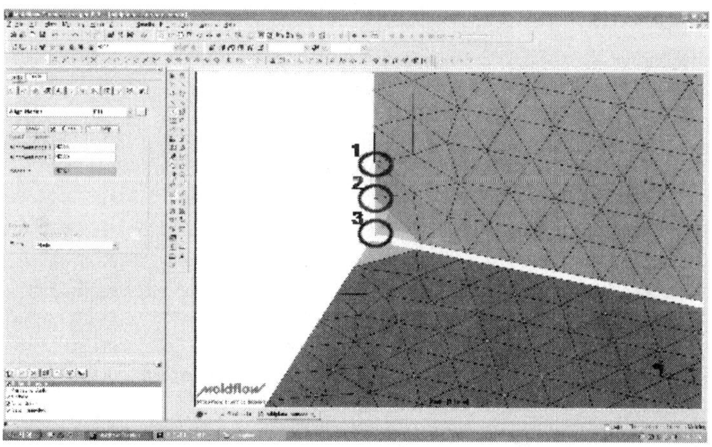

(7) 다음 그림에 표시한 부위에도 (5), (6) 단계와 같은 작업으로 노드를 생성시킨다.

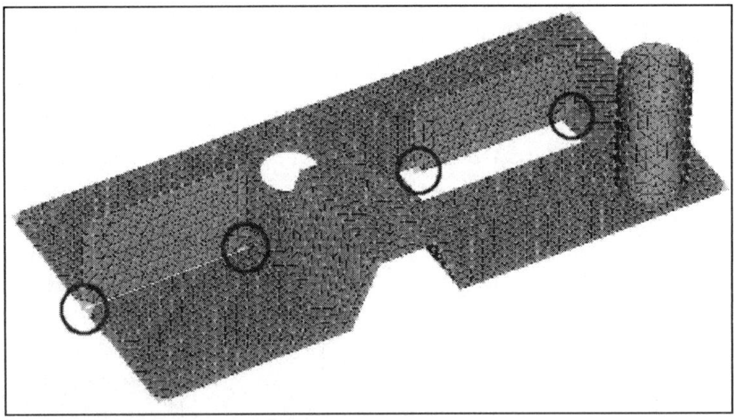

(8) Modeling → Move/Copy → Traslate를 선택한 후, 다음 그림에 표시된 노드를 선택한다.

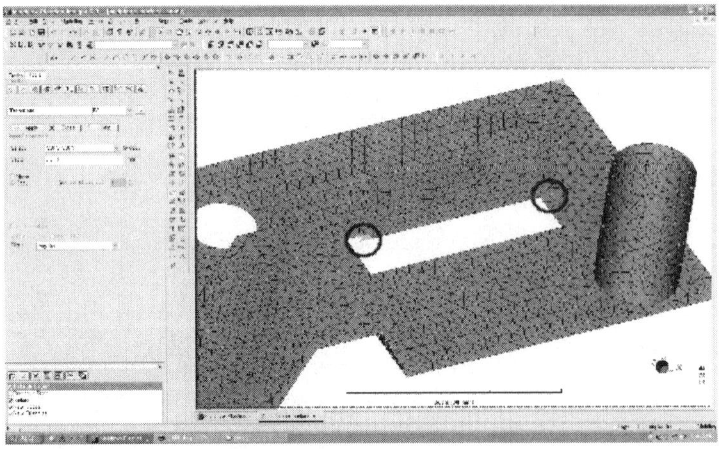

Vector에 0, 0, -1을 입력하고 Copy를 체크한 후, Number of copies에는 2를 입력하고 Apply를 한다.

(9) 새로운 노드가 생성되면 Modeling → Create Regions → By Nodes를 선택한다. 다음 그림과 같이 차례로 선택하고 Apply한다. (Ctrl 키를 누른 상태에서 선택)

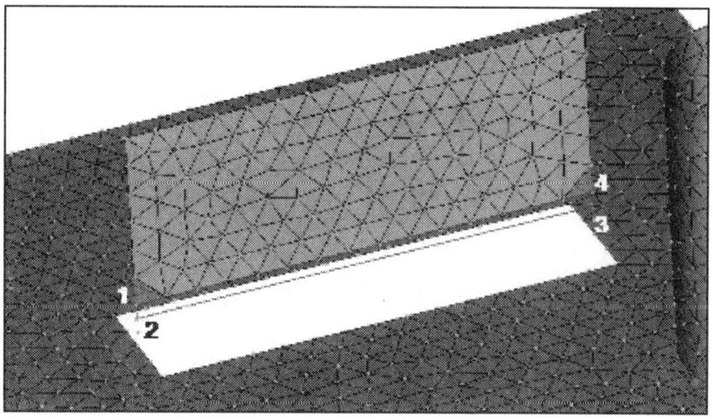

(10) 나머지 부위도 다음 그림과 같이 Modeling → Create Regions → By Nodes를 선택하여 면을 생성한다.

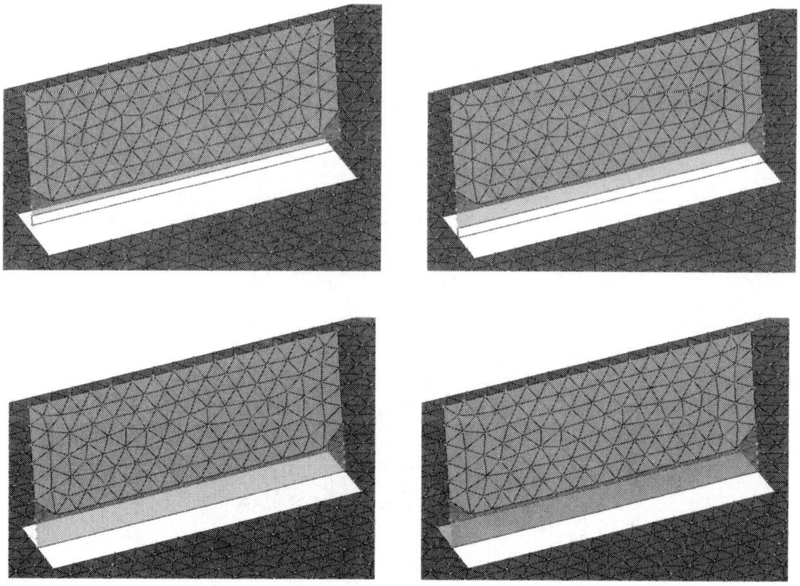

(11) 두께 1 mm 리브의 밑면도 (9)와 같은 방법으로 면을 생성한다.

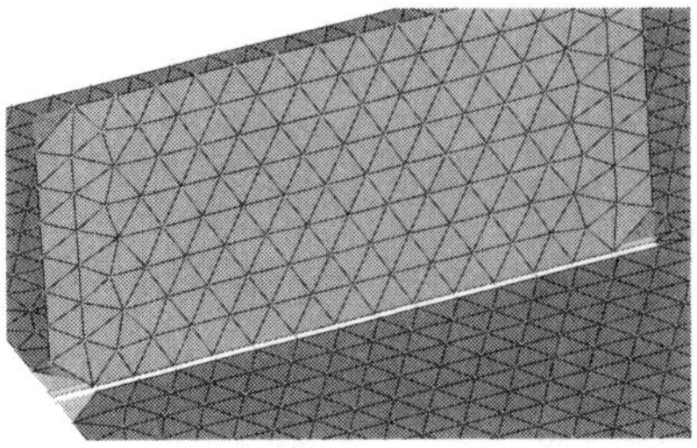

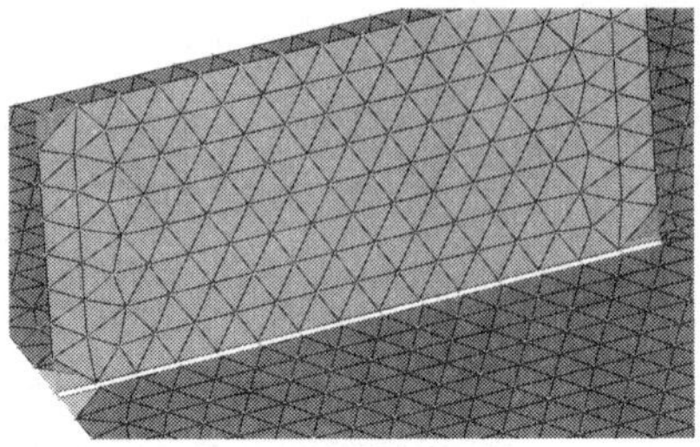

(12) 필요한 서피스가 생성되었으면, 메쉬 작업을 수행한다. 이때 Mesh size는 2이며, 다음 그림과 같이 Generate Mesh 창에서 Remesh 부분을 꼭 체크한다.

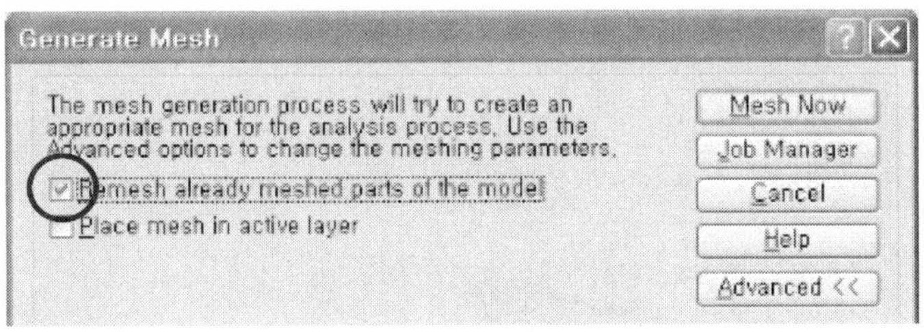

(13) Ctrl+T(mesh tool)를 선택한 후, Fill Hole을 선택하고 보스 밑면의 노드를 차례로 선택한다. 모든 노드를 선택했으면, Apply한다.

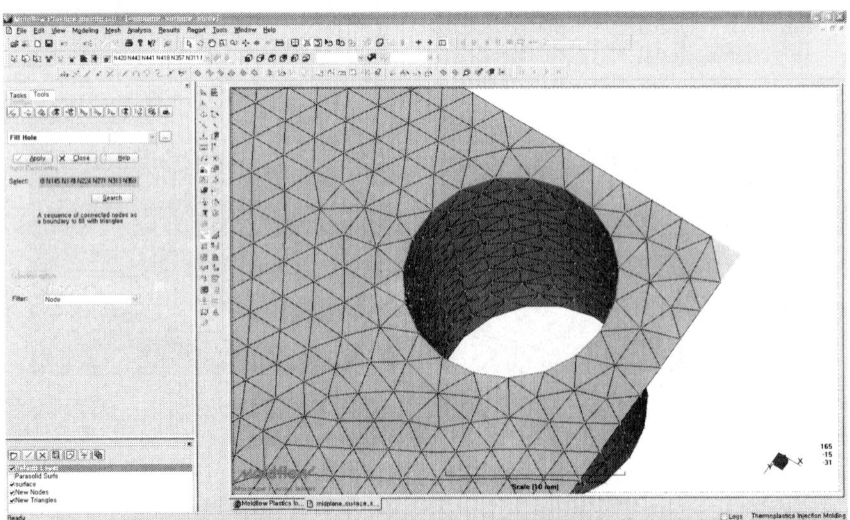

(14) Modeling → Create Nodes → By Offset을 선택한다. 다음 그림의 노드를 선택한다.

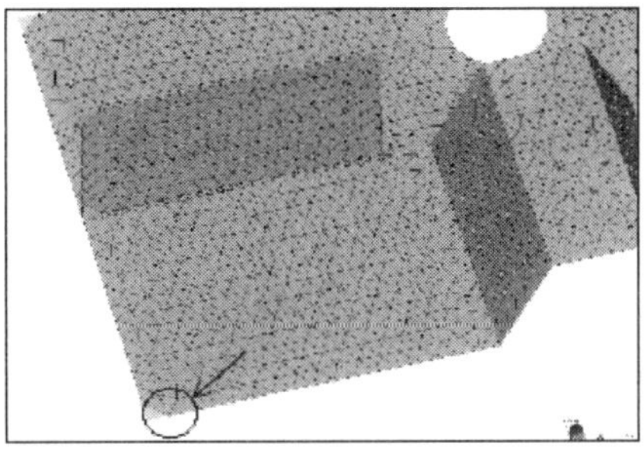

Offset 값에 -2, 0, 0을 입력하고 Apply한다. Ctrl+T(mesh tool)를 선택한 후, Align Nodes를 선택한 후 다음 그림과 같이 노드를 차례로 선택하고 Apply한다.

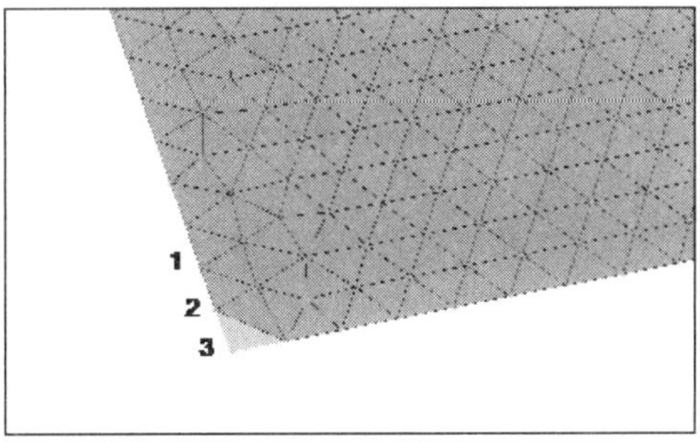

(15) Ctrl+T(mesh tool)를 선택한 후, Fill Hole을 선택하고 다음 그림과 같이 노드를 선택한 후 Apply한다.

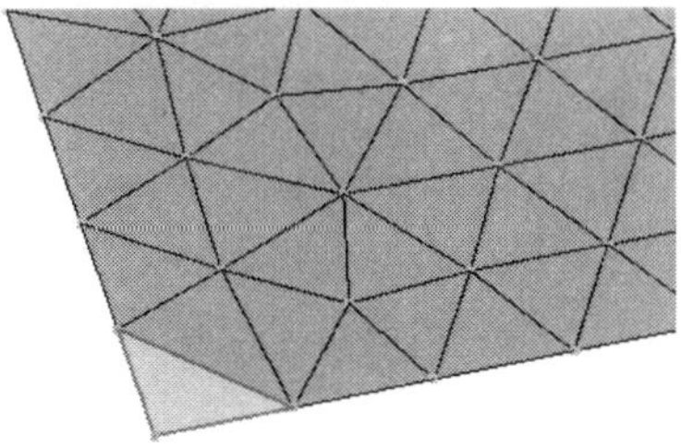

(16) 마지막으로 나머지 제품 모서리 부분을 (14), (15)의 방법으로 메쉬를 생성하여 모델링을 완료한다.

7.3 두께 입력

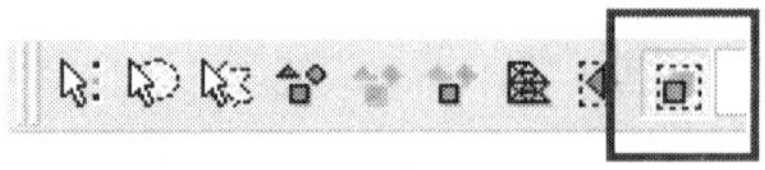

Tip 레이어에 할당할 경우 메뉴 바의 Select Facing Items Only 버튼을 클릭한 후 어떤 엔티티를 선택하면 표면에 있는 해당 엔티티만 선택할 수 있다.

(1) 모델의 베이스, 리브, 보스에 각각 다른 두께를 입력하기 위하여 여러 개의 레이어를 생성시킨다.

레이어 창에 new layer를 생성시킨 후, 모델링 창에서 두께가 1 mm 리브를 선택하고, 할당 한다. 할당 후에 'Rib_1'로 rename한다.

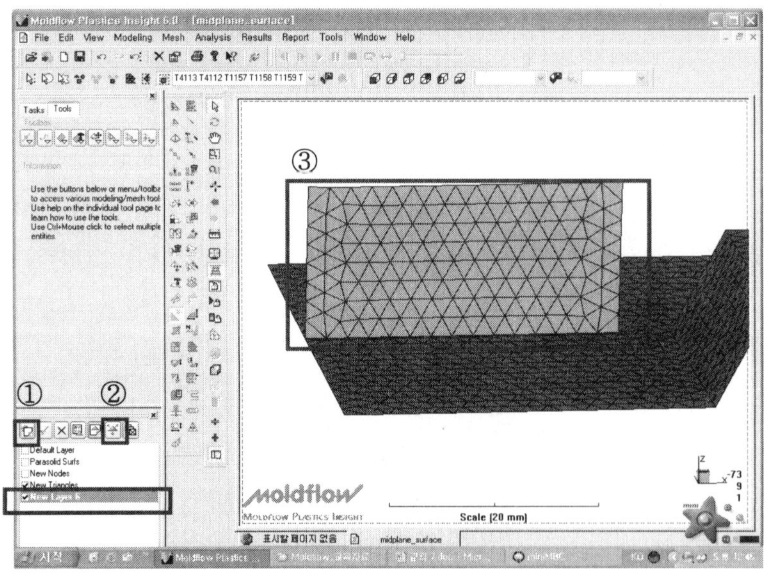

(2) 동일한 방법으로 새로운 레이어를 하나 생성시키고, Boss_1.8로 rename하고, 모델링 창에서 보스전체를 선택한 후, boss_1.8 layer에 할당 시킨다.

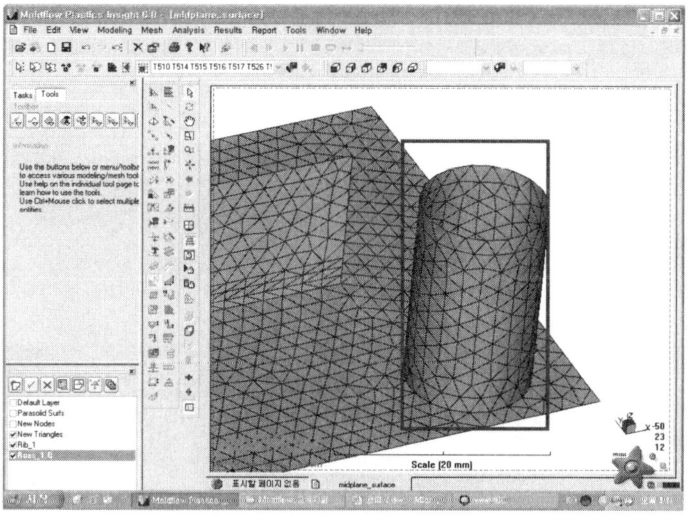

(3) 두께 2 mm인 리브를 새로운 레이어에 정의하기 위해서 우선 리브의 구조를 이해해야 한다. 아래 그림 7-2와 같이 리브의 기본 두께는 2.0 mm, 필렛부의 높이는 3 mm, 폭은 6 mm이다.

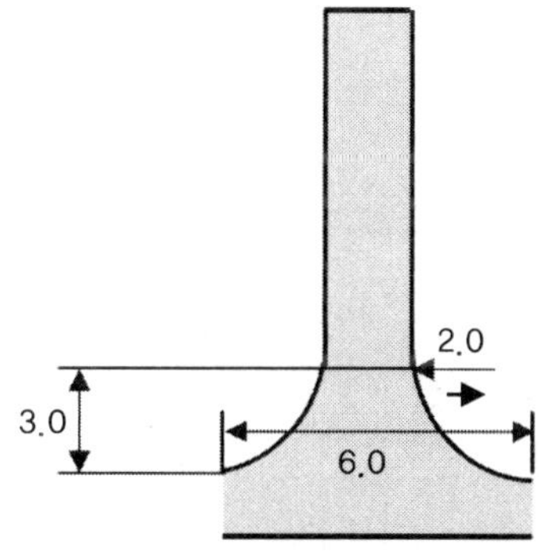

▲ **그림 7-2** 리브 하측의 치수

새로운 레이어를 하나 생성시키고, 이름을 'Rib_2.0'으로 바꾼다. 모델링 창에서 필렛 직전까지의 메쉬를 선택하고, 'Rib_2.0'에 할당 시킨다.

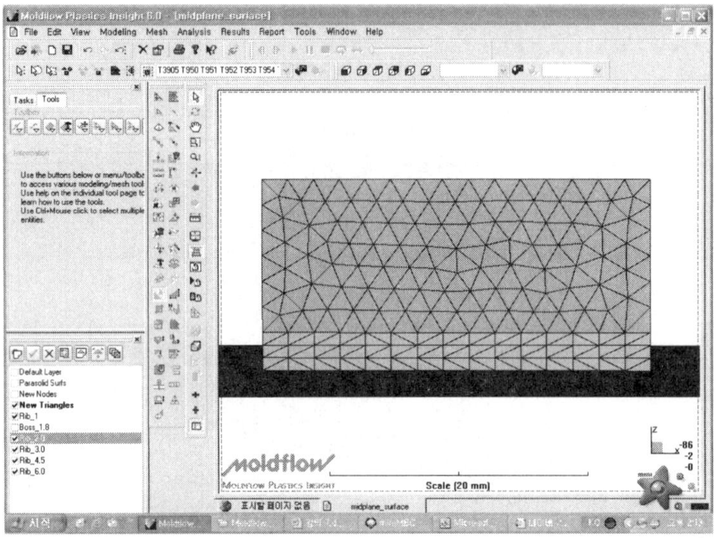

동일한 방법으로 'Rib_3.0', 'Rib_4.5', 'Rib_6.0'의 레이어를 만들고, 아래와 같이 차례로 메쉬들을 할당 시킨다.

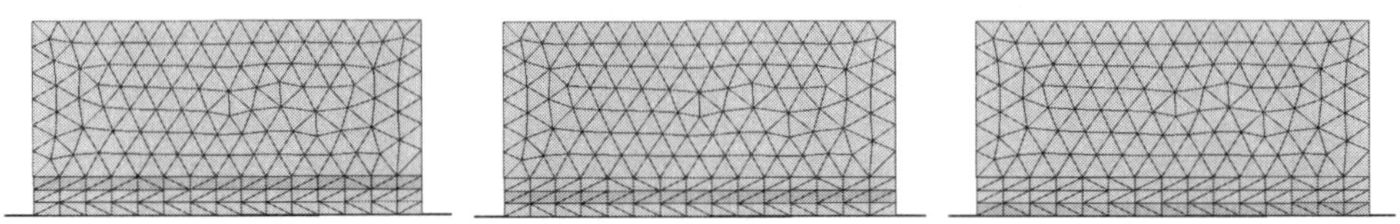

〈Rib_3.0 layer〉 〈Rib_4.5 layer〉 〈Rib_6.0 layer〉

▲ **그림 7-3** 리브의 레이어 할당

(4) 마지막으로 모델 베이스를 레이어에 정의하기 위하여 지금까지 정의한 레이어를 선택 해제하여 모델링 창에서 숨긴다. 레이어 창에는 기존에 생성되었던 New Triangles layer를 'Base_2.0'로 rename하고, 모델링 창의 베이스 전체를 선택하고, 할당 시킨다.

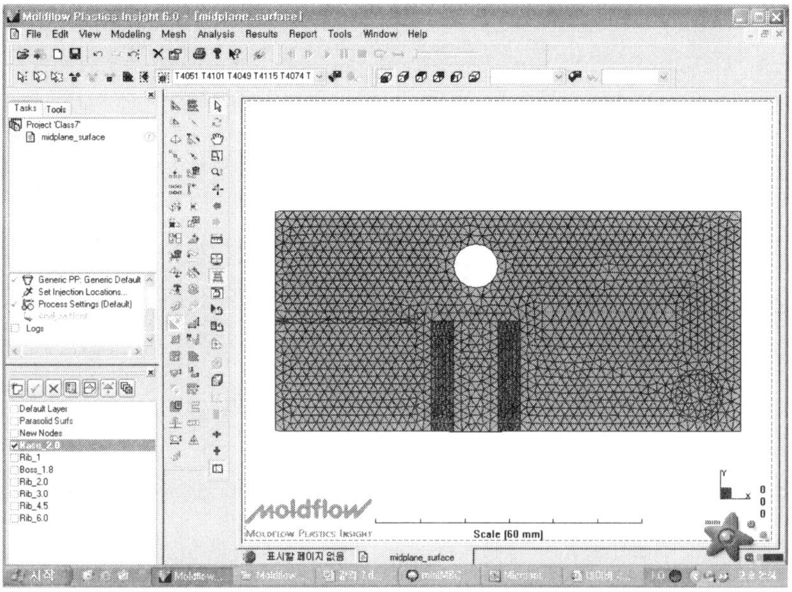

주의 모든 레이어가 정의되면, Tasks 창의 Fusion Mesh type을 Midplane mesh type으로 바꾼다. Task 창의 Fusion Mesh(4143element)에 커서를 두고 MB3 선택하여 Set Mesh Type에서 Midplane을 선택한다. Fusion mesh를 midplane mesh로 바꾸는 작업은 메쉬를 생성시킨 직후에 실시하여도 무방하다.

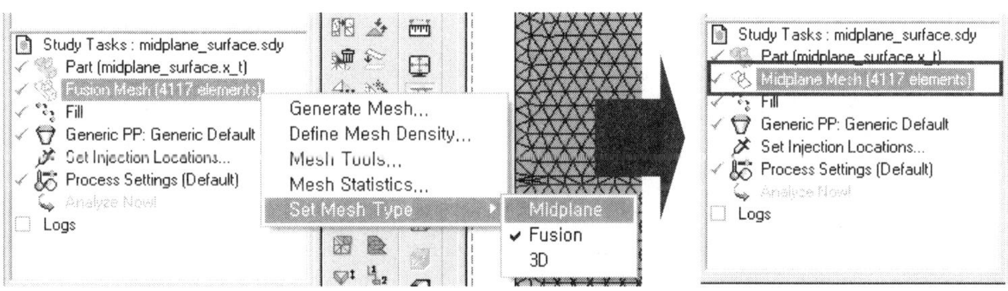

(5) 각 부위(rib, boss, base)의 두께를 할당한다.

Base_2.0 layer를 체크하고, 모델링 창에 베이스만 나타낸다. 베이스 메쉬 모두를 드래그 하여 선택한 후, Edit → Assign Property를 선택하면, Assign property 창이 활성된다. 여기서 New를 클릭하고, 아래의 Part surface (midplane)을 선택하면, Part surface (midplane)을 정의하는 창이 활성된다.

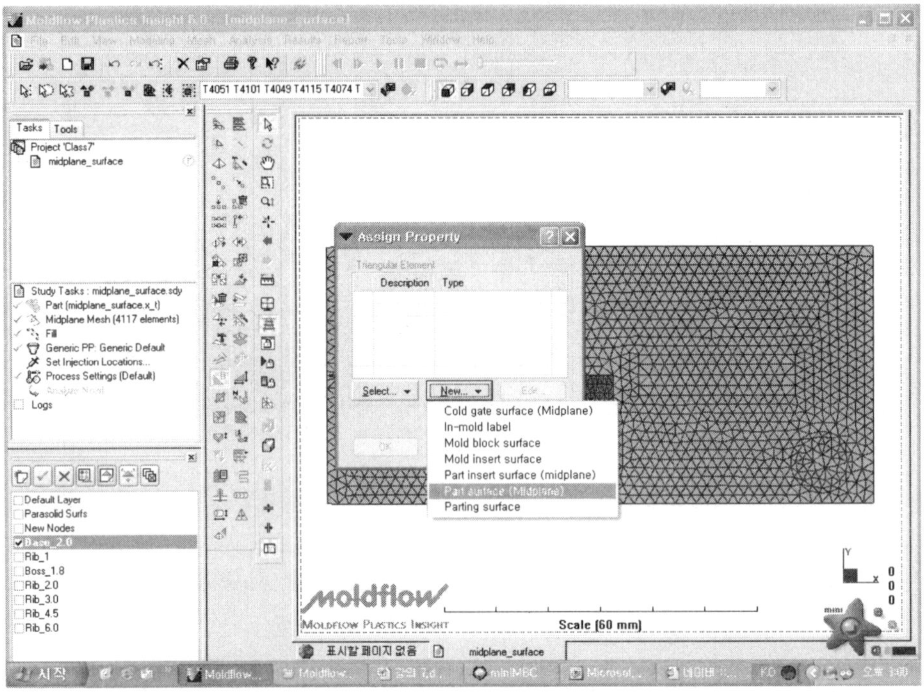

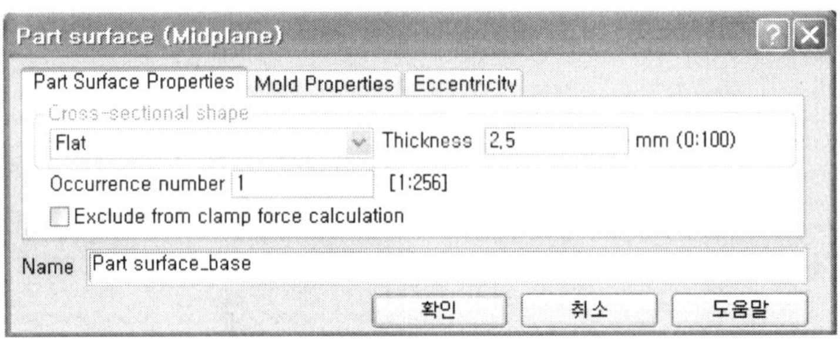

Part surface(Midplane) 창에서 Cross-sectional shape를 Flat으로 놓고, Thickness는 2.5, Occurrence number는 1, Name은 Part surface_base로 입력한 후 확인하고, 다시 Assign property 창도 확인하여 닫는다.

(6) 다음은 Rib_1.0 layer만 체크하고, 모든 레이어의 체크를 해제하여 두께 1인 리브만 모델링 창에 디스플레이 시킨다.

베이스의 두께를 정의한 방법과 같은 방법으로 리브의 두께를 정의한다. Part surface(Midplane) 창에서 Cross-sectional shape를 Flat으로 놓고, Thickness는 1.0, Occurrence number는 1, Name은 Part surface_rib_1.0으로 입력한 후 확인하고, 다시 Assign property 창도 확인하여 닫는다.

보스에 대한 두께의 정의도 같은 방법으로 실시한다.

(7) 두께 2 mm 리브를 정의할 때, 필렛 직전까지의 리브 두께는 2.0, 필렛의 첫 번째 메쉬 줄의 두께는 3.0, 두 번째 메쉬 줄은 4.5, 세 번째 메쉬 줄은 6.0으로 입력한다. 모든 레이어가 정확히 정의 되었으면 Assign property 창은 아래 그림과 같이 표시된다.

Tip 각각의 레이어와 property name을 정의할 때 해석자 본인이 구별할 수 있는 임의의 명칭을 사용하는 것이 좋다.

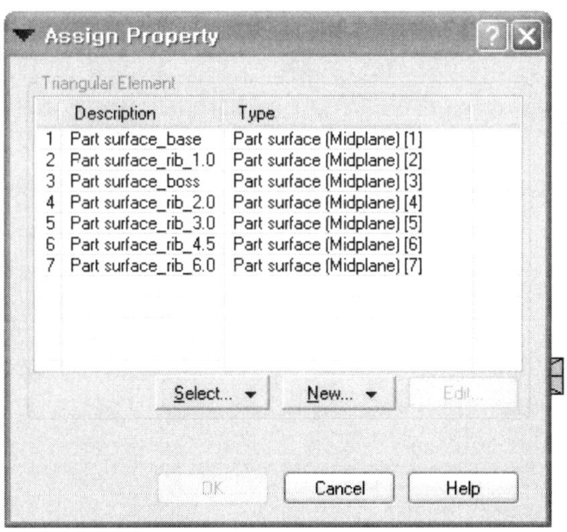

(8) 메쉬 작업이 끝나면 몇 개의 임의의 지점에 injection point(유동주입구) 만을 정의하여, 유동해석을 실시하고, 사출압, 웰드라인 등에 대한 결과를 비교 검토해 본다.

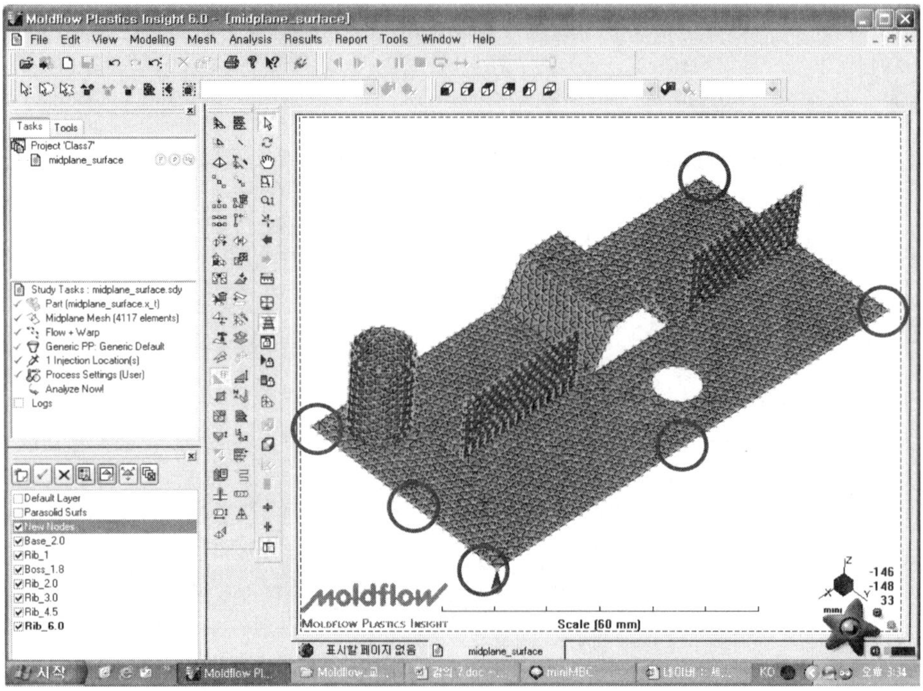

7.4 미드플랜(Midplane) 모델링의 응용

아래 그림 7-4의 제품 모델은 미드플랜 해석을 위하여 마련된 제품이다. 제품의 형상특징은 기본 살 두께는 2.0 mm이며, 제품의 내측에 3개의 리브와 4개의 보스가 있으며, 제품 외측에 한 개의 보스가 있다. 제품 왼쪽에 있는 리브의 살 두께는 2 mm, 중앙과 오른쪽에 있는 리브의 살 두께는 1.2 mm이다. 제품 내측에 있는 보스의 살 두께는 1 mm이며, 제품 외측에 있는 보스의 살 두께는 2.5 mm이다. 또한 제품의 양쪽 측면의 살 두께는 3 mm이다. 아래 그림의 View "A"에서 굵은 실선으로 지시된 부분은 살 두께 3 mm에 해당되는 부위를 나타낸 것이다.

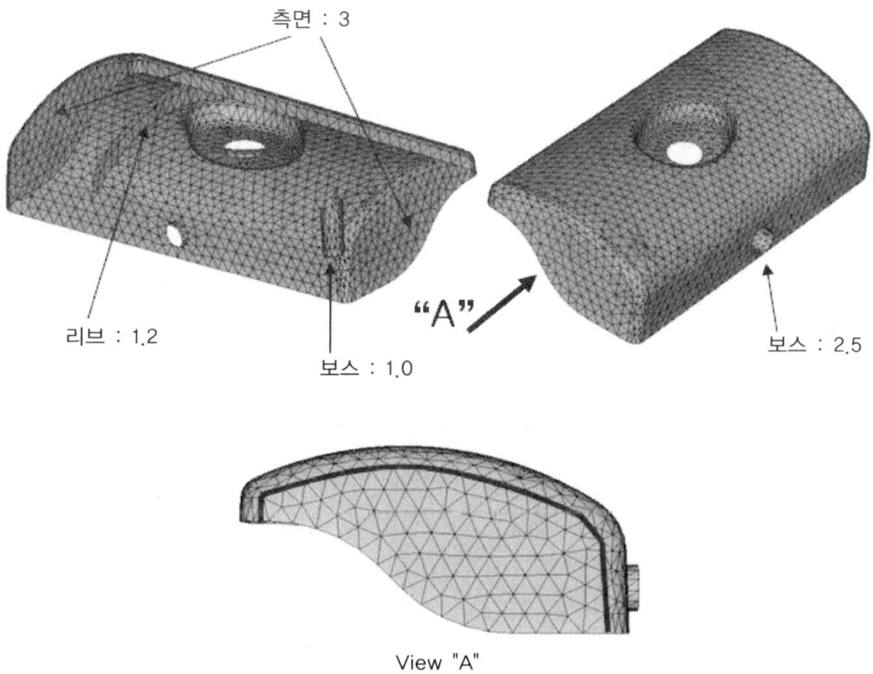

▲ 그림 7-4 제품 모델

다음은 위 제품 모델에 대한 미드플랜 모델(일명 서피스 모델)을 작성하는 순서를 설명한 것이다.

(1) 새로운 Project를 만들고, project명을 mid plane_2이라 한다.

미리 준비한 midplane_2.x_t를 import 시킨다. Moldflow 모델링 창에 나타난 모델의 서피스를 제거하면서 미드플랜 작업을 수행한다.

원칙적으로 미드플랜 작업은 제품 두께에 따른 중립면을 대상으로 작업을 수행해야 하지만 해당모델의 경우 제품의 상면과 외측 면을 기준면으로 하고 나머지 밑면과 내측 면을 제거한다. 리브의 경우는 한쪽 면과 리브의 두께에 해당하는 측면을 제거한다. 보스는 내면과 두께 면을 제거한다. 또한 이 장에서는 3개의 리브와 4개의 보스 중 각각 1개소만 메쉬 작업을 수행할 것이다. 다음 그림은 불필요한 면을 제거하고 난 후의 서피스 형상을 나타낸 것이다.

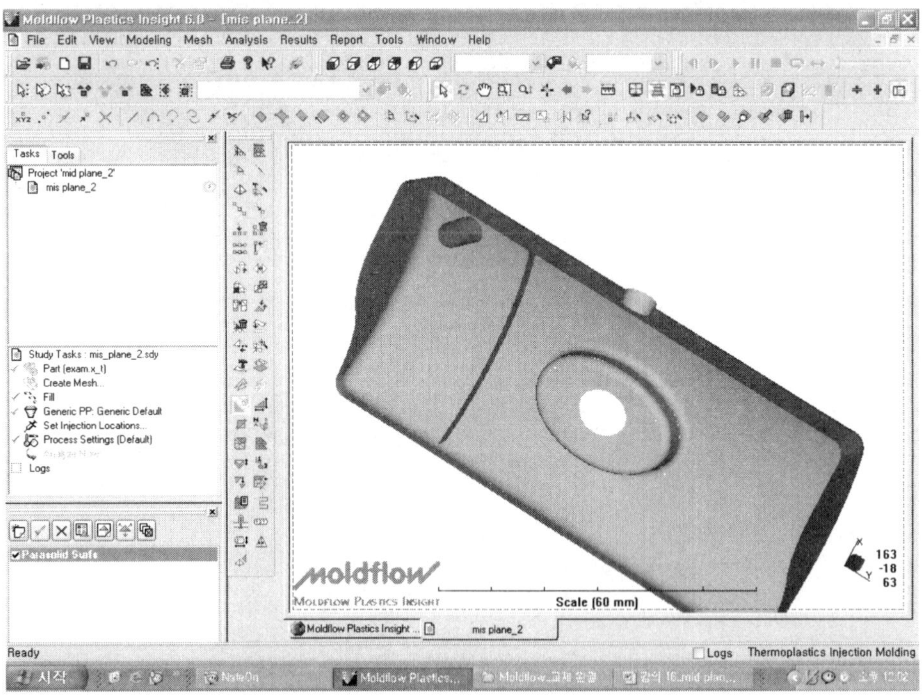

(2) 리브를 나타내는 서피스는 리브 두께의 절반에 대항하는 중립면으로 리브 서피스를 이동시킨다.

Modeling → Move/Copy → Translate를 선택하고, 두께가 얇은 리브의 서피스를 선택한 후 Vector를 0 0.6 0을 입력하고, 옵션은 Move를 선택하고, Apply한다.

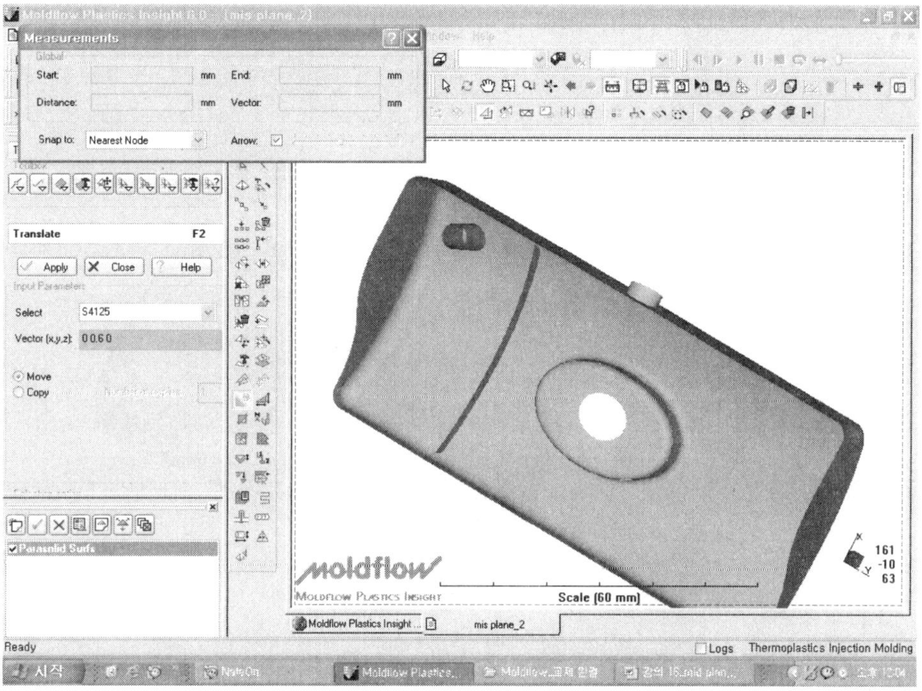

(3) 서피스만 남긴 모델에 대하여 메쉬 작업을 수행하기 전에 Task 창에 메쉬 타입을 Fusion에서 Mid plane로 바꿔주어야 한다. 왜냐하면 기존의 해당 모델이 퓨전으로 불러왔기 때문에 바로 메쉬 작업을 하면 메쉬 엘리먼트의 특성이 퓨전으로 설정된다. 메쉬 작업 후 바로 미드플랜으로 인식하도록 하기 위하여 Task 창의 메쉬 타입을 MB3버튼을 클릭한 후 set mesh type을 mid plane로 바꿔준다. 그런 다음 generate mesh를 이용하여 mesh density를 4로 하여 메쉬를 생성한다.

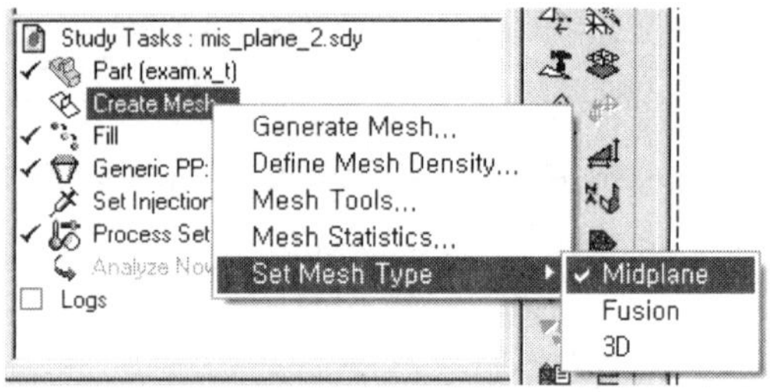

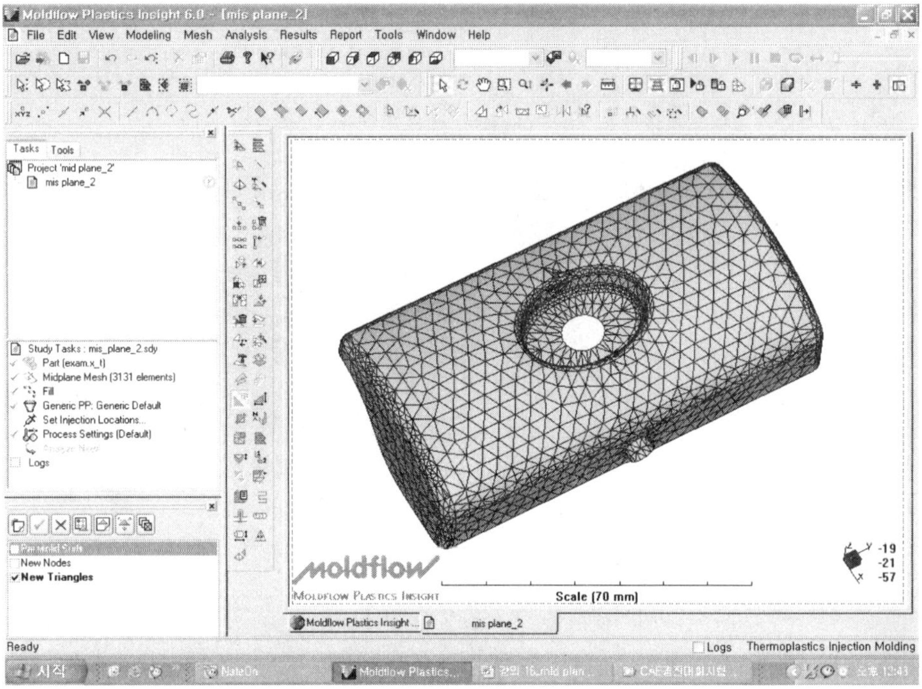

(4) 메쉬 생성 작업이 완료 되었으면 다음 작업을 편하게 수행하기 위해 우선 각각의 두께별로 레이어에 저장해야 한다. 먼저 레이어 창에 새 레이어를 하나 만들고 레이어의 이름을 side_3 mm로 입력한다. 살 두께 3 mm에 해당하는 양 측면을 선택하여 새로 만든 레이어에 할당 시킨다. 할당 후 side_3 mm 레이어의 체크를 해제하여 할당이 제대로 되었는지를 확인한다.

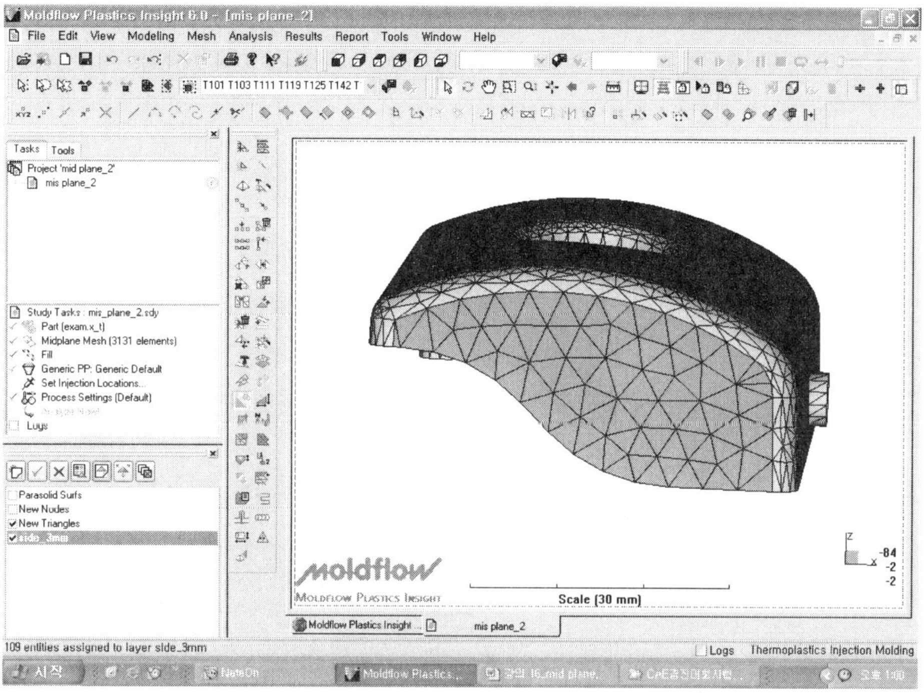
Moldflow Plastics Insight 6.0 - [mis plane_2]
File Edit View Modeling Mesh Analysis Results Report Tools Window Help
Tasks Tools
Project 'mid plane_2'
mis plane_2
Study Tasks : mis_plane_2.sdy
Part (exam.x_t)
Midplane Mesh (3131 elements)
Fill
Generic PP: Generic Default
Set Injection Locations...
Process Settings (Default)
Logs
Parasolid Surfs
New Nodes
New Triangles
moldflow
Moldflow Plastics Insight
Scale (30 mm)
109 entities assigned to layer side_3mm
Logs Thermoplastics Injection Molding

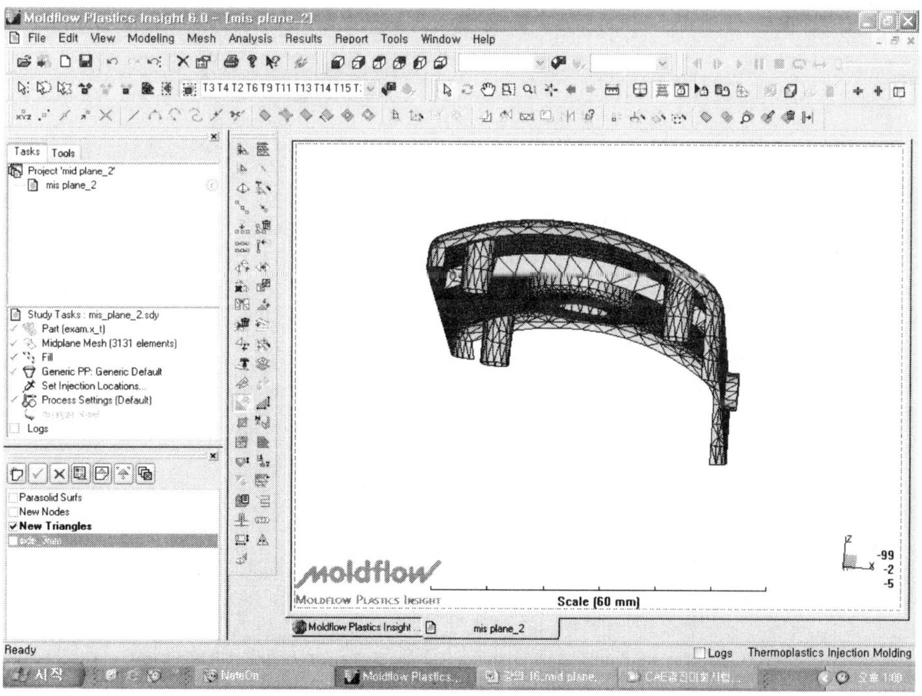
Moldflow Plastics Insight 6.0 - [mis plane_2]
File Edit View Modeling Mesh Analysis Results Report Tools Window Help
Tasks Tools
Project 'mid plane_2'
mis plane_2
Study Tasks : mis_plane_2.sdy
Part (exam.x_t)
Midplane Mesh (3131 elements)
Fill
Generic PP: Generic Default
Set Injection Locations...
Process Settings (Default)
Logs
Parasolid Surfs
New Nodes
New Triangles
moldflow
Moldflow Plastics Insight
Scale (60 mm)
Ready
Logs Thermoplastics Injection Molding

(5) 위와 같은 방법으로 리브와 보스에 대해서도 각각 새 레이어에 할당한다.

리브는 rib_1.2 mm, 내측 보스는 boss_1 mm 그리고 외측 보스는 boss_2.5 mm로 각각 레이어를 새로 만들어 해당 부위를 레이어에 넣는다. 그리고 내측 보스는 총 4개가 만들어지는데, 이는 기존의 모델에서는 보이지 않았던 보스의 외측 서피스가 메쉬 작업을 하면서 만들어졌기 때문이다. 이 장에서는 1개의 내측 보스만을 작업 할 것이기 때문에 나머지 3개의 보스는 삭제한다. 다음 그림은 베이스 모델만 남기고 두께가 다른 요소들을 레이어에 모두 할당한 후의 형상을 나타내고 있다.

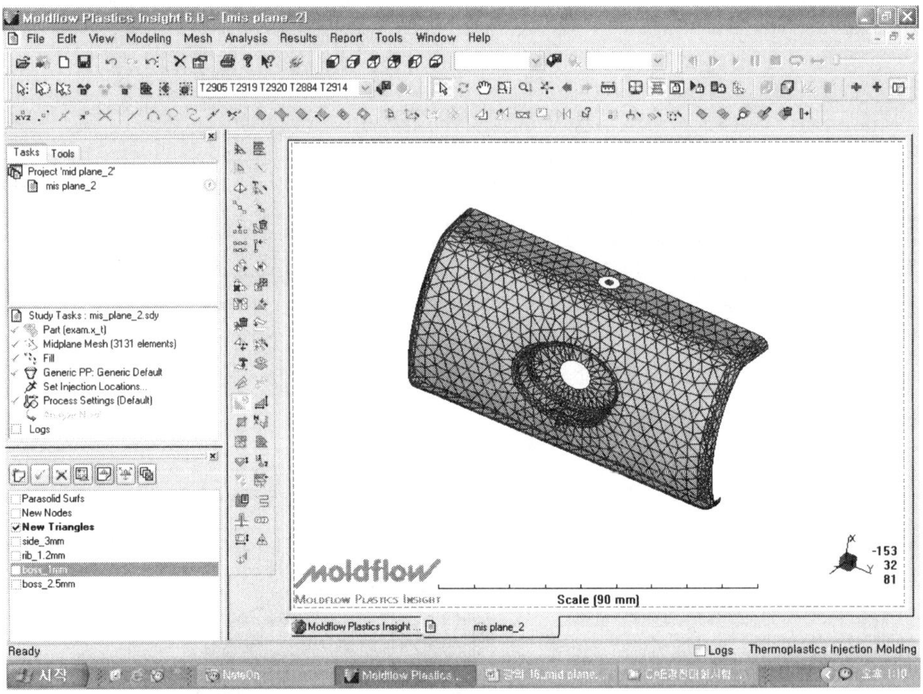

(6) 레이어에 옮기는 작업이 끝났으면 리브와 보스를 제품의 상면과 연결하는 작업을 수행하여야 한다. 리브와 상면을 연결하기 위해서는 상면의 살 두께만큼의 공간이 비워져 있기 때문에 리브의 노드를 연장해서 살 두께의 높이만큼 새로 리브를 만들어 주어야 한다. 우선 노드 레이어만 화면에 보이도록 한다. 리브의 노드를 옵셋 시키기 위해 다음과 같이 리브에 해당하는 노드를 선택하여 rib_1.2 mm에 옮긴다.

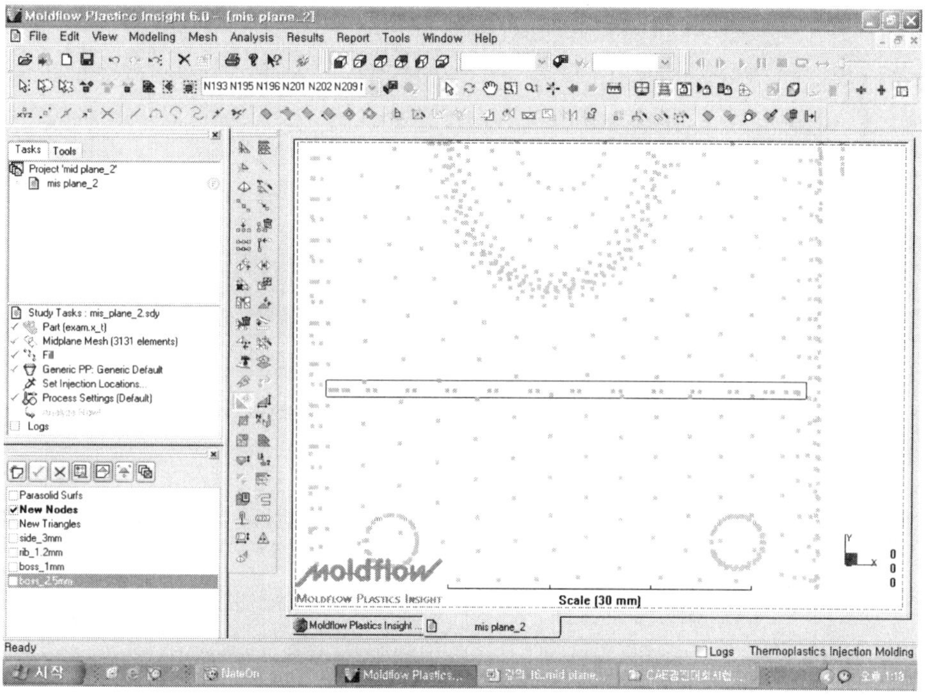

다음으로 rib_1.2 mm 레이어만 화면에 보이도록 하면, 다음 그림과 같이 해당 리브와 노드가 나타난다. 이 노드들 가운데 리브를 구성하지 않는 상면에 속한 노드를 다시 Now nodes로 assign 명령을 이용하여 옮긴다.

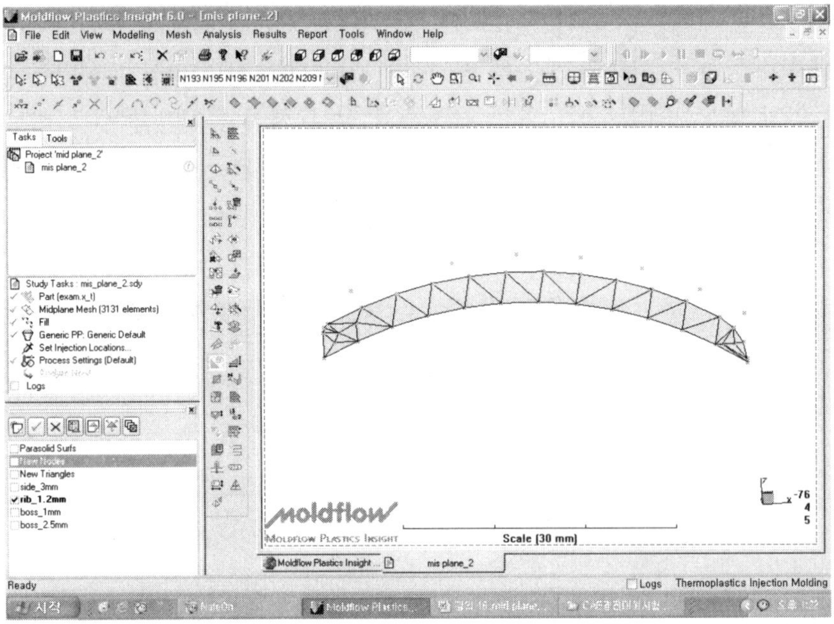

이제 다음 그림과 같이 리브에 해당하는 엘리먼트와 노드만 남게 된다. 살 두께 1 mm인 내측 보스도 위와 마찬가지 방법으로 작업한다.

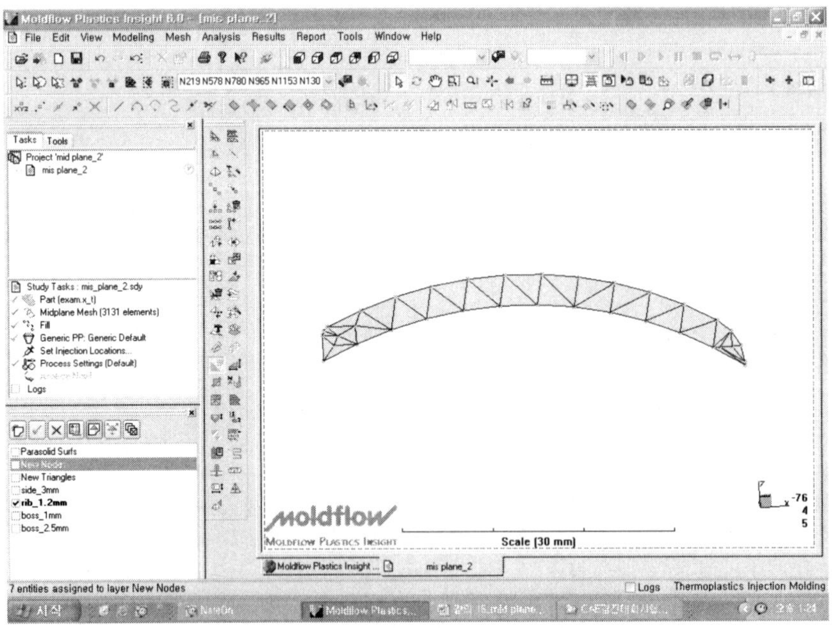

(7) 리브의 노드를 제품 상면의 살 두께 만큼 옵셋 시킨다.

Modeling → Move/copy → Translate를 선택한다. Filter에서 Node를 선택한 후 옵셋 시킬 노드를 선택한다. Vector 값에 0 0 2를 입력하고 Copy를 클릭한다. Fill Hole을 이용하여 생성된 노드와 리브의 노드에 엘리먼트를 만든다. 그리고 리브의 좌우 노드도 앞의 작업과 같이 살 두께 만큼 노드를 옵셋한 후 Fill Hole을 이용하여 엘리먼트를 만든다.

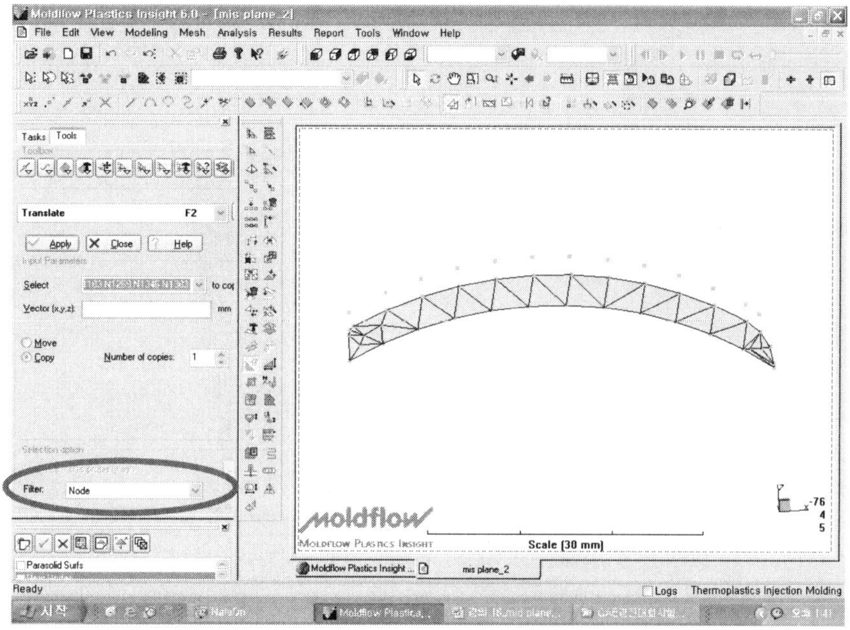

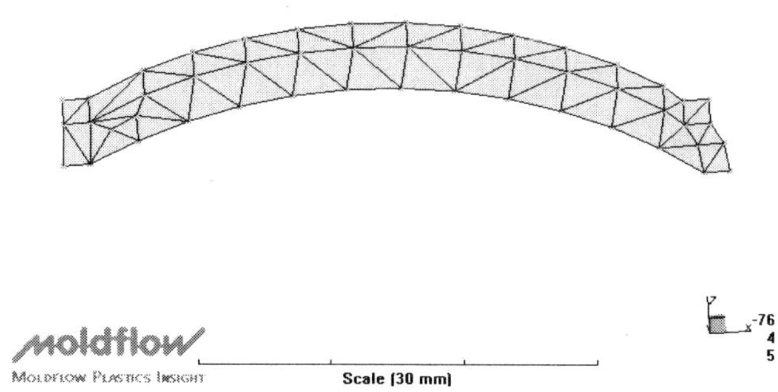

(8) 제품 내측에 있는 보스 역시 위와 같은 방법으로 작업한다. 보스의 메쉬 작업을 위해서는 보스에 있는 불량 메쉬들을 먼저 수정하여 메쉬를 정리해야 한다. 다음은 보스의 메쉬를 수정한 후 각 노드를 살 두께 만큼 Z축 방향으로 복사한 상태를 나타낸다.

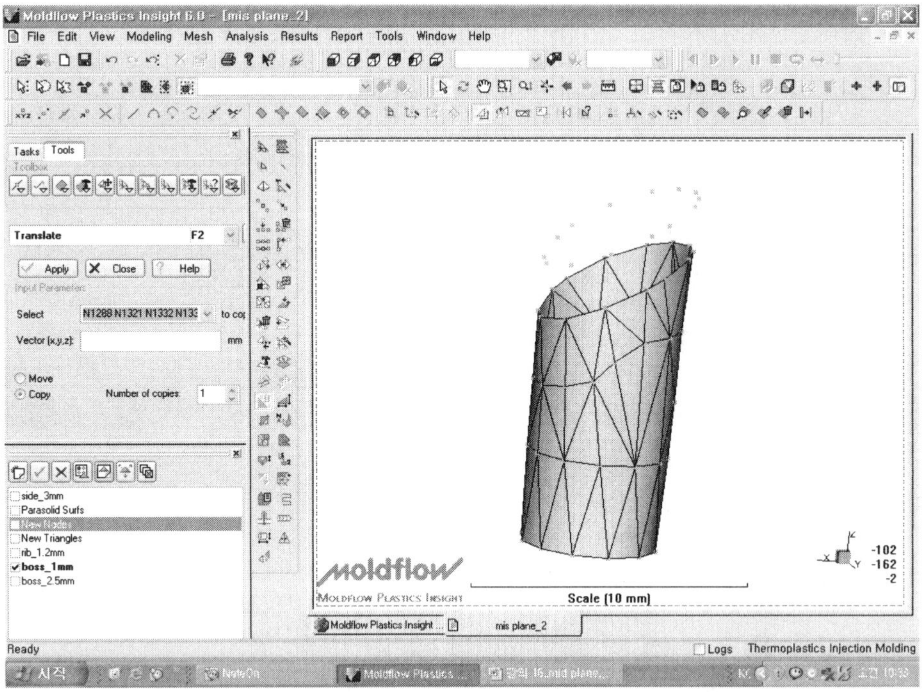

(9) 리브와 보스를 제품의 살 두께 만큼 연장시켰으면, 이제 상면과 연결하는 작업을 해야 한다. 기본적으로 Merge node를 이용하여 리브의 노드와 제품 상면의 노드를 합치시키는 작업을 한다. 이때 주의할 점은 머지 작업 시 리브와 제품 상면 형상이 변형되어서는 안 된다. Merge node와 Insert node 등의 기능을 이용하여 리브와 상면을 연결시킨 후 Align nodes를 이용하여 형상이 변형된 것을 수정해 주어야 한다. 다음 그림은 연결작업이 완료된 상태를 나타낸 것이다.

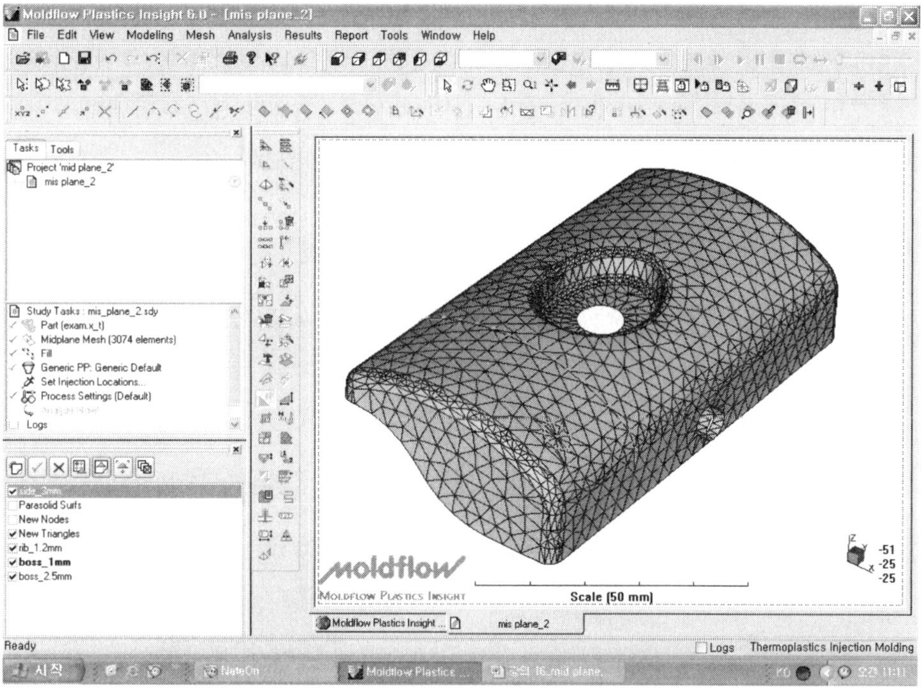

(10) 다음으로 Mesh statistics을 체크하여 Elements not oriented된 부분과 불량 엘리먼트를 수정하고, 외측 보스에 연결되지 않은 부분에 엘리먼트를 생성하여 연결시킨다.

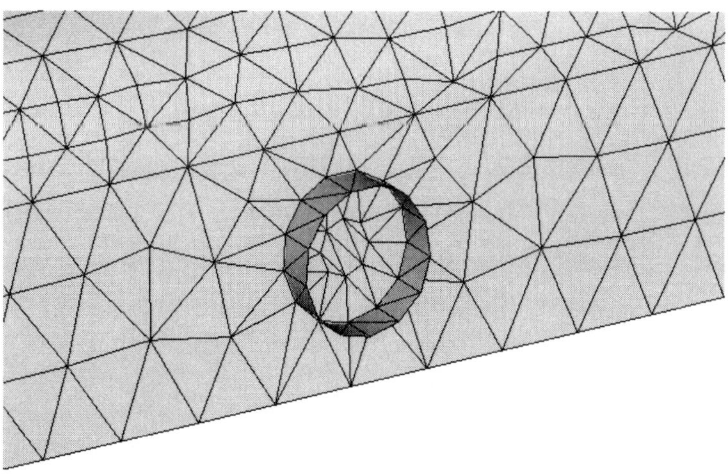

(11) 메쉬가 완성되었으면 다음 단계는 살 두께를 부여할 차례이다.

우선 각 레이어 별로 한 레이어씩 차례대로 작업한다. 우선 살 두께 3 mm의 측면만 남기고 나머지는 레이어에 숨긴다. 화면에 남은 측면을 모두 선택하여 Edit → Assign property를 선택하면, 다음과 같은 선택 창이 나타난다.

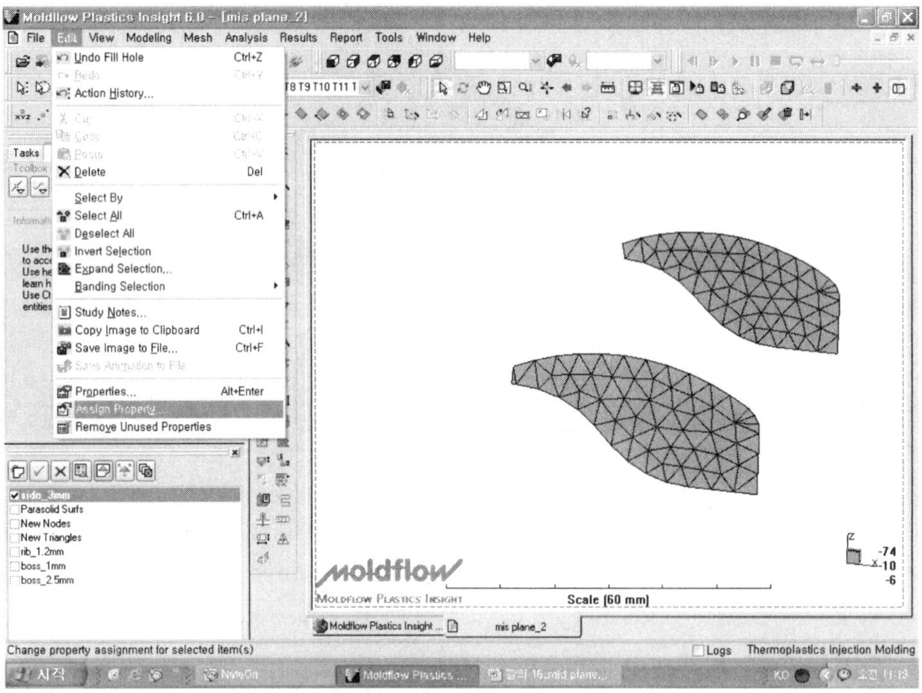

처음에 제품을 Fusion으로 불러왔기 때문에 property에 들어가서는 엘리먼트 특성을 Midplane으로 변경할 수 없으므로 Assign property 기능을 사용한다. Assign property 창에서 New를 클릭하여 Part surface(Midplane)를 선택한다. Part surface(midplane) 창이 뜨면 Thickness에 3을 입력하고 확인을 누른다. 선택을 끝내고 창을 닫으면 엘리먼트의 색이 녹색으로 변하면서 미드플랜으로 인식되는 것을 확인할 수 있다.

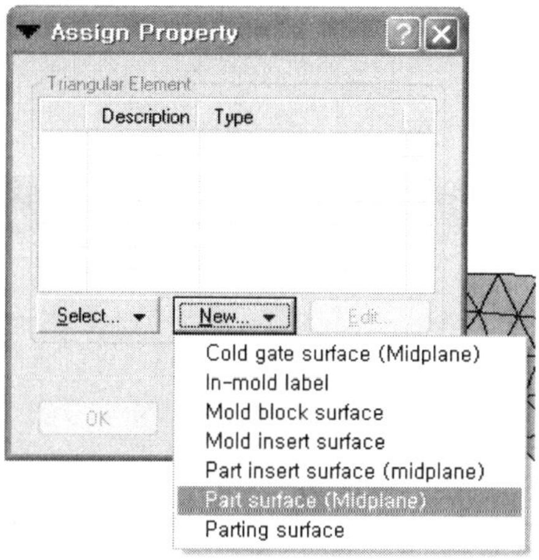
Assign Property
Triangular Element
Description
Type
Select...
New...
Edit...
OK
Cold gate surface (Midplane)
In-mold label
Mold block surface
Mold insert surface
Part insert surface (midplane)
Part surface (Midplane)
Parting surface

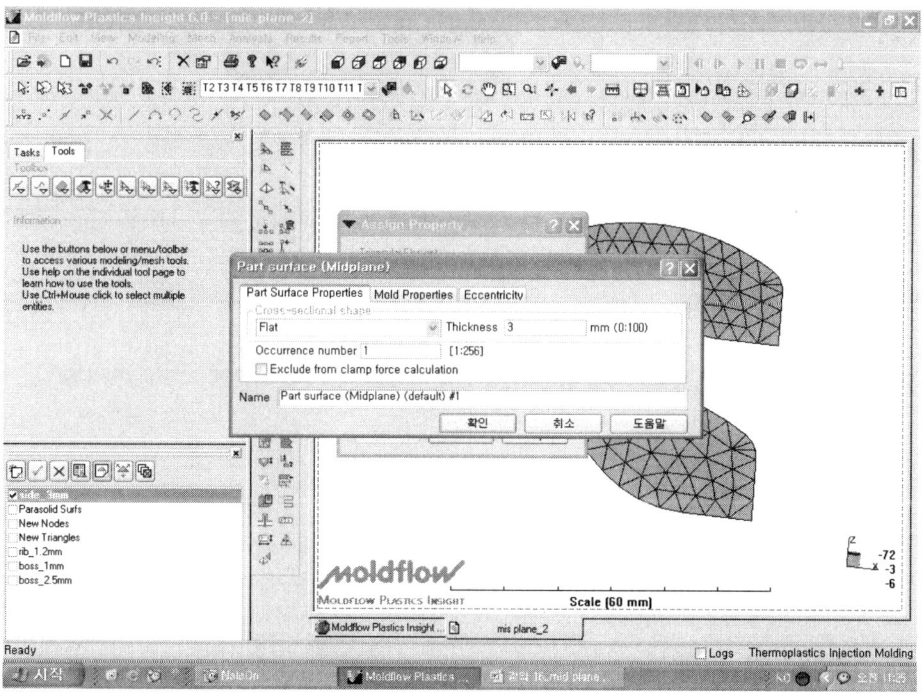
Part surface (Midplane)
Part Surface Properties
Mold Properties
Eccentricity
Flat
Thickness
3
mm (0:100)
Occurrence number
1
[1:256]
Exclude from clamp force calculation
Name
Part surface (Midplane) (default) #1
확인
취소
도움말
moldflow
Scale (60 mm)
Ready
Logs
Thermoplastics Injection Molding

(12) 살 두께가 다른 나머지 부위도 위와 같은 방식으로 작업한다. 다음 그림은 모든 작업이 완료된 후의 제품 형상을 나타낸 것이다.

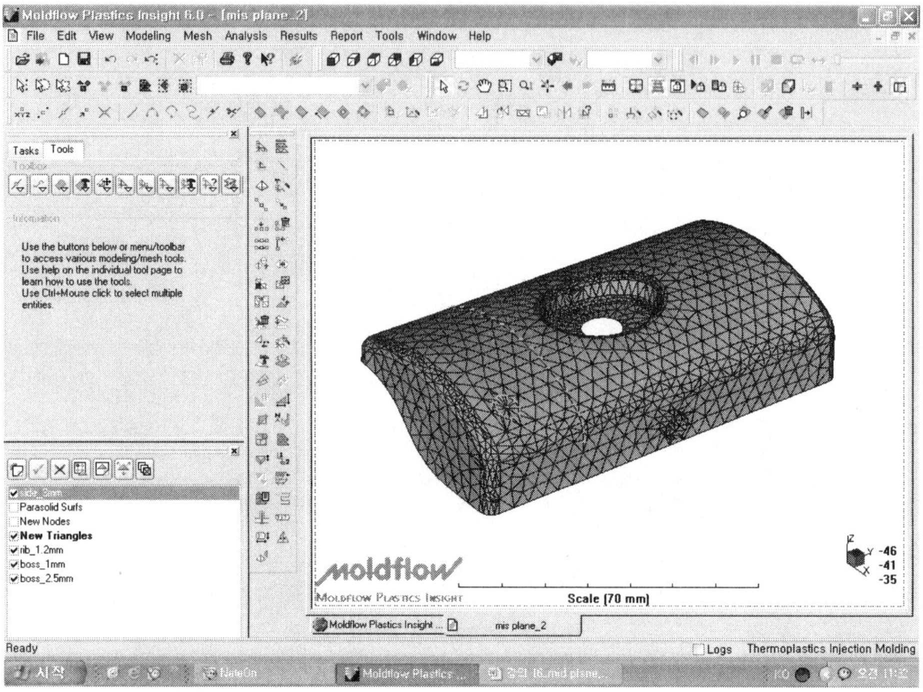

복습 문제

[1]서술형

1. 이 장에서 제시된 형상품을 대상으로 하여 대한 미드플렌 모델의 작성 절차를 설명하시오.
2. Fill Hole에 의한 메쉬 작성 방법에 대해 설명하시오.
3. 미드플랜 모델에서 각 메쉬 영역별 두께 치수를 부여하는 방법에 대해 설명하시오.

[2] 단답형

1. Fill Hole 작업은 제품 내의 빈 공간에 대해 메쉬 작업을 일괄적으로 수행하는데 편리한 기능이다.(T/F)
2. 미드플랜 해석 결과에서 플로우 마크(Flow mark)를 찾을 수 있다. (T/F)
3. 미드플랜 모델은 퓨전모델보다 두께 정의가 명확하므로 해석 결과도 더 정확하다. (T/F)
4. 미드플랜 모델링은 성형제품에서 두께 차이가 많은 성형물에 적합하다(T/F)

[3] 토론형

1. 퓨전 메쉬 모델과 미드플랜 모델의 장단점
2. 레이어 창의 활용법

[4] 실습형

1. 이 장에서 취급한 예제를 미드플랜 메쉬와 퓨전 메쉬로 각각 작성하여 유동해석을 수행하고, 그 결과를 비교분석해 보시오.

8장

종합과제의 소개

학습목표

◦ 종합과제의 해결절차 및 방법
◦ 최초 금형설계에 의한 해석결과 분석
◦ 개선된 금형설계에 의한 해석결과 분석

실습

◦ DISPENSER COVER류에 대한 성형해석
  1) Fusion or Midplane 모델링
  2) 러너 시스템 모델링
  3) 냉각 시스템 모델링
◦ 성형해석 및 결과분석
◦ 개선안 모델링
◦ 리포트 파일 작성을 통한 최종 성형해석 보고서 작성

특기사항 (준비물 및 과제 등)

◦ DISPENSE COVER류 3D 모델
◦ DISPENSE COVER류 금형설계도면
◦ DISPENSE COVER류 샘플

8.1 해석대상 성형품

이 장에서 소개할 종합과제의 대상 제품은 가전제품의 커버류에 해당되는 그림 8-1과 같은 형상품이다.

성형품의 형상특징으로는 기본 살 두께를 갖는 플레이트류로서

1) 스윗치 부위 6개소
2) 보스(boss) 4개소
3) 후크(hook) 16개소
4) 리브(rib) 6개소로 구성되어 있으며,

외관은 고광택으로 웰드라인, 싱크 등이 최소화되어야 하며, 휨 또한 최소화가 요구되는 제품이다.

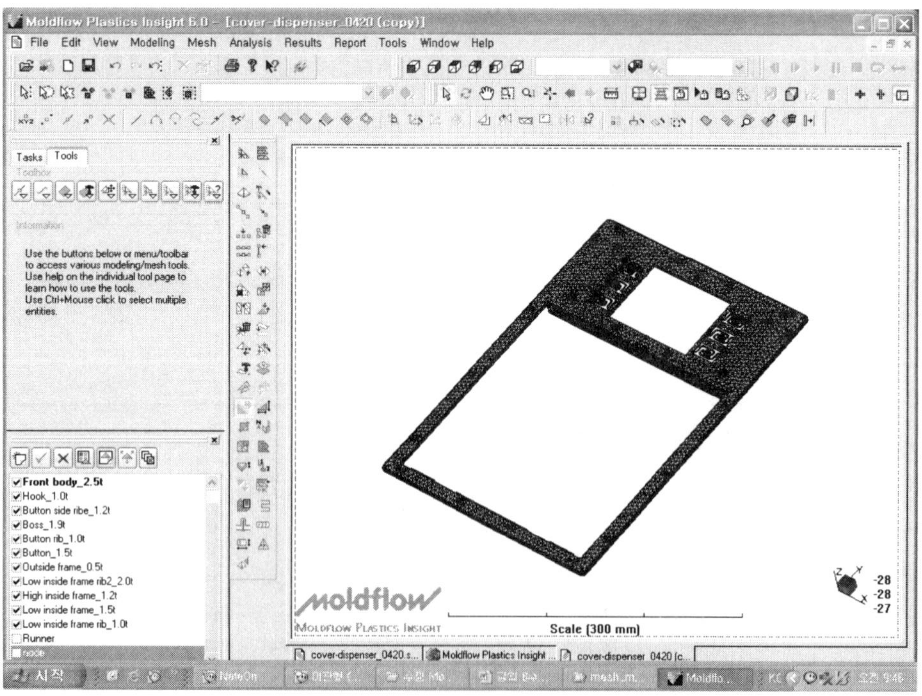

▲ 그림 8-1 성형 대상품(Cover Dispense)

8.2 러너 시스템의 설계

최초 금형설계에서 제안한 러너 시스템의 구조는 그림 8-2와 같이 2개소의 엣지 게이트(edge gate)상에 2개소의 핀 포인트 게이트, 스윗치 부위 6개소에 6개의 핀 포인트 게이트가 설치되어 있는 구조이다.

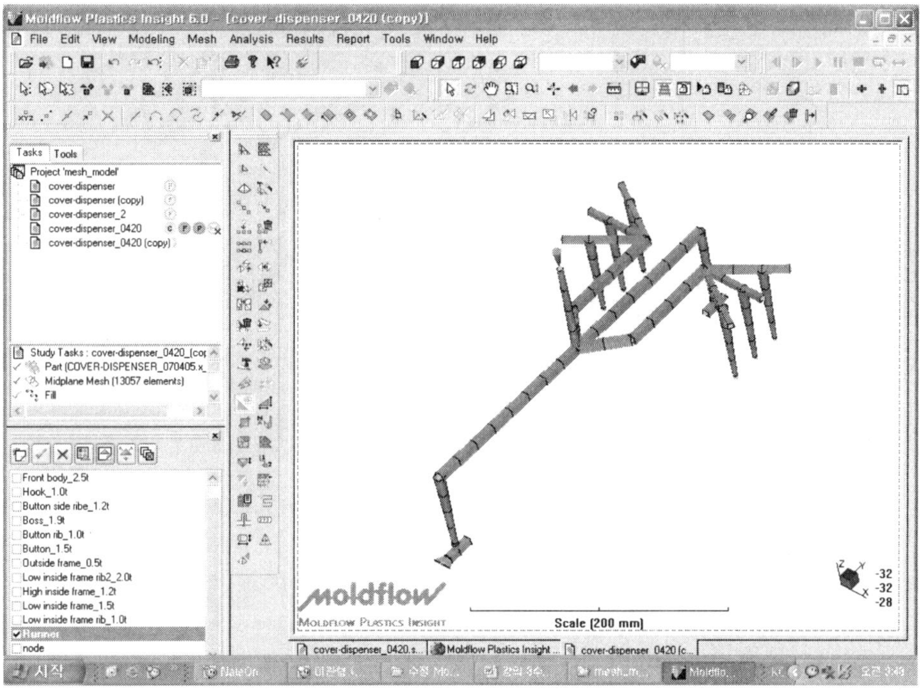

▲ 그림 8-2 러너 시스템 설계

8.3 냉각 시스템의 설계

최초 금형설계에서 제안한 냉각 시스템의 구조는 그림 8-3과 같으며, 금형의 상, 하측에 각각 6개의 직선채널로 구성되어 있다. 단, 금형 하측에는 성형품상의 평면 부위는 살 두께를 갖는 부위로서 큰 사각 구멍이 있는 부위에 비해 수지를 통한 공급 열량이 많기 때문에 8개의 배플(baffle)이 직선 채널에 연결되어있다.

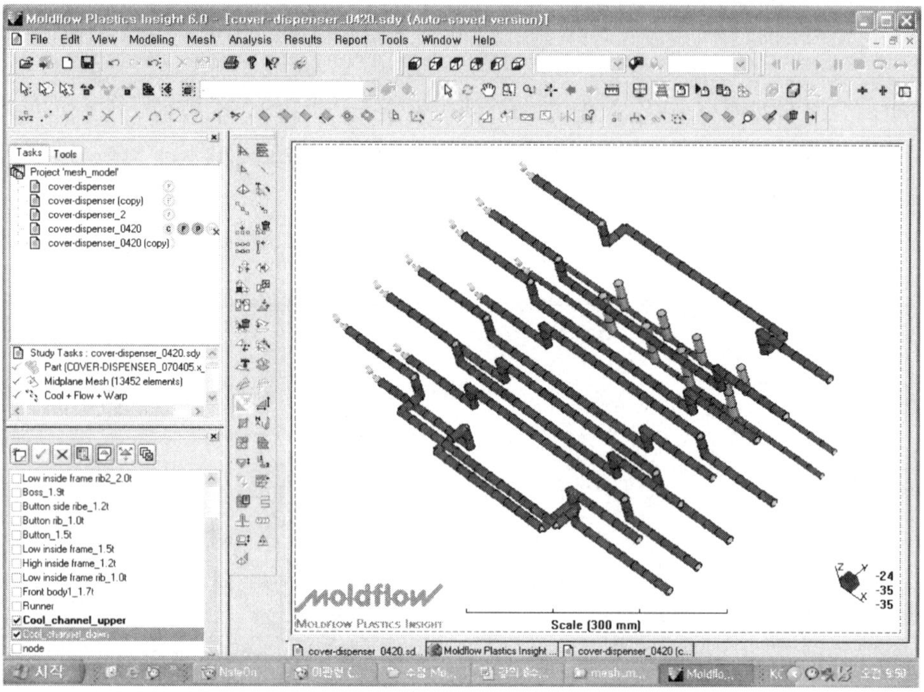

▲ 그림 8-3 냉각 시스템 설계

8.4 종합과제의 요구사항

학습자에게 주어진 자료는 다음과 같다.

1) 성형품의 3D 모델
2) 2D 러너 시스템 설계도면
3) 2D 냉각 시스템 설계도면
4) 수지재료
5) 3D 금형설계 모델
6) 성형샘플 등이다.

이상의 자료들을 참조하여 해석용 모델을 작성하고 성형해석을 수행한 후, 그것을 분석하여 금형설계 및 성형조건의 개선안을 도출하도록 한다. 이상의 내용을 담은 최종 보고서(리포트 파일 + ppt 자료)를 작성하여 제출하도록 한다. 또한, 정해진 일자에 과제를 수행한 팀 별로 과제수행 결과를 발표한다.

8.5 종합과제의 수행내용

학습자로 하여금 가능한 3 ~ 4명을 한 팀으로 하여 아래의 내용을 분담하여 과제를 해결토록 한다.

1) 성형품의 3D 모델을 대상으로 Fusion 메쉬 모델을 작성한다.
2) 메쉬 품질은 형상비를 10 이하로 하여, match percentage를 85% 이상으로 수정한다.
3) 러너 시스템을 금형도면 또는 3D 금형설계 모델을 참조하여 빔 메쉬로 모델링 한다.
4) 냉각 시스템을 금형도면 또는 3D 금형설계 모델을 참조하여 빔 메쉬로 모델링 한다.
5) 해석 수행 전에 수지재료, 성형조건, 수지 주입구 등에 대해 입력한다.
6) 성형해석의 종류를 C,F,P,W로 선택하여 해석수행을 실행한다.
7) 해석결과를 Flow, Cool, Warp 에 대해 분석하여 문제점을 찾아 해결방안을 모색한다.
8) 개선안에 따라 각 모델 또는 성형조건을 수정한다.
9) 개선안에 대한 성형해석을 다시 수행한다.
10) 최종보고서를 작성하여 발표한다.

8.6 종합과제의 결과들

종합과제를 수행한 결과의 일부를 사례연구로서 부록 4에 실어 두었다.

9장

핫 러너 / 핫 러너 모델링

학습목표

- 핫 러너의 구조 및 분류
- 핫 러너 밸브게이트의 시퀀스제어
- 핫 러너 시스템의 모델링
- 보압 다단제어

이론

- 부교재 5.2.2절

실습

- side_protector 모델에서 러너 시스템 모델링
- 핫 게이트 모델링 시 밸브게이트 성질부여
- 성형조건 입력 시 보압의 다단제어
- 밸브게이트 개폐 시간을 달리한 설계방안 3종에 대한 결과분석 (Design #1, Design #2, Design #3)

특기사항 (준비물 및 과제 등)

- CAD 모델 : side_protector.sdy
- side_protector 성형품 샘플
- 중간고사 평가결과

9.1 핫 러너(Hot runner)의 개요

아래의 그림 9-1은 콜드 러너와 핫 러너를 비교한 것이며, 핫 러너의 특징은 다음과 같다.

① 수지재료를 100% 제품화 할 수 있으며, 항상 신재만을 사용할 수 있기 때문에 이물질에 의한 불량이나 트러블이 방지된다.

② 게이트까지는 항상 수지가 용융 상태에 있으며, 캐비티의 체적에만 용융수지를 충전시키면 되므로 스프루와 러너에 해당되는 체적에 대한 사출, 계량, 냉각, 형개폐시간 등이 단축된다.

③ 사출 성형기의 사출 압력이 직접 캐비티에 전달되므로 제품수축, 웰드라인, 내부응력에 의한 변형 등의 문제를 해결할 수 있다.

④ 스프루, 러너의 양 만큼에 해당하는 사출용량, 압력, 형개 거리 등이 작아도 되므로 성형기의 용량을 한 단계 낮은 것을 사용할 수 있다.

⑤ 대형의 3단 금형은 핫 러너 시스템을 적용할 경우 2단 금형의 구조로서 그 기능이 가능하므로, 3단 금형에서 발생 될 수 있는 트러블을 방지할 수 있다.

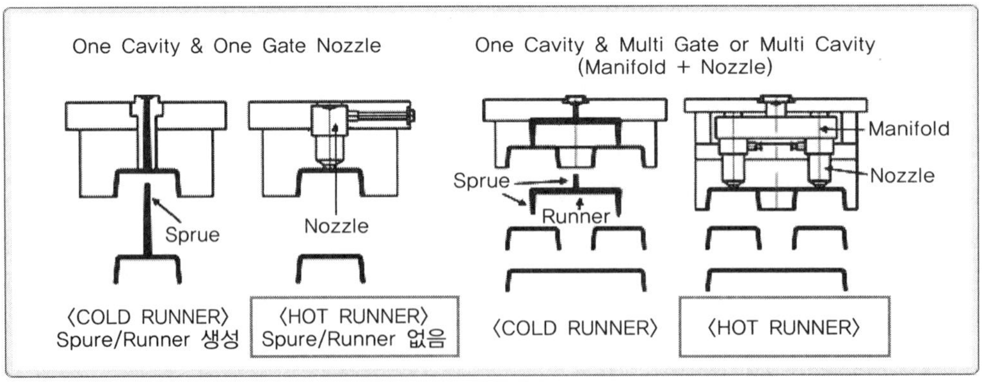

▲ 그림 9-1 콜드 러너와 핫 러너의 비교

9.2 핫 러너의 모델링

핫 러너에 대한 일반적인 모델링 절차는 다음과 같다.

(1) Class 9_10이라는 새로운 project를 생성시키고, 미리 준비된 side-protector.sdy 모델을 import 시킨다.

대상 모델은 자동차 도어의 외측에 부착되어 도어의 보호기능을 담당하고 있는 side protector이다. 해석 모델은 mid-plane이며, 미리 두께와 게이트 위치를 나타내는 노드들이 생성되어 있다. 중앙의 노드가 있는 1개 지점과 이것을 중심으로 좌우 340 mm 떨어진 2개의 지점에 게이트가 있다.

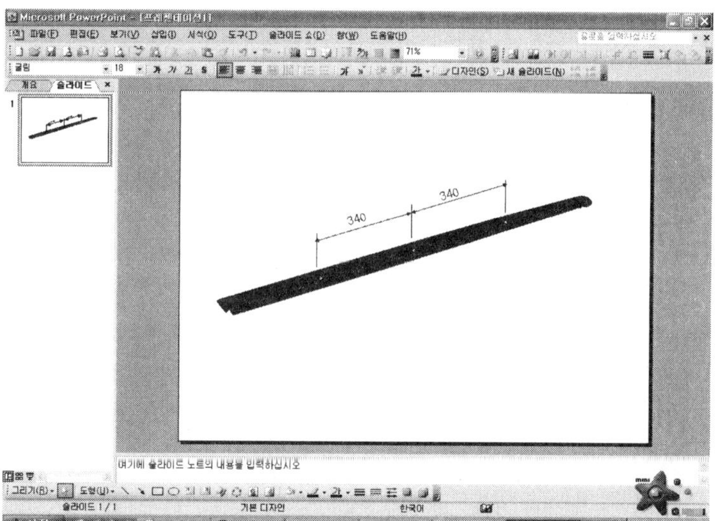

▲ 그림 9-2 Side protector형 제품모델

(2) 미리 생성된 3개 노드를 +Z 방향으로 100 mm 떨어진 위치에 노드를 새로 생성시킨다.

Modeling → Move/Copy → Translate를 선택한 후, select에 해당되는 노드들을 선택하고, Vector에는 0 0 100을 입력한다. 옵션에 Copy를 선택하고, Apply하면 선택한 노드를 기준으로 +Z 방향으로 100 mm 지점에 새로운 3개의 노드가 생성된다.

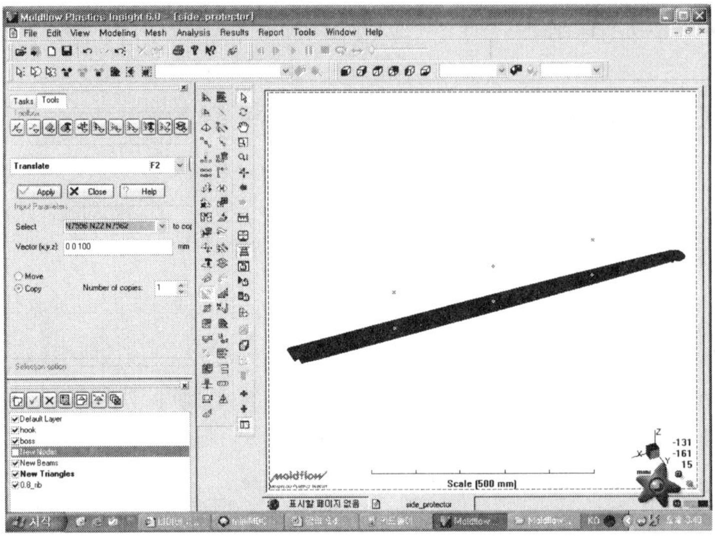

(3) 핫 스프루를 생성시키기 위해서 새로 생성된 노드 중에서 중앙의 노드를 기준으로 +Z 방향으로 120 지점에 노드를 1개 더 생성시킨다.

Modeling → Move/Copy → Translate를 선택한 후, select에 새로 생성된 노드들 중에서 중앙 노드를 선택하고, Vector에는 0 0 120을 입력한다. 옵션에 Copy를 선택하고, Apply 하면 선택한 노드를 기준으로 +Z 방향으로 120 지점에 새로운 노드가 그림과 같이 생성된다.

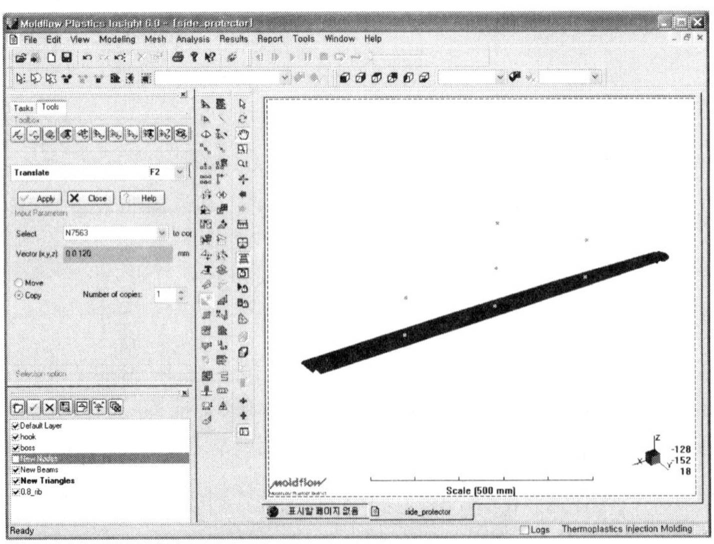

(4) 생성된 노드를 참조하여 커브를 생성시킨다.

Modeling → Create Curves → Line을 선택하고, 아래와 같이 스프루의 시작 노드부터 차례로 커브를 생성시킨다.

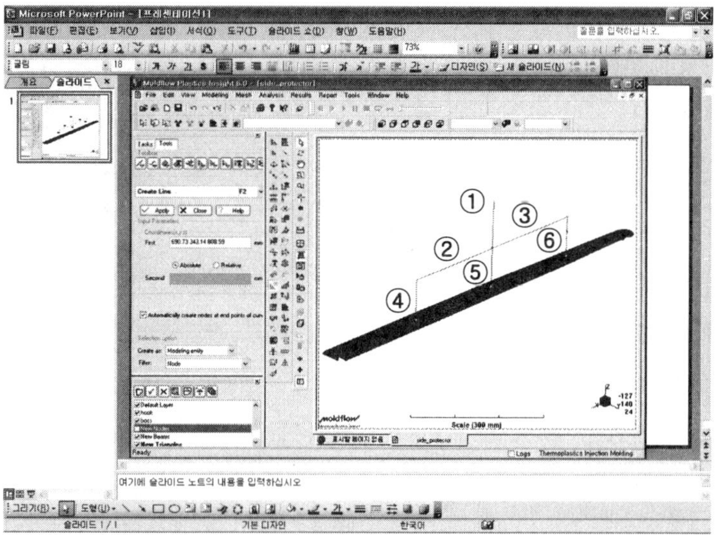

(5) 스프루와 러너의 구성을 위한 커브 구성이 끝나면, 다음으로 핫 게이트(hot gate)를 위한 커브를 생성한다.

레이어 창에서 제품의 노드를 체크하여 모델링 창에서 노드들은 활성화시키고, 이전에 생성된 러너의 마지막 노드와 제품을 연결하는 커브를 생성시킨다.

Modeling → Create curves → Line을 선택하고, 러너의 노드를 시작으로 제품의 노드를 끝점으로 커브를 생성시킨다. (커브의 생성 시 제품의 끝점은 시작 노드를 기준으로 Z 방향으로 수직한 위치에 있는 제품 노드를 선택한다.) 3개의 커브를 모두 동일한 방법으로 생성시킨다.

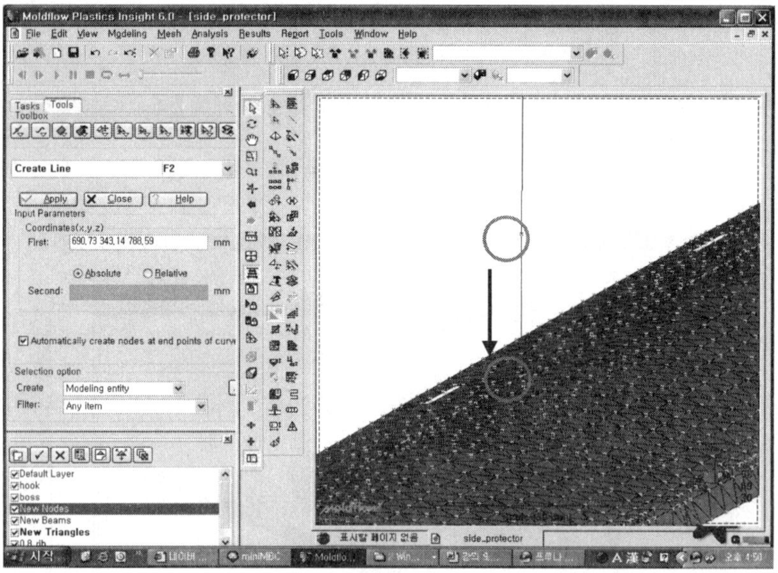

(6) 각 커브에 대한 property를 입력하기 위하여 스프루가 될 커브를 선택하고, MB3 메뉴의 properties를 선택한다.

Assign property 창에서 New를 클릭하고, Hot sprue를 선택한다. Hot sprue 창에서 Cross-section은 Circular를 선택하고, Shape은 Non-tapered, Diameter는 10으로 입력한다. 마지막으로 Name은 'Hot sprue 1'로 입력한 후 확인한다. Assign property 창도 확인하고 닫는다.

동일한 방법으로 스프루와 게이트 커브를 제외한 나머지 핫 러너 커브를 모두 선택하고, MB3의 properties를 선택한다. Assign property 창에서 New를 클릭하고, 아래에 활성되는 것 중에서 Hot runner를 선택한다. Hot runner 창에서 Cross-section은 Circular를 선택하고, Shape은 Non-tapered, Diameter는 12로 입력한다. Name은 'Hot runner 1'로 입력한 후 확인한다. Assign property 창도 확인하여 닫는다.

모델링 창에서 입력된 각각의 엔티티를 살펴보면 핫 스프루와 핫 게이트는 빨간색으로 표시되는 것을 알 수 있다. 반면에 콜드 스프루와 콜드 러너는 녹색으로 표시된다.

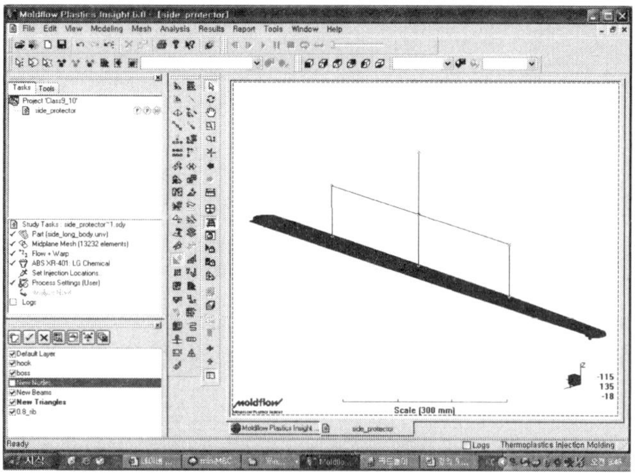

(7) 남은 핫 게이트의 property를 입력할 차례이다.

위에 설명한 핫 러너와는 다르게 property 입력 시 핫 게이트를 하나씩 따로 명칭을 입력하여 구별해야 한다. 만약 모두 동일한 명칭을 입력하면 게이트가 순차적으로 오픈 되지 않고, 동시에 오픈 되어 게이트의 순차 제어가 불가능 하게 된다.

중앙의 게이트 커브를 먼저 선택하고, MB3의 properties를 선택한다. Assign property 창에서 New를 클릭하고, 핫 게이트를 선택한다. Hot gate property 입력 창에서 Cross-section은 Circular를 선택하고, Shape은 Tapered(by end dimension)를 선택한다.

Edit dimensions를 클릭하여 시작 직경은 12, 끝 직경은 4로 입력한 후, 확인한다. Name에는 'Hot gate 1'로 입력한다.

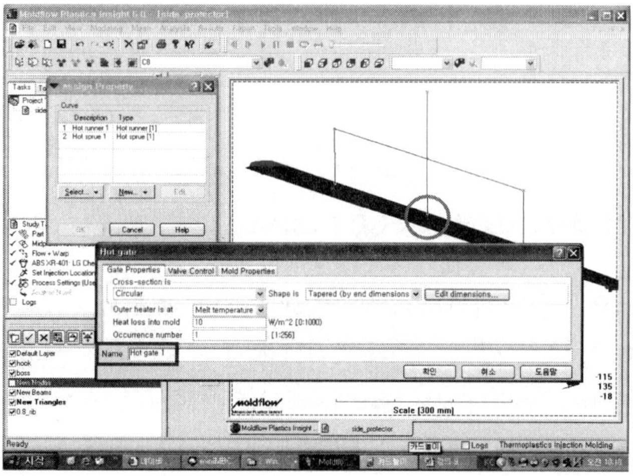

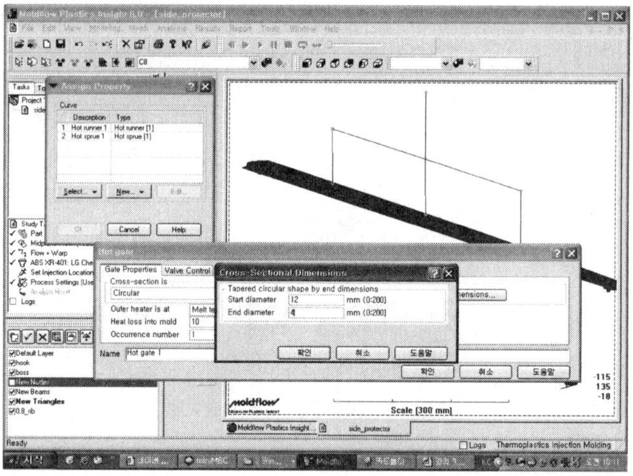

게이트가 순차적으로 오픈 되어야 할 경우에는 hot gate property 입력 창에 있는 Valve Control을 선택한다. Valve Control 창에서 Select를 클릭하면 Select Valve gate controller 창이 나타난다. Select Valve gate controller 창에 있는 1. Valve gate controller defaults를 선택한다.

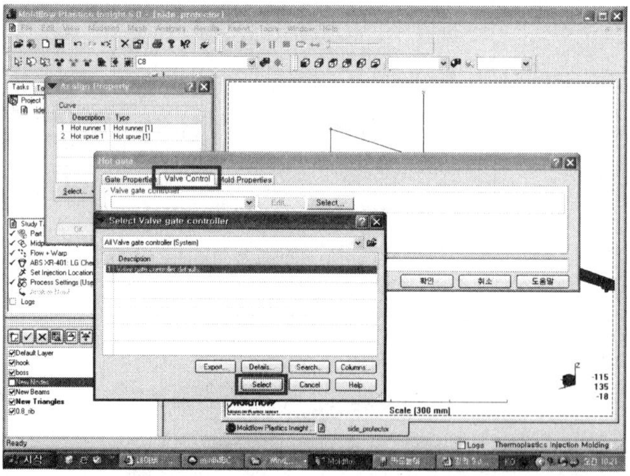

다시 Valve Control 창이 나타나고, Valve gate controller에 Valve gate controller defaults가 자동으로 선택된 것을 알 수 있다. 이때, Edit를 클릭하면 Valve gate controller 창이 나타난다. Valve gate control by에는 time이 default로 선택되어 있다. Edit settings를 클릭하면, Valve gate timing 창이 나타나고, Initial state of valve gate에는 Open으로 선택한다.

Valve gate control by time에는 0과 10을 입력하고 확인한다. 이것은 사출이 시작되는 순간부터 10초 후에 게이트가 닫히는 것을 의미한다. 다시 Name에는 'Valve gate 1'로 입력하여 닫고, 마지막으로 Hot gate property 창도 닫는다. 최종적으로 Assign property 창도 닫아서 property 입력을 마친다.

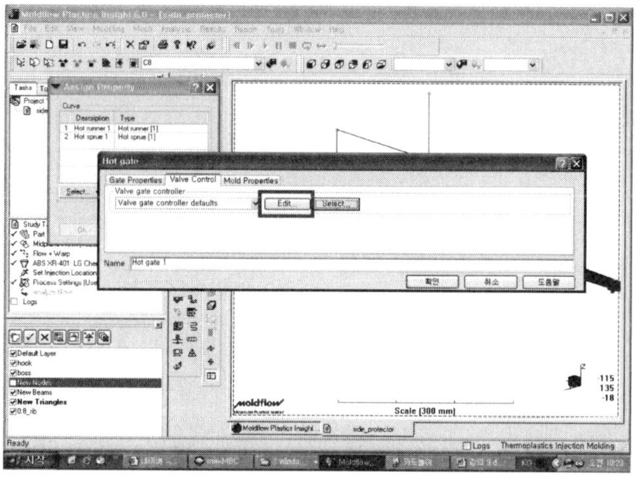

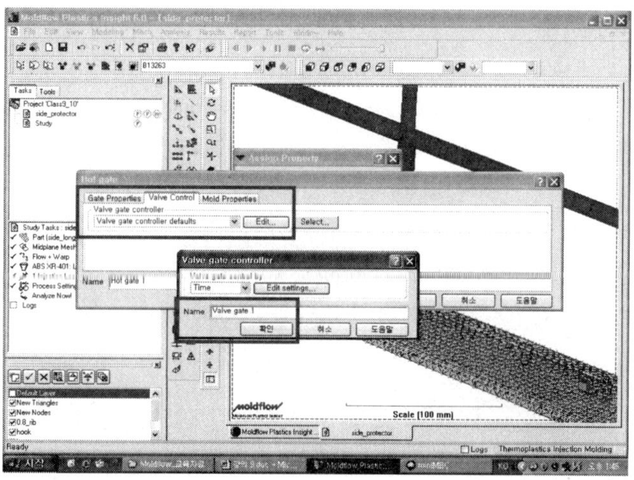

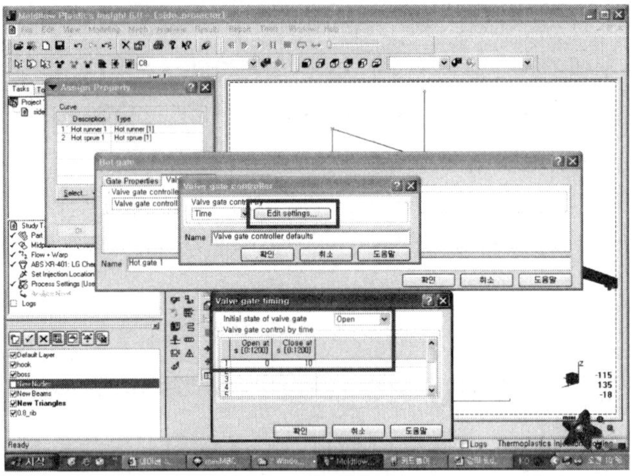

(8) 다음은 제품의 폭이 넓은 쪽에 있는 게이트 커브를 선택하고, MB3의 properties를 이용하여, Assign property 창에서 New를 클릭하고, 핫 게이트를 선택한다. Hot gate property 입력 창에서 Cross-section은 Circular를 선택하고, Shape은 Tapered(by end dimension)를 선택하고, Edit dimensions를 클릭하여 시작 직경은 12, 끝 직경은 4로 입력한 후 확인한다. Name에는 'Hot gate 2'(반드시 이전의 핫 게이트와는 다른 이름을 입력할 것)로 입력한다.

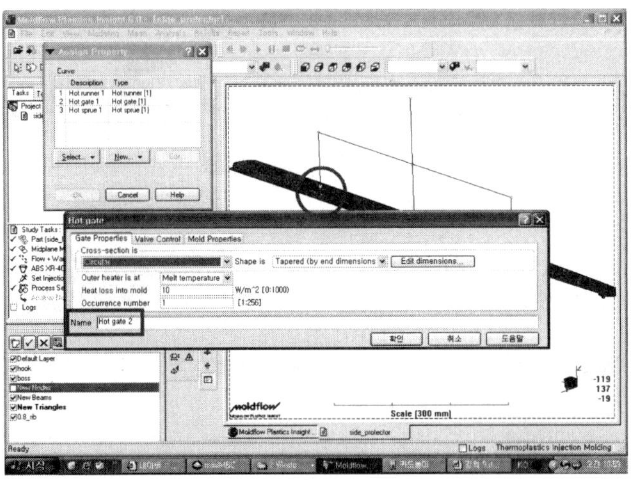

그리고 이 게이트는 중앙 게이트가 오픈 된 후에 오픈 되어야 하므로 hot gate property 입력 창에 있는 Valve Control을 선택한다. Valve Control 창에서 Select를 클릭하면 Select Valve gate controller 창이 나타난다. Select Valve gate controller 창에 있는 1. Valve gate controller defaults를 선택하고, select 한다.

주의 반드시 새로운 Valve gate controller defaults를 선택해야 한다. 왜냐하면 새로 선택하지 않고, 이전의 것을 그대로 사용하면 이전의 property가 동일하게 할당 된다.

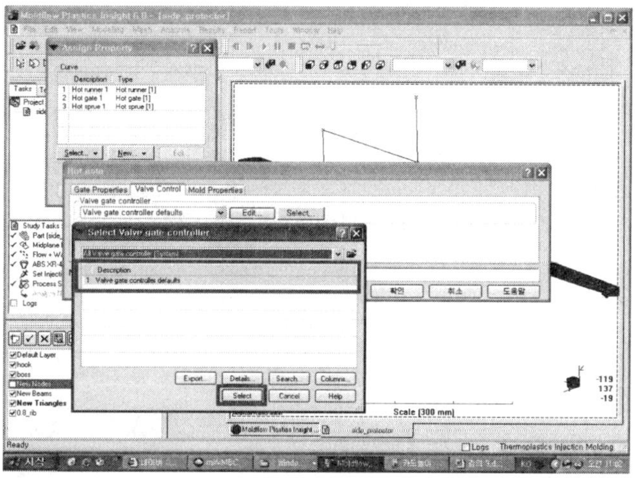

다시 Valve Control 창이 나타나고, Valve gate controller에 Valve gate controller defaults가 자동으로 선택된 것을 알 수 있다. Edit를 클릭하면 Valve gate controller 창이 나타난다. Valve gate control by에는 time이 default로 선택되어 있다. Edit settings를 클릭하면, Valve gate timing 창이 나타나고, Initial state of valve gate에는 closed로 선택한다. Valve gate control by time에는 4.4와 15를 입력한 후 확인한다. 이것은 사출이 시작 된 후 4.4초에 게이트가 오픈 되고, 15초 후에 게이트가 닫히는 것을 의미한다. Name에는 'Valve gate 2'로 입력한 후 Valve gate controller 창도 확인하여 닫고, 마지막으로 Hot gate property 창도 확인하여 닫는다. 최종적으로 Assign property 창도 닫아서 property 입력을 마친다.

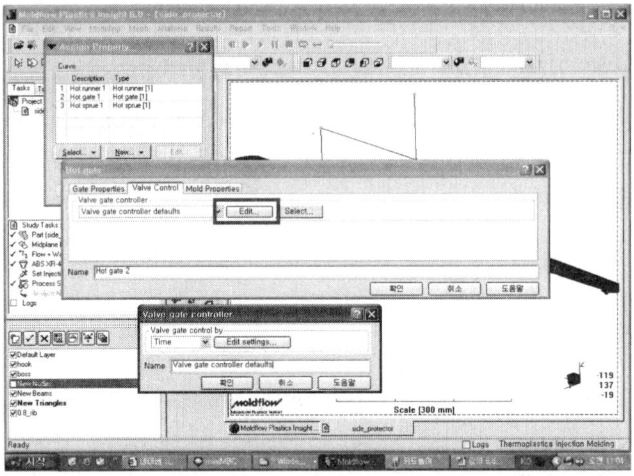
Assign Property
Hot gate
Gate Properties
Valve Control
Mold Properties
Valve gate controller
Valve gate controller defaults
Edit...
Select...
Name
Hot gate 2
Valve gate control by
Time
Edit settings...
확인
취소
도움말
moldflow
Scale [300 mm]

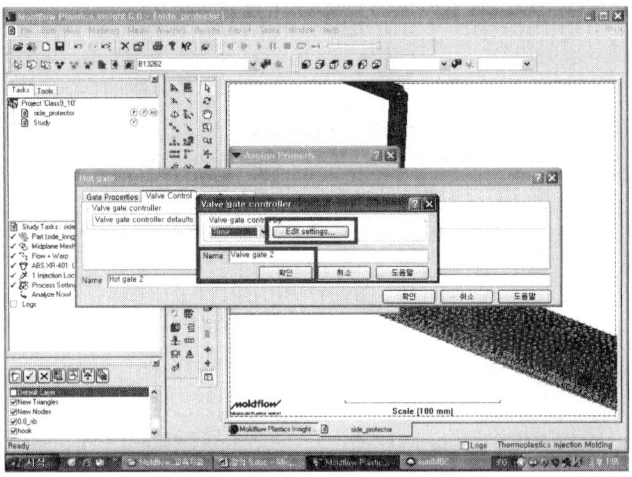
Assign Property
Hot gate
Gate Properties
Valve Control
Valve gate controller
Valve gate controller defaults
Edit settings...
Name
Valve gate 2
Hot gate 2
확인
취소
도움말
moldflow
Scale [100 mm]

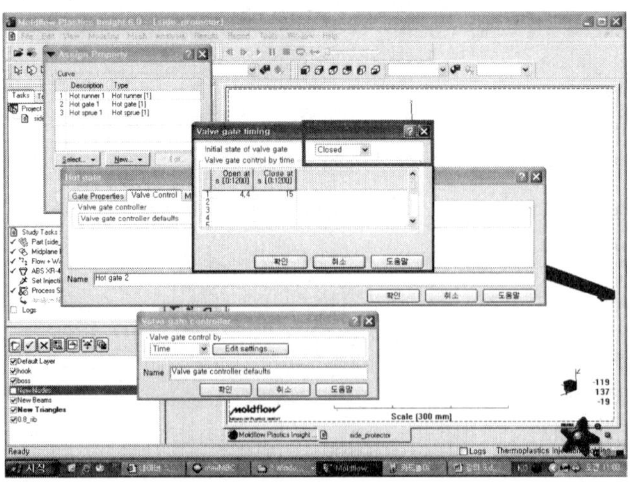
Assign Property
Valve gate timing
Initial state of valve gate
Closed
Valve gate control by time
Hot gate
Gate Properties
Valve Control
Valve gate controller
Valve gate controller defaults
Name
Hot gate 2
Valve gate control by
Time
Edit settings...
확인
취소
도움말
moldflow
Scale [300 mm]

(9) 마지막으로 남은 게이트 커브를 선택하고, 앞 단계에서 설명한 방법과 동일하게 핫 게이트를 정의한다. 여기서도 name은 이전의 게이트와는 다르게 입력해야 한다. Hot gate 이름은 'Hot gate 3'으로 입력한다. 그리고 Valve gate 선택 시 1. Valve gate controller defaults를 선택하고, select 한다. Name은 'Valve gate 3'으로 한다. 새로운 게이트의 Open time은 4.4, Close time은 15로 동일하게 한다.

(10) 모든 커브에 대한 정의가 끝났으면 커브에 대하여 Define mesh density를 선택한다. 모든 커브(스프루, 러너, 게이트)를 선택하고, MB3의 Define Mesh Density를 선택하면, 아래와 같이 Mesh Density 창이 나타나고, default로 30의 메쉬 크기가 선택된다. Apply하고 정의를 마친다.

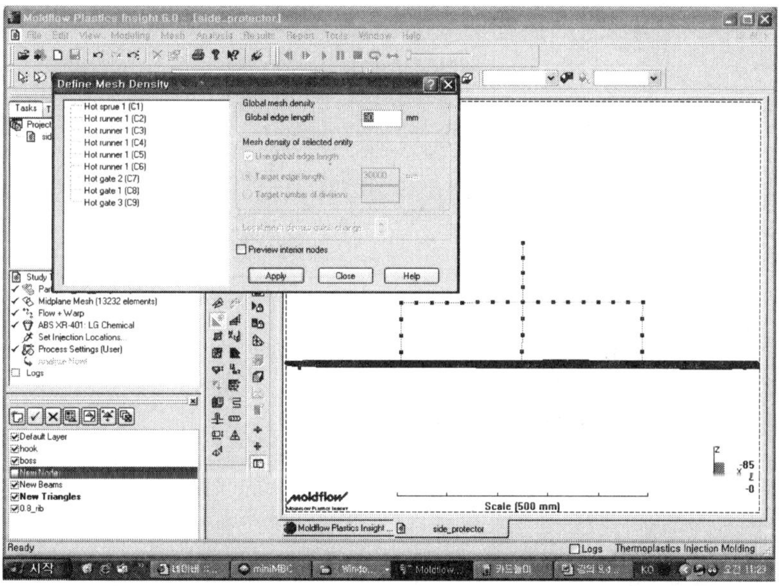

(11) 레이어 창에서 새로운 레이어를 하나 만들고, 모든 커브를 선택하여 Assign 시킨다. 레이어 이름은 'Delivery'라 한다. Delivery 레이어를 제외한 모든 레이어를 선택 해제 하여 모델링 창에서 감추어 커브만 나타낸다.

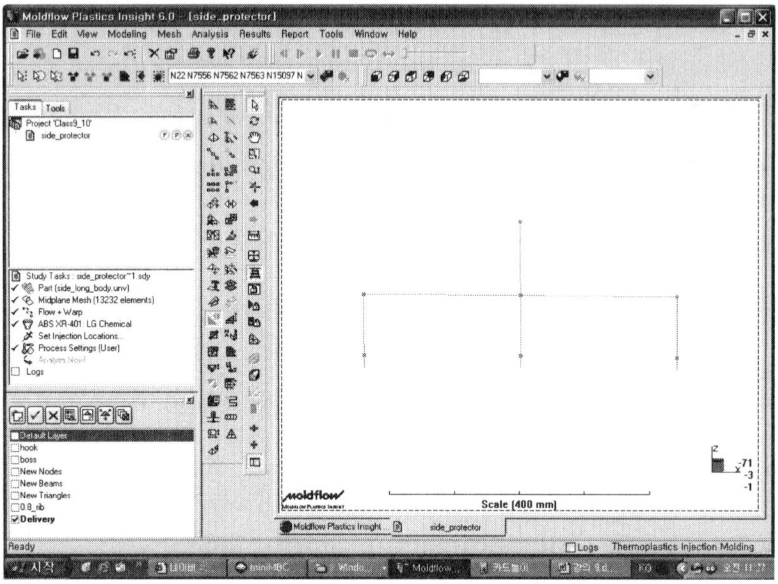

(12) Property가 정의된 모든 커브에 대하여 빔 메쉬를 생성시킨다. 화면에 나타나 있는 커브를 모두 선택하고, Mesh → Generate Mesh를 선택한다. Generate Mesh 창이 열리면 이전에 정의했던 메쉬 크기가 자동으로 입력되어 있는 것을 확인할 수 있다. Mesh Now 버튼을 클릭하면 스프루, 러너, 게이트에 대한 메쉬가 자동으로 생성된다.

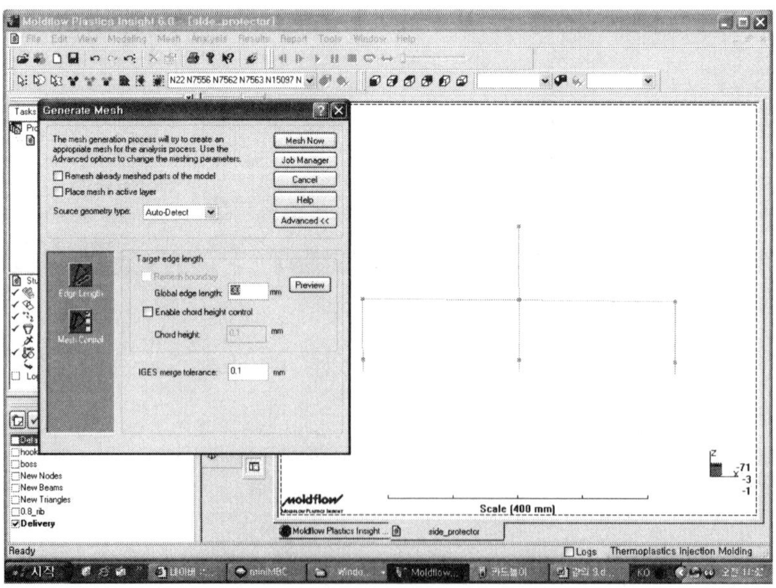

스프루, 러너, 게이트에 대한 빔 메쉬 작업이 끝나면 레이어 창에 New Beams라는 레이어가 자동으로 생성된다. 모델링 창의 빔 메쉬 모두를 선택하고, 이전에 생성시켰던 Delivery 레이어에 할당시킨다. 할당이 끝나면 New Beams layer를 삭제한다.

(13) 마지막으로 전체 레이어를 체크하여 해당되는 내용을 모델링 창에 나타내고, Ctrl+T를 눌러 Global merge를 실행한다. Merge tolerance는 0.1로 한다. 이것은 빔 메싱을 하면서 생성된 제품과 게이트의 겹치는 노드들을 머지 하기 위한 작업이다.

9.3 성형해석

앞 절에서 기술하였던 핫 러너의 모델링이 완료되면 다음의 순서에 따라 성형해석을 위한 입력절차를 거쳐 해석수행 명령을 내린다.

(1) 사출 주입구를 스프루 입구로 정한다.

(2) 성형 재료를 ABS XR-401(LG Chemical)로 선택한다.

(3) 해석의 형식은 Flow+Warp 해석으로 한다.

(4) 성형조건 입력(Process Setting)에서 금형 온도 60℃, 성형 온도 255℃, 사출 시간 7초, 보압 절환 시점(Velocity/pressure switch-over)은 캐비티가 99% 충전되었을 때, 보압의 제어(Pack/holding control)는 %Filling pressure vs time(사출압의 % vs 시간)을 선택하고, Edit profile을 클릭하면, Pack/Holding Control Profile Settings 창이 나타난다. 보압은 약 6초로 적용하며, 이것은 일반적으로 사출에서 보압 완료 시점까지의 총 사출 시간의 약 2/3 정도를 입력한다. 그리고 보압은 그림에서와 같이 프로파일 제어가 되도록 입력한다. 입력 프로파일은 Plot Profile을 클릭하면 확인할 수 있다.

주의	통상, 사출성형기에서는 사출 시간(injection time)은 충전 시간(filling time)과 보압 시간을 합한 시간을 의미한다. 그러나 MPI 프로그램에서는 사출 시간은 충전 시간을 의미하며, 보압 시간은 따로 설정하도록 되어 있다.

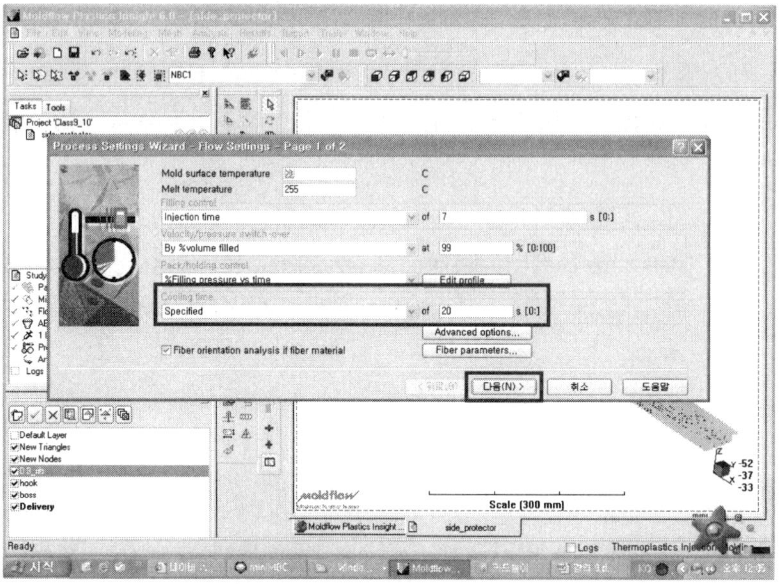

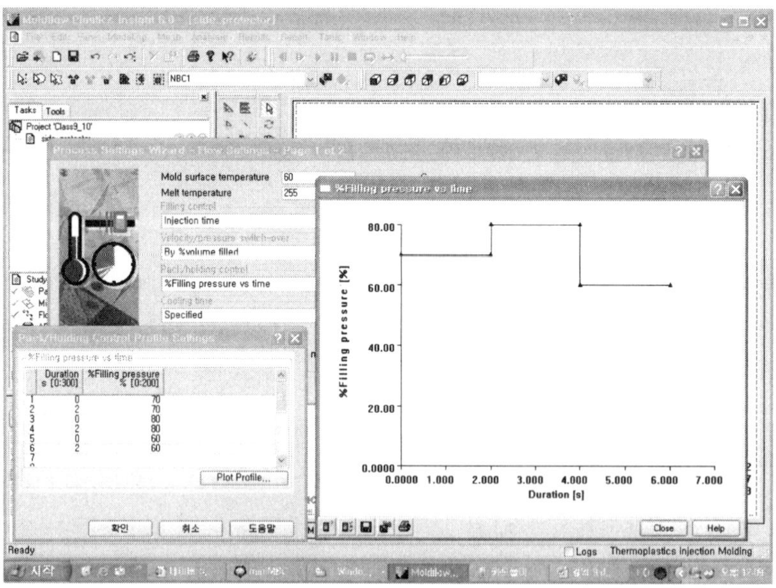

(5) Cooling time은 20초로 한다.

(6) 이 예제에서는 게이트가 순차적으로 오픈 되는 순차 제어(Sequence control)를 적용해야하므로 대상 사출기를 지정해야 한다. 순차 제어가 아닌 경우에는 사출기를 정하지 않아도 해석은 수행된다.

사출기를 선정하기 위하여 Advanced options 버튼을 클릭하면 Flow Analysis Advanced Options 창이 열린다. 이 창에는 사용재료, 성형조건, 사출기, 금형재료, 해석 파라미터를 다시 정의할 수 있다. 여기서 사출기(injection molding machine)를 select를 클릭하여 LGH 850M을 선택하여 확인한다.

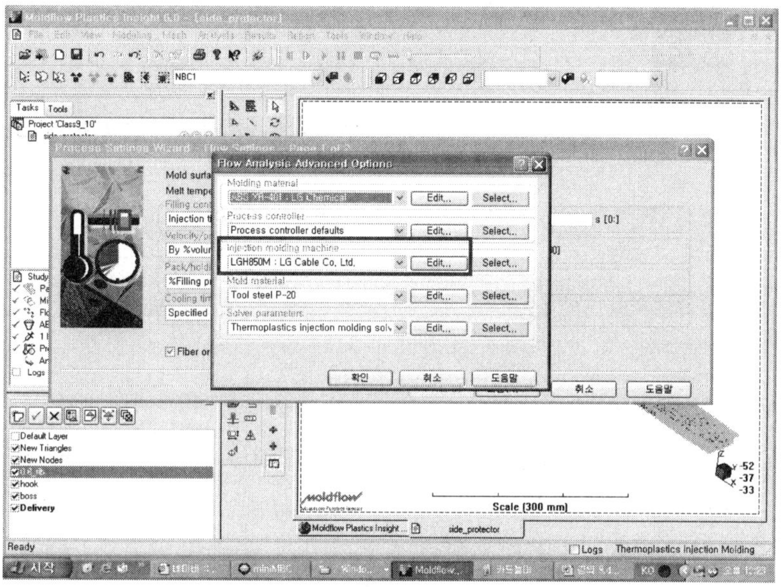

(7) Advanced options의 선택이 끝나면 다음을 선택하여 변형해석 조건 창으로 이동한다.

Process Settings Wizard – Warp Settings – Page 2 of 2에서 Warpage analysis type에서 Small deflection(변형 원인을 shrinkage, residual stress, orientation으로 구분하고, 각각의 원인에 대하여 X, Y, Z 방향으로의 변위를 표시한다.)을 선택한다. Stress result(s) to output은 None을 선택한다. Consider gate surface and cold runner는 고려하지 않는다. Consider mold thermal expansion은 변형해석에 금형의 열팽창을 고려하므로 체크하고, Consider corner effects는 박스형상 제품에만 해당하므로 체크하지 않는다. Warp setting이 끝나면 마침을 선택하여 성형조건의 입력을 끝낸다.

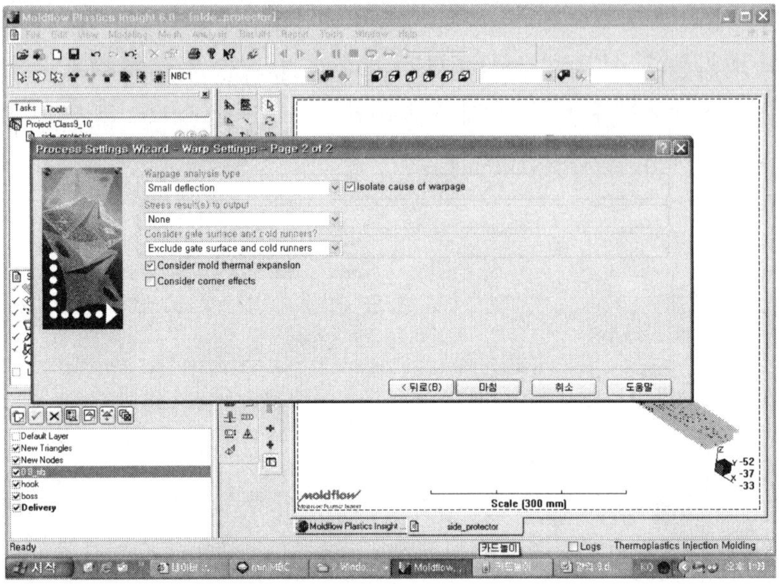

(8) 이제 모든 입력이 끝났으므로 성형해석을 실시한다.

이 장에서는 게이트의 순차적인 제어를 위하여 각각의 게이트에 open & close time을 입력하였다. 이 개폐 시간은 몇 번의 해석 수행을 통하여 가장 적절한 시간을 입력해야 한다. 그렇지 않으면 성형품 표면에 웰드라인과 변형이 커지는 문제가 생긴다.

복습 문제

[1] 서술형

1. 핫 러너 시스템의 종류에 대해 설명하시오.
2. 핫 러너 시스템이 갖는 장단점에 대해 설명하시오.
3. 핫 러너 밸브게이트의 순차제어(sequence control) 목적에 대해 설명하시오.
4. 보압의 프로파일 제어의 목적에 대해 설명하시오.

[2] 단답형

1. 핫 스프루 및 핫 러너에 해당되는 커브(라인)에 대해 성질을 부여하면, 그 커브는 빨간색으로 변경되어 표시된다. (T/F)
2. 핫 러너에 해당되는 커브들은 동시에 선택하여 성질을 한꺼번에 정의할 수 있다. (T/F)
3. 스프루, 러너, 게이트에 대한 빔 메쉬(beam mesh)작업이 끝나면, 레이어 창에는 "Runner system"이라는 레이어가 자동으로 생성된다. (T/F)
4. 일반적으로 보압 시간은 총 사출 시간의 1/3정도의 시간으로 설정하여 입력한다. (T/F)
5. 핫 러너 시스템에서 게이트의 개폐를 순차제어 할 경우에는 반드시 사출기를 지정해야 한다. (T/F)
6. 보압의 크기를 시간에 따라 다단제어(frofiled control)하는 주 목적은 냉각 시간을 단축하기 위한 것이다. (T/F)
7. 핫 러너 시스템에서 밸브게이트의 순차제어를 통해 웰드라인의 위치를 변경할 수 있다. (T/F)
8. 핫 러너는 콜드 러너에 비해 수지의 색상 변경 작업 시 유리하다. (T/F)
9. 핫 러너 시스템은 콜드 러너 시스템에 비해 매니폴드와 노즐(드롭 ; drop)이 적용되는 점이 특징이다. (T/F)
10. 금형구조에 따라서는 금형 내에 핫 러너와 콜드 러너를 동시에 채용할 수 있다. (T/F)

[3] 토론형

1. 핫 러너 시스템이 갖고 있는 문제점
2. 다단 사출과 다단 보압 제어의 비교
3. 핫 러너 시스템의 냉각 구조

10장

성형수축 / 냉각 모델 불러오기(Add) / 리포트 파일 작성

학습목표

◦ 플라스틱의 성형수축
◦ PVT 선도
◦ 수축의 이방성
◦ MPI에서 File/Add 활용
◦ 리포트 파일 작성

이론

◦ 부교재 2.3절

실습

◦ side_protector 모델에 Cool_channel.sdy 파일을 Add 작업으로 냉각 시스템 구축
◦ 성형해석 Cool + Flow + Warp 결과의 분석
◦ 리포트 파일 작성

특기사항 (준비물 및 과제 등)

◦ Cool_channel.sdy 파일
◦ 성형해석 리포트 예 (파일)

10.1 플라스틱의 성형수축

플라스틱 재료의 복잡한 수축거동은 플라스틱 제품의 성공적인 설계와 생산을 결정짓는데 있어서 가장 중요한 문제가 된다. 사출성형시 플라스틱은 용융상태에서 냉각되면 결정성 수지의 경우 약 35% 이상의 체적수축이 따른다. 만약, 체적수축이 설계와 성형상의 문제를 일으키지 않는다면, 금형 내를 지나는 수지의 유동은 분자배향을 일으키고, 이러한 분자배향은 방향성 수축의 요인이 된다. 수축의 방향과 크기는 제품마다 다르고 심지어 이미 사출된 제품내의 각 부위마다 다르다. 수축의 방향과 대소는 최종 제품의 크기, 형상 및 기계적 성질에 영향을 미친다.

열가소성 수지의 수축은 체적수축과 선형수축의 두 가지로 크게 나눌 수 있다. 체적수축은 열적 수축에 의한 것으로, 모든 폴리머에서 발생하며, 결정성 수지에서는 결정화 시에 발생한다. 임의의 외력이 작용하지 않으면 수축은 등방향으로 일어날 것이다. 선형수축은 금형 내에서 수지의 충전과 보압 시에 폴리머에 가해지는 전단력과 연신력에 의해 발생한다. 이러한 힘은 폴리머와 첨가제에 배향을 유발시킨다. 배향은 방향과 크기가 변화할 수 있으며, 폴리머 수축이 어떻게 진행할 것인지에 직접적인 영향을 미친다. (10.1절은 부교재 2.3절을 전재한 것임.)

10.1.1 비결정성 수지의 체적수축

열적수축과 팽창은 거의 모든 물질에서 일어나는 잘 알려진 현상이다. 예외 없이 재료가 열을 받으면 팽창하고, 냉각되면 수축한다. 상대적으로 낮은 수준의 열이 폴리머에 유입되면, 이 외부 에너지가 분자 운동을 증가시키고, 원자 간의 1차 결합과 분자간의 2차 결합에 대한 결합력을 약화시킨다. 이와 같은 결과에 따라 원자와 분자가 따로 움직여서 폴리머의 비체적이 증가한다. 팽창량은 입력되는 열에 비례한다. 2차 결합이 약해질수록 열의 유입은 폴리머의 팽창에 더욱 큰 효과를 나타낸다. 가열된 후 냉각 시 만약 외부 힘이 가해지지 않으면 폴리머는 균등한 직교수축이 생긴다.

계속 열이 가해지면 2차 결합은 폴리머 체인 간의 운동이 상대적으로 자유롭게 되어 폴리머가 뚜렷하게 액체의 성질을 나타내기 시작할 것이다. 그림 10-1, 그림 10-2와 같은 PVT 그래프를 조사하면 압력, 비체적 및 온도 사이의 관계를 평가할 수 있다. 그림 10-1은 비결정성 재료의 PVT 관계를 나타낸다. 0 MPa에서 재료의 수축은 수지 온도가 250℃에서 상온인 23℃까지 냉각될 때 10% 정도의 재료의 수축을 나타내고 있다. 그래프의 커브에서 변곡점은 재료의 유리전이점을 나타낸다.

플라스틱이 가열되면 상당한 자유공간이 생기므로 가해진 압력은 재료의 압축을 야기 시킨다. 또한 각각의 온도에서 압축의 효과는 그림 10-1의 폴리스틸렌의 PVT 선도를 통해 결정될 수 있다. 250℃의 공정온도에서 수지는 대기압에서 대략 1.06 ㎤/g의 비체적에서 160 MPa에서 0.96 ㎤/g까지 압축되는 것을 볼 수 있다. 이런 압력들은 보통 사출기에서 사출성형 사이클 동안 일어나는 압력의 범위에 해당된다. 열적 수축과 압력의 조합은 특별한 경우 사출성형시 약 10%의 체적변화를 초래한다.

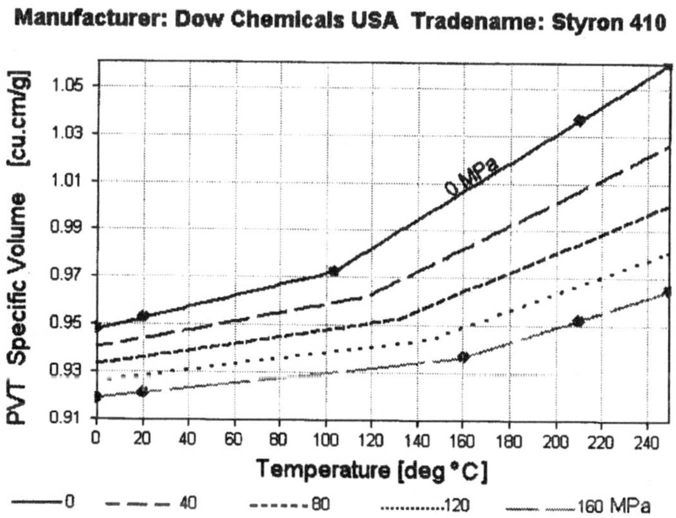

▲ 그림 10-1 비결정성 플라스틱 폴리스틸렌의 PVT 선도

10.1.2 결정성 수지의 체적수축

HDPE처럼 결정성 수지는 자신의 폴리머 체인을 접어가면서 결정을 형성하는데, 이는 조밀하고 평행하게 포개진 체인을 형성하는 결과가 된다. 이 효과는 그림 10-2에서 볼 수 있으며, 이 그림은 결정성 폴리머의 PVT 선도에 해당된다. 폴리머가 용융되는 높은 온도에서 폴리머의 구조는 비결정이다. 재료가 냉각 될 때 비체적은 선형적 감소가 생긴다. 재료의 결정화 온도에서 폴리머는 용융된 비결정 구조에서 고체 결정 구조로 변화되므로 급작스런 비체적의 감소가 생긴다. 재료가 일단 고화되면, 비체적은 온도의 변화와 함께 점차적으로 선형적으로 감소된다.

결정은 비결정 영역보다 더 조밀하므로 냉각속도는 폴리머의 수축량에 영향을 미칠 것으로 생각된다. 따라서 비결정 재료와는 다르게 결정성 수지의 밀도는 냉각속도에 의해 영향을 받는다. 그림 10-3은 대기압에서 결정성 수지의 냉각속도와 수축과의 관계를 나타낸 것이다. 상온에서 비체적의 차이는 용융된 결정성 폴리머의 냉각속도의 차이에 의해 생긴다. 또한 수지의 용융온도와 상온 사이에서 비체적의 급격한 변화에 주의해야 한다. 이 구역이 냉각 시 폴리머의 결정화가 형성되는 구역이다.

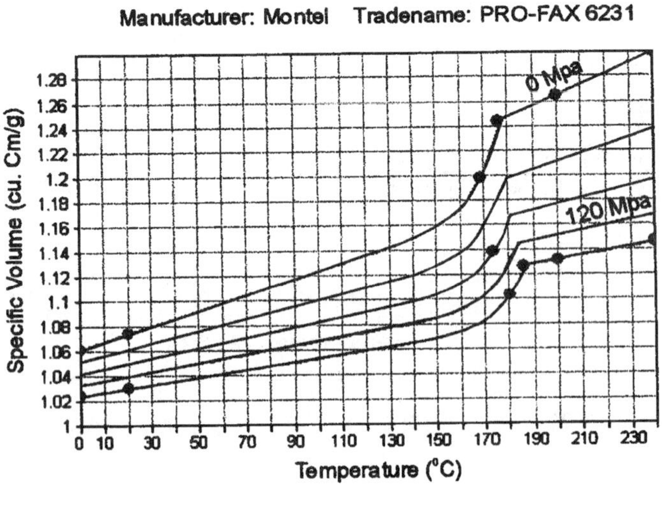

▲ 그림 10-2 결정성 플라스틱 폴리프로필렌의 PVT 선도

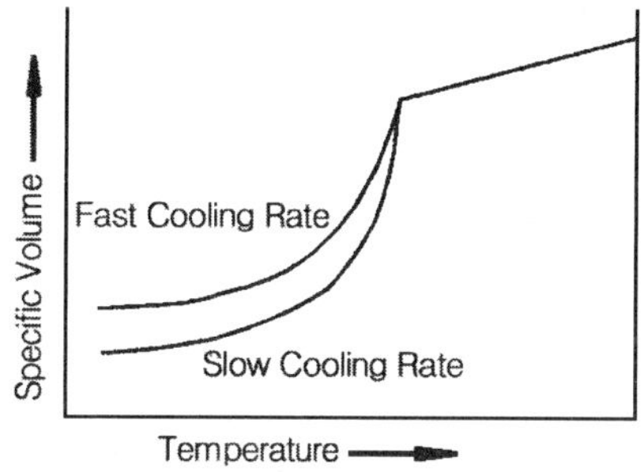

▲ 그림 10-3 결정성 수지의 수축에 대한 냉각율의 영향

10.1.3 금형 캐비티의 치수

대부분 금형의 캐비티는 ASTM D955와 같은 표준 테스트 방법을 통하여 수집된 데이터에 근거하여 치수가 정해진다. 이러한 데이터들은 결코 성형품의 형상과 공정을 감안하지 않은 것이므로 사용 시 주의해야 한다. 일반적으로 한 수치에 대해 단일 수축 값이 적용된다. 이런 값들은 유동길이, 캐비티 두께 및 공정 조건에 상관없이 사용된다.

캐비티 치수를 바르게 정하는 것은 플라스틱 산업에서의 공통된 문제이다. 성형수축 해석 소프트웨어는 이 문제를 해결하고자 의도되었다. 그러나 대부분의 금형 제작자들은 수축 시뮬레이션을 수행하는 비용이 유효적절한 투자라고 평가하지 않고 있다. 부가적인 문제로는 수축에 대한 재료특성에 대한 한계, 해석수행 시간 및 시뮬레이션에서의 에러 가능성 등이 있다. 이러한 제한점들은 기술의 발전으로 시간이 갈수록 감소되고 있다.

캐비티의 치수를 정하는 가장 일반적인 방법은 수지 공급자가 제공하는 데이터를 기초로 하여 수계산 하는 것이다. 아래 식 (10.1)은 수축률의 정의식이며, 식 (10.2)은 정해진 수축률로부터 캐비티 치수를 계산할 때 사용되는 계산식이다.

$$s = \frac{M - m}{M} \qquad (10.1)$$

$$M = \frac{m}{1 - s} \qquad (10.2)$$

여기서 M은 캐비티의 치수, m은 사출성형품의 목표 치수, s는 주어진 재료의 수축률이다.

10.2 냉각채널 불러오기

다음은 이미 작성되어 있는 모델을 불러와서 해석을 수행하는 순서를 기술한 것이다.

(1) 제 9장에서 취급하였던 제품 모델(side_protector.sdy)를 복사한 후, side_protector_cool.sdy로 명칭을 변경한다. Side_protector_cool.sdy 모델에 미리 모델링 되었던 냉각채널(cool_channel.sdy)을 Add 시켜본다.

File → Add를 선택하고, cool_channel.sdy 파일을 선택한다.

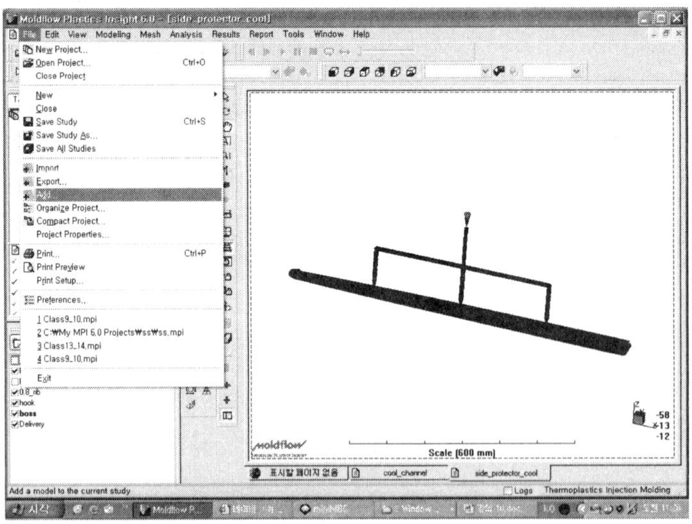

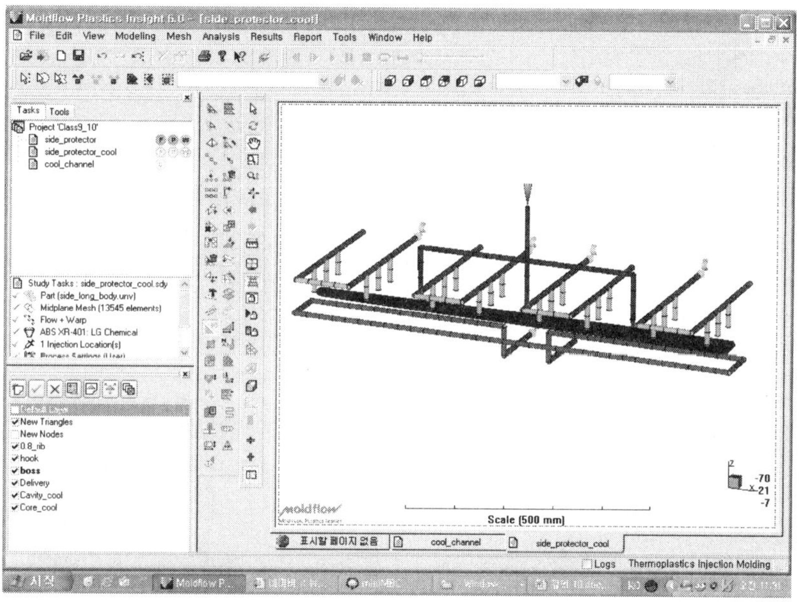

(2) 모델 불러오기에 의해 새로 첨가된 냉각채널의 property를 변경한다.

코어 측 냉각수 입수를 나타내는 화살표를 선택하고, Edit → Assign Property를 선택하면, 기존에 정의 되었던 냉각수의 property가 나타난다. Property 창에서 Edit를 클릭한 후 냉각수 온도를 40℃에서 23℃로 변경한 후 확인한다. Property 정의 창도 확인하여 닫는다.

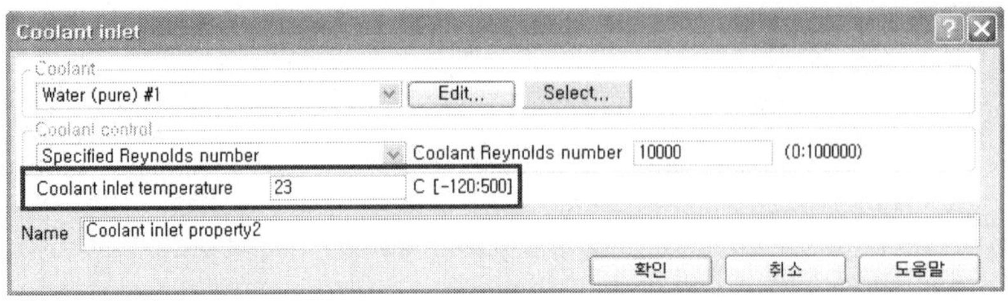

캐비티 측 냉각수 입수를 나타내는 화살표를 모두 선택하고, Edit → Assign Property 를 선택하면, 기존에 정의 되었던 냉각수의 property가 나타난다. Property 창에서 Edit 를 클릭한 후 냉각수 온도를 15℃에서 18℃로 변경한 후 확인한다. Property 정의 창도 확인하여 닫는다.

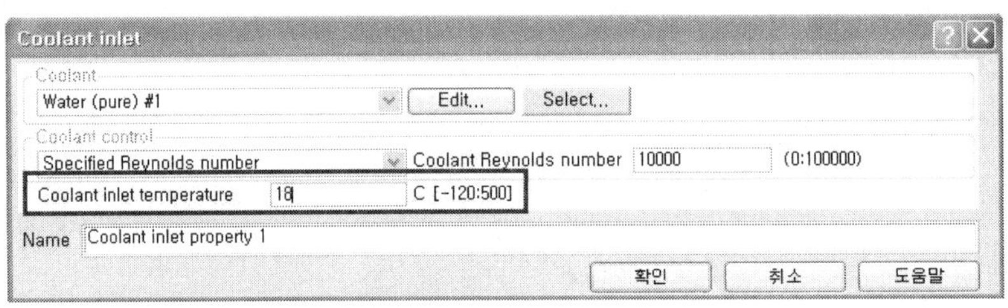

(3) Tasks 창에서 해석 종류를 Cool+Flow+Warp으로 선택하고, 해석을 시작한다.

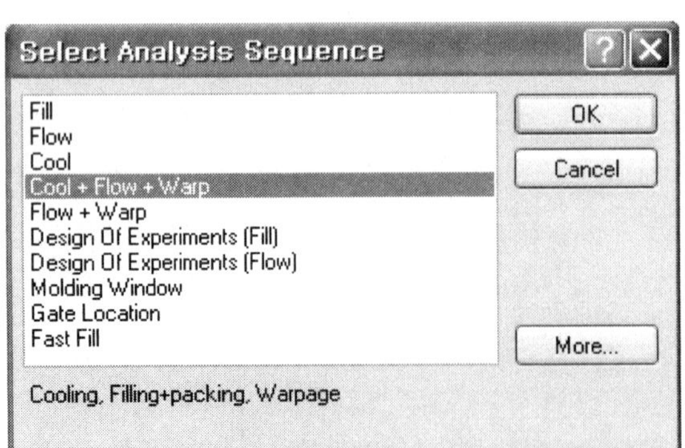

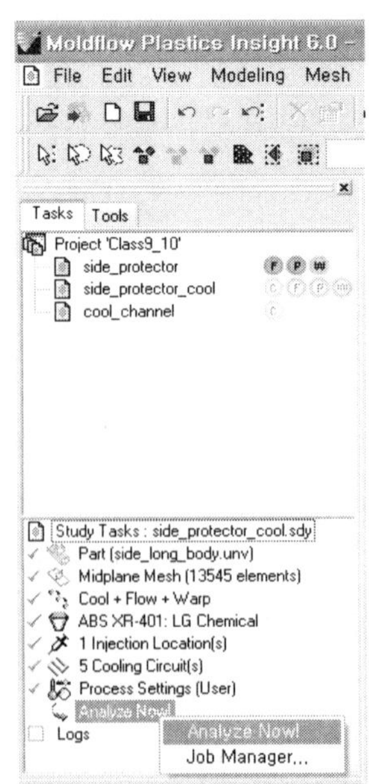

10.3 해석결과 분석

해석이 완료되면 Tasks 창에 여러 가지 해석결과가 나타난다. 확인하고자 하는 결과를 선택하여 체크하면 모델링 창에 해당되는 해석결과가 나타난다.

이 장에서는 아래의 몇 가지 종류의 결과에 대해 살펴보고자 한다.

(1) Fill time : 약 7.8초의 fill time이 결과로 나타났다.

그러나 screen output을 확인(tasks 창의 Log를 체크)하면 7.79초에서 short shot(미충전)이 예측되었다. 이후 보압에 의해서 충전이 100% 완료 된 것으로 해석결과에 나타나 있지만 성형 불량이 의심되는 항목이다. 이러한 성형해석 결과에 대한 대책 방안으로는 다음과 같은 것들이 있다.

① 성형 온도(melt temperature)의 상승
② 사출압(injection pressure)의 상승
③ 금형 온도(mold temperature)의 상승

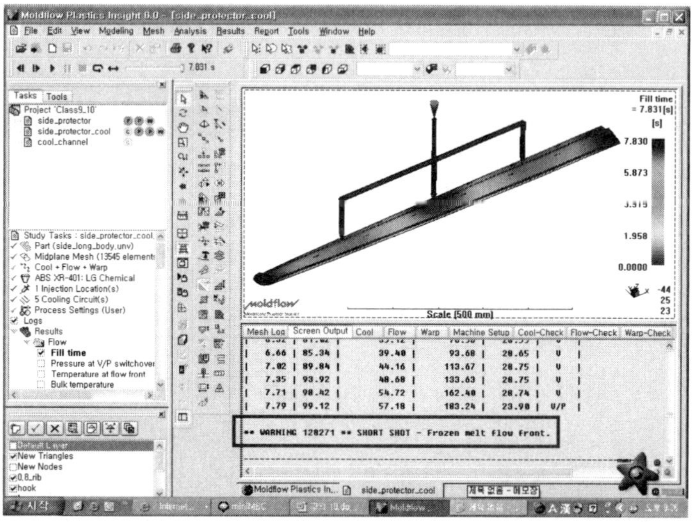

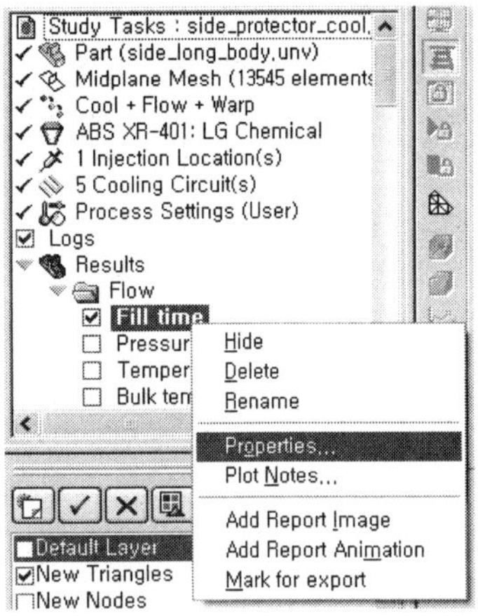

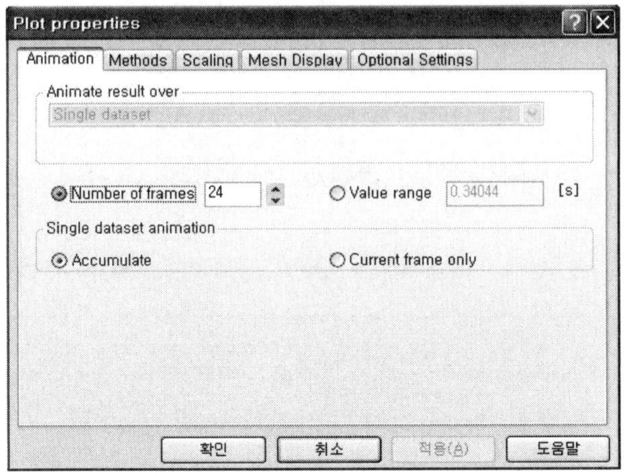

Fill time을 체크한 상태에서 MB3의 Properties를 클릭하면, Plot properties 창이 나타난다. 이 창에는 fill time 결과를 좀 더 효과적으로 볼 수 있는 여러 가지 기능이 있다. 충전 애니메이션의 프레임의 수를 증가시키면 더욱 자연스러운 애니메이션 결과를 볼 수 있다. (기본으로 24개의 프레임으로 구성 되어 있음.)

이 창의 Method는 모델링 창에 결과를 색상을 통해 표시할 것인지 아니면 등고선으로 표시할 것인지를 선택할 수 있다. Contour로 Fill time을 선택하면 아래 그림과 같이 표시된다.

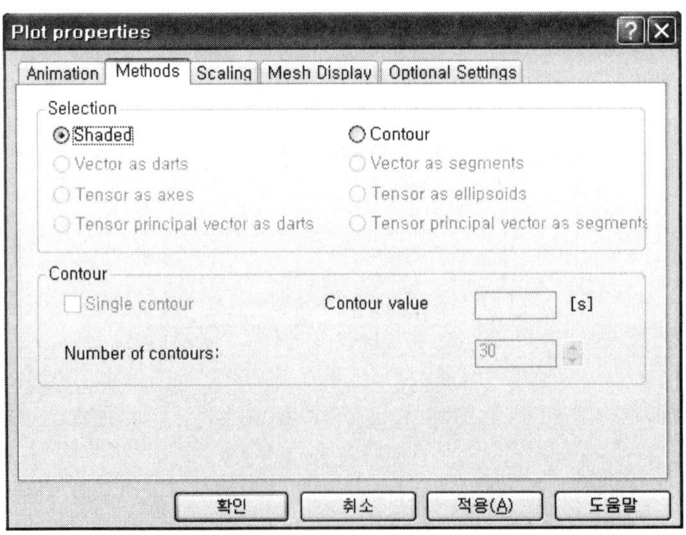

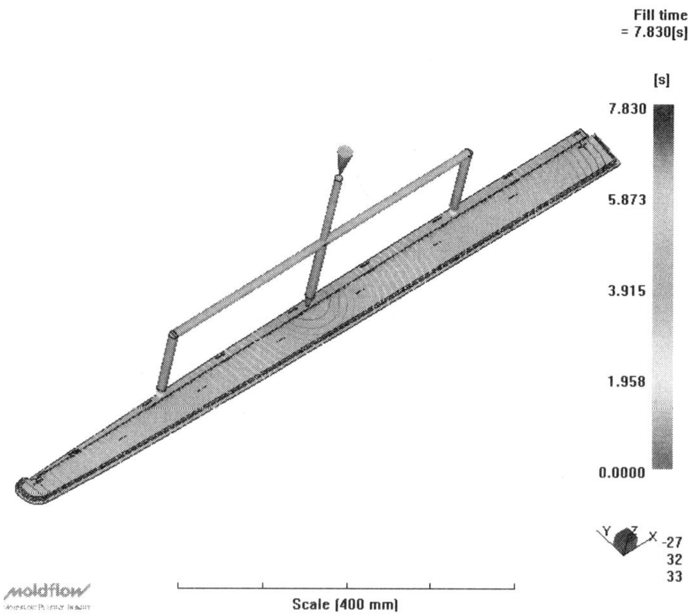

이 창의 Scailing에는 충전 상태를 시간대 별로 볼 수 있게 한다. 충전의 시작부터 마지막까지를 볼 수도 있고, 특별히 지정된 시간을 설정하여 볼 수도 있다. 아래의 그림은 미충전(short shot)이 발생된다고 예측된 7.79초에서의 충전 상태를 나타낸 것이다.

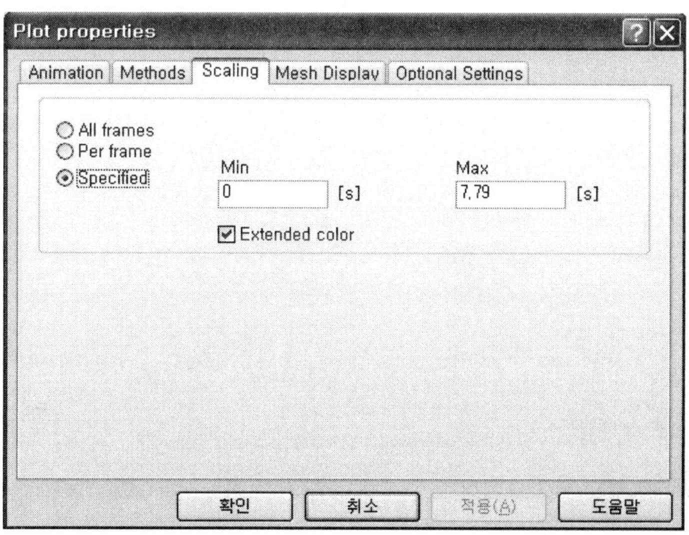

(2) Weld line : 이번 과제로 다루었던 긴 형상의 제품에는 2개 이상의 게이트에서 성형이 이루어지면 성형품상에 유동선단이 합해져서 생기는 웰드라인 성형불량이 발생한다. 그러므로 게이트를 순차적으로 오픈 하여 웰드라인을 없애야 한다. 아래 그림은 웰드라인 결과를 나타낸 것이다.

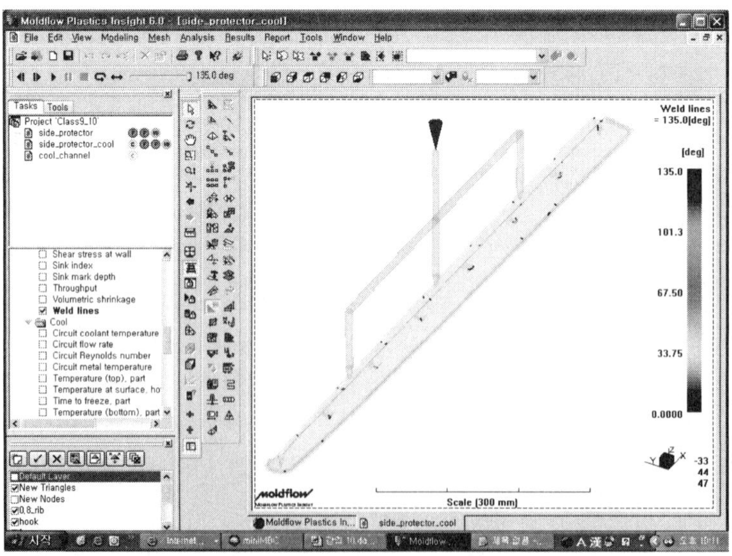

위의 웰드라인 결과를 살펴보면 제품의 강도에 영향을 미칠 수 있는 큰 웰드라인은 아닌 것으로 판단된다. 만약 게이트를 순차적으로 제어하지 않으면 게이트와 게이트 사이에 길이가 긴 웰드라인이 발생할 것이다.

(3) Circuit coolant temperature : 냉각수 온도를 나타낸 것으로 레이어 창에서 코어와 캐비티의 냉각수 채널을 체크하여 모델링 창에 활성시킨 후 circuit coolant temperature를 체크하면 모델링 창에 성형시의 냉각수 온도가 나타난다. 코어와 캐비티에서 냉각수의 온도차가 크면 빨간색과 파란색으로 온도가 나타난다. 이때는 레이어 창에서 코어측 냉각채널 또는 캐비티측 냉각채널 중에서 하나만 체크하면 모델링 창에서 온도 변화를 볼 수 있다.

일반적으로 냉각수의 입수와 출수의 온도치는 2℃ 미만일 경우가 양호한 냉각채널로 취급하고 있다.

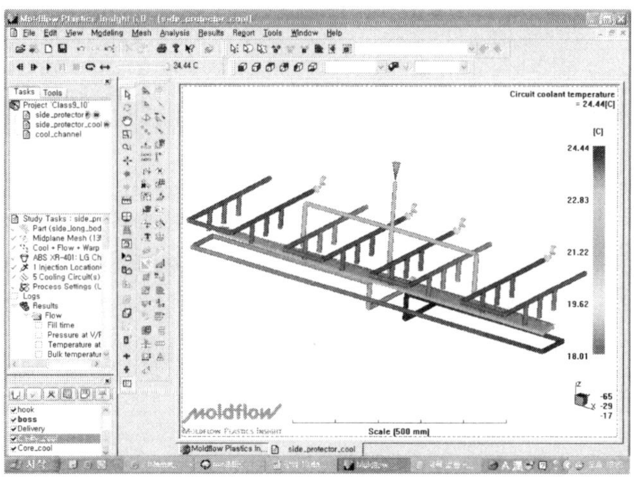

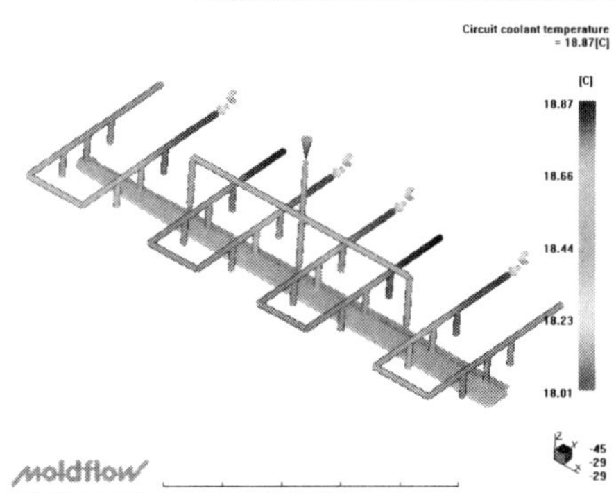

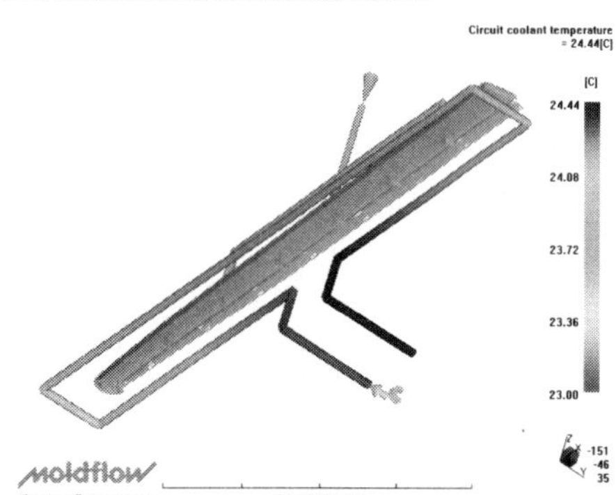

(4) Deflection, all effects : Deflection : 변형을 발생시키는 모든 요인(냉각차이, 수축차이, 배향)에 의해 발생하는 휨량을 성형품의 변형전의 형상에 대비하여 나타낸 것이다.

(5) Deflection, all effects : x,y,z component : Deflection 결과들은 X, Y, Z 방향으로 발생하는 휨량을 나타낸다.

변형이 발생되는 요인 중에서 가장 큰 영향요소에 대하여 변형을 감소시킬 방안을 마련하여 설계내용에 반영해야 한다. 때에 따라서는 변형 값을 인정하고 그것을 기준으로 하여 금형을 변형의 반대 형상으로 역가공하기도 한다.

10.4 리포트 파일 작성

해석이 완료된 후 여러 가지 결과들 중에서 원하는 결과만 선택하여 리포트(report)로 작성할 수 있다. 리포트로 작성되는 파일들은 html 파일 및 Power Point 파일(ppt 파일) 등으로 작성할 수 있다. 다음은 리포트 파일의 작성 순서를 기술한 것이다.

(1) Tasks 창에서 리포트 파일 작성을 원하는 sdy 파일을 선택하여 모델링 창에 활성시킨 후 메뉴 바에서 Report → Report Generation Wizard를 선택한다.

그러면, 아래와 같이 Report Generation Wizard 창이 열린다. 여기서, Selected studies 창에 선택된 sdy 파일이 리포트에 적용될 대상이면 다음을 클릭한다.

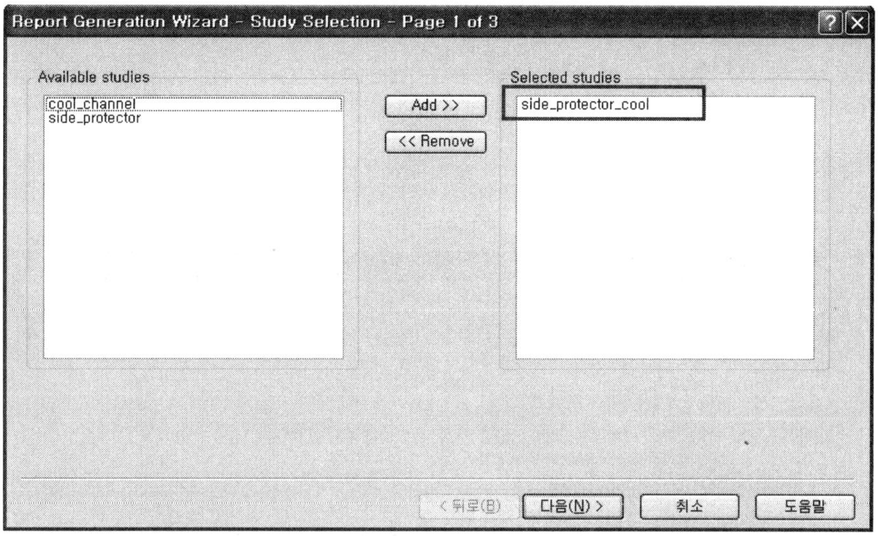

(2) 다음 창에서 원하는 결과를 선택하여 Add를 클릭하면 우측 창에 선택한 결과들이 리스트로 나타난다. 만약 잘못 선택하였다면 우측 창에서 제거할 대상을 선택하고, Remove를 클릭하여 삭제한다. 선택이 완료되면 다음을 클릭한다.

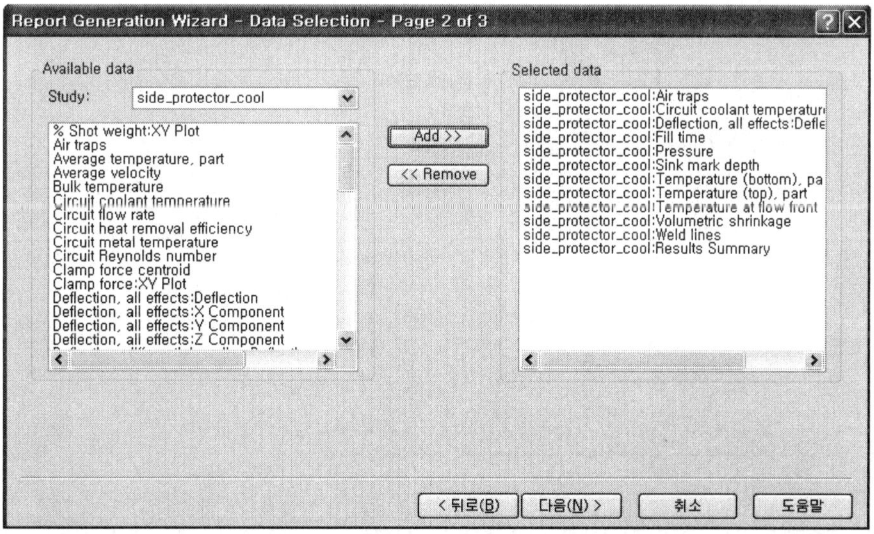

(3) 다음 창에서 리포트 파일의 형식을 정한다.

기본적으로 HTML 파일이 선택되고, power point 파일, ms-word 파일로도 리포트 될 수 있다. Cover page를 선택하고, 우측에 활성된 properties를 선택하면 해석자, 해석 의뢰자, 해석 기관 등을 입력하는 창이 열린다.

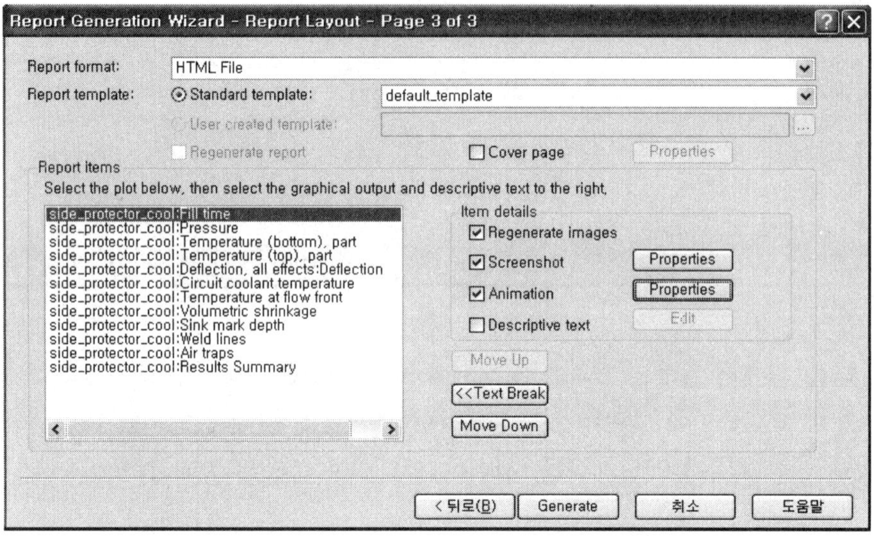

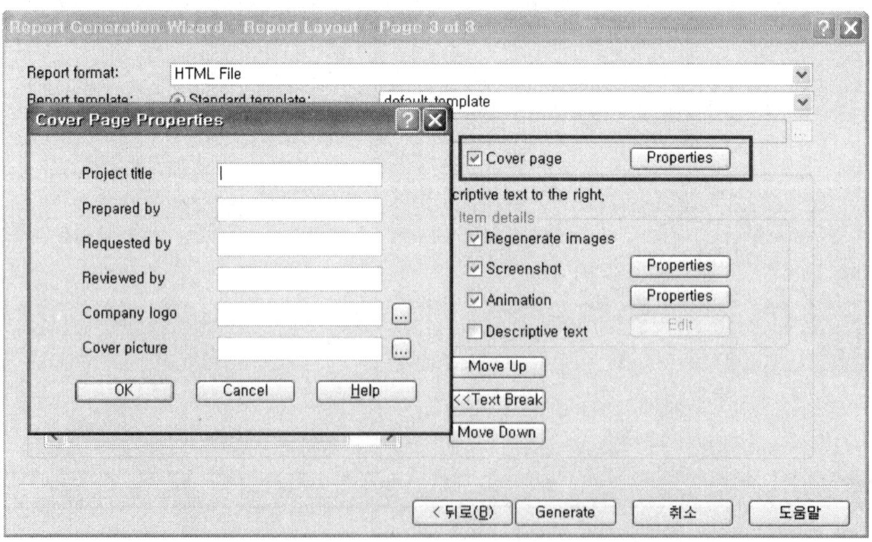

이 창에서는 리포트 대상을 Move Up, Move Down 버튼을 클릭하여 리포트 내용의 순서를 바꿀 수 있다. 그리고 리포트 대상을 하나씩 선택하여 Animation 파일을 리포트에 적용할 것인지를 결정해야 한다. Animation 파일은 결과 값에 따라 선택 사용할 수 있다. 선택이 완료되면 Generate를 클릭한다. Generate가 끝나면 HTML 파일이 만들어 지고, 모델링 창에 그 결과 값이 표시된다. 이 리포트 파일은 원거리에 있는 사람에게 해석결과를 보내거나 또는 프리젠테이션시 직접 사용하면 유용하다.

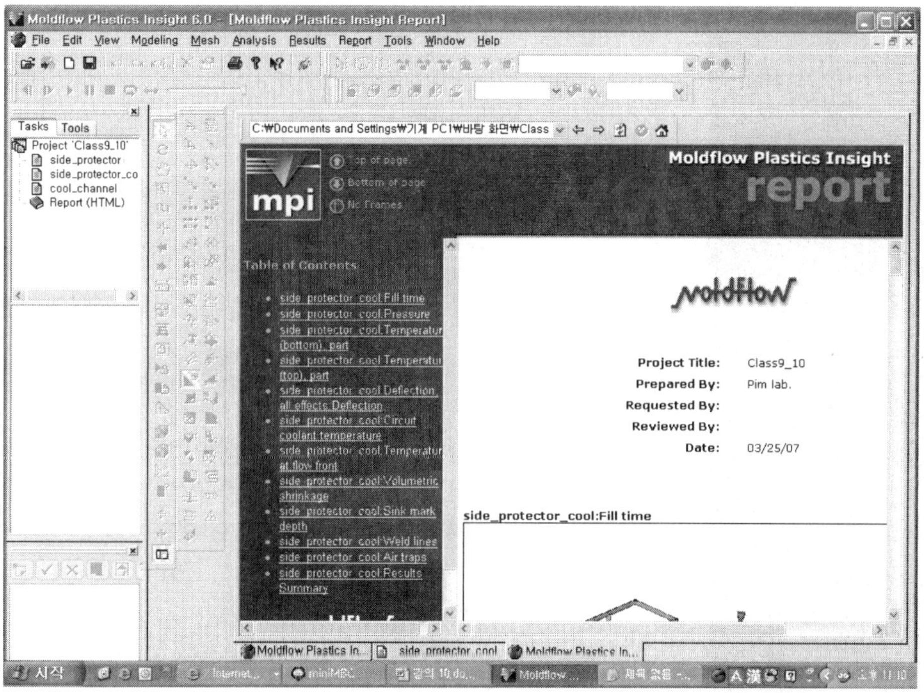

HTML 파일은 Project 폴더 안에 있으므로 폴더를 오픈하고, report 폴더를 클릭하여 그 안에 있는, index.html 파일을 클릭하면 리포트 내용을 차례로 볼 수 있다.

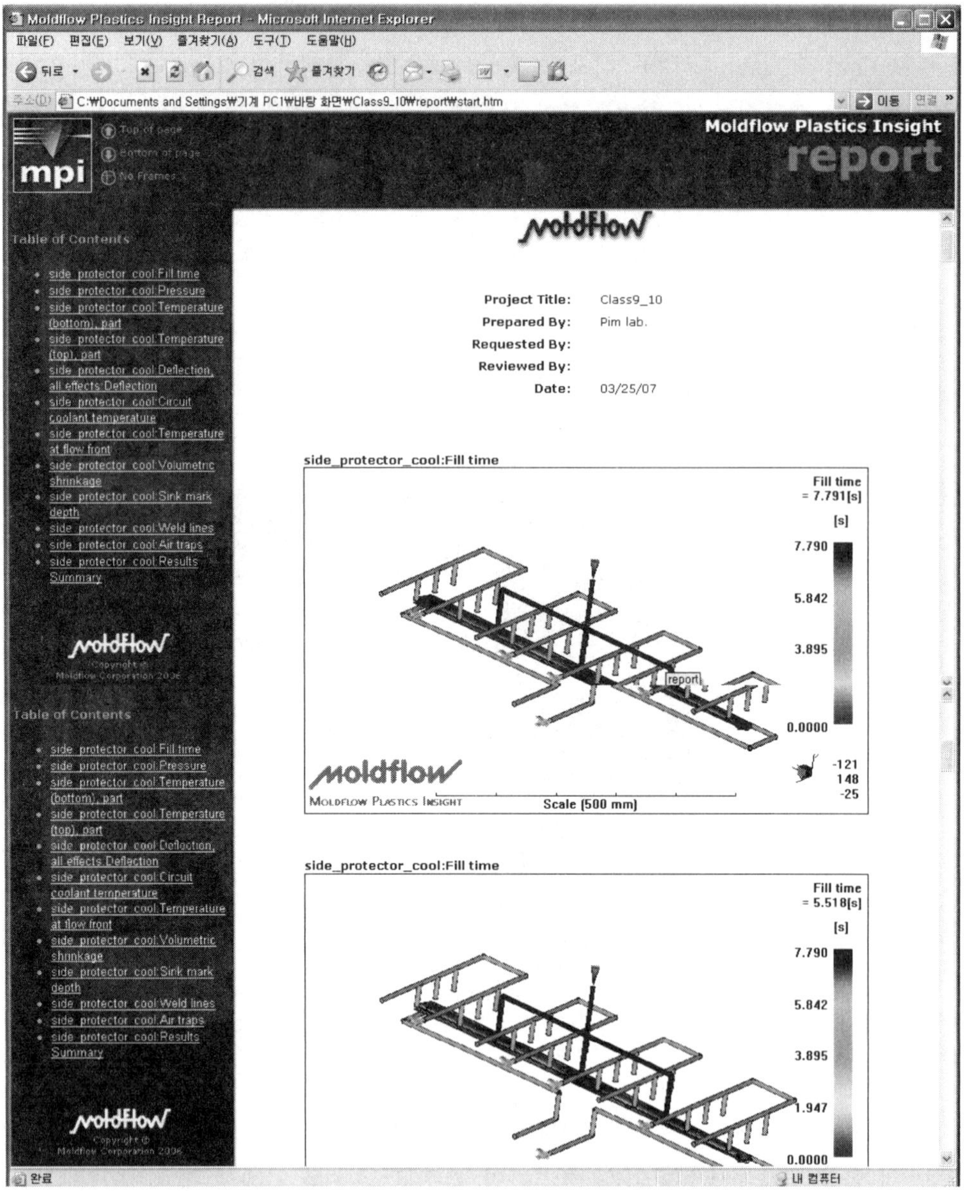
Moldflow Plastics Insight Report - Microsoft Internet Explorer
Moldflow Plastics Insight
report
Table of Contents
side_protector_cool:Fill time
side_protector_cool:Pressure
side_protector_cool:Temperature (bottom), part
side_protector_cool:Temperature (top), part
side_protector_cool:Deflection, all effects:Deflection
side_protector_cool:Circuit coolant temperature
side_protector_cool:Temperature at flow front
side_protector_cool:Volumetric shrinkage
side_protector_cool:Sink mark depth
side_protector_cool:Weld lines
side_protector_cool:Air traps
side_protector_cool:Results Summary
Project Title: Class9_10
Prepared By: Pim lab.
Requested By:
Reviewed By:
Date: 03/25/07
side_protector_cool:Fill time
Fill time = 7.791[s]
side_protector_cool:Fill time
Fill time = 5.518[s]

복습 문제

[1] 서술형

1. 플라스틱 성형 시 발생하는 수축의 요인에 대해 설명하시오.
2. 체적수축과 선형수축을 구분하여 설명하시오.
3. 플라스틱 성형 시 수지의 흐름방향과 흐름의 직각방향에서 일어나는 수축률의 이방성에 대해 설명하시오.
4. 결정성 수지와 비결정성 수지에 대한 PVT 선도의 형태에 대해 비교 설명하시오.
5. 리포트 파일의 작성 시 그 절차에 대해 설명하시오.

[2] 단답형

1. 일반적으로 결정성 수지의 수축률은 비결정성 수지의 수축률보다 크다. (T/F)
2. 일반 순수수지의 경우 수지 흐름방향의 수축률이 일반적으로 흐름직각방향의 수축률보다 크다. (T/F)
3. 수지는 액상에서의 열팽창계수가 고상에서의 열팽창계수보다 크다. (T/F)
4. 보압이 클수록 수축률은 작아진다. (T/F)
5. 성형품의 살 두께가 클수록 수축률은 작아진다. (T/F)
6. MPI 6.0에서는 Fill time을 지정된 시간 범위 내에서는 나타낼 수 없다. (T/F)
7. 냉각해석 결과인 Deflection, all effects : Deflection은 변형의 모든 요인이 종합적으로 작용한 변형 값을 나타낸다. (T/F)
8. 리포트 파일은 한글 파일(hwp 파일)로 작성할 수 있다. (T/F)
9. 냉각수의 입구측과 출구측의 온도차는 5℃ 미만으로 관리하는 것이 좋다. (T/F)

[3] 토론형

1. 리포트 파일의 활용법
2. 순수수지와 섬유보강수지에서의 수축률 거동
3. 수지별 PVT 선도 활용법

11장

다수 캐비티 금형의 충전 불균형 / 다수 캐비티 모델링

학습목표

- 금형충전시 충전 불균형 현상과 대책
- 다수 캐비티의 모델링 Occurrence Number의 활용

이론

- 부교재 5.3.2절

실습

- 레고 블릭(Lego brick)의 다수 캐비티 모델링
- 러너 시스템 모델링
- Occurrence Number에 의한 모델링
- 다수 캐비티 모델과 간이 모델(Occurrence number 적용) 간의 해석시간 및 해석결과 비교

특기사항 (준비물 및 과제 등)

- 파일 : Lego brick 모델
- 충전 불균형 관련 논문 및 발표용 파일
- 레고 블릭 샘플

11.1 다수 캐비티 금형에서의 충전 불균형

다수 캐비티 금형에서 러너의 가장 중요한 역할은 각 캐비티에 동일한 상태의 수지가 동일한 패턴으로 도달하도록 하는 것이다. 모든 러너의 분기점에서 대칭의 형상을 가지며 러너의 길이도 동일한 '기하학적으로 균형을 이룬 러너'는 성형 시 각 캐비티 간에 동일한 조건을 제공하는 최적의 "자연적 균형"을 이루는 러너라고 생각하여 왔다(그림 11-1 A-D). 이와 같이 자연적으로 균형을 이룬 러너 시스템에 대한 개념을 사용하여 단일 제품에 여러 개의 게이트를 가지는 제품에 대해서도 동일한 개념을 적용한 다수의 러너분기를 사용하여 왔다(그림 11-1 E). 그러나, 러너 시스템이 기하학적으로 균형을 이루었음에도 불구하고 금형의 중심부에 가까운 캐비티와 금형의 중심부에서 멀리 떨어져 있는 캐비티 간에는 동일한 충전이 발생하지 않는 현상을 볼 수 있었다. 물론 이러한 현상은 4캐비티 이하의 금형에서는 잘 발생하지 않는다. 하지만 이러한 불균형 충전은 러너가 몇 번 분기하느냐에 따라 생기며 러너 시스템의 배치에 따라서는 단일 캐비티에서도 생길 수 있다.

8캐비티 금형에서 가장 흔히 사용되는 "H"형 러너 배치의 경우에는 스프루에 가장 가까운 안쪽 캐비티에서 성형된 제품이 일반적으로 더 크며 더 무겁다. 또한, 금형의 각 캐비티에서 성형된 제품들 간에는 기계적 물성에서 차이가 발생할 것으로 예상된다. 섬유보강 수지를 사용하여 성형하였을 때 이러한 현상은 더욱 두드러지게 나타나

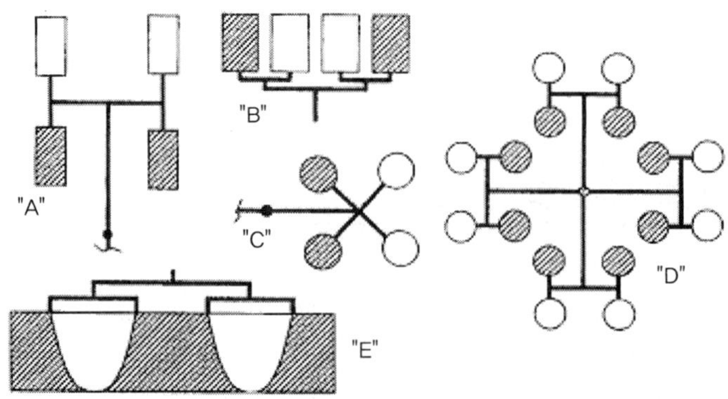

▲ 그림 11-1 기하학적 균형을 갖는 러너 시스템에서의 충전 불균형

게 되는데, 러너 내의 전단율의 차이에 의해서 성형된 제품에서는 섬유길이가 2배 정도 달라지며 충격강도에서도 변화를 나타낸다. 또한, 금형의 바깥쪽에 있는 캐비티를 기준으로 보압을 조절하다 보면 안쪽에 있는 캐비티에서는 플래시가 발생하는 것을 종종 볼 수 있다. 지난 수년간 이러한 현상에 대해서 금형의 온도가 일정하지 않거나 캐비티, 게이트, 러너의 치수가 서로 상이하거나 형판에 휨이 생겨서 발생하는 것이라고 진단을 하였는데 이는 잘못된 판단이다.

11.1.1 러너 유동시의 비대칭 조건

러너 내의 수지유동 상태는 러너의 길이방향과 반경방향에 따라 전단율과 온도가 변화됨에 따라 점도도 변하게 되므로 매우 복잡하다. 사출 속도의 변화에 관계없이 유동채널의 벽면 바로 아래 부분에서 전단율이 가장 크며, 중심부에서는 가장 작아지게 된다. 통상적으로 수지의 유동속도는 러너와 게이트에서 가장 빠르기 때문에 그곳에서의 전단율이 가장 크게 될 것이다.

러너의 금형벽면 부근에서 전단율이 가장 높아지게 되고 이는 점도에 복합적 영향을 미치게 된다. 이 영역에서는 (1) 수지의 비 뉴톤니언 특성과 (2) 마찰열에 의해서 점도가 낮아지게 된다. 이 영역에서 마찰열이 발생함에 따라 금형벽면 부근에서는 러너 중심부보다 온도가 높아지게 되고 차가운 금형벽면으로의 열전도에 의한 열손실에도 불구하고 거의 일정한 상태를 유지하게 된다.

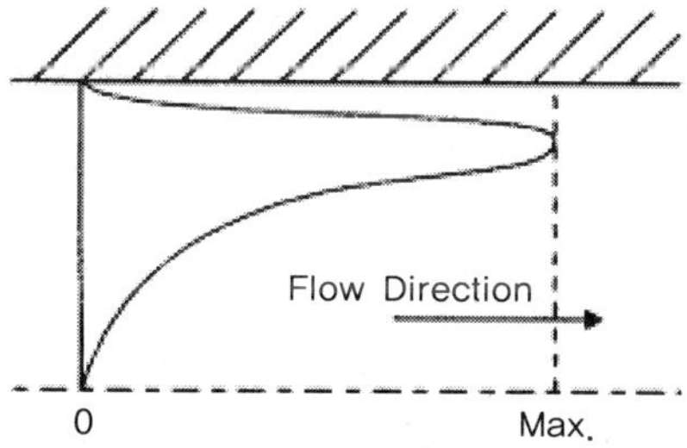

▲ **그림 11-2** 러너의 중심선과 외곽벽면 사이의 전단율 분포 프로파일

11.1.2 러너내의 비대칭 전단에 의한 충전 불균형

일반적으로 러너 시스템에서 러너의 분기가 2번 이상 발생되는 경우에 이러한 유동불균형이 발생하게 된다는 것은 잘 알려져 있는 사실이다. 수지가 주 러너를 지나가게 될 때, 러너의 바깥 벽면 근처에서 전단율이 높아지게 된다(그림 11-3의 C-C 단면을 볼 때, 단순화를 위해서 채널벽면 근처의 고화층은 나타내지 않았다. 그림에서는 온도에 의한 영향은 배제하고 단순히 유동에 따른 상태만을 표시하였다). 주 러너를 통해서 흘러온 수지가 러너의 분기점에서 분기를 하게 되면, 그림 11-3의 "A" 영역에 해당되는 고온, 고전단율을 가진 바깥층은 분기가 되면서 2차 러너 좌측의 왼쪽 벽면을 따라서 흘러가게 된다. 이와 반대로 그림 11-3의 "B" 영역(그림에서 진하게 표시된 부분)은 상대적으로 전단율이 낮은 수지로 2차 러너의 우측 벽면을 따라서 흘러가게 된다. 러너가 분기되면서 2차 러너의 오른쪽으로 흘러가는 수지도 이와 유사하게 될 것이다. 이 결과 2차 러너의 한 쪽을 따라 흘러가는 수지는 다른 쪽을 따라 흐르는 수지와 다른 상태를 유지하게 될 것이다. 따라서, 수지가 2차 분기점을 지나서 세 번째 러너를 흘러가게 되면 이들 분기로 인해서 캐비티 간에는 불균형이 발생하게 될 것이다. 2차 러너에서 고전단(더 뜨거운) 재료는 금형 내측에 있는 3차 분기를 향해 유

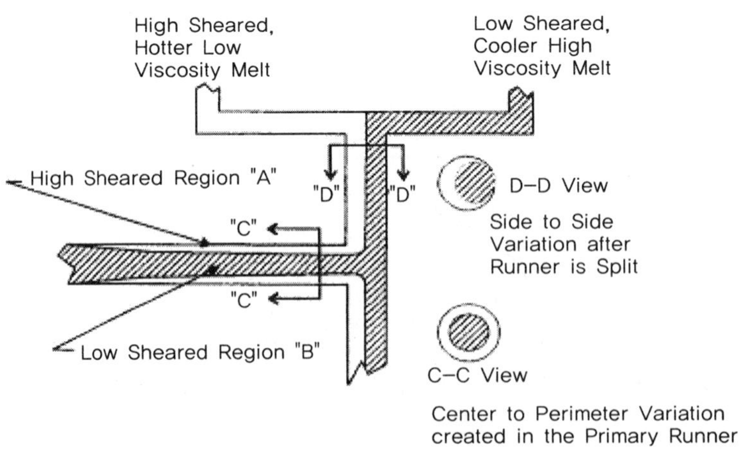

▲ 그림 11-3 충전 불균형

동할 것이다. 저전단(더 차가운) 재료는 외측에 있는 3차 분기로 유동할 것이다. 이 결과 이들 분기의 각각으로 유동하고 있는 재료는 서로 상이한 점도, 온도 및 유동속도(유량)를 가질 것이다.

위의 불균형은 성형 시 일련의 숏샷(short shot)을 통해 확인할 수 있다. 그림 11-4은 일반적으로 기하학적 균형을 갖춘 8 캐비티 금형에서의 서로 상이한 유동과 숏샷 상태를 나타낸 것이다.

11.1.3 러너 불균형의 해법

기하학적으로 균형을 갖춘 러너 시스템에서 각 캐비티 간에 일어나는 충전 불균형을 해소하기 위한 해법으로는 미국의 Beaumont 교수팀이 개발한 MeltFlipper가 있으며, 국내에서는 부경대 정영득 교수팀에서 개발한 RC Pin(특허) 해법이 알려져 있다.

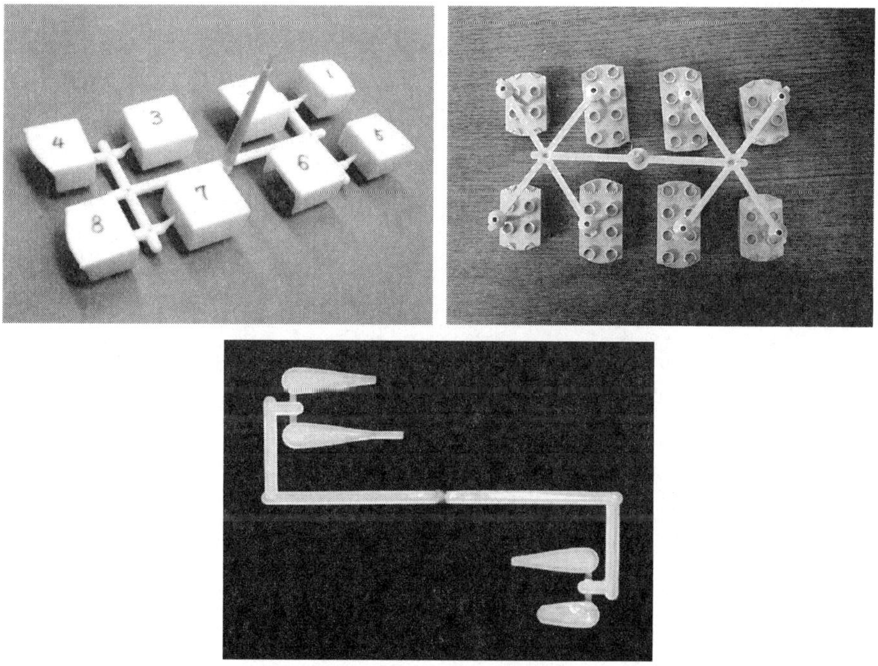

▲ 그림 11-4 충전 불균형의 예

11.2 레고 블릭(Lego brick) 금형의 러너 시스템 모델링

위 그림과 같은 장난감 레고 블릭은 다수 캐비티(multi cavity) 금형에서 성형된다. 이번 과제는 8 캐비티 레고 블릭의 모델링을 하나의 midplane (surface) 메쉬에 대하여 Copy/move의 명령을 이용하여 8개를 복사 작업한 후, 그 전체에 대해 러너 시스템을 모델링하는 방법과 8개 전체의 캐비티를 모델링 하지 않고 1개의 캐비티 만을 모델링 한 후, MPI 프로그램 내에 있는 occurrence number를 활용하여 8개 전체의 캐비티와 동일하게 해석하는 방법에 대하여 알아본다.

작업의 편리를 위하여 미리 작업한 lego brick study파일을 import 시킨 후 다음의 순서에 따라 8 캐비티용 러너 시스템에 대한 메쉬 모델링을 진행한다.

(1) 프로그램을 오픈하여, 새로운 프로젝트를 생성시키고, 프로젝트명을 'Class 11_12'로 rename한다. 그 다음에는 미리 준비된 lego brick study파일을 import 시키면, 모델링 창에 메쉬 작업이 끝난 레고블릭이 다음 화면과 같이 나타난다.

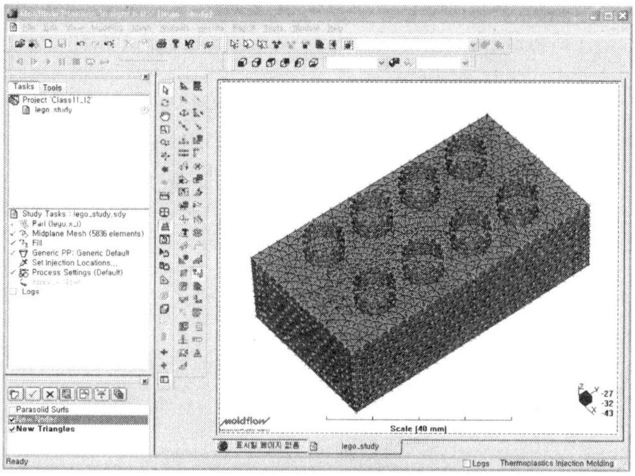

(2) 모델링 창의 레고 메쉬 파일을 카피하여 2개의 캐비티로 모델링한다.

Modeling → Move/Copy → Translate를 선택하고, 메쉬 전체를 선택한 후, Vector에 60 0 0를 입력하고, 옵션을 Copy로 선택한 후, Apply하면 X방향으로 60 떨어진 거리에 메쉬가 카피 된다.

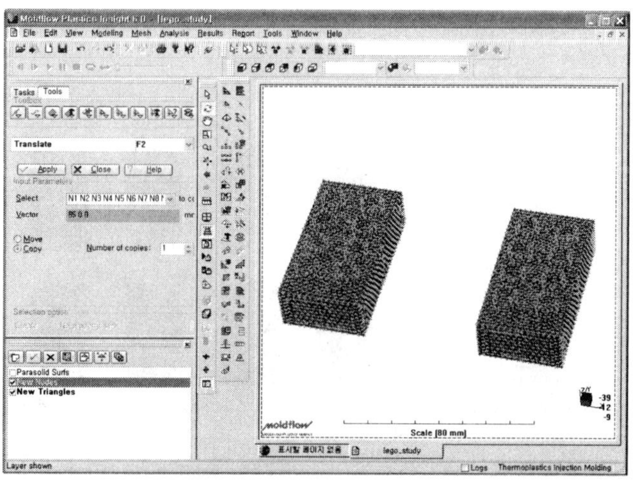

(3) 모델링 창의 레고 메쉬 파일을 카피하여 4개의 캐비티로 모델링한다.

다시 Modeling → Move/Copy → Translate를 선택하고, 메쉬 전체를 선택한 후, Vector에 0 85 0를 입력하고, 옵션을 Copy로 선택한 후, Apply하면 Y방향으로 85 거리에 메쉬가 카피된다.

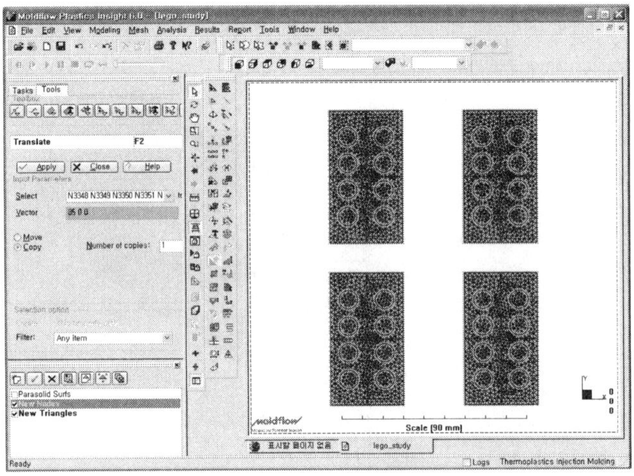

(4) 모델링 창의 레고 메쉬 파일을 복사하여 8개의 캐비티로 모델링한다.

다시 Modeling → Move/Copy → Translate를 선택하고, 메쉬 전체를 선택한 후, Vector에 120 0 0를 입력하고, 옵션을 Copy로 선택한 후, Apply하면 X방향으로 120거리에 메쉬가 복사된다.

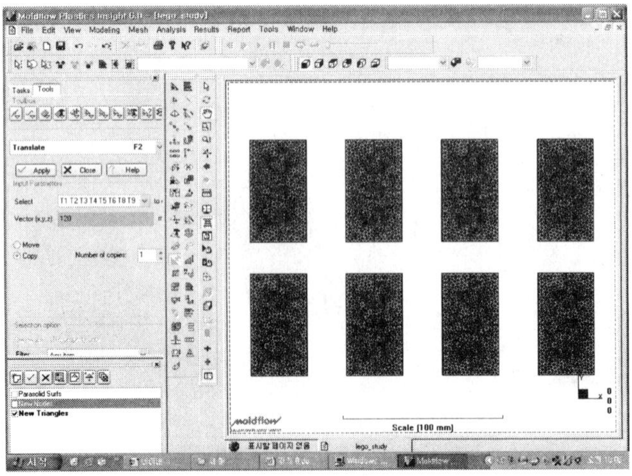

(5) 게이트 설계를 위해 노드를 생성한다.

Modeling → Move/Copy → Translate를 선택하고, 각각의 레고 블릭 메쉬의 상면의 중점을 기준 노드로 선택한 후, Vector에 0 0 1.5(Z방향으로 1.5 지점)를 입력하고, 옵션은 Copy로 선택한 후, Apply 한다.

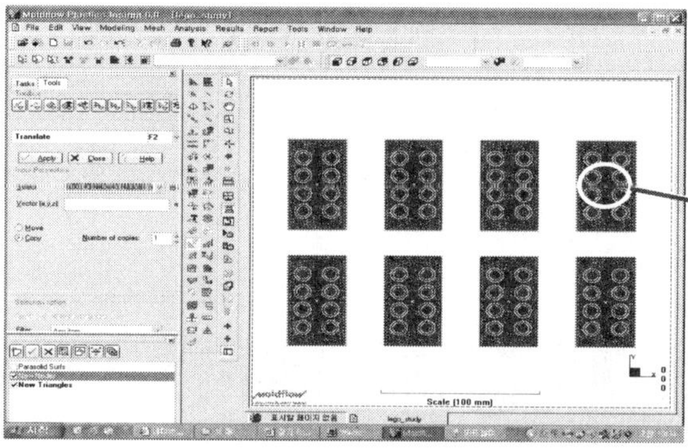

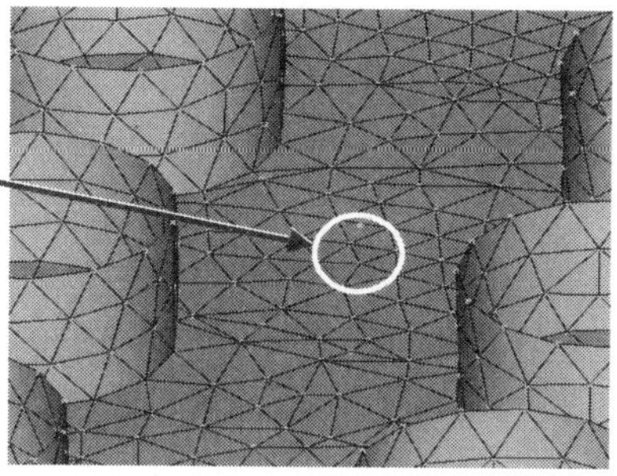

Modeling → Create Curves → Line을 선택하고, 새로 만든 노드를 시작점으로 블릭 상면의 중점을 끝점으로 지정하고, Apply하여 커브를 생성시킨다. 8개 모두의 레고블릭에 대하여 커브를 생성시킨다.

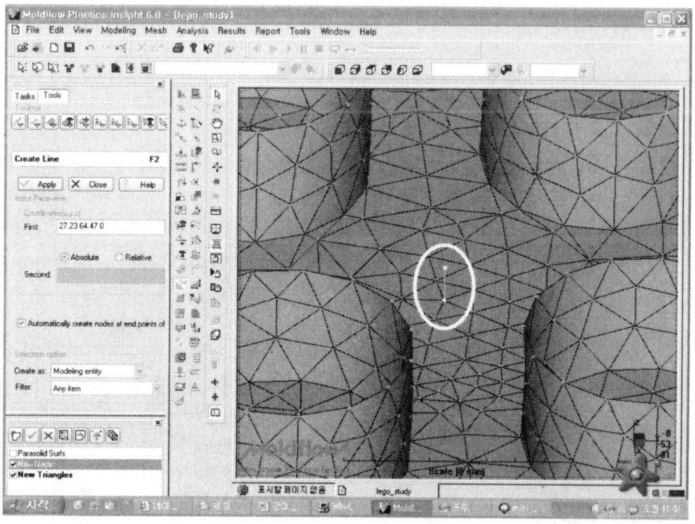

(6) 게이트의 시작점을 기준으로 +Z 방향으로 50 지점에 러너 모델링에 필요한 커브를 생성시킬 목적으로 노드를 하나 생성시킨다.

Modeling → Move/Copy → Translate를 선택하고, 각 게이트의 시작 노드들을 기준으로 하여, Vector 에 0 0 50 (Z방향으로 50 지점)를 입력하고, 옵션은 Copy로 선택한 후, Apply 한다.

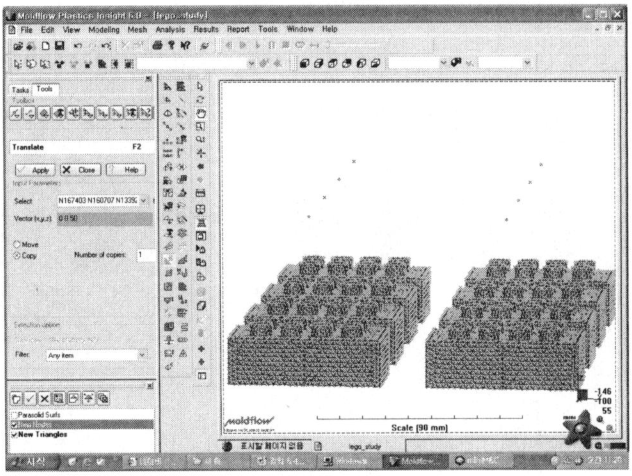

Modeling → Create Curves → Line을 선택하고, 새로 만든 노드를 시작점으로 하며 블릭의 상면 노드를 끝점으로 지정한 후, Apply하여 커브를 생성시킨다. 8개 모두의 블릭에 대하여 커브를 생성시킨다.

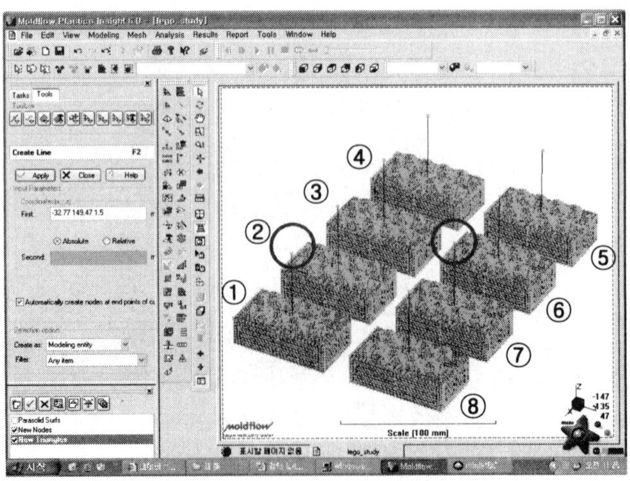

(7) 1차 러너에서 분기되는 2차 러너를 생성시키기 위해 필요한 노드를 생성한다. Modeling → Create Nodes → Between Coordinates를 선택하고, 캐비티 1과 캐비티 7의 러너 분기 노드를 선택하고, Apply하면 새로운 노드가 생성된다. 동일한 방법으로 캐비티 4와 케비티 6에도 노드를 생성시킨다.

다시 2개의 분기 노드 사이에 1차 러너가 시작되는 노드(스프루의 끝점)를 생성시키고, 이 점을 기준으로 +Z 방향으로 스프루가 시작되는 노드를 옵셋 시킨다.

Modeling → Create Nodes → By offset을 선택하고, 러너가 시작되는 노드를 기준으로 하여, Vector에 0 0 40을 입력하고, Apply한다.

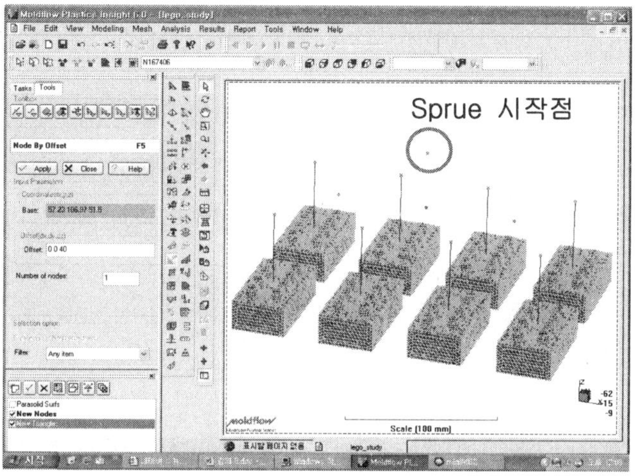

(8) 스프루 시작점을 기준으로 커브를 연결한다.

Modeling → Create Curve → Line을 선택하고, 스프루 시작점을 시작으로 아래와 같이 노드를 연결하는 커브를 생성시킨다.

주의 커브 생성시 반드시 시작점을 확인하여 커브(line)가 중복되지 않도록 할 것

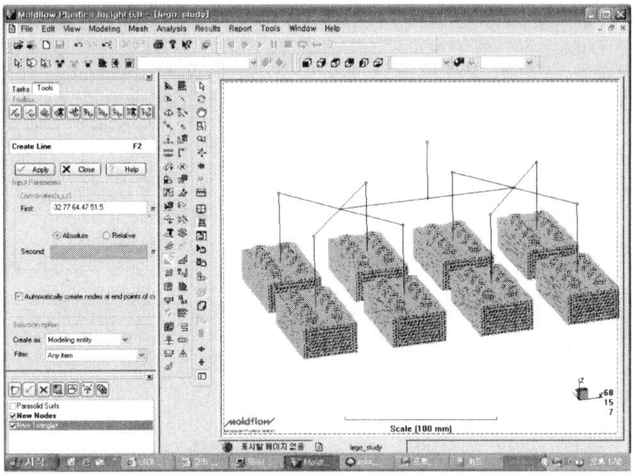

(9) 블릭 메쉬를 제외한 커브들에 대하여 property를 입력한다. 앞으로 생성될 스프루, 러너, 게이트의 메쉬 작업을 위하여 새로운 레이어를 생성시킨다. 새로운 레이어의 이름은 'Delivery'로 수정한다.

Delivery layer에 새로 생성시킨 모든 커브(게이트, 러너, 스프루)를 선택한 후 할당시킨다. Delivery layer만 체크하여 모델링 창에 나타내고, 그 밖의 모든 레이어를 모델링 창에서 숨긴다.

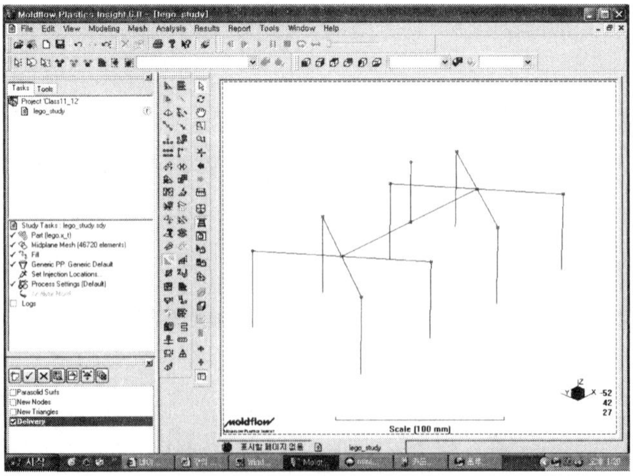

(10) 스프루가 될 커브를 선택하고, MB3의 properties를 선택하고, Assign property 창에 New를 선택하여, 메뉴에서 cold sprue를 선택한 후, 단면을 tapered를 선택하고, 직경의 시작은 4.7, 끝은 6.0을 입력한다. Name에는 Cold sprue로 입력한 후 확인한다.

분기되기 직전의 2개의 1차 러너 커브를 선택하고, MB3의 properties를 선택하고, Assign property 창의 New를 선택한다. 메뉴에서 cold runner를 선택하고, 단면을 Trapezoidal(사다리꼴형)를 선택하고, Non-tapered를 선택한 후, Top width 5, Bottom width 4, Height 4.8로 입력한다. Name에는 Cold runner_1st로 한다.

(11) 분기되는 8개의 러너 커브를 선택하고, MB3의 properties를 선택한 후, Assign property 창의 New를 선택한다. 메뉴에서 cold runner를 선택하고, 단면을 Trapezoidal과 Non-tapered를 선택한 후, Top width 4.5, Bottom width 3.0, Height 3.8로 입력한다. Name에는 Cold runner_2nd로 한다.

(12) 수직으로 분기되는 러너 커브 8개에도 properties를 입력한다. 메뉴에서 cold runner를 선택하고, 단면을 Circular로 하고, Tapered(by end dimension)에서, 시작을 6.0, 끝을 3.0으로 입력하고, name은 Cold runner_3rd로 입력하고, 확인한다.

마지막으로 남은 8개의 게이트 커브를 선택하고, MB3의 properties를 선택하고, Assign property 창의 New를 선택한다. 메뉴에서 Cold gate를 선택하고, 단면을 Circular와 Non-tapered를 선택한 후, 직경을 1.0으로 입력하고, name은 Cold gate로 입력하여 확인한다.

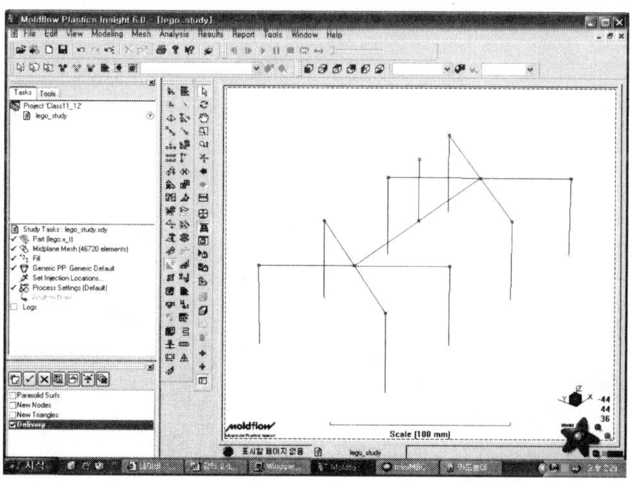

(13) Property의 정의가 전부 끝나면, 커브 전체를 선택하고, MB3 메뉴의 Define Mesh Density를 선택하고, 메쉬 길이를 10 mm로 입력하고, 확인한다. 마지막으로 Mesh → Generate Mesh를 선택하고, 메쉬를 생성시킨다.

스프루, 러너, 게이트의 메쉬가 완료되면 레이어 창에 New Beam layer가 자동으로 생성된다. 이 새로운 레이어는 기존의 Delivery layer와 혼동되므로 하나의 레이어로 정리할 필요가 있다. 따라서 모델링 창의 Beam mesh 전체를 선택하여, 기존의 Delivery layer에 할당시키고, 새로 생성된 New Beam layer는 삭제한다.

(14) New beam layer의 삭제 후 Parasolid Surfs를 제외한 모든 레이어를 체크하여 화면상에 나타나게 한다. 마지막으로 Ctrl+T에서 Global merge를 선택하고, Apply하여 모델링을 마무리 한다.

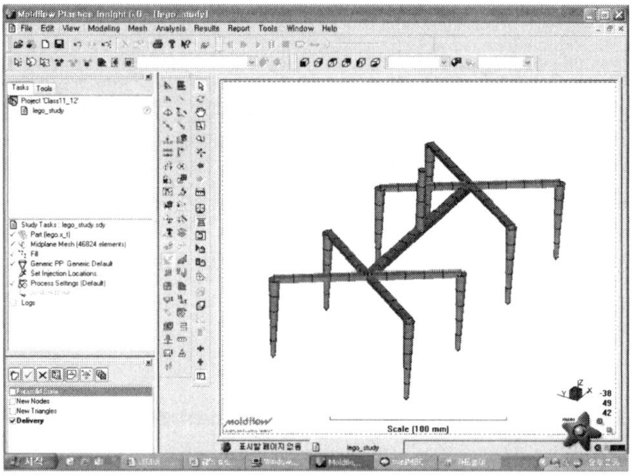

11.3 Occurrence Number

스프루에서 게이트까지의 유동거리가 동일한 다수 캐비티가 있는 금형의 경우에 대하여 모든 캐비티를 모델링하지 않고, 하나의 캐비티만을 모델링한 후 옵션을 통하여 다수 캐비티와 동등한 해석을 수행할 수 있다. 다음은 다수 캐비티 금형에 대하여 몰드 플로우 MPI 6.0에서 제공하고 있는 Occurrence Number를 이용하여 모델링하는 방법을 순서에 따라 설명한 것이다.

(1) 메쉬 작업이 완료된 8 캐비티 레고 모델을 Duplicate하여 새로운 study파일을 만든다.

Duplicate한 study파일을 'lego_occurrence_8'로 rename 한다.

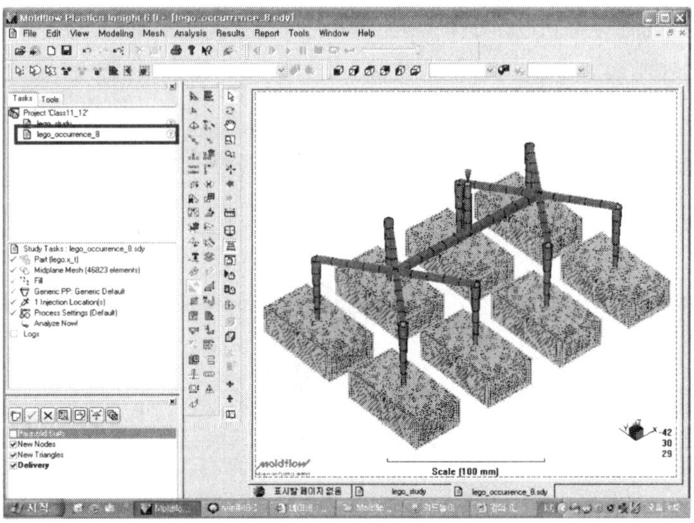

(2) Study 파일의 rename이 끝나면 아래와 같이 이전에 작성하였던 모델에서 스프루, 1차 러너, 분기 러너, 수직 분기러너, 게이트, 캐비티 1 set만 남기고, 모두를 Delete 한다.

주의	여기서는 이전에 모델링 된 캐비티를 삭제하여 1개의 캐비티만 남겼으나, 실무에서는 처음부터 1개의 캐비티에 해당되는 제품 모델만 있으면 된다.

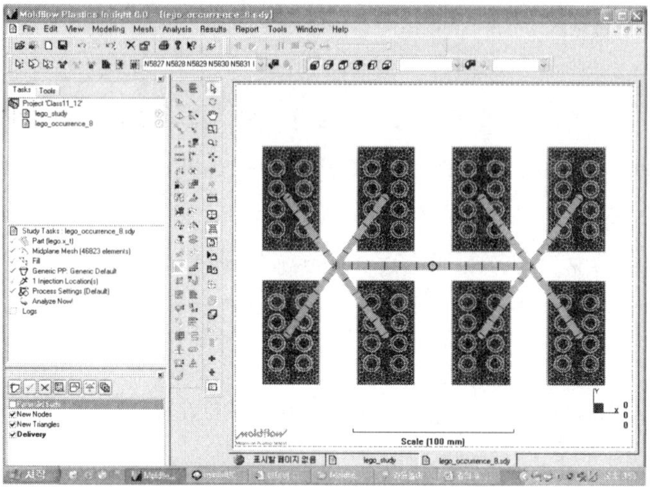

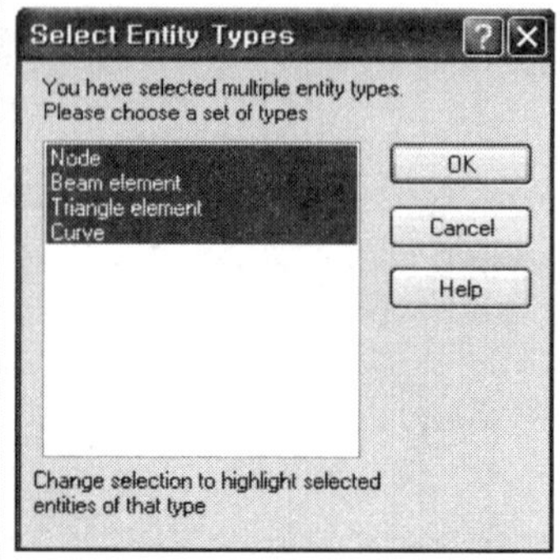

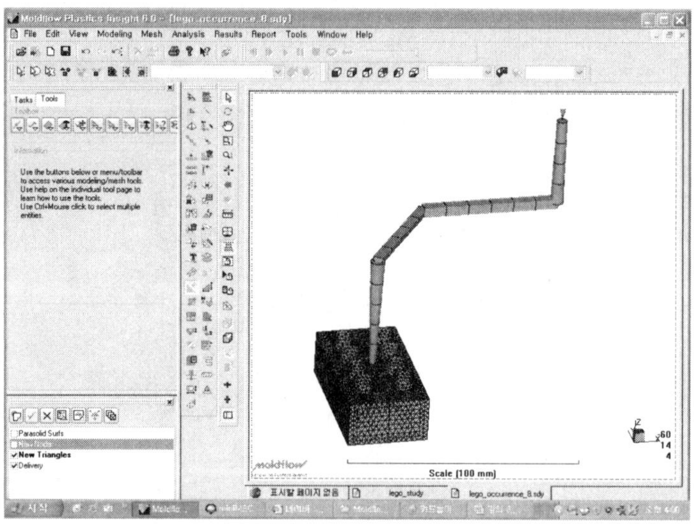

(3) 1 set로 남은 모델에 대하여 이전에 정의되었던 property를 수정하여야 한다.

일단 한번 property가 정의 된 상태이므로, property의 수정은 프로그램상의 메뉴 Edit를 사용해야 한다. (예외 - 단면이 변화하는 스프루, 러너, 게이트 등)

우선 1차 러너 메쉬를 선택하고, Edit → Assign Property 하면, Select Entity Type 창이 활성된다. 여기서 Beam element를 선택하고, OK한다.

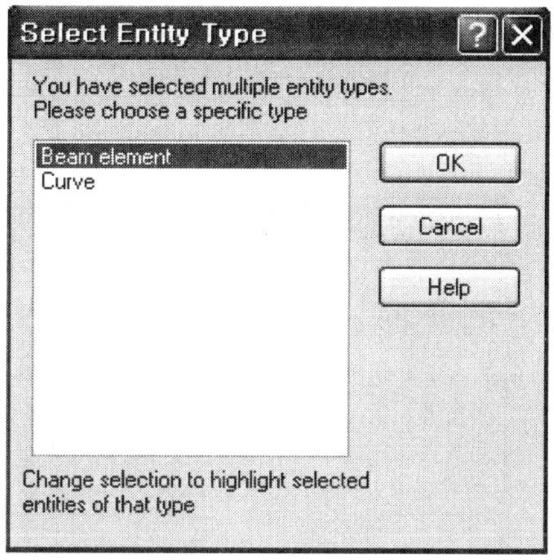

이전에 정의하였던 Assign property 창이 열린다. Edit를 클릭하면 Cold runner_1st 정의 창이 활성된다. 여기서 Occurrence number 1을 2로 수정한다. 왜냐하면 1차 러너가 좌우 2개 있기 때문이다. 수정이 끝나면 Assign property 창을 확인하여 닫는다.

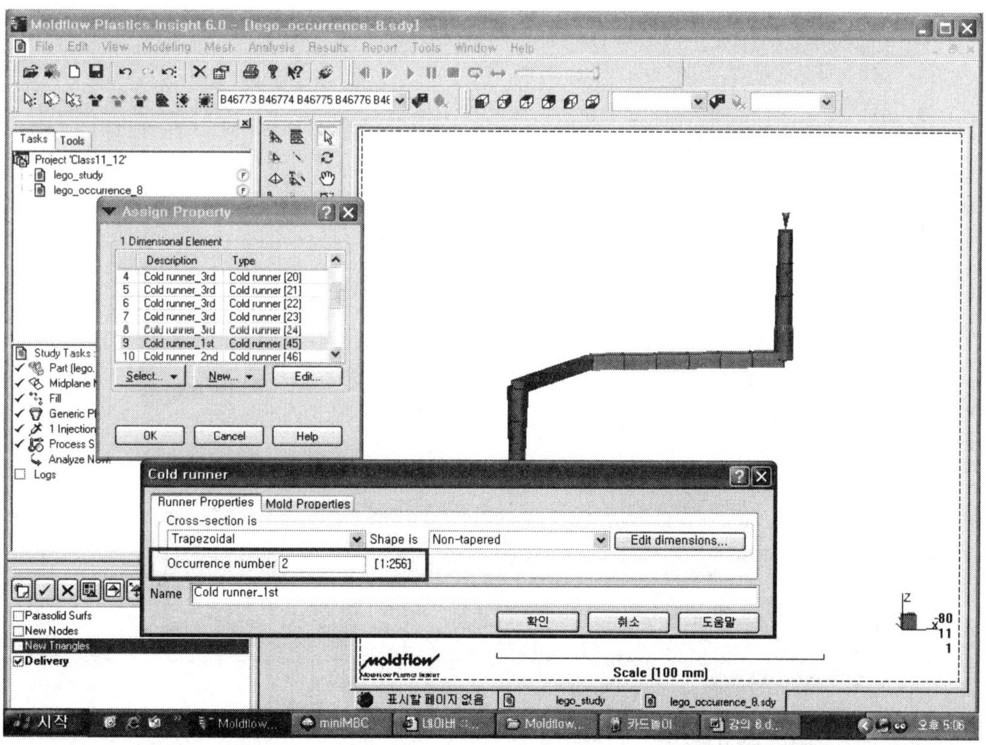

(4) 분기 직전까지의 러너를 선택하고, Edit → Assign Property 하면, Select Entity Type 창이 활성된다. 여기서 빔 요소를 선택하고, OK한다.

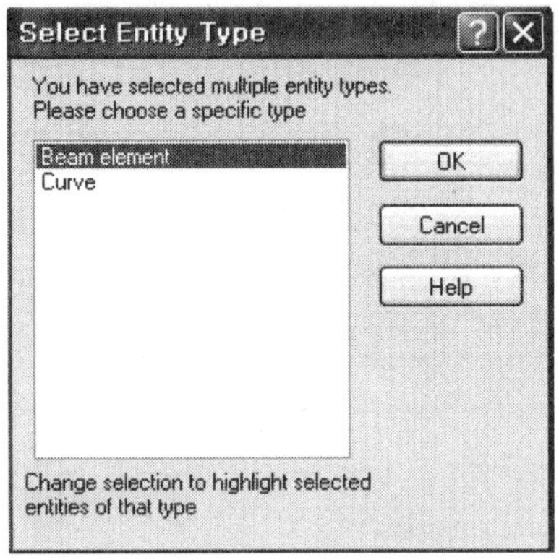

이전에 정의 하였던 Assign property 창이 활성된다. 여기서 Edit를 클릭하면 Cold runner_2nd 정의 창이 활성된다. 여기서 Occurrence number 1을 8로 수정한 후(동일한 러너가 8개 있다는 의미) Assign property 창을 확인하여 닫는다.

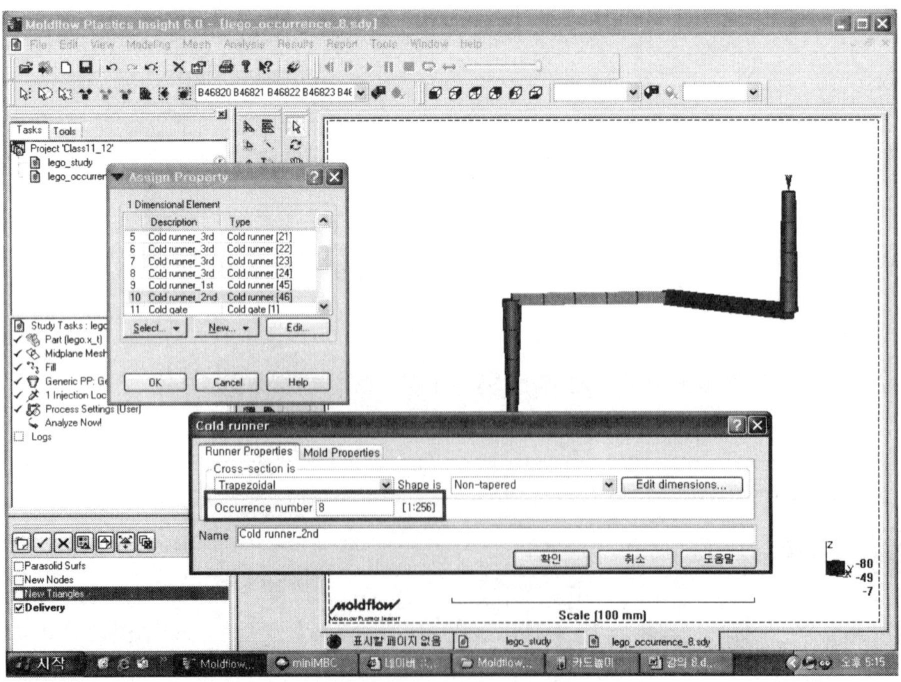

(5) 수직으로 분기되는 러너의 경우에는 Edit → Assign Property를 이용하여 수정하면 러너의 형상이 변형된다. 따라서 모델링 창에서 수직 러너를 모두 선택하고, MB3의 properties를 선택하면, Select properties 창이 활성된다. 여기에서 해당하는 모든 엔티티를 Shift키를 이용하여 전체를 선택하고, OK한다.

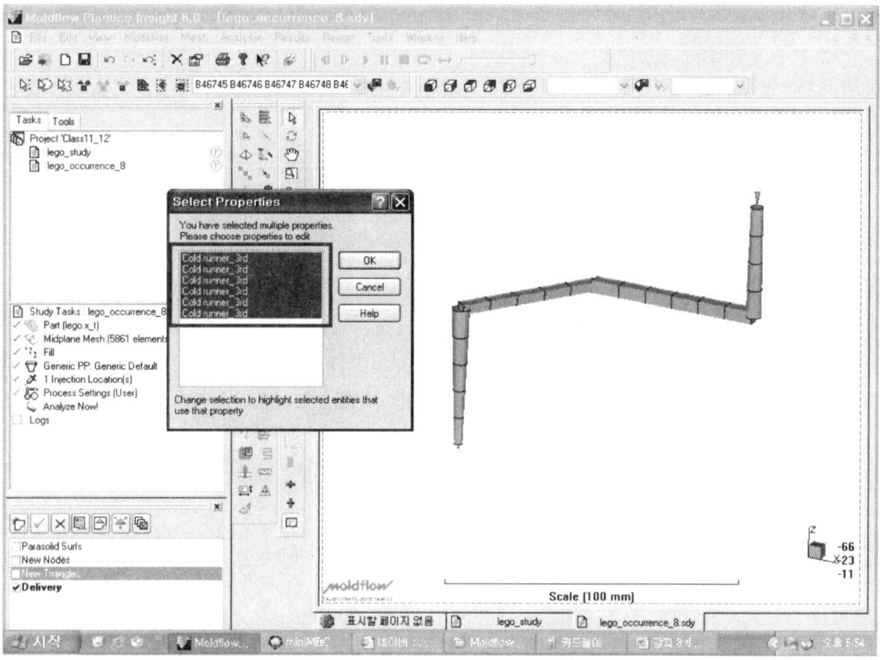

Cold runner property 창이 열리는데, 여기서 Occurrence number를 8로 수정하고, 확인한다. (동일한 러너가 8개 있다는 것을 뜻함)

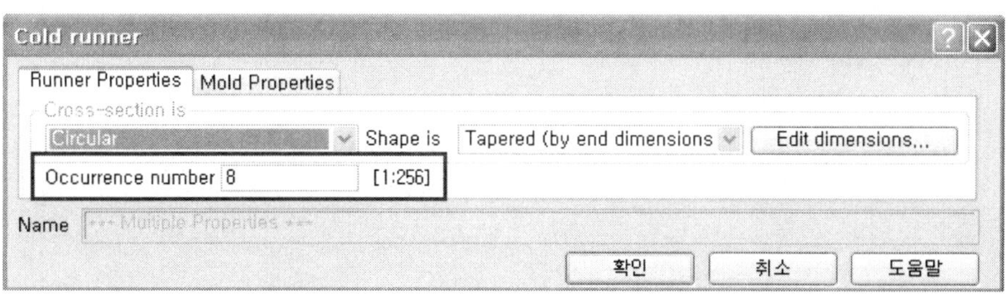

(6) 남아 있는 게이트를 선택하고, Edit → Assign Property 하면, 이전에 정의하였던 Assign property 창이 활성된다. 여기서 Edit를 클릭하면 Cold gate 정의 창이 활성된다. 여기서 Occurrence number 1을 8로 수정한다. (동일한 게이트가 8개 있다는 것을 뜻함) Assign property 창을 확인하여 닫는다.

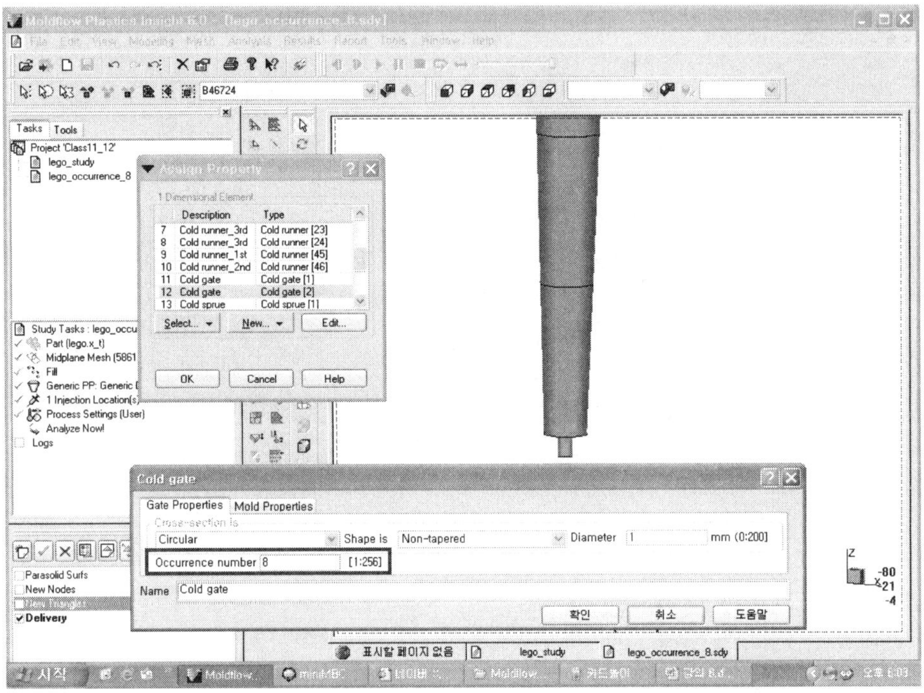

(7) 성형품의 메쉬와 노드를 모델링 창에 나타낸 후, 성형품의 메쉬와 노드만 드래그 하여 전체를 선택한 후, MB3의 properties를 선택한다.

Part surface(Midplane) 창이 활성된다. Thickness를 1.4, Occurrence number를 8로 수정한 후, 확인하고 창을 닫는다.

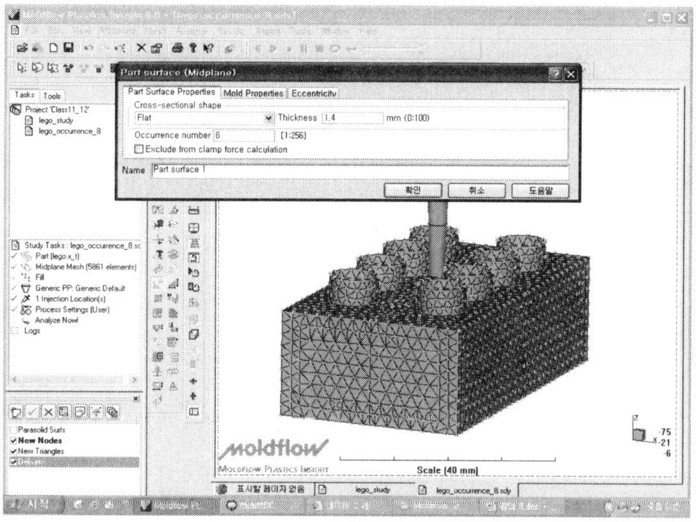

(8) 위의 전 과정이 끝나면 스프루, 러너, 게이트, 성형품 1set만으로 8 캐비티의 금형을 모델링 한 것과 동일한 효과를 갖는 모델이 완성된다.

주의	여기서 성형해석을 수행 한 후 해석시간을 Log 창을 통해 조사하고, 앞의 8 캐비티 모두를 갖는 모델에서 수행된 해석시간과 비교해 본다. 해석 수행시간이 상당히 단축되었음을 알 수 있다.

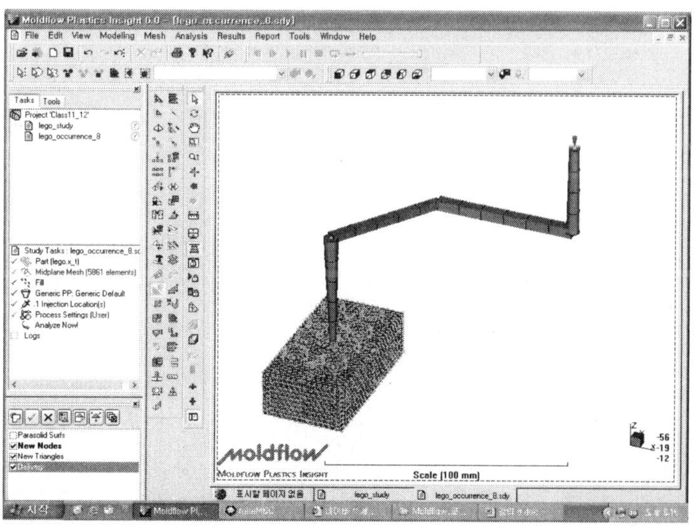

복습 문제

[1] 서술형

1. 기하학적으로 균형을 갖춘 다수 캐비티 러너 시스템에서 각 캐비티에 일어나는 충전 불균형 현상에 대해 그 원인을 설명하시오.
2. 다수 캐비티 금형에서 균형 충전이 이루어지지 않았을 경우, 성형품의 품질에 어떤 영향을 미치는 지에 대해 설명하시오.
3. Occurrence Number를 이용하여 다수 캐비티 금형을 모델링 하는 절차에 대해 정리하여 설명하시오.

[2] 단답형

1. Occurrence Number를 이용하여 다수 캐비티 금형을 모델링 할 경우에는 전체를 모델링 하는 경우보다 해석 수행시간이 더 많이 걸린다. (T/F)
2. Modeling → Move/copy → Translate를 이용하여 어떤 엔티티를 1개 더 만들려고 할 때, 옵션 중에 Move를 선택한다. (T/F)
3. 다수 캐비티 금형에서 핫 러너 시스템이 콜드 러너 시스템에 비해 일반적으로 균형 충전이 잘 이루어진다. (T/F)
4. 기하학적으로 균형을 갖춘 다수 캐비티 금형에서 일반적으로 결정성 수지가 비결정성 수지보다 균형 충전이 더 잘 이루어진다. (T/F)

[3] 토론형

1. 레고 블릭 성형품에 요구되는 성형품질
2. 다수 캐비티 금형에 대해 전부를 모델링 하는 방식과 Occurrence Number를 이용하여 일부만 모델링 하는 방식에 대한 해석 수행시간의 비교
3. 3단 금형 형식에서 2 캐비티 형으로 3점 핀 포인트 게이트를 갖는 성형품의 충전 패턴

12장

다수 캐비티 금형의 냉각 시스템 / 냉각 시스템 모델링

학습목표

- 다수 캐비티 금형의 냉각 시스템
- 냉각 시스템의 모델링
- 냉각채널의 직경 및 냉각조건에 따른 냉각효과

이론

- 부교재 제 14장 금형냉각 해석

실습

- 냉각채널의 모델링 / Copy / Add 작업
- 냉각 시스템의 설계 내용에 따른 성형해석의 비교
  설계안 #1, #2, #3의 3종

특기사항 (준비물 및 과제 등)

- 냉각설계 방안 3종의 리스트
- 냉각해석결과에 따른 리포트 파일

12.1 냉각 시스템 모델링

제 11장에서 작성한 레고 블릭 성형용 다수 캐비티 금형에 대하여 냉각 시스템을 복수 개로 설계하여 냉각해석(cooling analysis)를 실시한 후, 그 결과에 대해 비교검토해 본다. 우선 제 11장에서 완성된 study 모델을 duplicate한 후, 새로운 study 모델을 'Lego_cool'로 rename 한다.

다음은 냉각채널을 모델링 하는 순서를 기술한 것이다.

(1) 냉각채널을 구성하기 위한 참조 노드를 생성시킨다.

게이트 노드를 기준으로 -Z 방향으로 37.5 지점에 참조 노드를 1개 복사한다.

Modeling → Move/Copy → Translate를 선택하고, Select에 성형품의 안쪽면의 게이트 노드를 선택한다. Vector에는 0 0 -37.5를 입력하고, Copy 옵션을 선택하고, Apply한다. (게이트로부터 -Z 방향으로 37.5 지점에 노드가 복사된다.)

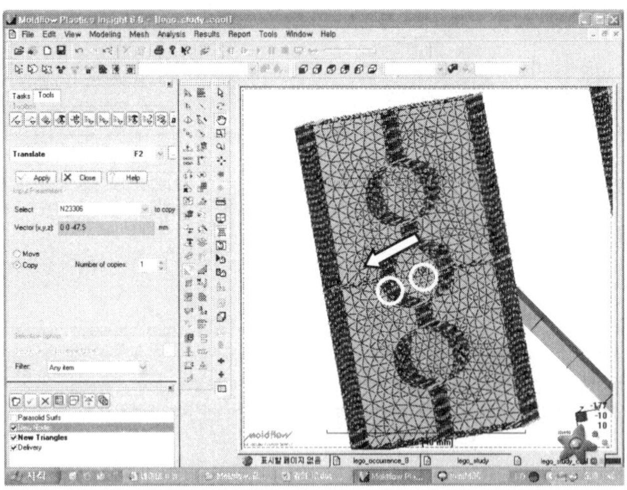

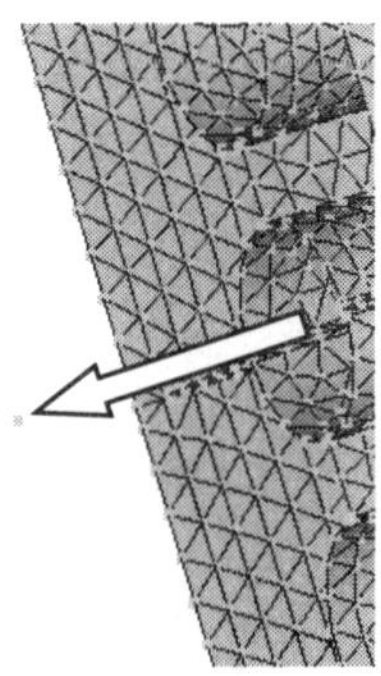

(2) 참조 노드를 기준으로 냉각수 입구가 될 노드를 만든다.

Modeling → Move/Copy → Translate를 선택하고, Select에 참조 노드를 선택하고, Vector에는 0 -80 0를 입력, Copy 옵션을 선택하고, Apply한다.

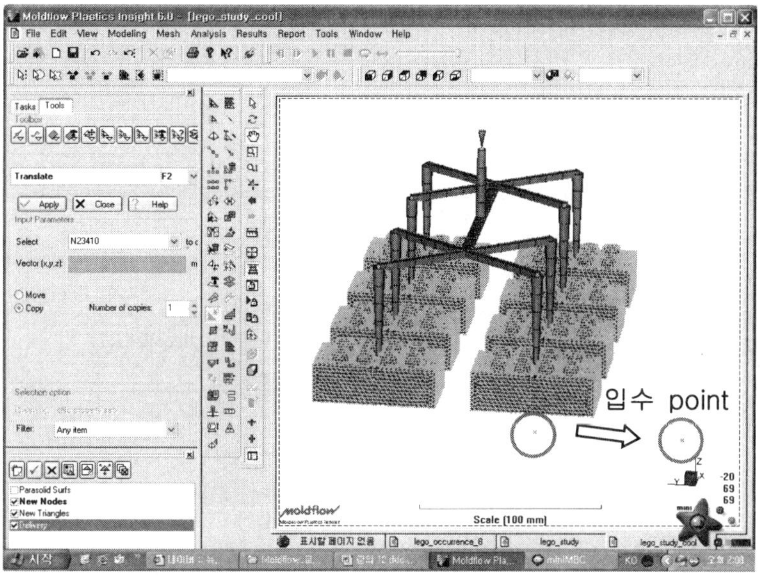

(3) 냉각수의 입수 노드를 생성하였으므로, 다음은 냉각수의 출수 노드를 정의한다.

Modeling → Move/Copy → Translate를 선택하고, Select에 참조 노드를 선택하고, Vector에는 0 245 0를 입력, Copy 옵션을 선택하고, Apply한다. (출수 노드가 정의되면 참조로 한 중간의 노드는 삭제한다.)

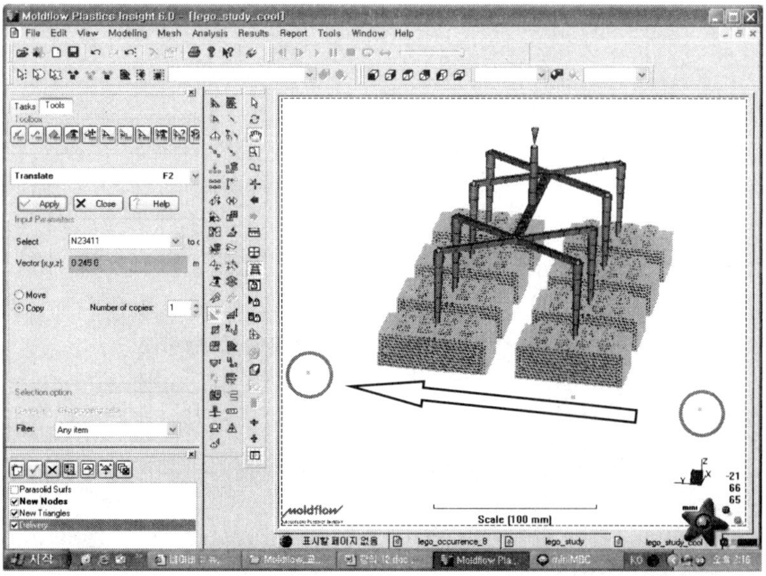

(4) 입수 및 출수 노드를 이용하여 커브를 만든다.

Modeling → Create Curve → Line을 선택하고, First에 입수 노드, Second에 출수 노드를 선택하고, Apply한다.

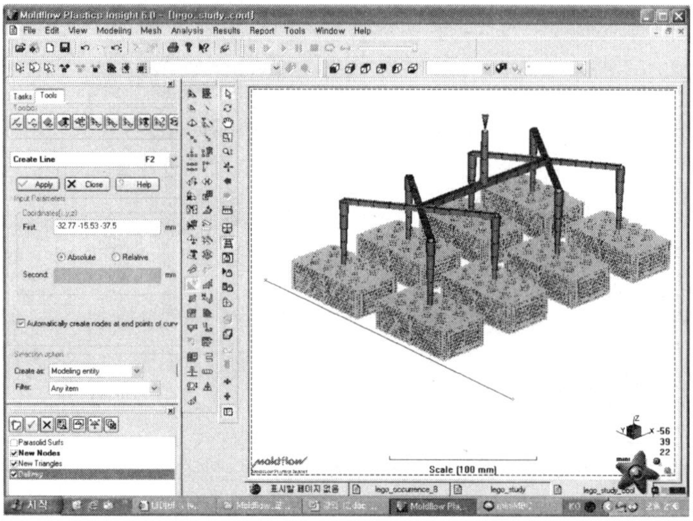

(5) 냉각채널을 하나의 레이어로 관리하기 위하여 새로운 레이어를 생성시키고, 'Cool_channel'로 rename 한다. Cool_channel layer에 입수 및 출수 노드와 냉각채널 커브를 할당 시킨다.

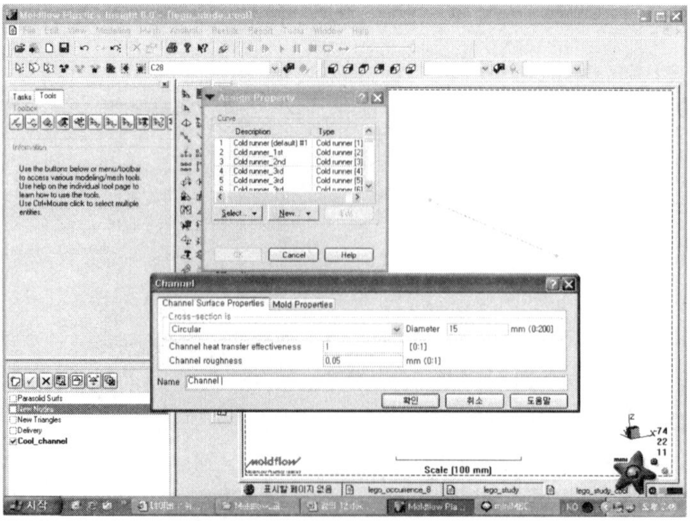

Assign이 끝나면 Cool_channel layer를 제외한 나머지 레이어들에 대해 체크를 해제하여, Cool_channel layer만 display 시킨다. 커브를 선택하고, MB3의 properties를 선택한다. Assign property 창에서 New의 Channel를 선택한다. Channel 정의 창에서 냉각채널의 단면(Cross-section is)은 Circular, 열전달계수는 1, 직경은 15, Name은 Channel로 정의하여, 확인한다.

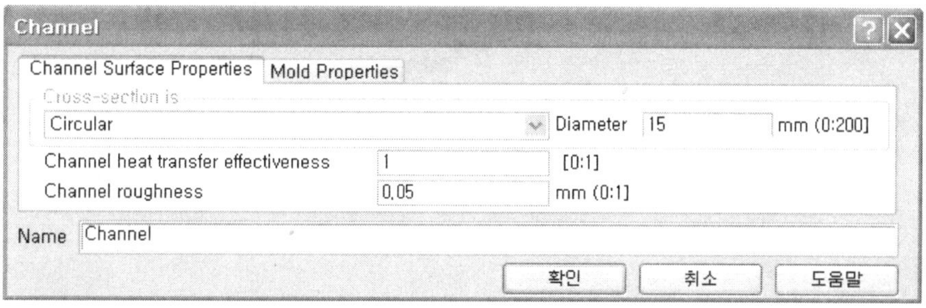

(6) 냉각채널 커브의 Mesh density를 정의한다. 모델링 창의 냉각채널 커브를 선택하고, MB3의 Define Mesh Density를 선택한다. 냉각채널의 메쉬 크기를 20으로 정의하고, 확인한다. (모델링 창의 커브에는 변화가 없음)

(7) Mesh density가 정의된 커브에 대하여 메쉬를 생성시킨다. 냉각채널 커브를 선택하고, Mesh → Generate 한다. Generate 창이 활성되면 Mesh now 한다.

냉각채널의 빔 메쉬가 모델링 창에 나타나고, 레이어 창에 'New Beam' 레이어가 자동으로 생성되어 있는 것을 볼 수 있다. 냉각채널 빔 메쉬를 기존의 Cool_channel layer에 할당하기 위하여 냉각채널 전체를 드래그 하여 선택하고, 레이어 창에서 Cool_channel layer를 선택한 후 할당 시킨다. Assign이 끝나면 New Beam layer의 체크를 풀고, 레이어에서 삭제한다.

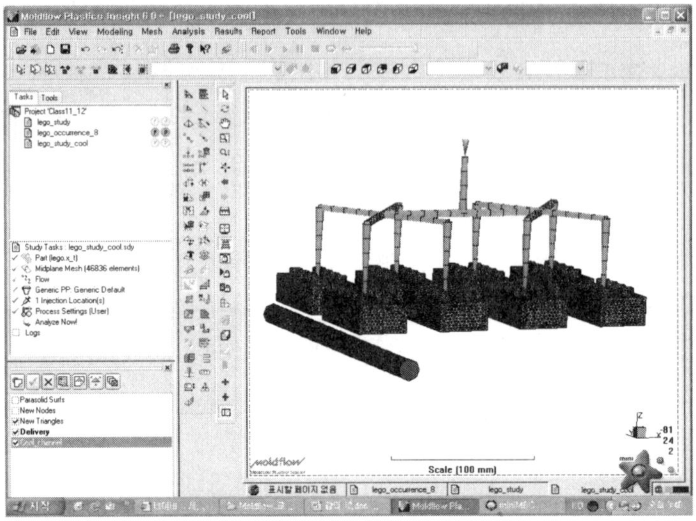

(8) 성형품의 취출을 위한 이젝터 핀의 간섭 때문에 냉각채널의 위치를 변경한다. Modeling → Move/Copy → Translate를 선택하고, Select에는 냉각채널 전체를 선택하고, Vector에는 -30 0 0(-X 방향으로 30 이동), 옵션은 Move를 선택하고, Apply 한다.

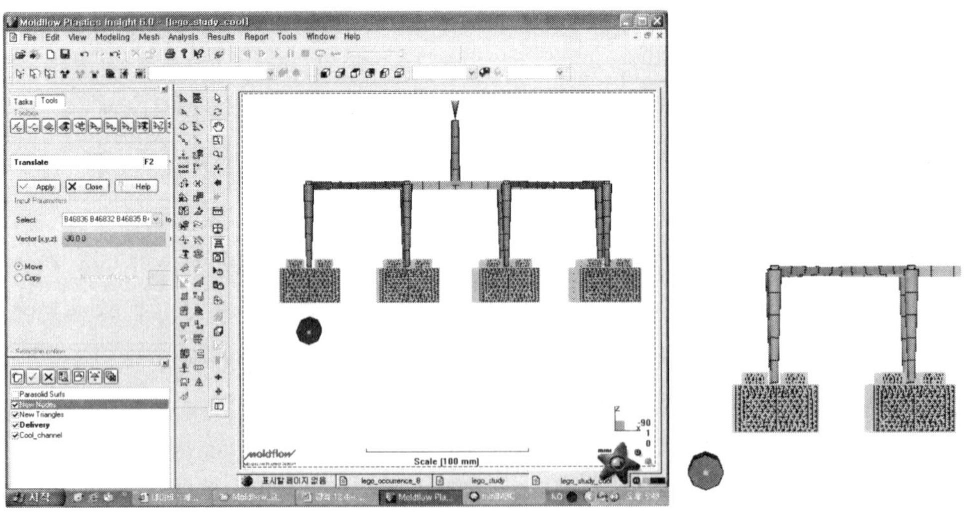

다시 Modeling → Move/Copy → Translate를 선택하고, Select에는 냉각채널 전체를 선택하고, Vector에는 60 0 0, 옵션은 Copy를 선택하고, Number of copies에는 4를 입력하고, Apply 한다. (X 방향으로 60 간격으로 4개를 복사함)

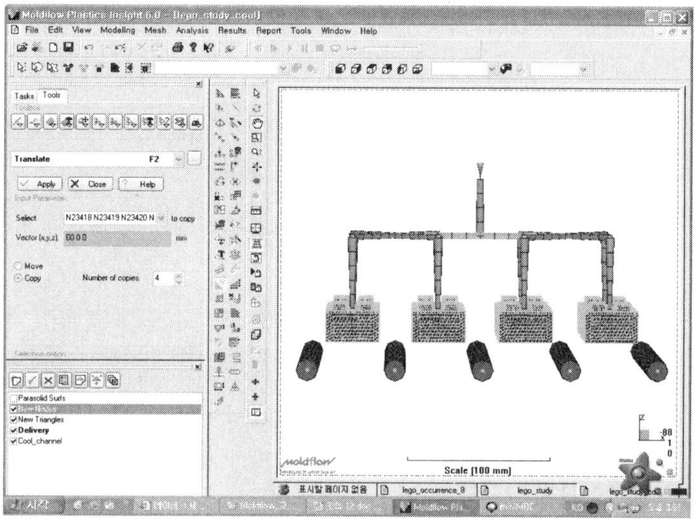

Modeling → Move/Copy → Translate의 명령이 그대로 유지된 상태에서 Select에는 5개의 냉각채널 모두를 선택하고, Vector에는 0 0 60, 옵션은 Copy를 선택하고, Number of copies에는 1을 입력하고, Apply하여 냉각채널 시스템 설계를 마친다.

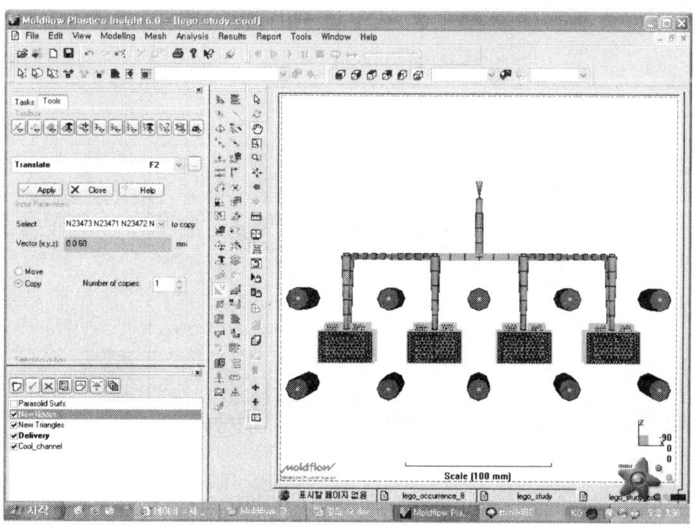

12.2 File → Add를 이용한 모델의 편집

File → Add 명령은 현재의 Tasks 창 및 다른 Project에 있는 study 파일을 현재의 study 파일에 추가시켜 study 파일을 편집하는 데 사용된다. 첨가할 수 있는 대상은 모델을 import 시킬 때와 동일한 파일들이 가능하다. 즉 성형품, 스프루, 러너, 게이트, 냉각채널 등을 첨가시킬 수 있다.

다음은 레고 블럭 모델의 냉각채널을 제 11장에서 구성한 lego_occurrence_8 study 파일에 첨가시켜 모델을 편집하는 과정을 설명한 것이다.

(1) Tasks 창에서 직전에 완료한 lego_cool study 파일을 duplicate 시킨 후 새로운 study 파일을 'Cool_channel'로 rename 한다. Cool_channel study 모델을 모델링 창에 활성화 시킨다. (주의 : Duplicate study 파일을 rename 한 후 반드시 모델링 창에서 작업 모델을 확인할 것 – Rename 작업만으로는 새로운 study 파일이 모델링 창에 디스플레이 되지 않고, 기존의 study 파일이 모델링 창에 디스플레이 되어 있음)

아래와 같이 왼쪽의 4개 냉각채널만 남겨두고 모든 엔티티를 삭제한다. 삭제 시 레이어 창의 모든 레이어를 체크하여 모두 디스플레이 한 후 삭제한다. Select Entity Types 창에서 모든 엔티티를 선택하고, OK한다.

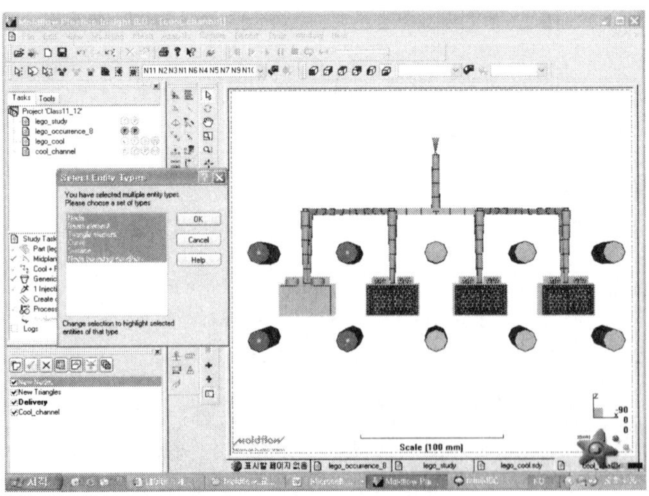

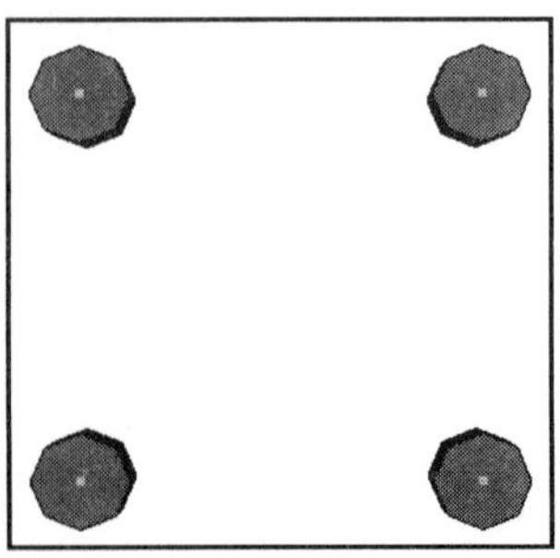

남아 있는 4개의 냉각채널 전체를 선택하여 Cool_channel에 할당시키고, 레이어 창에서 불필요한 레이어(New Triangles layer, Delivery layer, New Nodes layer)를 삭제한다. 레이어의 삭제 시 대상 레이어의 체크를 해제한 후 삭제한다.

(2) Tasks 창의 'cool_channel' study의 property를 확인하기 위하여 'cool_channel' study를 선택하고, MB3 메뉴의 Properties를 선택한다. 모델링 창의 중앙에 cool_channel에 대한 property 창이 활성된다. 이 창에는 Type, File 명, File size, 최종 수정 날짜 등이 표시된다. 여기서 File명(cool_channel.sdy)을 확인한 후 창을 닫는다.

(3) Tasks 창에서 제 11장에서 작업한 'lego_occurrence_8' study를 활성화 시킨다. 모델링 창에 모델이 디스플레이 되면 File → Add를 선택한다. Project가 속해 있는 폴더를 찾은 후에 앞에서 확인하였던 'cool_channel.sdy'를 선택하고, 확인하면 아래 화면과 같이 lego_occurrence_8 study에 cool_channel study가 추가되어 디스플레이 된다.

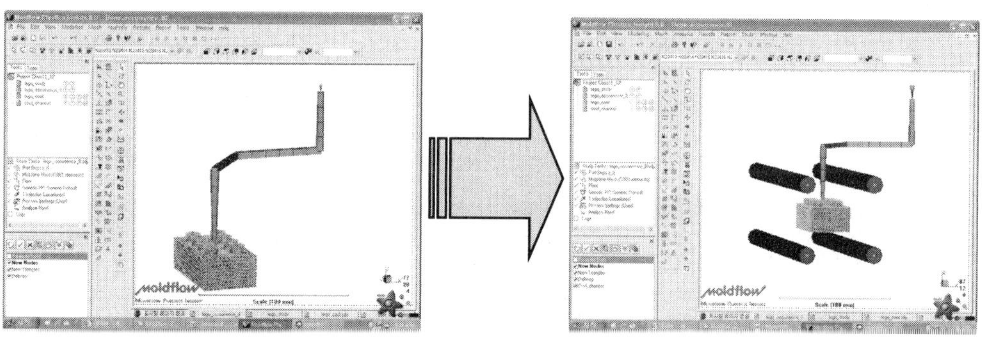

12.3 성형해석 - 냉각해석(Cooling analysis)

다음은 레고 블릭 성형용 다수 캐비티 금형에서 냉각채널을 모델링 한 상태에서 냉각해석을 수행하는 절차를 기술한 것이다.

(1) Tasks 창에서 냉각채널의 설계가 완성된 lego_occurrence_8 study 모델에 대하여 성행해석을 수행한다. 해석 종류를 Cool+Flow+Warp를 선택하면 해당 study 모델의 해석 종류들이 나타난다.

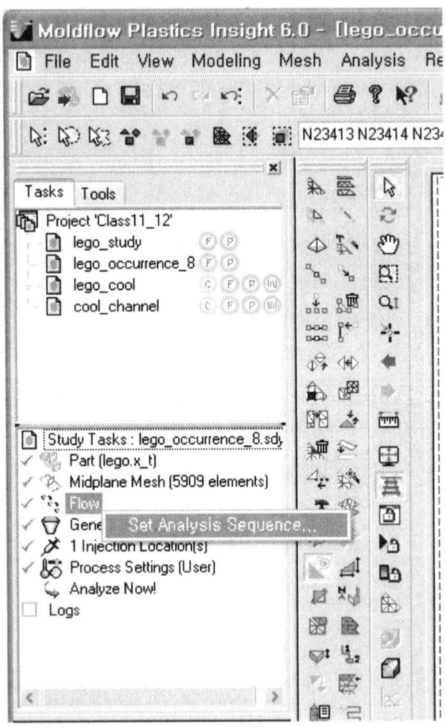

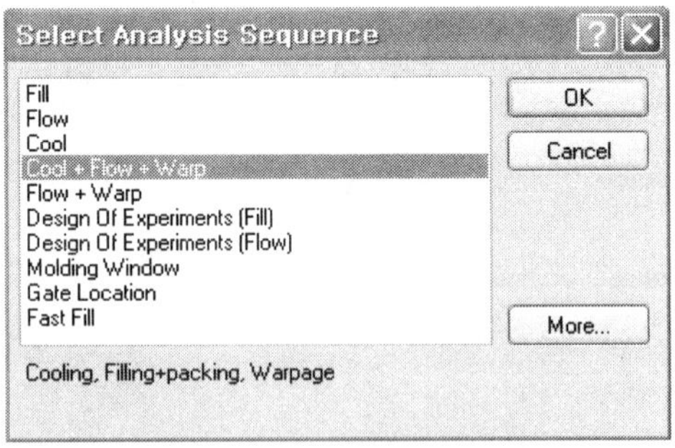

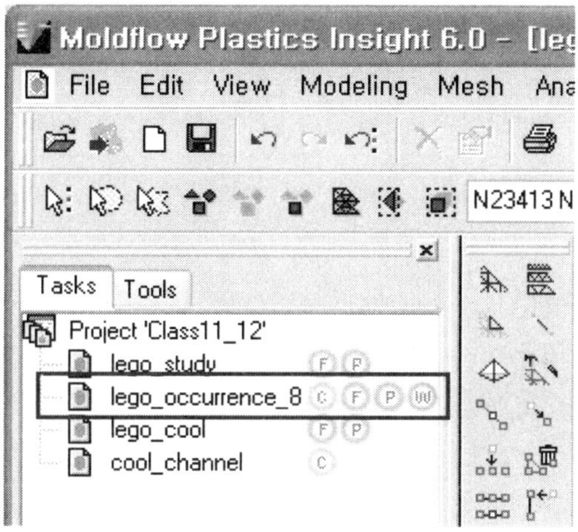

(2) 성형품의 수지재료를 선택한다. 기존의 수지재료를 선택하고, MB3 메뉴의 Select Material을 선택하면, Material 검색 창이 활성화 된다. 여기서 Search를 누르면, Search Criteria 창이 활성화 되고, 여기에서 검색하려 하는 material의 상세내용을 입력한다. Family abbreviation에 ABS를 입력하고, Search 한다. 해당 수지는 LG Chemical의 ABS XR401을 선택한다.

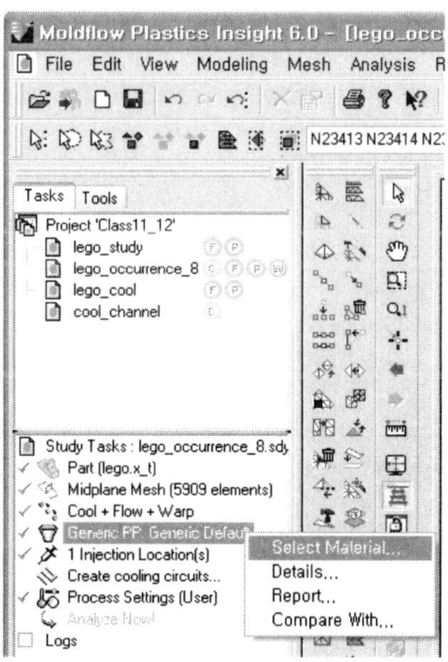

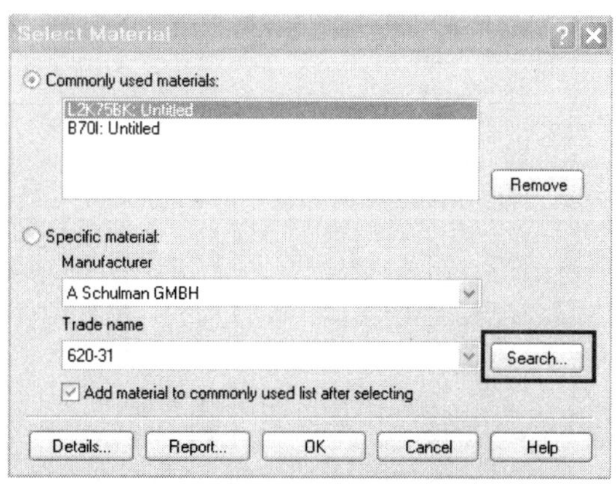

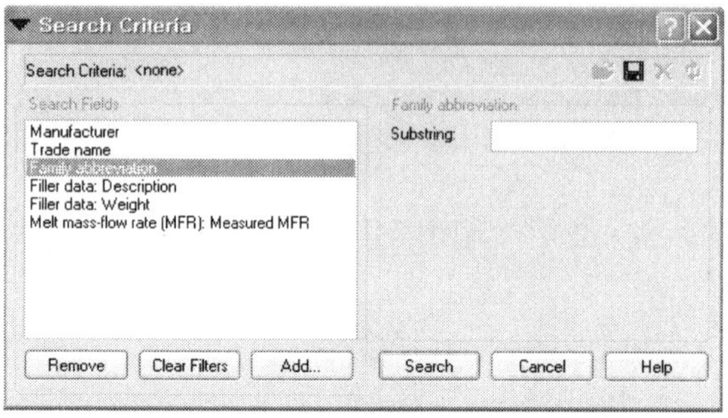

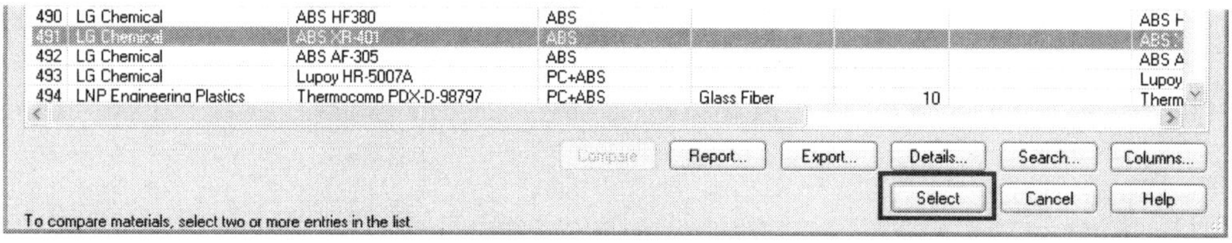

(3) 냉각채널의 입수부를 정의한다.

Create cooling circuits를 선택하고, Set Coolant Inlets를 선택하면 냉각채널 정의 창이 활성화 된다. Set Coolant inlet 창에서 New를 선택하고, Coolant inlet 창에서 냉각수 온도를 23, Name을 Coolant inlet 1로 입력하고, 확인한다.

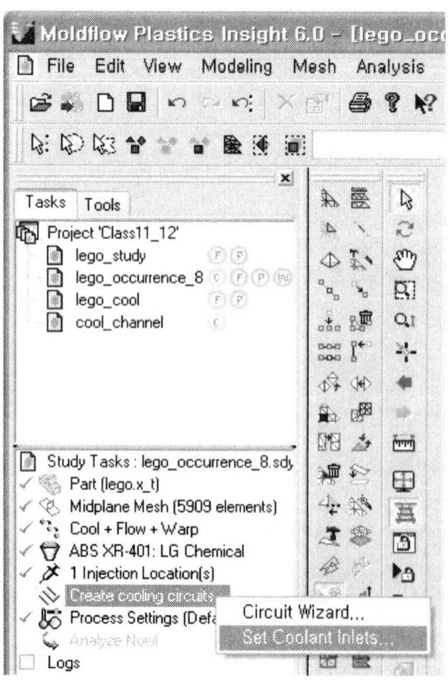

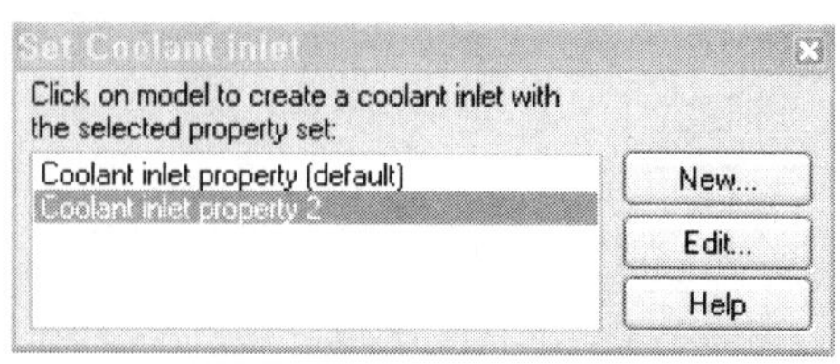

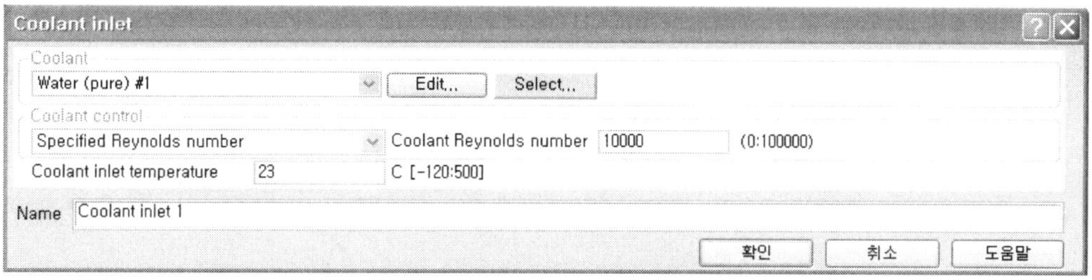

모델링 창의 + 커서를 이동하여 아래의 그림 12-1과 같이 냉각수 입수부를 정의하고, Set Coolant inlet를 닫는다.

▲ **그림 12-1** 냉각수의 입수부

(4) Process Settings을 MB3로 선택하면, Process Settings Wizard – Cool Settings 창이 활성된다. 이 창에는 성형 온도, 금형 온도, 사이클 타임 등이 있다. 모든 조건을 디폴트로 설정하고, Process Setting을 마친다.

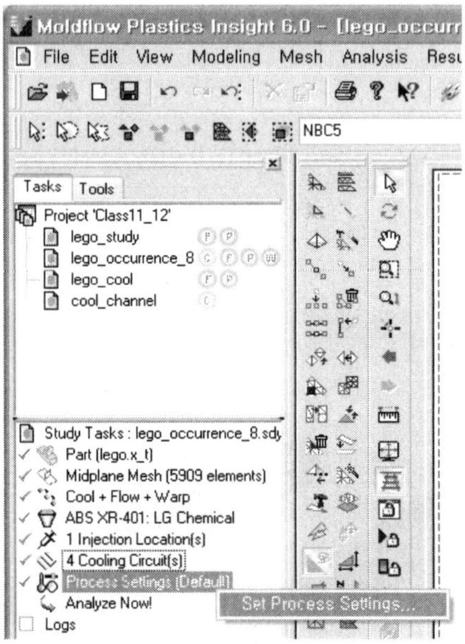

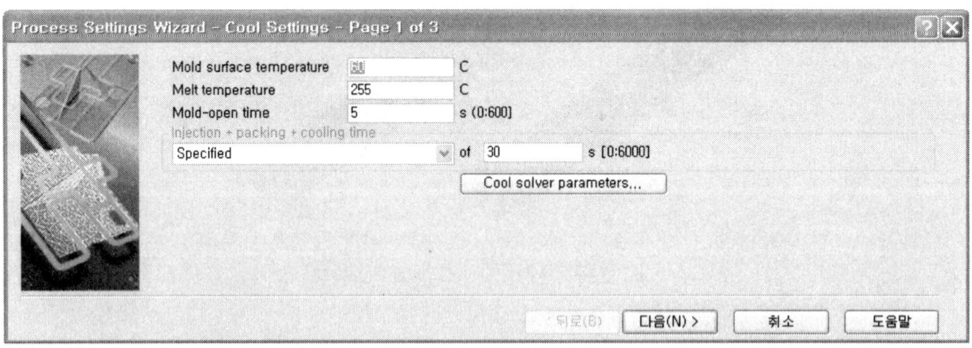

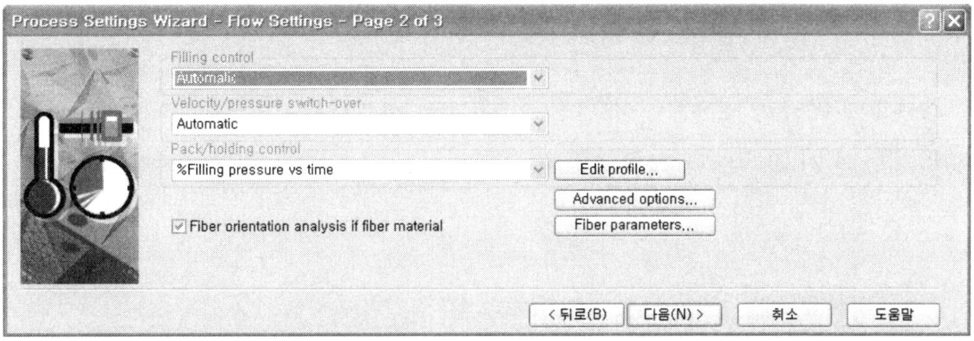

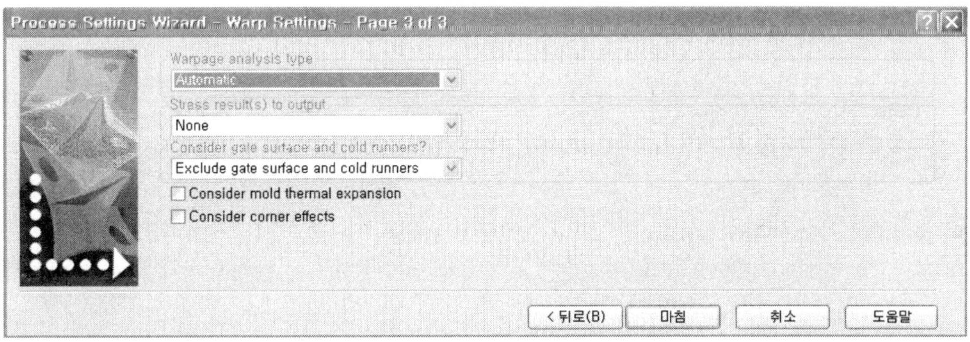

(5) 모든 조건의 입력이 완료되면 해석을 시작한다.

12.4 냉각 시스템의 종류별 성형해석결과 비교

냉각 시스템에서 냉각채널의 직경, 금형 온도 및 냉각수 온도를 변경했을 경우 성형품 상측의 최고 온도와 최저 온도를 조사하여 아래의 표 12-1에 기재한 후, 그 원인에 대해 고찰해 본다.

a. 냉각채널의 직경을 Ø15와 Ø12로 변경할 경우

b. 냉각채널 직경을 Ø12로 고정하고, 금형 온도(Mold surface temperature)를 60℃와 70℃로 변경할 경우

c. 냉각채널 직경을 Ø12, 금형 온도 60℃로 고정하고, 냉각수 온도를 20℃와 25℃로 변경할 경우

▶ 표 12-1 냉각해석 결과

	Minimum temp.(℃)	Maximum temp.(℃)	Temp. variation
a			
b			
c			

그 외 성형조건은 디폴트 값으로 한다.

Tip 성형해석시 *.sdy 모델을 Duplicate 한 후 각각에 대하여 해석하고, 냉각채널의 수정은 Edit → Assign properties를 이용하여 수정한다.

복습 문제

[1] 서술형

1. 다수 캐비티용 금형에 적용되는 패턴이 동일한 복수개의 냉각채널을 모델링 하는 방법에 대해 설명하시오.
2. 해석의 종류 중 Cool+Flow+Warp과 같이 왜 Cool이 제일 먼저 적혀있는지, 그 이유를 설명해 보시오.
3. 성형해석시 대상 수지 선택 시 사용하는 Family abbreviation이 의미하는 것은 무엇인지 설명하시오.

[2] 단답형

1. 냉각 채널은 러너와 같이 빔 엘리먼트로 모델링되므로 러너와 같은 레이어에 할당시켜 관리하는 것이 좋다. (T/F)
2. 냉각 채널의 메쉬 크기는 러너 채널의 메쉬 크기보다 약 2배 정도 크게 설정한다. (T/F)
3. 다른 project에 있는 study 파일을 현재의 study 파일에 추가시킬 경우에는 File → Add 명령을 사용한다. (T/F)
4. 냉각수의 유량을 결정할 경우 레이놀즈 수는 2300이 되도록 입력하는 것이 냉각 효율 측면에서 가장 좋다. (T/F)

[3] 토론형

1. 냉각해석 결과 성형품 상측의 온도에 영향을 미치는 요인과 그 영향도를 조사하는 실험방법
2. 대상 수지에 대한 열적 성질과 냉각해석 결과와의 관계

13장

제품형상과 성형품질 / 성형불량 (1)

학습목표

◦ 제품의 형상(두께) 변화에 의한 성형성

◦ 성형불량의 원인과 대책 / 웰드라인

◦ 살 두께 가변형 제품 모델의 성형해석 및 결과 고찰

이론

◦ 부교재 6.7절 성형 및 금형설계에 의한 불량

실습

◦ Cup_base_2.5t/1.5t의 성형해석

◦ 성형형상에 따른 웰드라인의 위치 변화

특기사항 (준비물 및 과제 등)

◦ Tutorial / post process.mpi

◦ 성형불량 자료

13.1 제품설계 변경에 따른 성형성

제 13장에서는 미드플랜(surface) 작업이 완료된 모델을 대상으로 하여 제품설계 변경 시 메쉬 모델에 대한 수정 작업과 수정 후의 성형해석결과를 설계변경 전의 것과 비교 검토해 본다. 이 장에 사용된 모델은 tutorial/postprocess.mpi에 있는 'cpu base'이며, 이미 미드플랜 메쉬를 이용하여 Cool+Flow+Warp 해석이 1차적으로 완료된 모델이다. 이를 이용하여 제품 설계자가 제품의 두께와 리브에 대한 설계를 변경하였을 경우, 그에 따른 sdy 파일의 편집을 행하여 재해석이 필요하다.

다음은 제품설계의 변경에 따른 해석모델의 수정 절차를 순서에 따라 설명한 것이다.

(1) 해석결과 중 Fill time을 모델링 창에 나타낸다.

Fill time은 3.43(s)으로 예측되었다. 그러나 성형품의 좌우 충전 밸런스에 차이가 있음을 색상을 통해 알 수 있다.

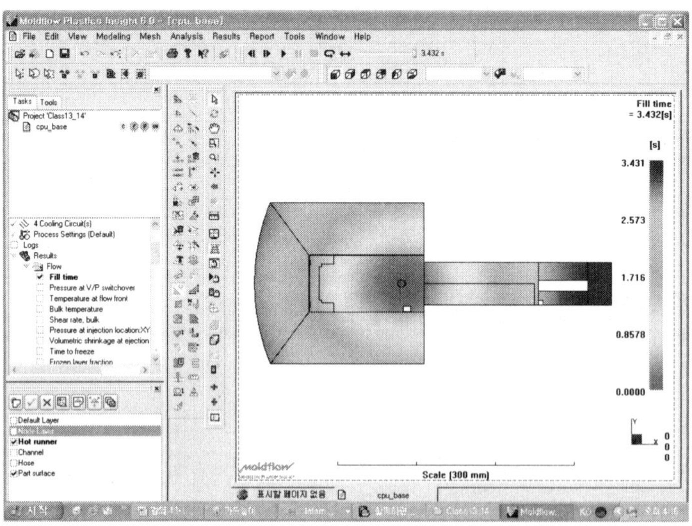

또한, 변형해석 결과에서 Deflection, all effects : Deflection 결과를 살펴보면 충전이 가장 늦은 성형품의 우측 말단부의 휨이 약 3.36 mm 정도로 가장 크게 나타나고 있음을 알 수 있다.

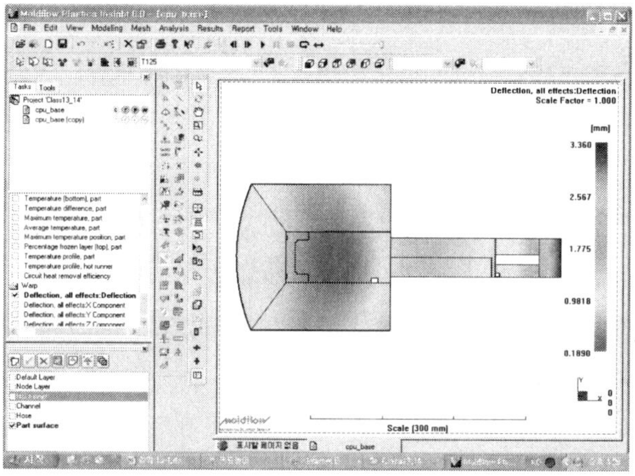

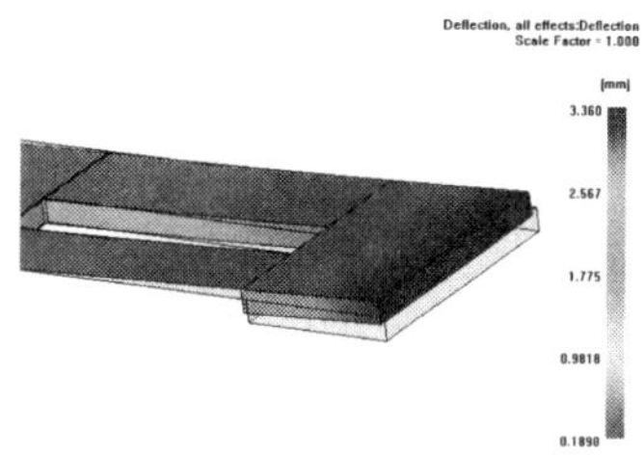

따라서 성형품의 좌우 충전 밸런스를 맞추고, 휨을 최소화 시킬 필요가 있다. 변형을 최소화시키려면 여러 대책이 있으나, 여기에서는 성형품 살 두께를 일부 변경하는 방식을 채택한다.

(2) Tasks 창의 cpu_base.sdy 파일을 duplicate 한 후 새로운 cpu_base_2.5t로 rename 한다. Cpu_base_2.5t.sdy 파일을 더블클릭하여 오픈 한다. 성형품의 좌측 상면의 서피스 메쉬 중 하나를 선택하고, Edit → Assign properties를 선택한다. Assign property 창이 활성화되면서 선택된 메쉬에 대한 property가 자동으로 선택된다. Edit를 클릭하면 기존의 mesh property 창이 활성되는데 두께를 2.5로 수정한 후 확인을 누른다. Assign property도 OK하여 닫는다.

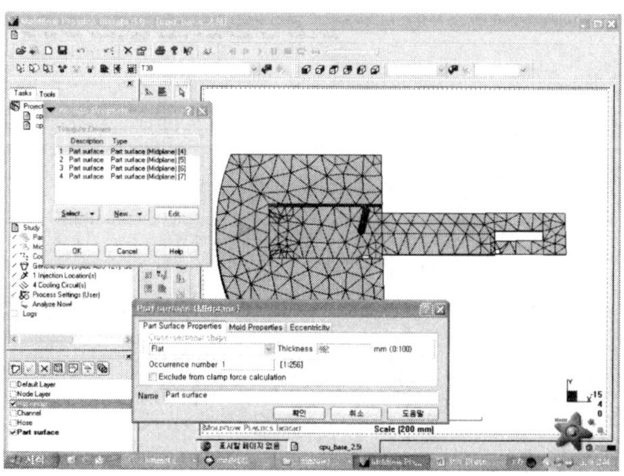

수정한 제품의 살 두께가 정확하게 입력되었는지 확인하기 위하여 모델링 창에서 해당 메쉬 하나를 선택하고, MB3의 properties를 선택하면, 모델링 창에 동일 두께 메쉬가 모두 선택되면서 mesh property 창이 활성되고, 입력된 메쉬 두께가 나타난다.

(3) 두께가 정확히 수정되었다면 성형해석을 실행하고, 그 결과를 비교한다.

해석결과에서 Fill time은 3.0(s), Deflection, all effects : Deflection에서 최대 변형은 3.26 mm이었다. 충전 밸런스를 확인해 보면 성형품의 좌우에서의 충전 상태가 균형 충전의 측면에서 약간 개선되었음을 알 수 있다.

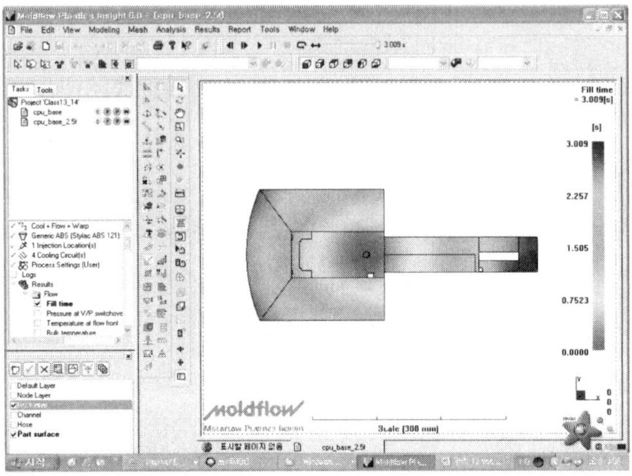

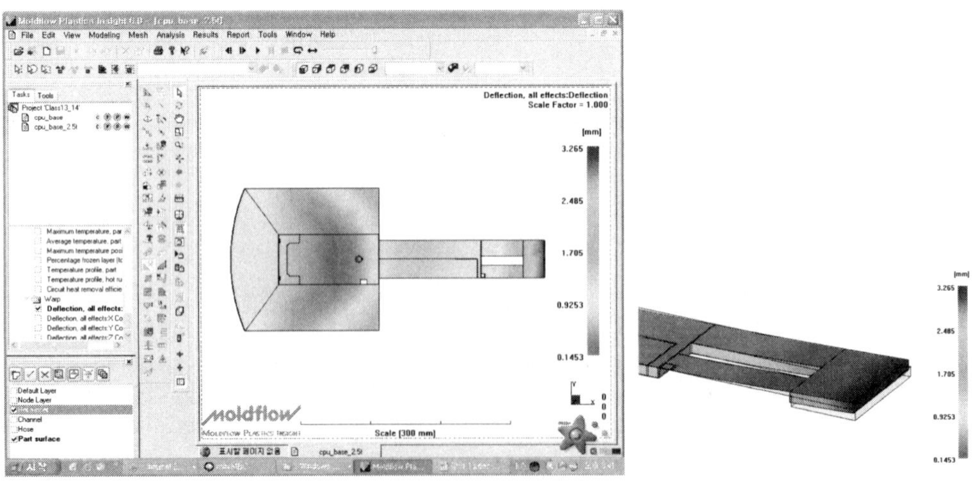

(4) 변형을 감소시키기 위하여 금형의 냉각수 온도를 변경하여 성형해석을 다시 수행한다.

Cpu_base_2.5t.sdy 파일을 duplicate 한 후 cup_base_2.5t_core30.sdy로 rename 한다. 모델링 창에 cup_base_2.5t_core30.sdy를 오픈하고 작업을 시작한다.

성형품의 변형이 상측방향으로 오목한 휨이 발생하므로, 이를 감소시키기 위하여 코어측의 냉각수 온도를 캐비티측 온도보다 약간 높여서 해석을 수행해 본다. 모델링 창에서 코어측의 냉각수 inlet 화살표 2개 모두를 선택한 후(레이어 창에서 Default layer를 체크했을 경우에 나타남), Edit → Assign property를 선택 한 후, Assign property 창에서 New를 클릭하여 Coolant inlet을 선택한다. Coolant inlet property 창에서 Coolant control 내에서 Specified Reynolds Number를 선택하고, Coolant Reynolds number에 10000을 입력한다. 냉각수 온도를 30℃로 입력한다. 마지막으로 Coolant entrance core로 명칭에 입력하고, 확인한다. Assign property 창도 확인하여 닫는다.

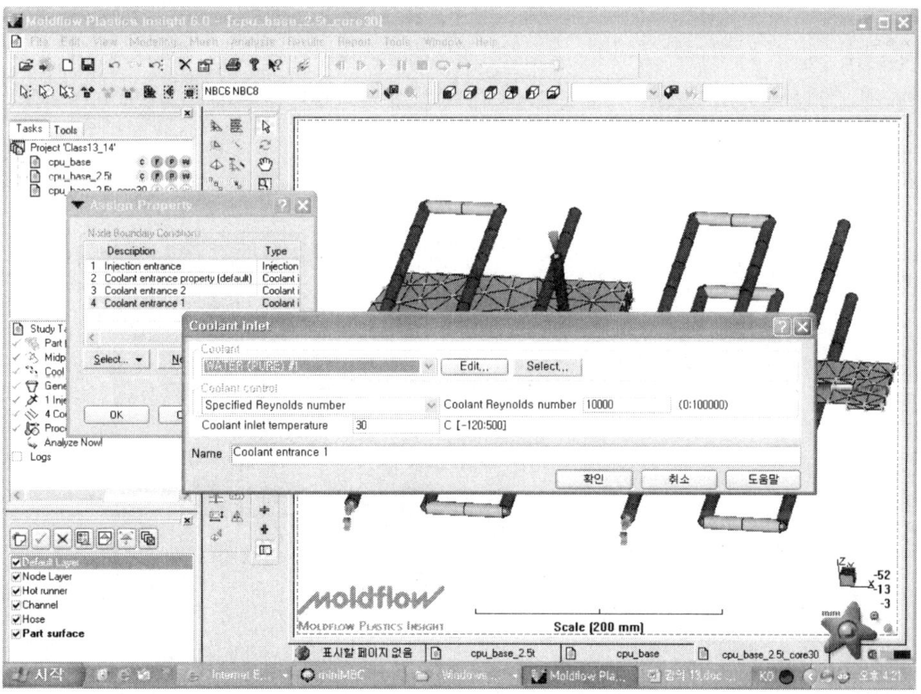

(5) 동일한 방법으로 캐비티측의 냉각수 입구 화살표 2개 모두를 선택하여, Coolant Reynolds number에 10000을 입력한다. 냉각수 온도를 25℃로 입력한다.

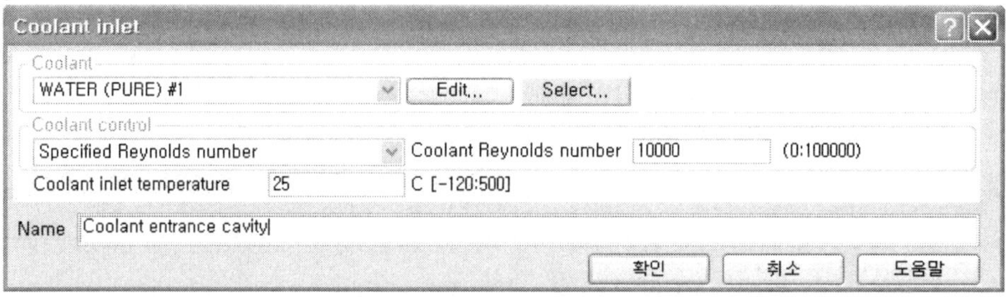

(6) 냉각수 property의 수정이 완료되었다면 성형해석을 실행하고, 그 결과를 비교한다.

해석 결과는 Fill time은 3.11(s), Deflection, all effects : Deflection에서 최대 변형은 2.92 mm으로 나타났다. 이는 이전의 두 번의 성형해석에서 예측되었던 변형 값에 비해 가장 작은 값이다. 그리고 냉각수 온도분포도를 살펴보면 캐비티측의 출수 온도가 약 1.5℃ 상승하였다. 일반적으로 냉각수의 입수와 출수에서의 온도편차는 2℃ 이하가 되어야 한다.

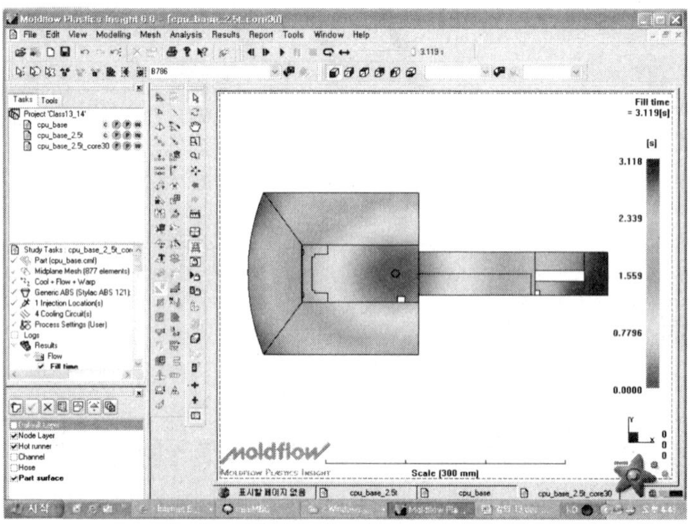

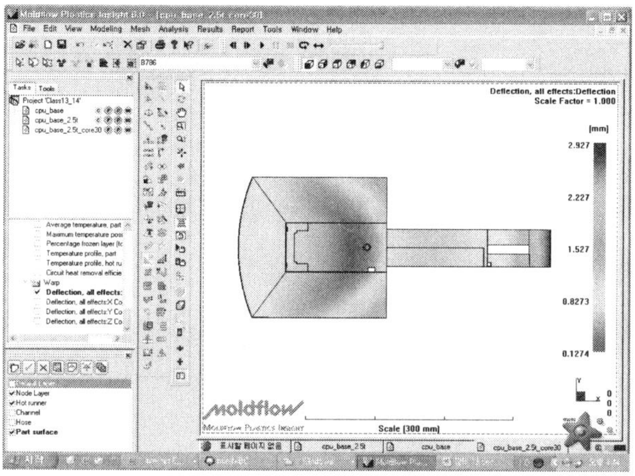

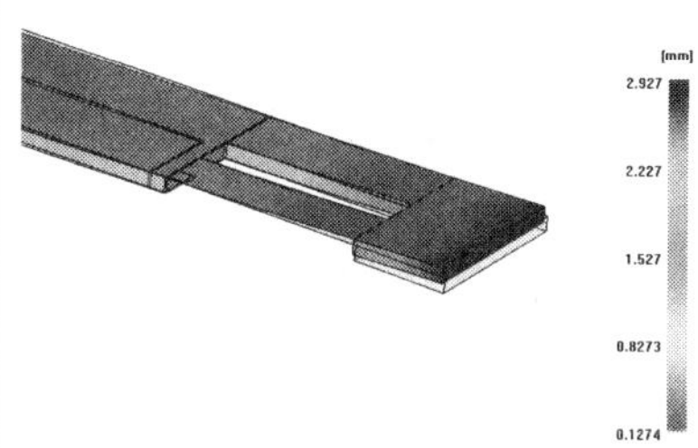

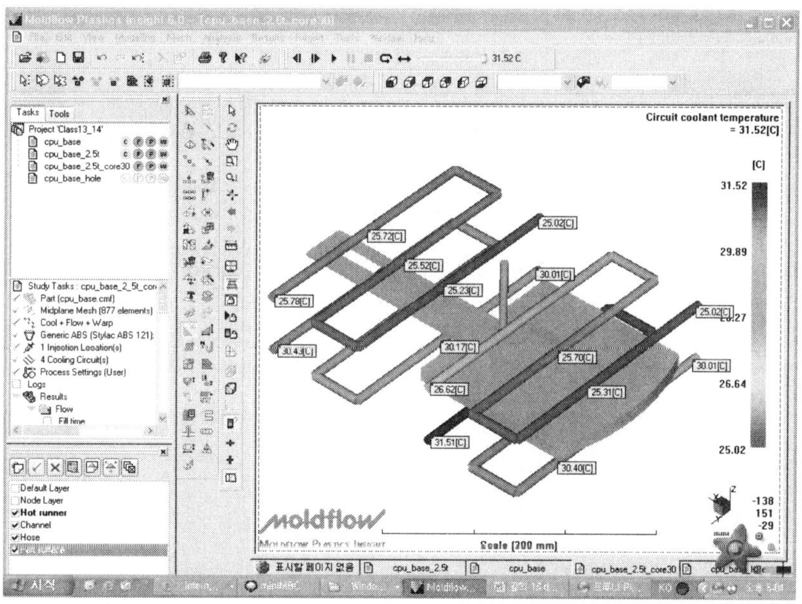

(7) 다음은 cpu_base 모델에 사각형 구멍을 모델링하여 성형했을 때 발생하는 웰드 라인을 예측하고자 한다.

Cpu_base_2.5t_core30.sdy 파일을 duplicate 한 후 cup_base_hole.sdy로 rename 한다. 모델링 창에 cup_base_hole.sdy를 오픈하고 모델의 수정 작업을 시작한다. 제품 정면의 좌측 중앙부에 다음과 같은 사각 구멍을 해당 엘리먼트를 삭제(delete)함으로서 만든다. 사각구멍을 모델링할 시 Insert Nodes와 Align Nodes 명령을 적절하게 이용한다. 구멍의 치수는 임의의 치수로 정한다.

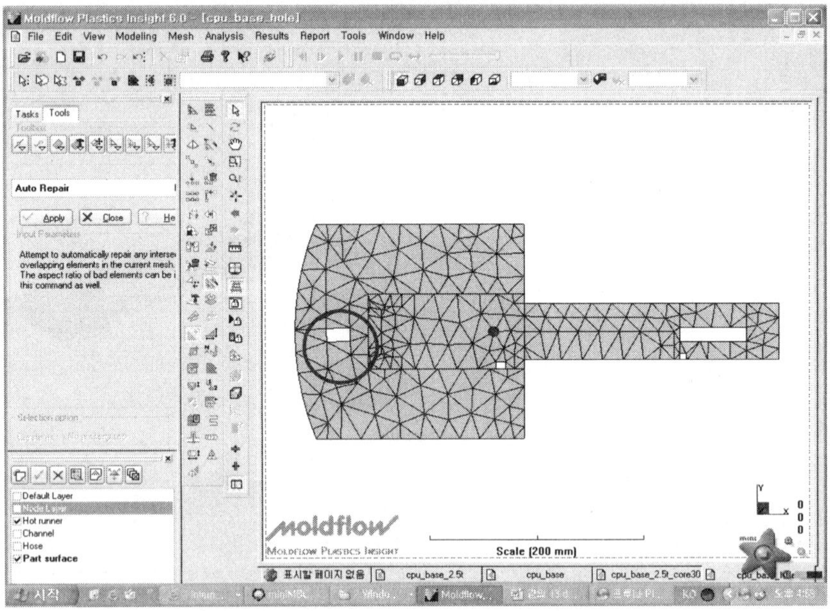

(8) 성형조건은 이전의 Cpu_base_2.5t_core30.sdy의 성형조건과 동일하게 하고, 성형해석을 수행한다.

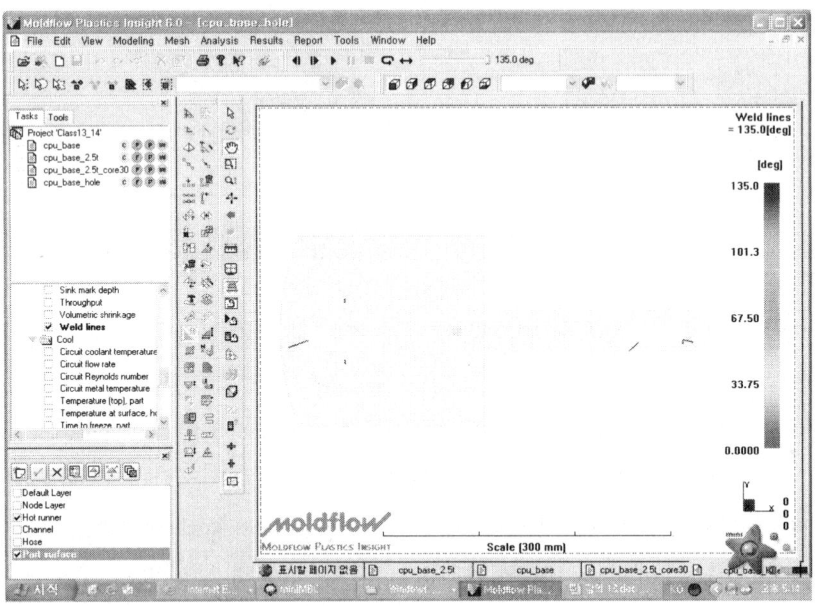

해석결과 중에서 웰드라인 결과를 체크하면 모델링 창에 웰드라인이 나타나는데 성형제품이 투명하게 나타나서 웰드라인과 구별하기 어려울 때가 있다. 이때에는 Result → Plot Properties를 선택하고, Plot properties 창에서 Mesh Display의 Element surface display를 Solid로 선택한다. Solid로 선택되었을 경우에는 해석결과(fill time, Pressure 등)를 보다 쉽게 볼 수 있다.

(9) Mesh Display에서 Element surface를 Solid로 바꾸면 모델링 창의 모델이 Solid로 바뀐다.

웰드라인의 길이를 측정하기 위해서 MB3의 Measure를 선택하면 모델링 창에 Measurements 창이 활성된다. 그리고, 커서는 작은 +로 바뀐다. +자 커서를 웰드라인의 시작점과 끝점에 두고 클릭하면 Measurements 창의 좌표와 거리, 벡터 등이 표시된다.

복습 문제

[1] 서술형

1. 형상 메쉬 모델에 새로 사각 구멍을 만들려고 할 경우, 그 수행 절차에 대해 설명하시오.
2. 형상 메쉬 모델에 대해 살 두께를 변경할 경우 그 처리절차를 적어 보시오.
3. 해석결과 웰드라인을 모델링 창에서 표현할 때 Result → Plot properties로 Polt properties 창에서 Mesh Display를 선택 시 Solid와 Transparent의 차이를 설명하시오.
4. 외관 성형불량 중의 하나인 weld line에 대해 상세히 설명하시오.

[2] 단답형

1. 웰드라인을 나타내는 color bar의 스케일은 길이 mm이다. (T/F)
2. 성형품의 살 두께가 얇은 부위는 두꺼운 부위보다 수지의 유동이 더 빨라진다. (T/F)
3. 성형품의 상측이 하측보다 더 뜨거울 경우 상측이 오므라지는 형태로 휨이 생긴다. (T/F)
4. 충전이 먼저 이루어진 영역에서의 밀도가 충전이 뒤늦게 이루어진 영역의 밀도보다 커진다. (T/F)
5. 냉각수의 레이놀즈 수를 입력할 때 통상 2000 정도의 값을 부여한다. (T/F)

[3] 토론형

1. MPI 6.0에서 메뉴 Results → Plot properties를 선택할 시 Plot properties 창에 나타나는 Animation, Methods, Scaling, Mesh Display, High light, Optional Setting의 기능들
2. Weld line과 Air traps의 비교

14장

금형설계와 성형품질 / 성형불량 (2)

학습목표

◦ 수지변경에 따른 성형성의 변동
◦ 게이트의 변경에 따른 성형성의 변동
◦ 냉각설계 변경에 따른 성형성의 변동
◦ 변형의 요인별 분석
◦ 성형불량의 원인과 대책 / 플로우 마크, 은줄, 흑줄 등

이론

◦ 부교재 제 15장 수축과 변형해석

실습

◦ Cup_base에 대한 게이트 변경, 냉각 시스템 변경에 따른 해석결과 비교
◦ Surface gate의 생성

특기사항 (준비물 및 과제 등)

◦ 성형불량 자료
◦ 팬 게이트(fan gate) 설계방안

14.1 수지 변경에 따른 성형성의 변동

이 장에서는 수지 재료를 다른 것으로 변경하였을 경우와 게이트의 위치와 형상을 변경하였을 경우에 성형성의 변동과 성형품질에 대해 학습한다.

제 13장에서 학습하였던 Project 'Class13_14'을 open하여 실습을 준비한다. 다음은 수지재료를 다른 것으로 변경했을 때의 성형해석 결과를 비교해 보는 절차에 대해 기술한 것이다.

(1) 최초의 sdy 모델 'cpu_base'를 duplicate하고, 새로운 sdy를 'cpu_base_PP'로 rename한다. 'cpu_base_PP'을 모델링 창에 활성화시키고, Tasks 창의 material에서 MB3의 Select Materials를 선택한다. Select materials 창이 활성화 되면 search 버튼을 클릭하고, Search criteria 창의 Family abbreviation를 선택하여, Substring에 PP라고 입력하고, 검색한다. 여러 개의 PP재료 중에서 GS Caltex Corporation Hi-Prene M540을 찾아서 선택한다.

주의 제조사에 GS, 수지명에 M540으로 입력한 후 검색하면 더 편리하게 찾을 수 있다.

(2) 다른 성형조건은 디폴트 값을 선택하고, 해석을 수행한다.

해석결과에서 Fill time은 약 3.05(s)이며, Pressure는 최대 33(MPa)으로 나타났다. ABS 재료일 경우와 비교하면 많은 차이가 있음을 알 수 있다.

아래 표 14-1은 ABS와 PP를 각각 대상 수지재료로 했을 때의 해석결과에 대한 비교표이다. 해석 결과 중에서 Sink mark depth에 많은 차이가 있다.

PP의 경우가 sink mark depth의 값이 상당히 증가한 것을 알 수 있다. 이러한 이유는 PP의 수축률이 ABS의 수축에 비하여 상당히 크기 때문이다. 이것은 각 수지 물성의 Detail에서 Shrinkage를 조사하면 알 수 있다.

▶ **표 14-1** ABS, PP수지에 대한 성형해석 결과

Results	Unit	Resin	
		ABS	PP
Fill time	Sec	3.432	3.059
Pressure	MPa	67.23	33.50
Max. clamp force	Ton	260	130
Max. sink mark depth	mm	0.043	0.38

14.2 냉각 시스템 변경에 따른 성형성의 변동

ABS를 사용하여 해석한 결과 중에서 Temperature(top), part와 Temperature(bottom), part를 모델링 창에 display하여 비교해 보면 아래 그림에서 알 수 있듯이, 핫 러너 주위의 온도가 상대적으로 높은 것을 알 수 있다.

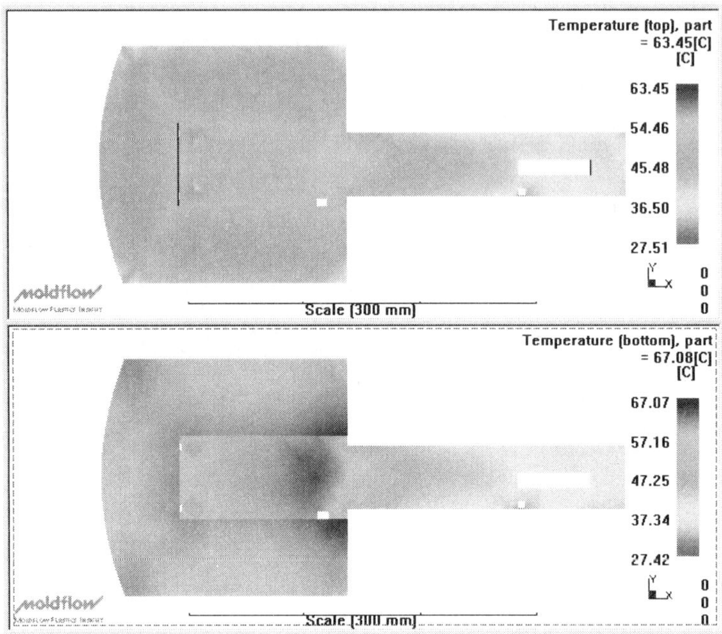

또한, Warp(변형) 결과 중에서 Deflection, all effects : Deflection 결과를 조사해 보면 최대 변형이 아래 그림과 같이 성형품의 우측 말단부에 나타남을 알 수 있다.

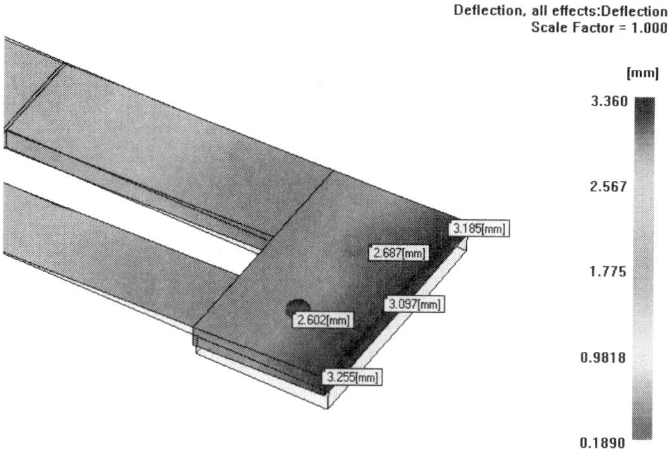

위의 두 결과로부터 핫 러너 주위와 최대 변형이 발생하는 성형품의 말단부에 냉각채널을 추가할 필요가 있음을 알 수 있다. 우선 핫 러너 주위의 냉각채널을 다음의 순서에 따라 수정한다.

(1) Cpu_case.sdy를 Duplicate하고, study의 명칭을 Cpu_case_cool.sdy로 rename 한다.

기존 냉각채널에서 코어측의 냉각채널은 그대로 두고, 캐비티측의 냉각채널만 아래 그림과 같이 추가로 설치한다. 냉각채널 삭제 시 아래와 같이 2개의 노드만 남겨두고, 나머지 노드들은 모두 삭제한다.

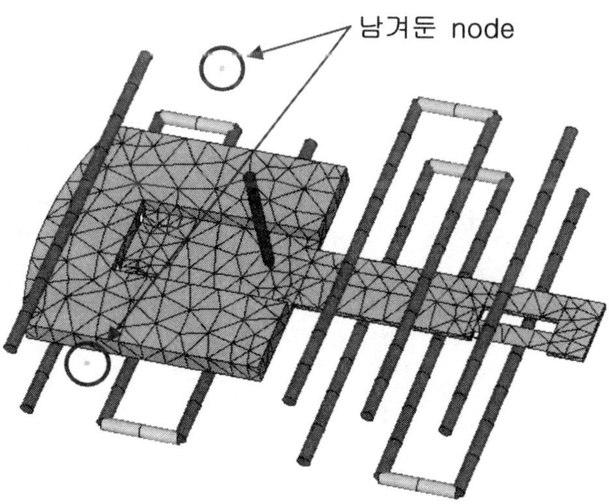

(2) 캐비티측에 남은 노드들의 중앙에 배플 냉각채널을 추가하기 위해 노드를 하나 생성시킨다.

Modeling → Create Nodes → Between Coordinate를 선택하고, 시작과 끝 노드를 각각 선택하여 노드들의 중앙에 새로운 노드를 생성시킨다. 새로 생성된 노드를 기준으로 +Y 방향으로 2 mm 위치에 또 다른 노드를 생성시킨다. 먼저 생성된 노드를 기준으로 -Z 방향으로 30의 위치에 배플의 끝점이 될 노드를 생성시킨다.

(3) 노드들을 연결하여 커브를 만들고, 각각의 커브에 property를 입력한다.

Modeling → Create Curves → Line를 선택하고, 커브를 아래와 같이 생성시킨다.

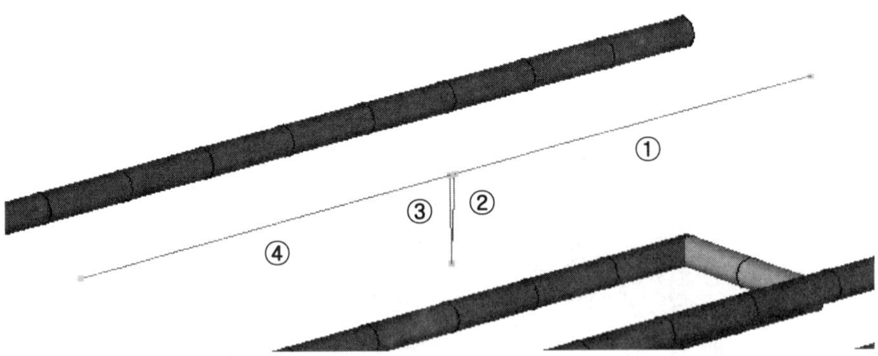

생성된 커브에 대하여 성질을 입력한다. 커브 ①을 선택하고, Ø12의 냉각채널로 properties를 입력한다. 커브 ②를 선택하고, Ø15의 배플로 property에 입력한다. 커브 ③을 선택하고, Ø15의 배플로 property에 입력한다. 마지막으로 커브 ④를 선택하고, 커브 ①과 동일한 property를 입력한다. 모든 커브에 대한 입력이 끝나면 커브 전부를 선택하고, Define mesh density를 20으로 정의한다.

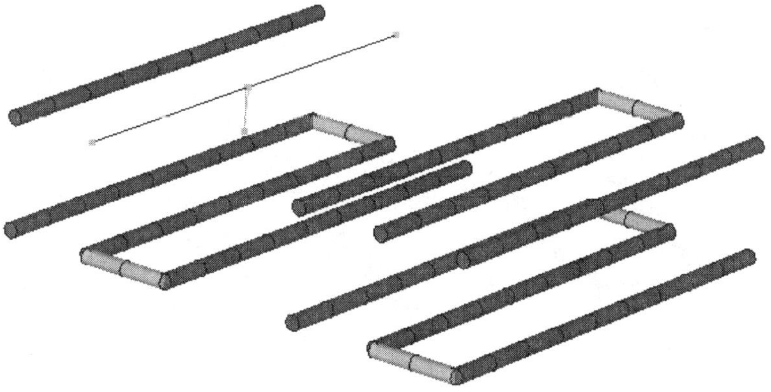

(4) 앞 단계에서 작성된 빔 메쉬를 복사, 이동하여 냉각채널을 구성한다.

Define mesh density 정의가 끝난 커브 모두를 선택하고, +X 방향으로 63.5 위치에 2개 복사한다. 그리고 우측에 있는 직선 채널도 +X 방향으로 63.5 위치에 복사한다.

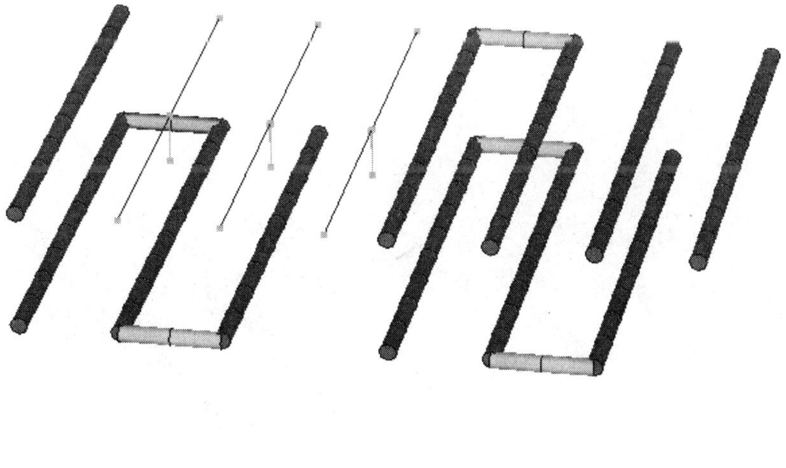

(5) 냉각채널을 연결하는 호스(hose)를 모델링하기 위해 커브를 새로 생성시킨다.

냉각채널을 연결하는 커브는 아래 그림과 같다. 작성된 호스 커브를 모두 선택하고, property에 직경을 Ø12로 정의한다. 그리고 Define mesh density를 선택하고, 길이는 20으로 정의한다.

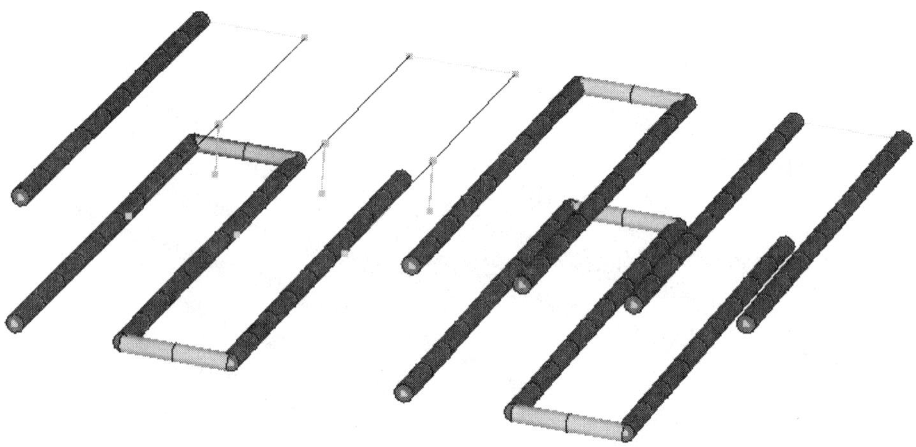

(6) 냉각채널의 정의가 끝나면 마지막으로 메쉬를 생성시킨다.

냉각채널 모두를 모델링 창에 디스플레이 시켜 선택하고, Mesh → Generate 메쉬를 선택한다. 메쉬를 생성시키기 전에 기존의 빔 메쉬가 있으므로, 옵션에서 Remesh를 선택하여 메쉬를 생성시킨다.

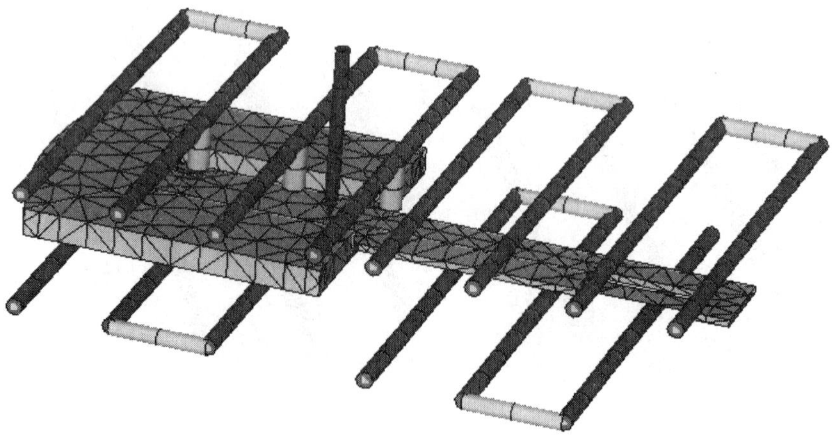

(7) 캐비티측의 우측 냉각채널의 위치를 수정한다. 이동 방향은 +X 방향으로 20, -Z 방향으로 20으로 한다.

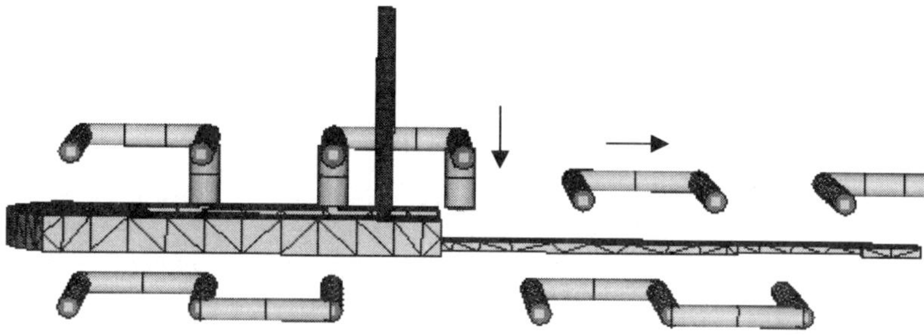

(8) 냉각수의 입수부를 정의하고, 냉각수 온도를 모두 25℃로 정의한다. 입수부를 정의하기 위하여 기존의 냉각수 입수부로 정의한 것은 삭제한다.

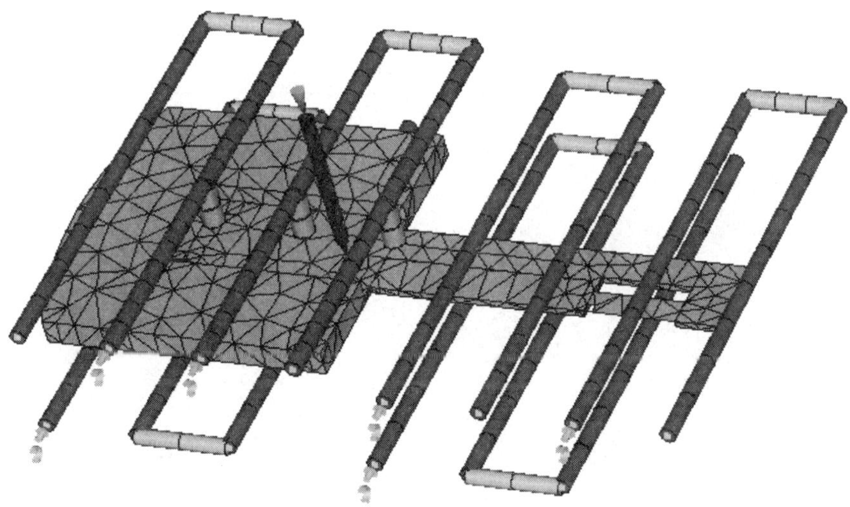

(9) 해석을 실행하고, 그 결과를 Cpu_case의 결과와 비교한다.

표 14-2는 냉각채널을 수정하기 전과 수정한 후의 성형해석 결과 중에서 주요한 것을 비교한 표이다.

▶ **표 14-2** 냉각채널 수정 전후에 대한 해석결과 비교

Results \ channel	수정 전	수정 후
Fill time	3.432(s)	3.438(s)
Temperature(top), part	50.4℃ ~ 52.4℃ [그림 A-1]	50.1℃ ~ 51.4℃ [그림 A-2]
Temperature(bottom), part	55.6℃ ~ 60.5℃ [그림 A-3]	50.3℃ ~ 53.5℃ [그림 A-4]
Time to freeze, part	22.19(s)	21.54(s)
Deflection	3.36(mm)	2.99(mm)

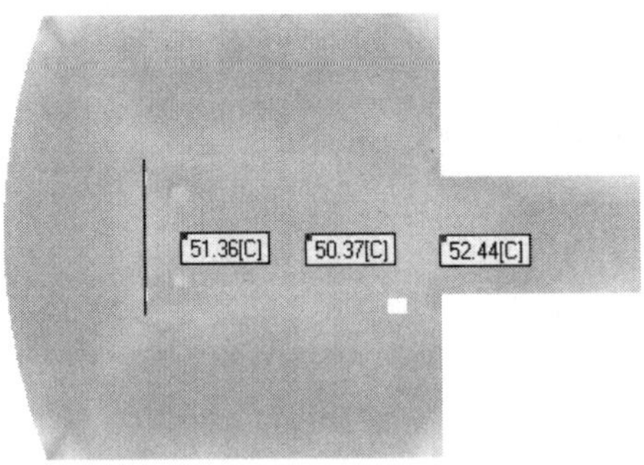

▲ [그림 A-1]

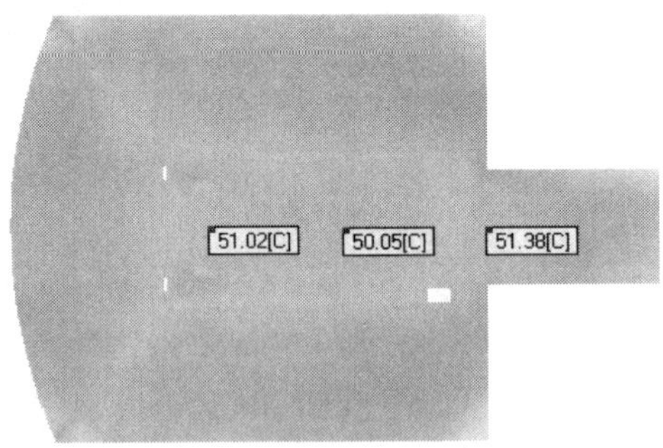

▲ [그림 A-2]

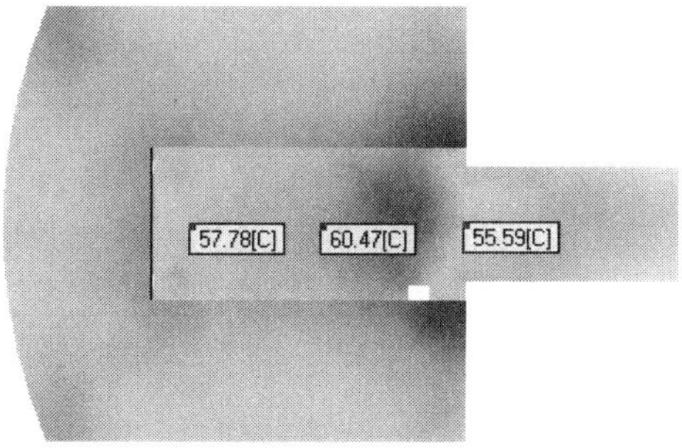

▲ [그림 A-3]

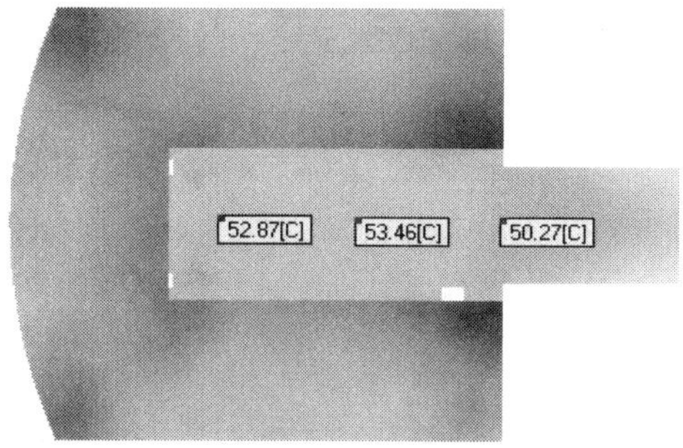

▲ [그림 A-4]

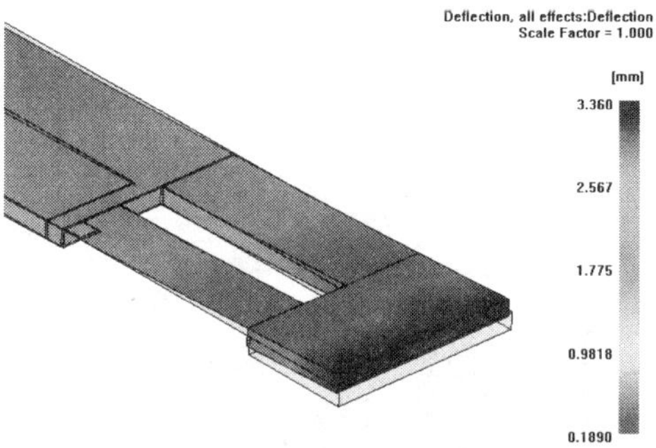

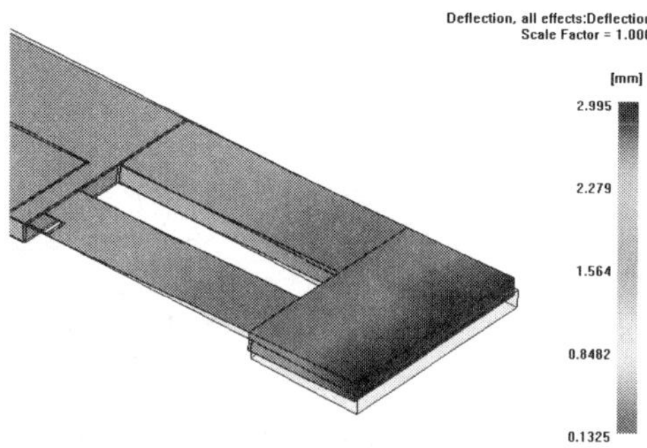

수정된 냉각채널의 경우에는 성형품의 표면온도와 성형품의 취출을 위한 냉각 시간, 변형량에서 각각 개선 효과를 보였다.

14.3 게이트 형상과 위치 변경에 의한 성형성

기존의 Cpu_base 모델은 핫 러너와 핫 게이트로 러너 시스템이 구성되어 있다. 다음은 신규로 사이드 게이트 위에 핫 게이트를 설치하는 러너 시스템으로, 다음의 순서에 따라 러너 시스템을 다시 설계해 본다. 이번 과제는 빔 메쉬가 아닌 미드플랜 메쉬를 이용하여 콜드 게이트를 정의하는 것이 특징이다.

(1) Cpu_base_cool 모델을 duplicate하고, cpu_base_side gate로 rename 한다. 기존의 핫 러너와 관련된 노드를 지운다.

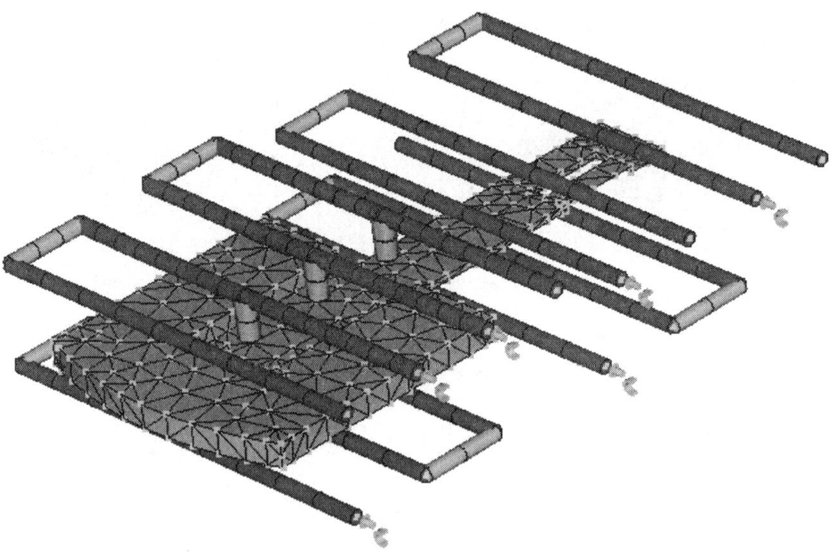

(2) 성형품을 정면으로 디스플레이 시킨 후, 성형품의 왼쪽 가장자리 상측면의 노드 5개를 다음과 같이 선택하고, -X 방향으로 5개를 복사한다.

레이어 창에 새로운 레이어를 하나 만들고, gate라 rename하고 새로 생성된 5줄의 노드들을 할당한다.

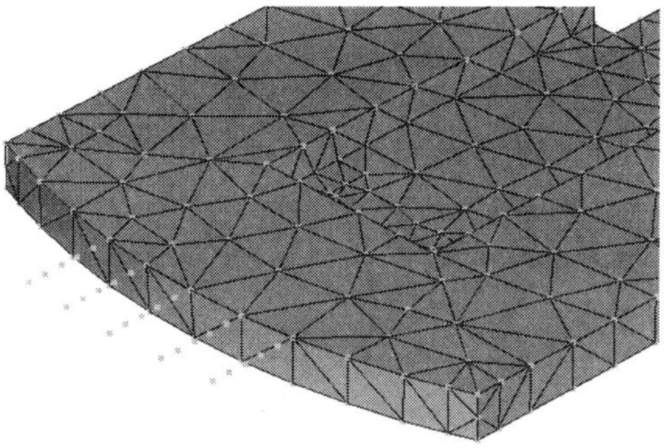

(3) 새로 생성된 노드들을 아래와 같이 남기고 나머지는 삭제한다.

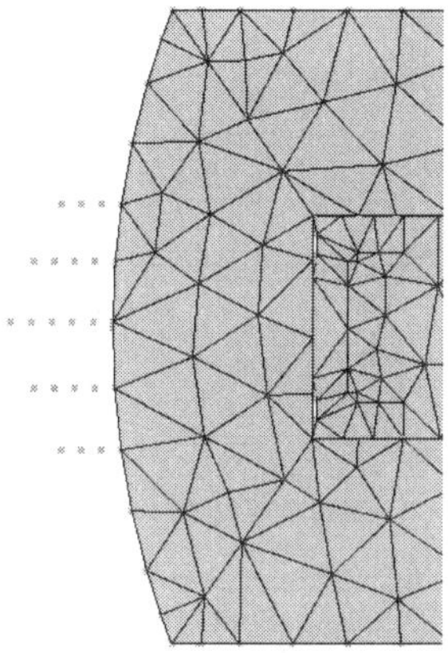

(4) Part의 노드와 첫 번째 줄의 노드를 Fill Hole 메뉴를 이용하여 메쉬를 생성시킨다.

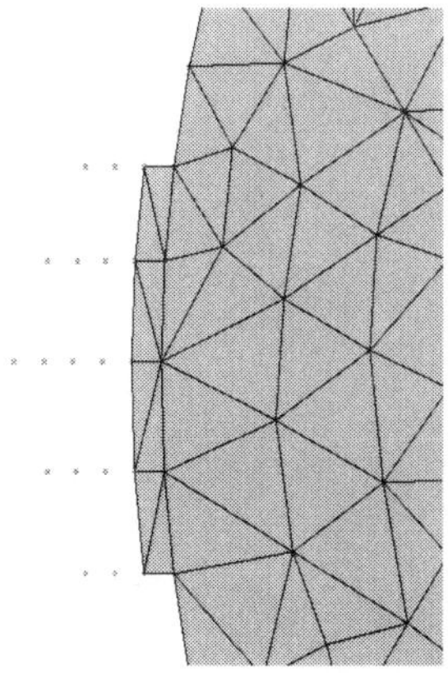

새로 생성된 메쉬를 모두 선택한 후, Edit → Assign Property를 선택한다. Assign Property 창에서 New 내에 있는 Cold gate surface(Midplane)을 선택한다.

Cold gate surface(Midplane)를 정의하는 창에서 두께를 1.5 mm로 정의하고, 명칭을 'Cold gate surface 1'로 정의하고, 창을 닫는다.

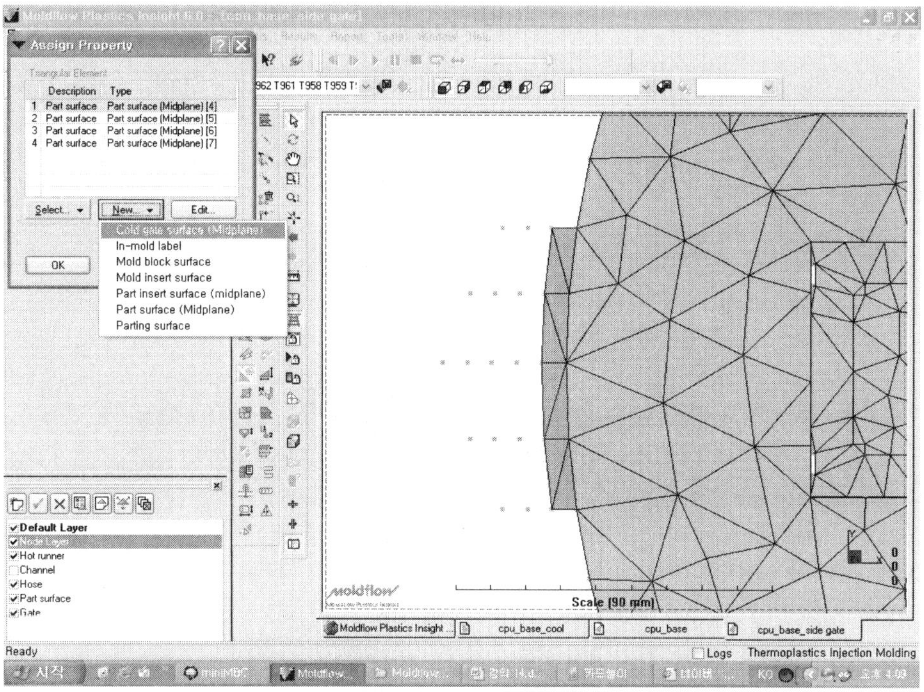

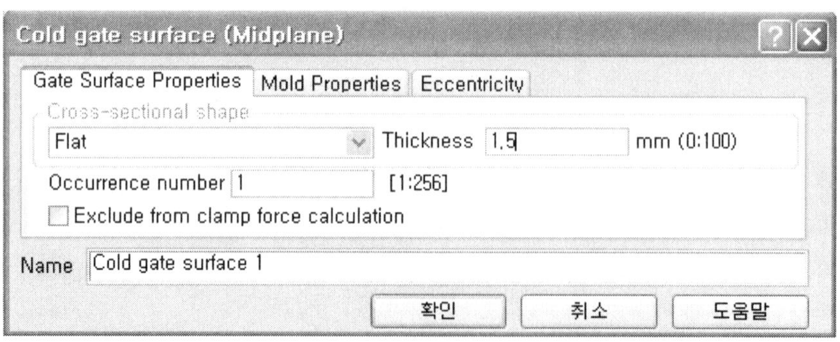

(5) 정의가 끝난 첫 번째 줄의 메쉬를 이용하여 아래 그림과 같이 다시 메쉬를 생성시킨다. 메쉬의 생성 방법은 (4)항과 같다.

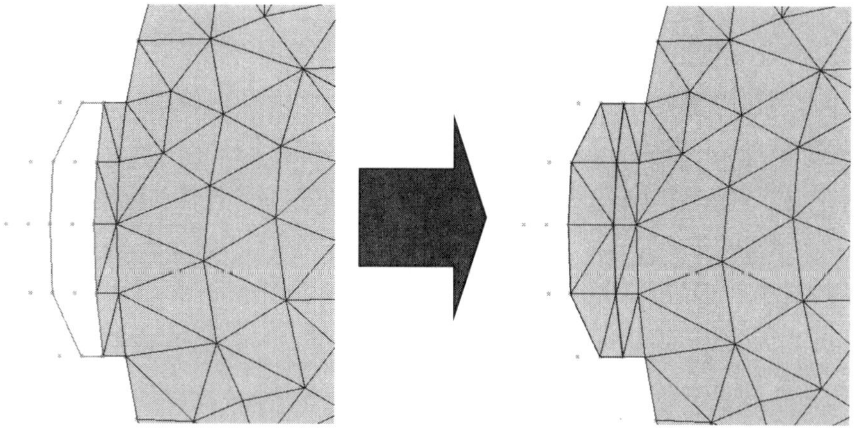

생성된 메쉬를 모두 선택한 후, Edit → Assign Property를 선택한다. 나타난 Assign Property 창에서 New의 Cold gate surface(Midplane)을 선택한다. Cold gate surface(Midplane)를 정의하는 창에서 두께를 3.0 mm로 정의하고, name을 'Cold gate surface 2'로 정의하고, 창을 닫는다.

(6) 직전에 정의한 메쉬를 이용하여 나머지 노드를 연결하여 메쉬를 다음과 같이 생성시킨다.

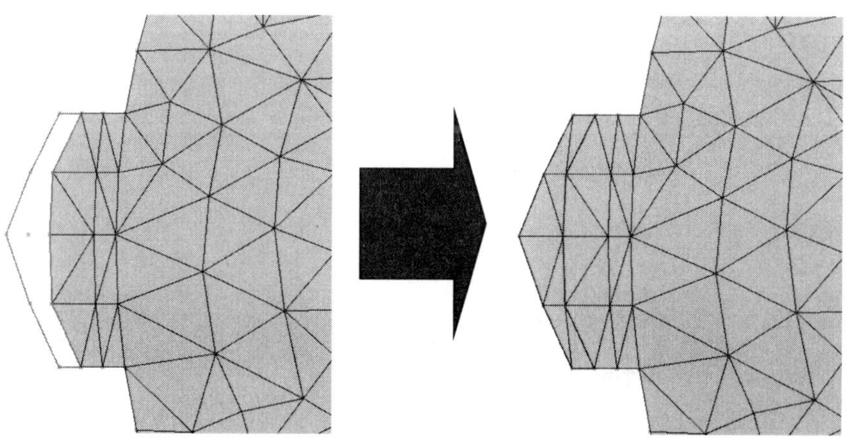

생성된 메쉬를 모두 선택한 후, Edit → Assign Property를 선택한다. Assign Property 창에서 New 내에 있는 Cold gate surface(Midplane)을 선택한다.

Cold gate surface(Midplane)를 정의하는 창에서 두께를 4.5 mm로 정의하고, 명칭을 'Cold gate surface 3'으로 정의하고, 창을 닫는다.

(7) 스프루를 생성시키기 위한 노드를 만든다. 게이트의 시작 노드를 선택하고, +Z 방향으로 150 mm 위치에 노드를 생성시킨다. 노드와 노드 사이에 커브를 생성시키고, property를 입력한다. 스프루의 입구 직경은 3, 게이트 연결되는 직경은 8로 정의한다. Property가 정의된 커브는 Define mesh density에서 길이는 20으로 정의하고, 메쉬를 생성시킨다.

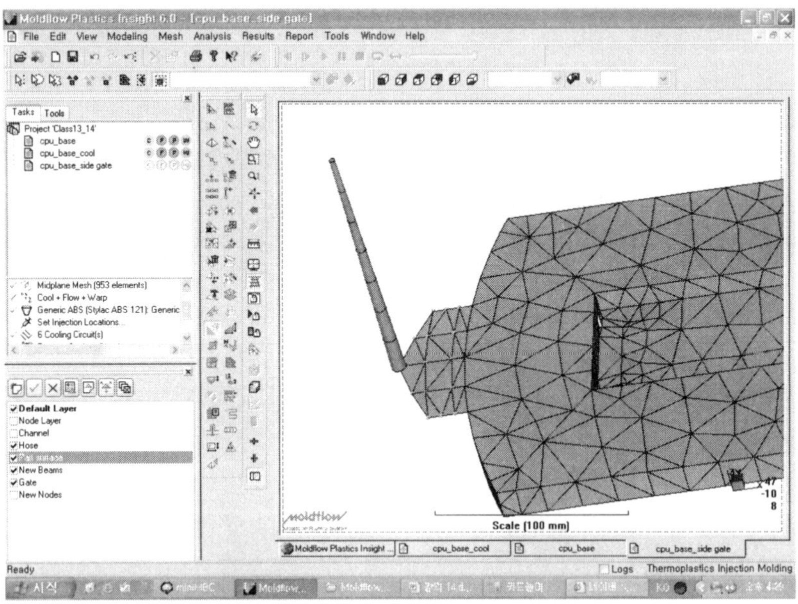

(8) 마지막으로 Global merge를 수행한 후 사출 주입구를 정의하고, 모델링을 마친다.

(9) 성형해석을 수행한다.

주의 위의 해석결과에서 Pressure가 100 MPa 이상으로 나타나므로, 위에서 정의한 해석모델은 적절한 모델이라 할 수 없다. 단지, 위의 예는 미드플랜을 이용하여 게이트를 모델링 하는 방법을 설명하기 위한 것이다.

복습 문제

[1] 서술형

1. 성형해석에서 대상 수지를 변경하는 방법에 대해 설명하시오.
2. 이미 설계되어 있는 냉각채널 메쉬를 수정하는 방법에 대해 설명하시오.
3. 팬형 사이드 게이트를 모델링 하는 방법을 적어보시오.
4. 성형품의 외관 불량인 싱크 마크와 싱크 지수(sink index)의 정의에 대해 설명하시오.
5. ABS 수지의 대표적인 그레이드(grade)를 조사하여 정리해 보시오.

[2] 단답형

1. PP 수지의 수축률이 ABS의 수축률보다 크다. (T/F)
2. 플로우 마크는 성형작업시 사출 속도가 상대적으로 빠를 때 잘 일어난다. (T/F)
3. 은줄(silver streak)는 MPI의 유동해석 결과에서 찾을 수 있다. (T/F)
4. 싱크 인덱스의 값이 클수록 싱크의 깊이가 커진다. (T/F)
5. 성형해석결과 사출 압력이 100 ~ 200 MPa 정도이면 일반적인 사출성형기로서는 별 문제없이 성형할 수 있다. (T/F)

[3] 토론형

1. 외관불량중의 하나인 은줄과 흑줄의 비교
2. 외관 제품에 싱크가 잘 일어나는 부위와 감소 대책
3. 사이드 게이트를 제품 메쉬(midplane mesh or fusion mesh)로 모델링 하는 방식과 빔 메쉬(beam mesh)로 모델링 하는 방식

15장

3D 해석

학습목표

◦ 3D 모델링

◦ 3D 해석결과

이론

◦ Tetrahedral mesh를 만드는 방법

실습

◦ Fusion 메쉬를 이용하여 tetrahedral 메쉬 작성

특기사항 (준비물 및 과제 등)

◦ CAD 모델 : filter lid.x t

15.1 3D(tetrahedral) 메쉬 모델링

아래 그림 15-1은 이 장에서 3D 메쉬 작업을 수행할 대상모델이다. 해당 제품은 정수기 필터 뚜껑이며 제품의 살 두께가 일정하지 않은 모델이다. 이처럼 제품의 살 두께가 일정하지 않으면서 두꺼운 제품은 미드플랜이나 퓨전 메쉬로 해석을 수행하기에 적합하지 않다.

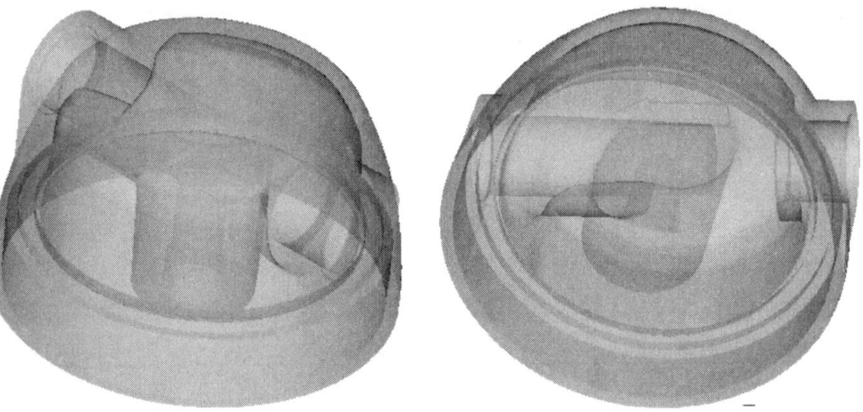

▲ 그림 15-1 제품 모델

다음은 제품 모델에 대한 3D 메쉬 모델을 작성하는 순서를 기술한 것이다. 메쉬 작업은 MPI 6.0에서 수행하였으며, MPI 6.1버전에서 3D 해석에 대한 개선사항이 있었기 때문에 3D 해석은 MPI 6.1 버전을 사용하였다.

(1) 새로운 Project를 만들고, project명을 filter_lid_3Dmesh이라 한다. 미리 준비한 filter_lid.x_t를 import 시킨다. 이 때 퓨전 상태로 해당모델을 불러온다. 해당 모델을 불러온 후 mesh density를 3으로 하여 메쉬 작업을 실행시킨다. 다음은 메쉬 작업을 수행한 모델의 형상과 mesh statistics를 나타낸 것이다.

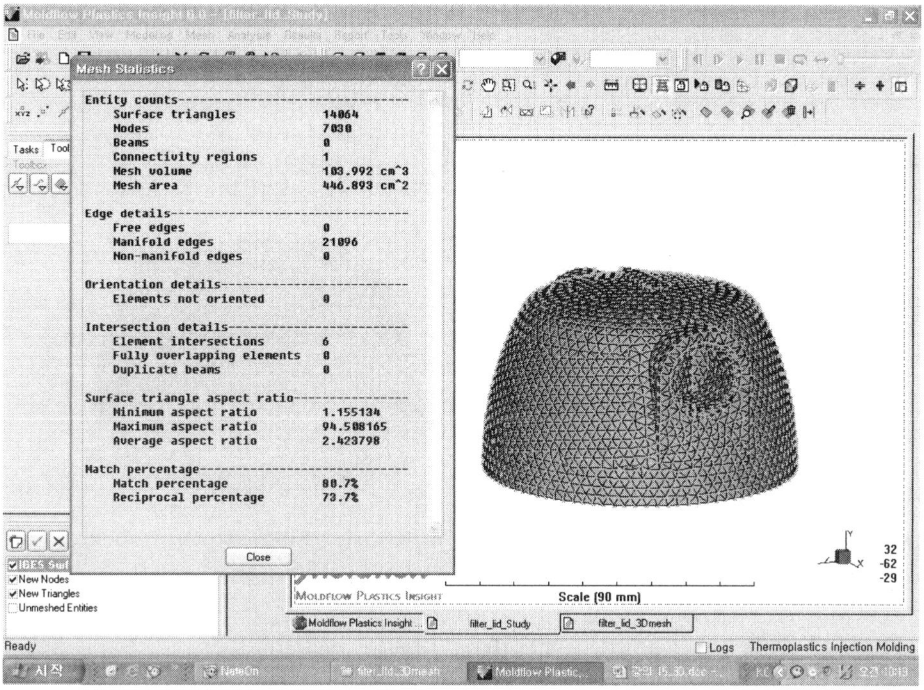

(2) mesh statistic 내용 중 intersecton된 메쉬를 수정하고, aspect ratio가 높은 엘리먼트 및 불량 엘리먼트를 수정한다. Aspect ratio가 높은 엘리먼트를 수정하였음에도 불구하여 match percentage가 낮을 경우에는 기본 형상이 크게 변형되지 않는 범위 내에서 두께 방향으로 매치가 되지 않는 엘리먼트를 수정한다. 3D 메쉬는 퓨전 메쉬와 다르게 표면 메쉬가 완성된 후 수작업으로 수정 할 수가 없다. 그러므로 3D 메쉬의 완성도는 퓨전 메쉬의 완성도와 관련이 있나. 나음 그림은 퓨전 메쉬 모델의 수정 후의 제품 형상과 mesh statistics를 나타낸 것이다.

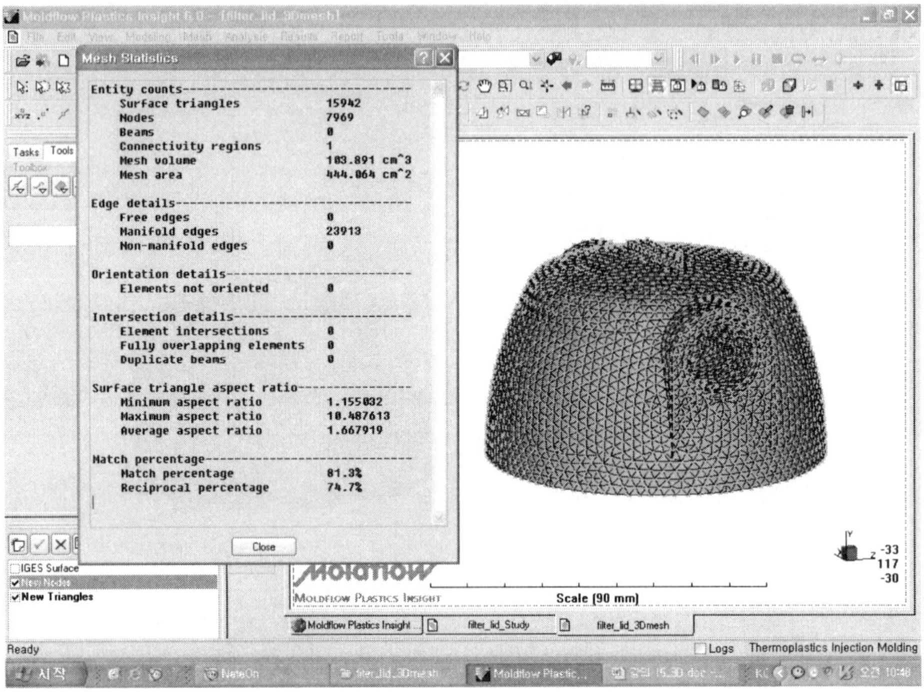

(3) 퓨전 메쉬의 메쉬 품질을 수정하였으면 3D 메쉬 생성작업을 수행한다. 우선 Task 창에서 Fusion mesh를 클릭하고 마우스의 MB3 버튼을 클릭한다. Set mesh type을 3D로 설정한다. 아래 그림과 같이 Task 창의 메쉬 항목이 3D 메쉬로 변하는 것을 확인할 수 있다.

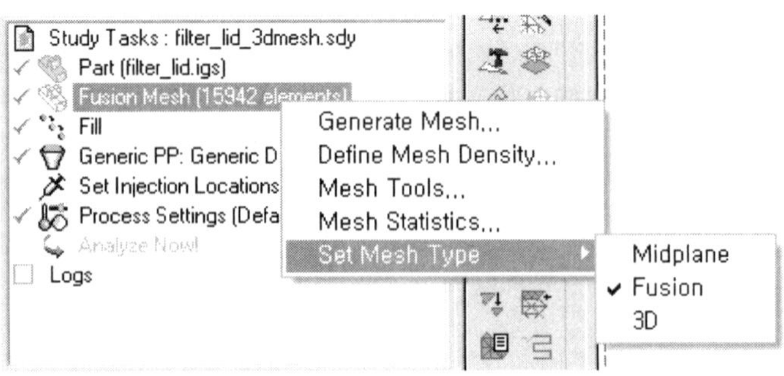

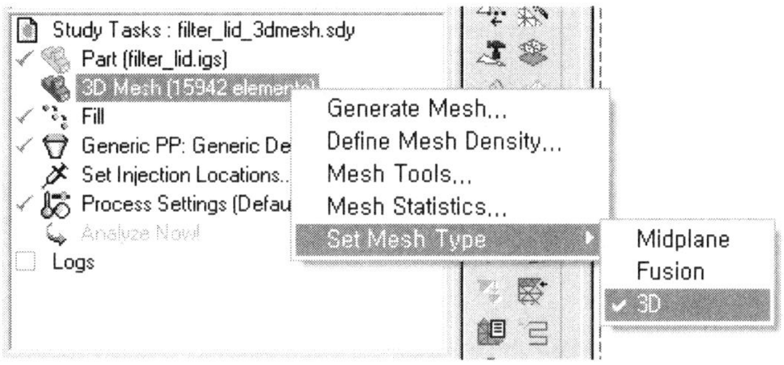

(4) 메쉬 타입을 3D로 변경한 후 Generate mesh 작업을 수행한다. Global mesh length는 기존의 퓨전 메쉬와 동일한 3으로 하고, 'Remesh already meshed parts of the model' 항목을 체크한다.

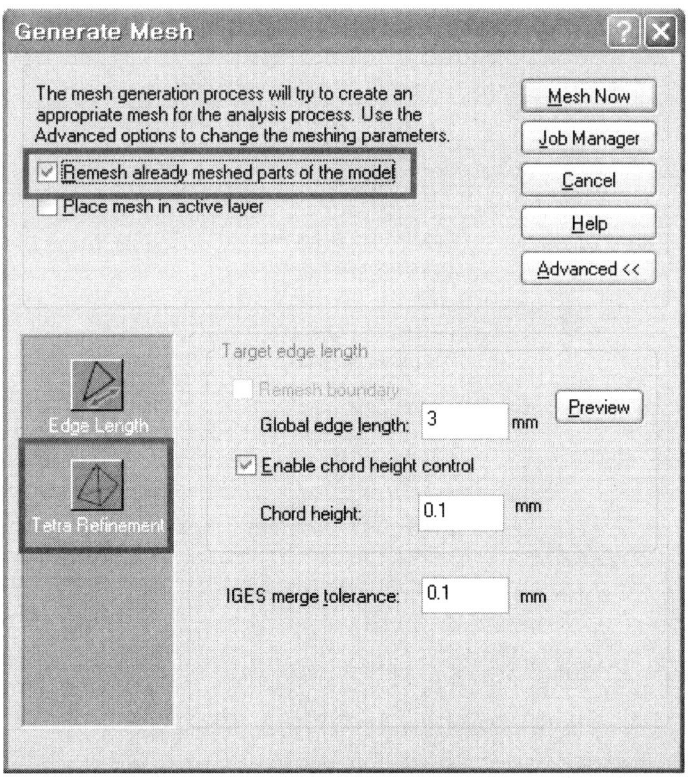

(5) 왼쪽 가운데에 있는 Tetra refinement 버튼을 클릭하면 다음과 같은 창이 나타나는데, 이 중 'Minimum number of elements through the thickness'라는 항목이 있다. 이것은 3D 메쉬를 생성할 때 제품의 두께 방향으로 몇 개의 층을 나눌 것인지를 결정하는 항목이다. 디폴트는 6으로 되어 있으나 사용자가 임의로 층의 갯수를 조정할 수 있다. 층의 개수를 많이 하면 할수록 두께에 부여된 층이 많이 생성되기 때문에 해석의 정확도는 높아진다. 그러나 그만큼 메쉬의 개수가 지수함수적으로 많아져 해석시간이 오래 걸린다.

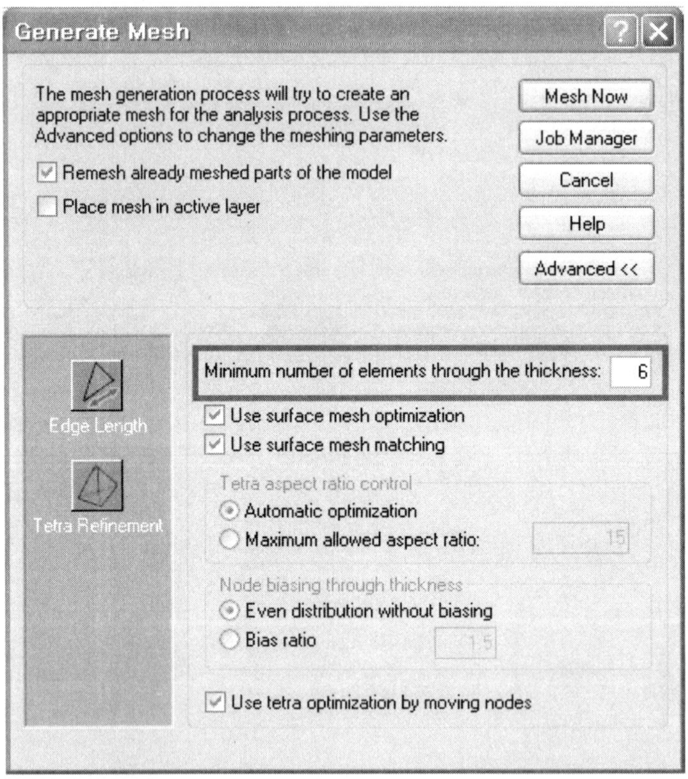

(6) Mesh now를 클릭하여 3D 메쉬 작업을 수행한다. 다음 그림은 3D 메쉬가 완성된 모습이다. 3D 메쉬가 맞게 생성되었는지 확인하기 위해 제품의 임의의 한 부분을 선택하여 삭제해보면, 다음 그림에서와 같이 두께 방향으로 6개의 층으로 이루어진 3D 메쉬가 생성된 것을 확인할 수 있다.

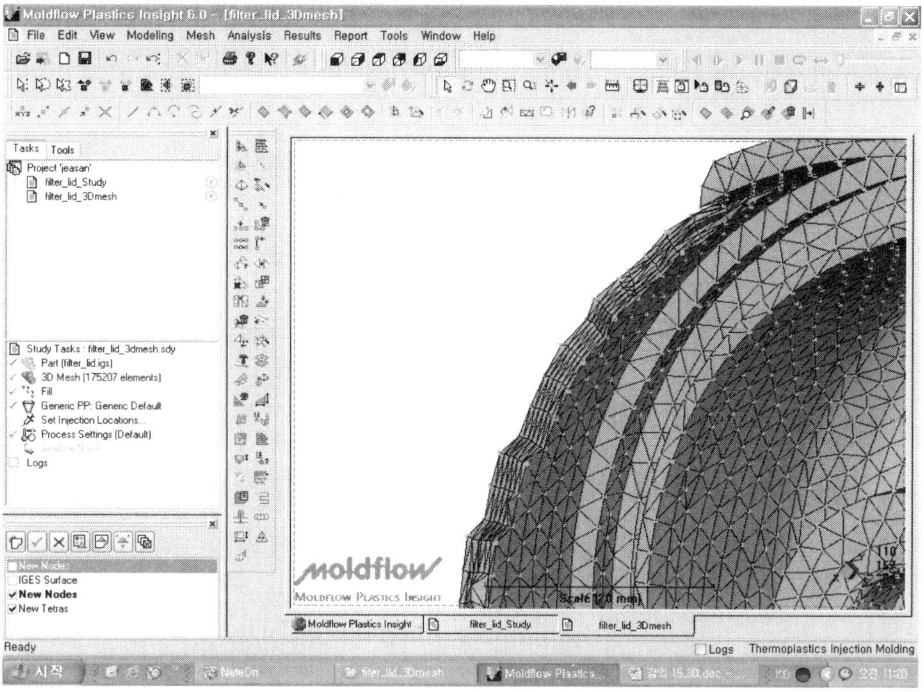

(7) 3D 메쉬가 완성되면 해석을 수행하기 위하여 게이트와 러너 시스템을 작성한다. 본 제품은 금형설계시 다이렉트 게이트로 설계되어 있었다. 제품 상단 중앙에 게이트가 위치할 노드를 선택하고, 그 노드를 Z축 방향으로 80 mm 복사시킨다.

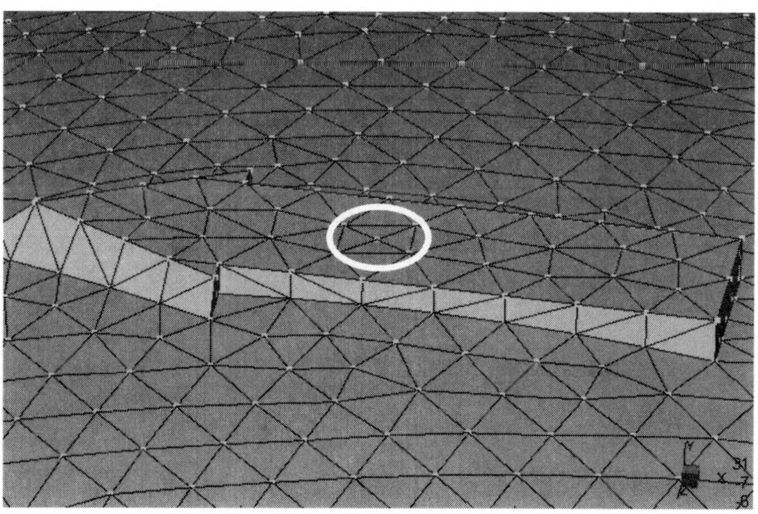

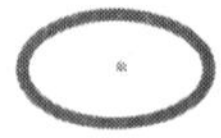

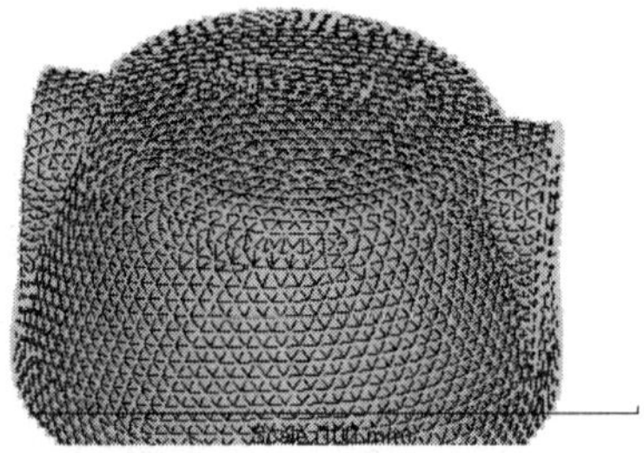

(8) 다이렉트 게이트를 만들기 위하여 노드와 노드 사이를 라인을 이용하여 연결한다. 생성된 라인을 cold sprue로 정의한 후, Tapered(by end dimensions)을 선택한다.

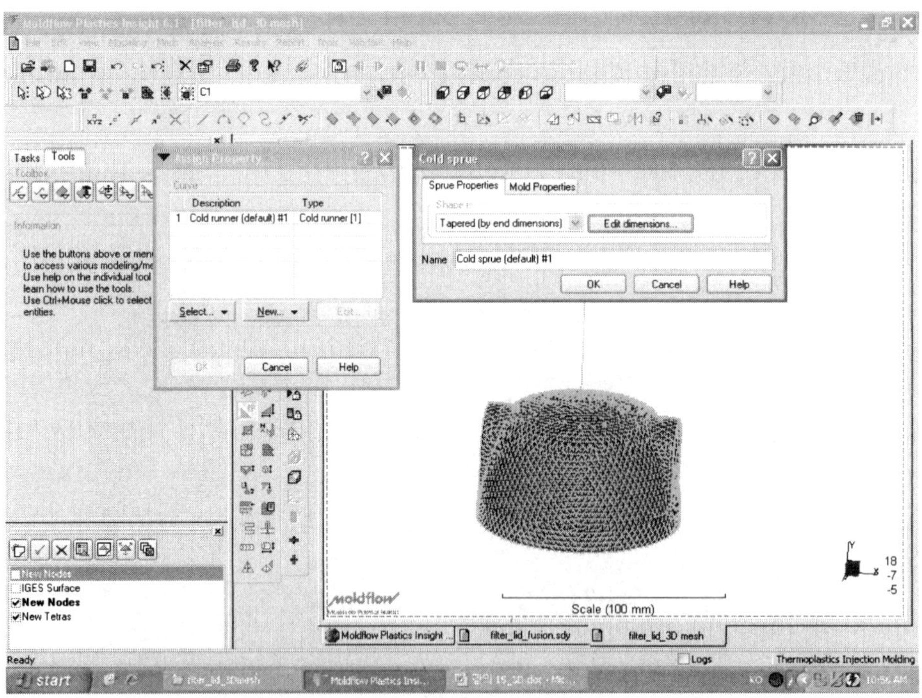

(9) 제품과 맞닿는 게이트 쪽의 직경은 7.18 mm이며, 스프루 쪽의 직경은 3.63 mm이다. 라인을 생성할 때 선택했던 순서대로 start 값과 end 값을 입력한 후 OK를 클릭한다. 라인에 대한 property의 정의가 끝났으면, 새로운 레이어를 생성하여 생성된 라인을 새로운 레이어에 할당한다. 그리고 빔메쉬 작업을 위하여 생성한 라인만 남기고 다른 요소들은 레이어에 숨긴다.

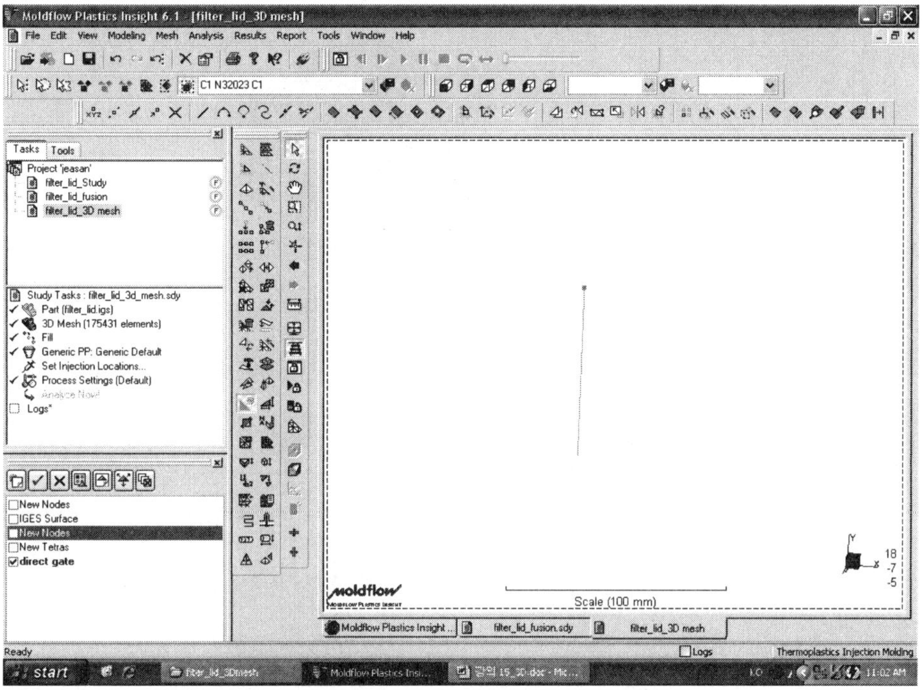

(10) Generate mesh를 이용하여 빔메쉬를 작성한다. 이때, 메쉬의 사이즈는 20 mm로 한다. 다음은 빔 메쉬가 완성된 그림이다.

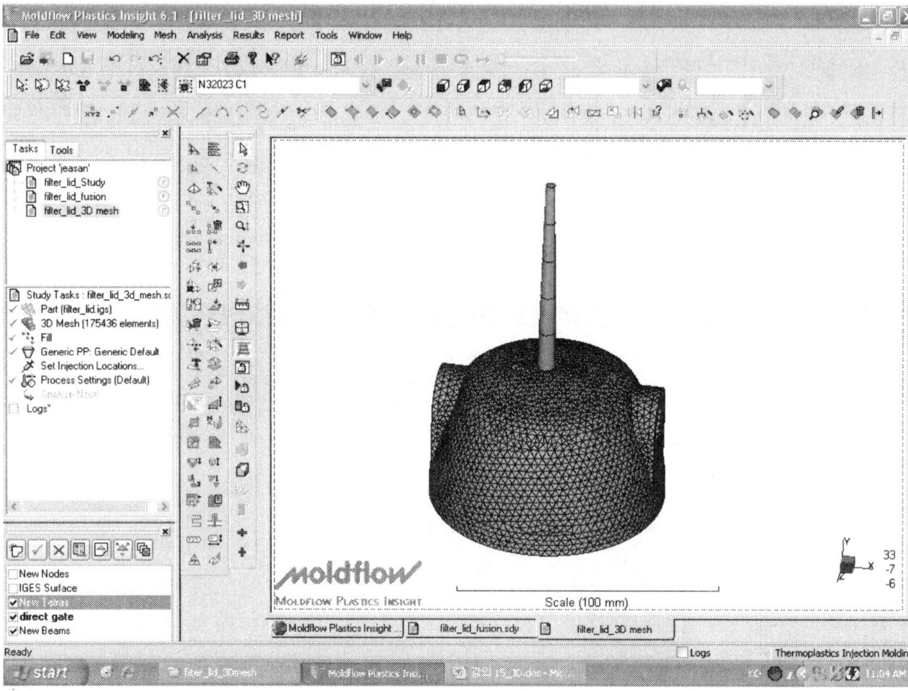

(11) 해석 타입을 flow로 선택하고 수지 주입구를 선정한다. 사용수지는 디폴트로 지정되어있는 PP수지를 그대로 사용할 것이며, 성형조건 또한 디폴트 값을 사용한다. 해석을 위한 모든 작업이 끝났으면 Analyze now를 클릭하여 해석을 수행한다.

15.2 3D 해석결과

3D 해석을 수행하고 난 후의 해석결과를 살펴보면 퓨전이나 미드플랜 해석결과에서 볼 수 없는 항목을 볼 수 있다. 다음은 midplane, fusion 및 3D 해석을 수행하였을 경우, 결과로 나타나는 항목들을 정리한 것이다.

▶ Flow analysis results

Result	Available for mesh type
% Shot weight:XY Plot	Midplane, Fusion
Air traps	Midplane, Fusion
Air traps (3D)	3D
Average velocity	Midplane, Fusion
Bulk temperature	Midplane, Fusion
Bulk temperature (elemental)	Midplane, Fusion
Bulk temperature (nodal)	Midplane, Fusion
Bulk temperature at end of fill	Midplane, Fusion
Clamp force:XY Plot	Midplane, Fusion
Clamp force centroid	Midplane, Fusion
Density	3D
Displacements, core*	Midplane, Fusion, 3D
Displacements, final shift*	Midplane, Fusion, 3D
Extension rate (3D)	3D
Fill time	Midplane, Fusion, 3D
Flow rate, beams*	Midplane, Fusion, 3D
Freeze time (3D)	3D
Frozen layer fraction	Midplane, Fusion
Frozen layer fraction at end of filling	Midplane, Fusion
Frozen pressure	Midplane, Fusion
Grow from	Midplane, Fusion
Hold pressure	Midplane, Fusion
In-cavity residual stress in first principal direction	Midplane, Fusion
In-cavity residual stress in second principal direction	Midplane, Fusion
Interface Heat Flux (3D Overmolding)*	3D
Orientation at core	Midplane, Fusion
Orientation at skin	Midplane, Fusion
Orientation at bottom skin	Midplane, Fusion
Orientation at top skin	Midplane, Fusion
Polymer fill region (3D)	3D
Pressure	Midplane, Fusion, 3D
Pressure at end of filling	Midplane, Fusion
Pressure at V/P switch-over	Midplane, Fusion
Pressure at injection location:XY Plot	Midplane, Fusion
Re-melt zone, overmolded components (3D Overmolding)*	3D
Re-melt zone, part insert (3D)	3D
Real thickness, cavity*	Midplane, Fusion, 3D
Recommended ram speed:XY Plot	Midplane, Fusion
Shear rate	Midplane, Fusion
Shear rate (3D)	3D
Shear rate, bulk	Midplane, Fusion
Shear rate, maximum (3D)	3D
Shear stress at wall	Midplane, Fusion
Sink index	Midplane, Fusion
Sink mark depth	Midplane
Temperature	Midplane, Fusion
Temperature (3D)	3D
Temperature at flow front	Midplane, Fusion, 3D
Throughput	Midplane, Fusion
Time to freeze	Midplane, Fusion
Unfilled cavity (short-shot)	3D
Velocity	Midplane, Fusion
Velocity (3D)	3D
Viscosity	3D
Volumetric shrinkage	Midplane, Fusion
Volumetric shrinkage (3D)	3D
Volumetric shrinkage (at ejection)	Midplane, Fusion
Weld lines	Midplane, Fusion
Weld and meld lines	Midplane, Fusion

▶ Cooling analysis results

Result	Available for mesh type
Average temperature, cold runner	Midplane, Dual Domain
Average temperature, part	Midplane, Dual Domain
Circuit coolant temperature	Midplane, Dual Domain, 3D
Circuit flow rate	Midplane, Dual Domain, 3D
Circuit heat removal efficiency	Midplane, Dual Domain, 3D
Circuit metal temperature	Midplane, Dual Domain, 3D
Circuit pressure	Midplane, Dual Domain, 3D
Circuit Reynolds Number	Midplane, Dual Domain, 3D
Cold runner top percent frozen layer	Midplane, Dual Domain
Flux, part (top)	Midplane
Flux, part (bottom)	Midplane
Flux, part	Dual Domain, 3D
Frozen layer at specified time	3D
Maximum temperature, cold runner	Midplane, Dual Domain
Maximum temperature, part	Midplane, Dual Domain
Maximum temperature position, part	Midplane, Dual Domain
Mold internal temperature	3D
Mold-melt temperature difference (3D)	3D
Mold-melt temperature difference (bottom), part	Midplane
Mold-melt temperature difference (top), part	Midplane, Dual Domain
Molten layer at specified time	3D
Part element bottom percentage frozen layer	Midplane, Dual Domain
Part element top percentage frozen layer	Midplane, Dual Domain
Temperature (bottom), insert	Midplane, Dual Domain, 3D
Temperature (bottom), parting plane	Midplane, Dual Domain, 3D
Temperature (top), insert	Midplane, Dual Domain, 3D
Temperature (top), parting plane	Midplane, Dual Domain, 3D
Temperature at surface, cold runner	Midplane, Dual Domain
Temperature at surface, hot runner	Midplane, Dual Domain
Temperature difference, insert	Midplane, Dual Domain, 3D
Temperature difference, part	Midplane
Temperature difference, parting plane	Midplane, Dual Domain, 3D
Temperature profile, cold runner	Midplane, Dual Domain
Temperature profile, hot runner	Midplane, Dual Domain
Temperature profile, part	Midplane, Dual Domain
Temperature residual, exterior shell	Midplane, Dual Domain, 3D
Temperature residual, inserts	Midplane, Dual Domain, 3D
Temperature residual, part	Midplane, Dual Domain, 3D
Temperature, hot runner	3D
Temperature, mold boundary	Midplane, Dual Domain, 3D
Temperature, part (3D)	3D
Temperature, part insert	3D
Time to freeze, cold runner (3D)	3D
Time to freeze, cold runner	Midplane, Dual Domain
Time to freeze, part (3D)	3D
Time to freeze, part	Midplane, Dual Domain
Temperature, mold (top)	Midplane
Temperature, mold (bottom)	Midplane
Temperature, mold	Dual Domain, 3D
Temperature, part (top)	Midplane
Temperature, part (bottom)	Midplane
Temperature, part	Dual Domain

▶ Warp analysis results

Result	Available for mesh type
Deflections (1)	
Small deflection: All effects	
Small deflection: differential cooling	
Small deflection: differential shrinkage	
Small deflection: orientation effects	
Small deflection: comer effect	
Large deflection	
Mode shape	
Buckling: All effects	
Buckling: Single variates (2)	
Stress related results (2)	
Stress, first principal	
Stress, second principal	
Stress, Mises-Hencky	
Stress tensor	
Stress, first principal	
Stress, second principal	
Stress tensor	
Change in refractive index after warpage	
Retardation in light	
Phase shift in light	
Other results	
Maximum shear stress	
Anisotropic shrinkage	
Isotropic shrinkage	
Bending curvature	
Material orientation	

다음은 3D Flow 해석을 수행하였을 경우 3D 해석에만 나타나는 독특한 해석결과들이다.

(1) Density : Density는 시간에 따른 수지의 밀도를 컬러 바로 표현한 것이다. 이는 제품이 수축이 일어나기 전의 3D 엘리먼트의 밀도를 나타낸 것이며, 이때 측정된 밀도는 Volumetric shrinkage와 변형을 계산하기 위한 시작점으로 사용된다. 보압 공정 중 제품의 각 부위의 불균일한 보압이 발생하면 밀도의 차이가 발생하며, 수지의 밀도변화로 인해 많은 문제가 발생한다.

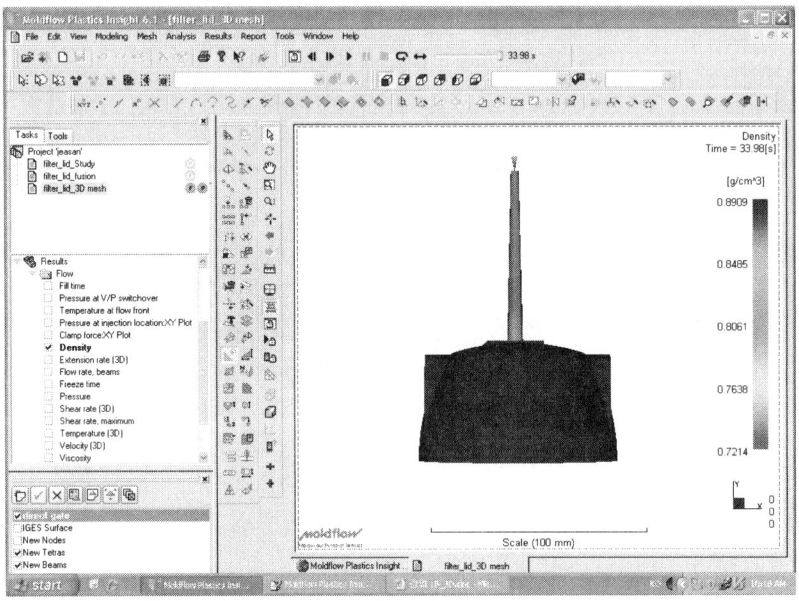

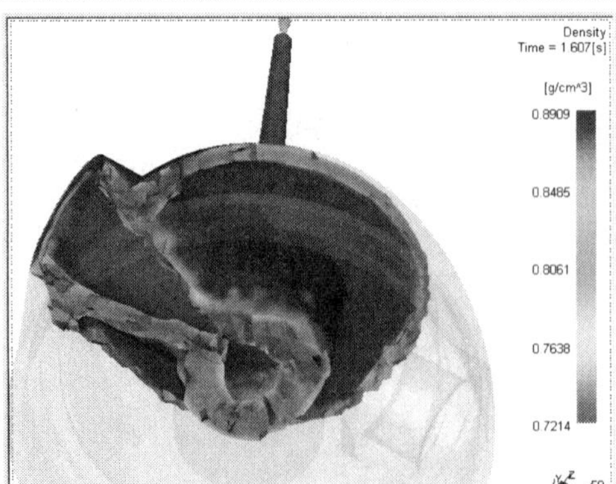

(2) Extension rate(3D) : 이 값은 두께가 변하는 곳에서 수지가 연신되는 양을 나타낸다. 일반적으로 이 값은 유량이 많고 두께변화가 큰 게이트 부위에서 가장 크게 나타나며, 이와 같이 연신율이 큰 부위에서는 섬유강화수지의 경우에는 큰 배향이 생긴다. 연신율이 200 이상이 되면 연신점도(extensional viscosity)의 효과에 의해 충전과정에서 사출압을 크게 증가시킨다.

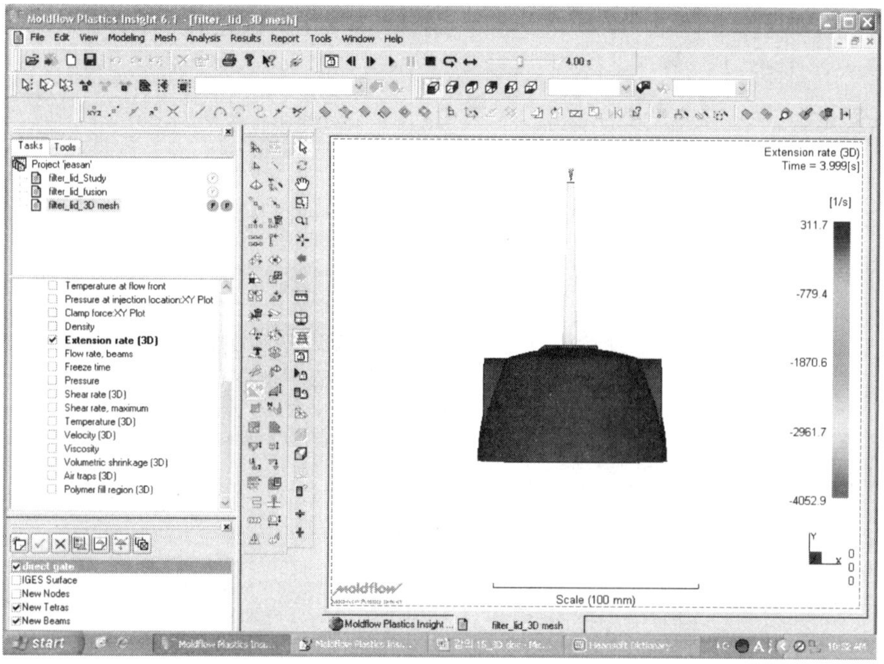

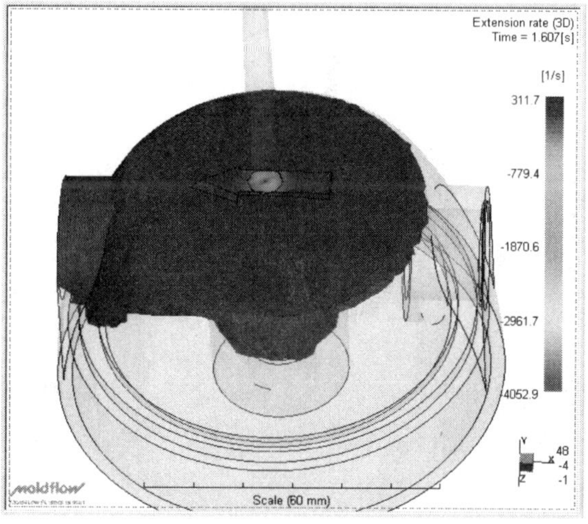

(3) viscosity : 수지의 점도를 나타낸다. 압력이 전달되는 동안의 수지의 유동저항의 정도를 나타내는 것이다. 점도는 수지 온도와 전단율(shear rate) 등에 의해 결정된다. 일반적으로, 수지 온도와 전단율이 높아지면 점도는 낮아져서, 압력이 전달되는 동안 수지의 흐름성은 더욱 좋아진다.

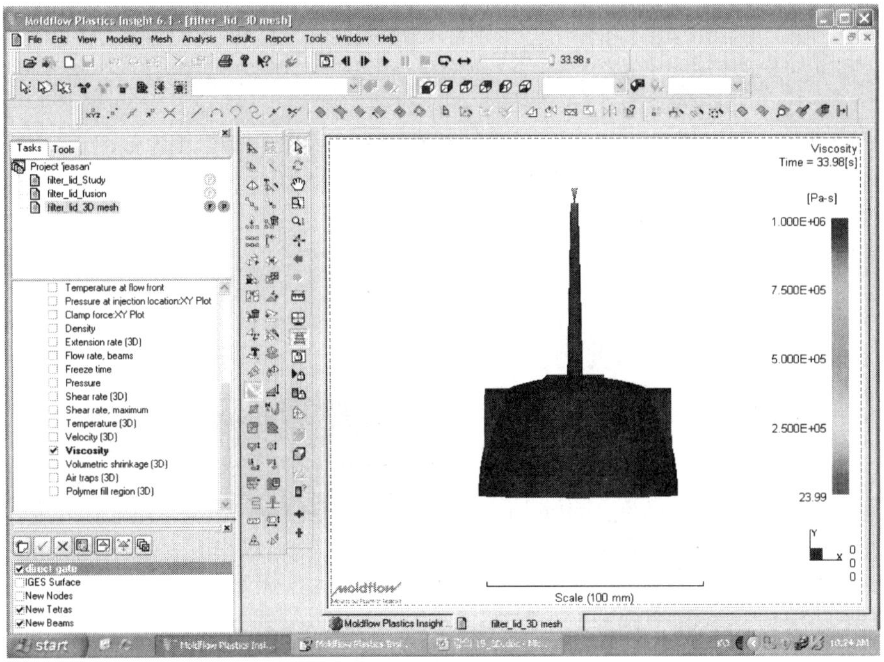

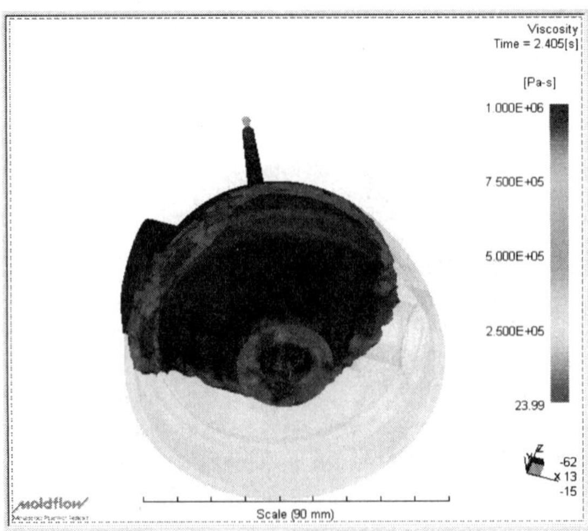

복습 문제

[1] 서술형

1. 3D 메쉬 모델을 작성하는 절차를 간단히 설명하시오.
2. 퓨전 메쉬와 3D 메쉬를 비교 설명하시오.
3. 3D 유동해석의 결과 값인 Extention rate에 대해 설명해 보시오.
4. Minimum number of elements through the thickness(두께에 따른 요소의 층 수)가 갖는 의미는 무엇이며, 이것을 크게 했을 경우에 일어날 수 있는 문제점에 대해 설명해 보시오.

[2] 단답형

[3] 토론형

1. 3D 해석에 적합한 성형품의 형상특징
2. 사출성형 CAE 프로그램에서 기존의 미드플랜 및 퓨전 모델과 3D 모델의 향후 전망
3. 2.5D 해석과 3D 해석의 차이점

부록 1

메쉬 툴(Mesh Tools)의 사용 예

1. Create Triangles

1) Mesh → Create Triangles

2) 세 점의 노드로 하나의 엘리먼트를 생성하는 기능

※ Node 1 클릭 → Node 2 클릭 → Node 3 클릭 → Apply

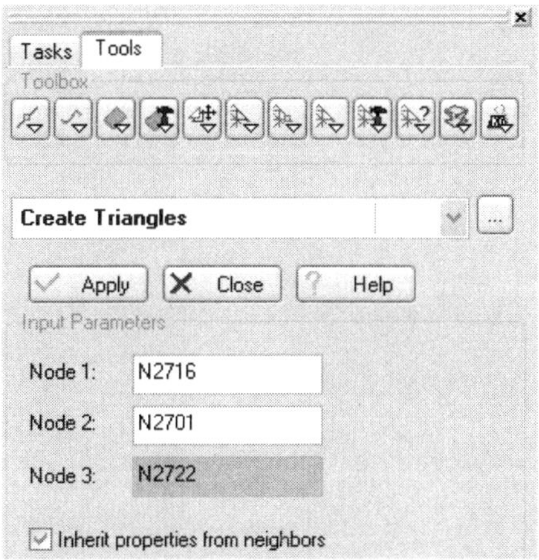

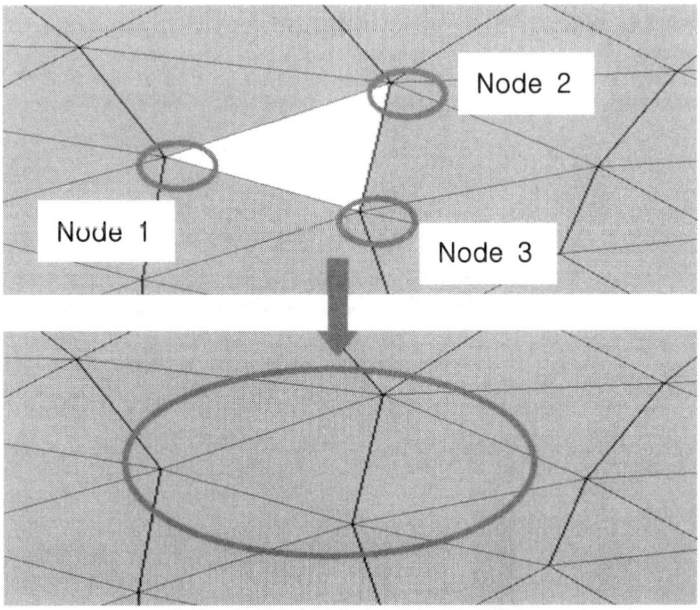

2. Create Beams

1) Mesh → Create Beams

2) Beam element를 생성하는 기능

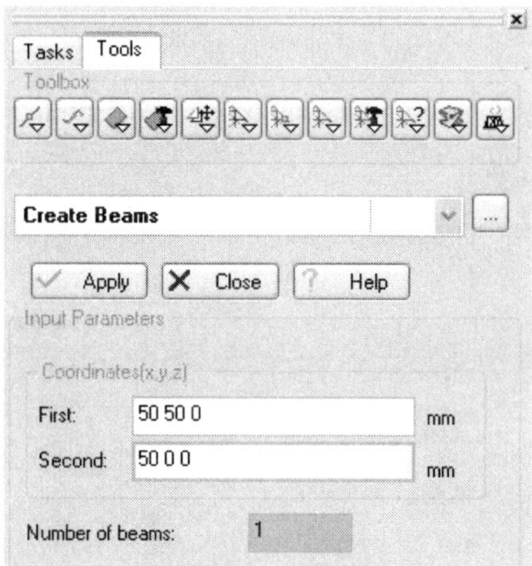

※ Node 1 클릭 → Node 2 클릭 → Number of Beams에 원하는 빔의 개수를 입력 → Apply

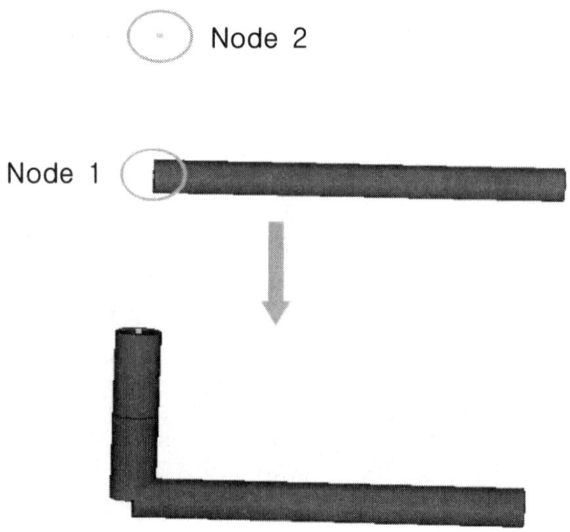

3. Insert Nodes

1) Mesh → Mesh Tools → Nodal Tools → Insert Nodes
2) 2개의 노드 가운데 새로운 노드를 생성

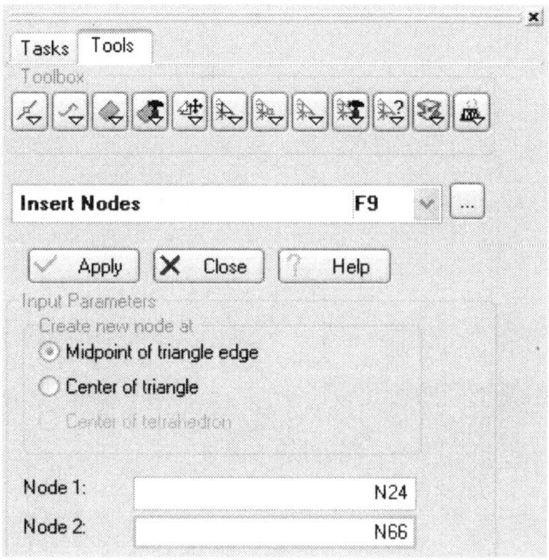

※ Node 1 클릭 후 Node 2 클릭 → Apply

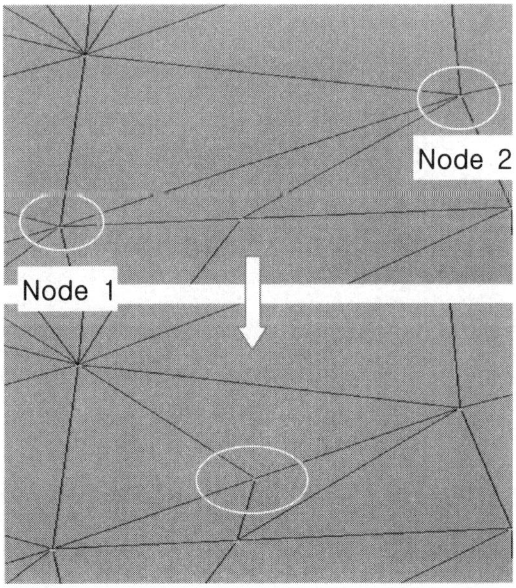

4. Align Nodes

1) Mesh → Mesh Tools → Nodal Tools → Align Nodes

2) 2개의 노드에 의해 정해지는 직선상에 다른 노드들을 정렬하는 기능

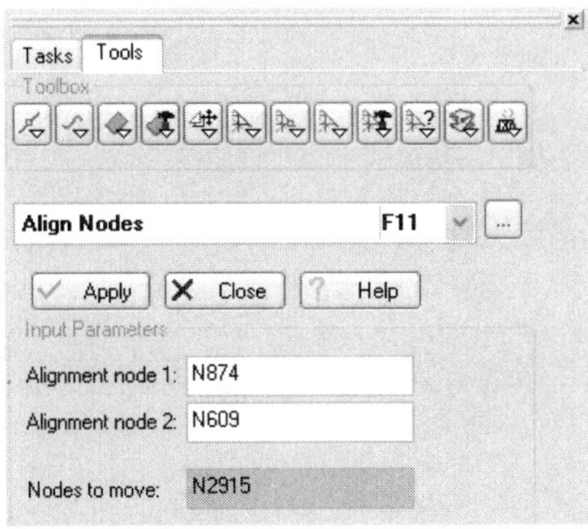

※ Node 1 클릭 후 Node 2 클릭 → Node 3 클릭 → Apply

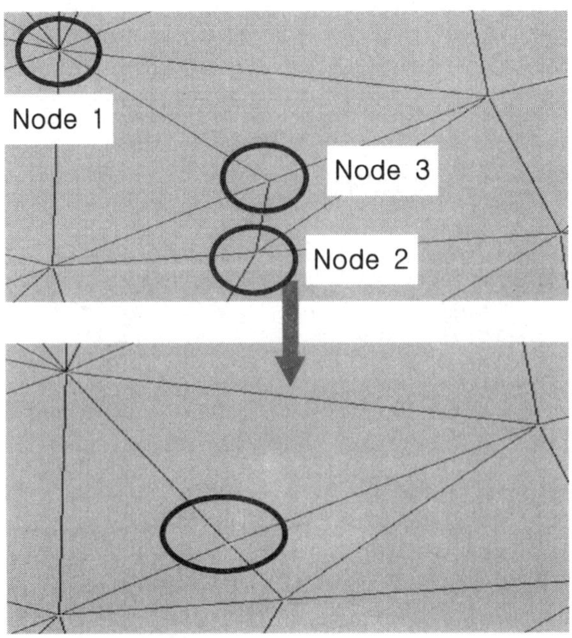

5. Merge Nodes

1) Mesh → Mesh Tools → Nodal Tools → Merge Nodes
2) 하나의 노드에 다른 노드를 합치시켜 하나의 노드만 존재하도록 하는 기능

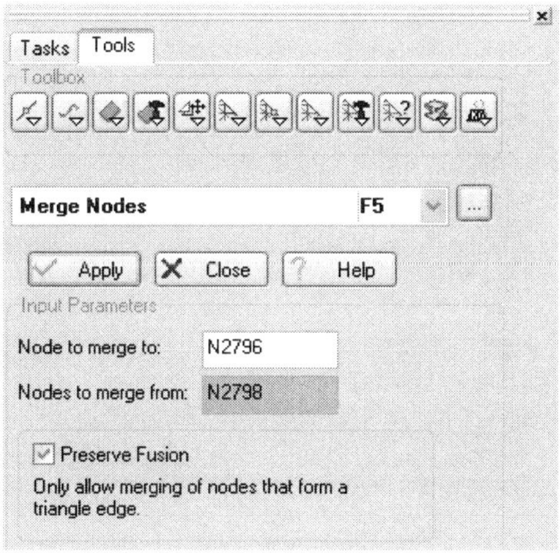

※ Node 1 클릭 후 Node 2 클릭 → Apply
※ 고정하고 싶은 Node 1을 먼저 클릭(순서에 주의)

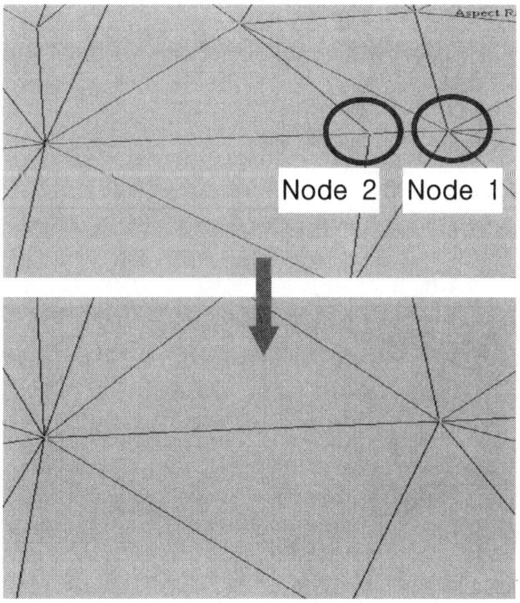

6. Swap Edge

1) Mesh → Mesh Tools → Edge Tools → Swap Edge
2) 2개의 엘리먼트에 공통된 엣지 모양을 변경시키는 기능

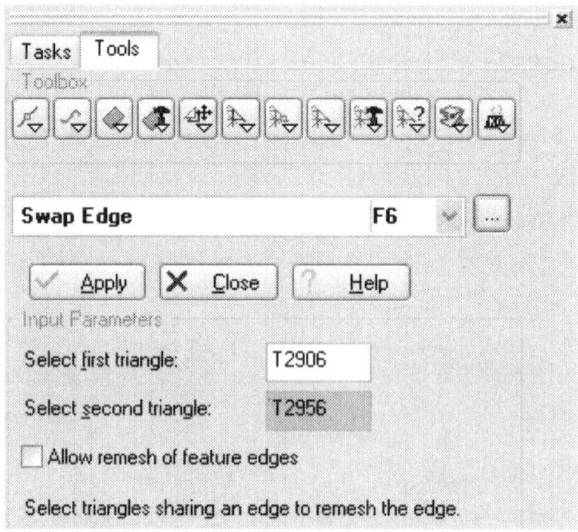

※ Element 1 클릭 후 Element 2 클릭 → Apply

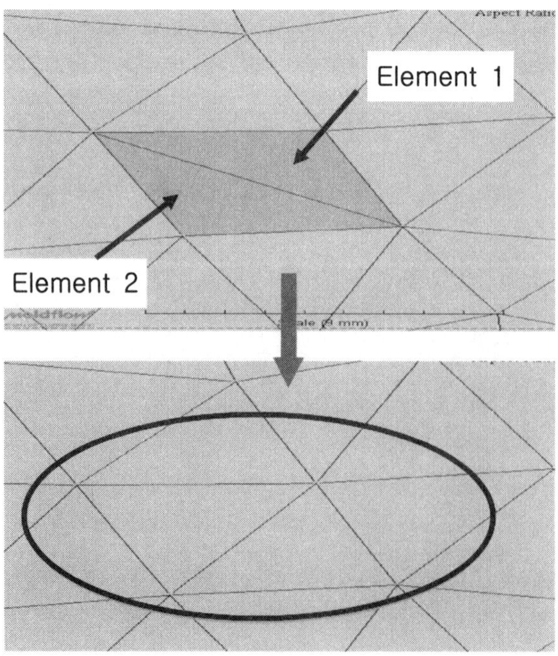

7. Fill Hole

1) Mesh → Mesh Tools → Edge Tools → Fill Hole
2) 노드를 이용해 새로운 엘리먼트를 만드는 기능

▶ 직접 노드를 클릭해서 엘리먼트를 만드는 방법

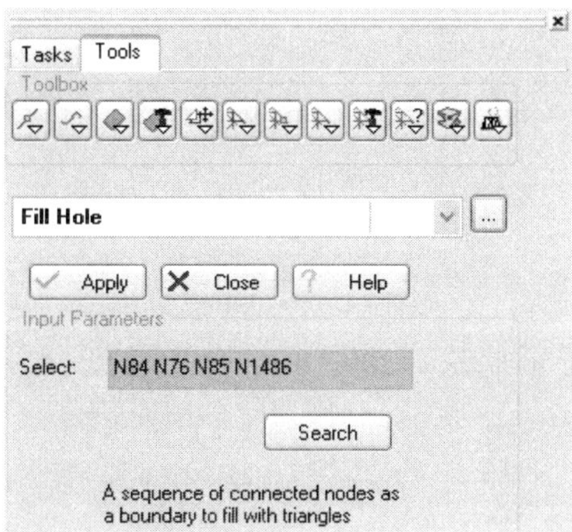

※ Ctrl 키를 누른 상태에서 Node 1, 2, 3, 4를 순서대로 클릭 → Apply

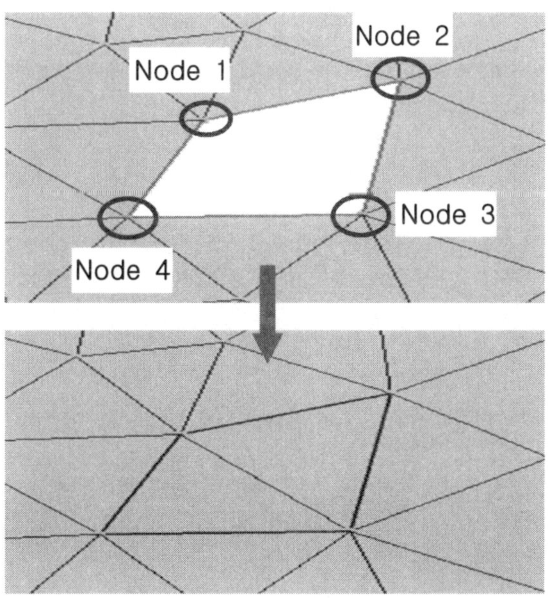

▶ Search를 이용하는 방법

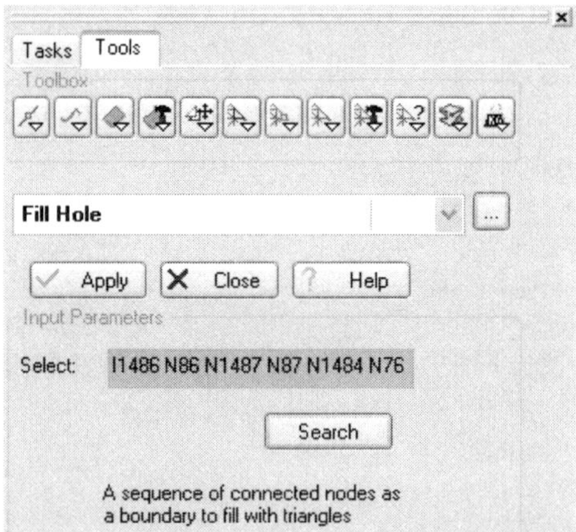

※ Node 1을 클릭 후 Search 클릭 → Apply

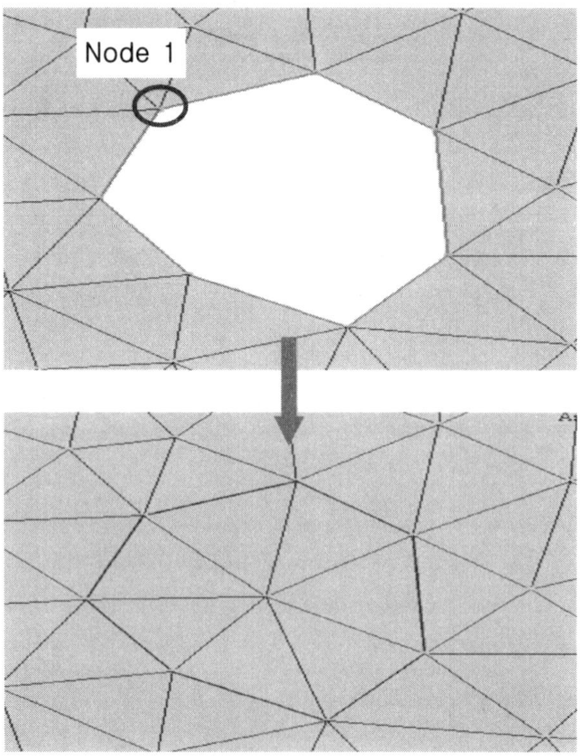

8. Remesh Area

1) Mesh → Mesh Tools → Remesh Area

2) 선택한 영역을 Remesh 하는 기능

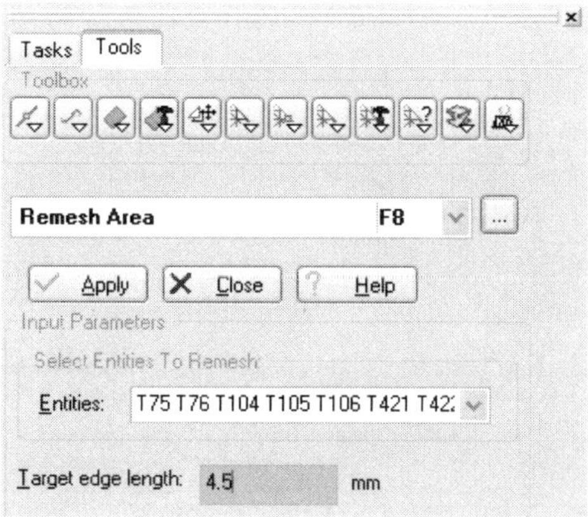

※ Remesh 하고자 하는 영역을 드래그하거나 각각의 엘리먼트를 클릭 → Target edge length에 원하는 값을 입력 → Apply

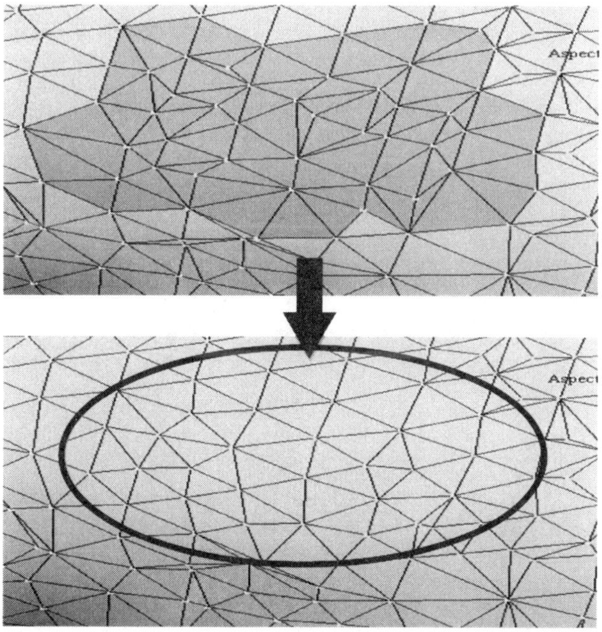

9. Smooth Nodes

1) Mesh → Mesh Tools → Smooth Nodes
2) 선택한 노드를 균형 있게 재배치하는 기능

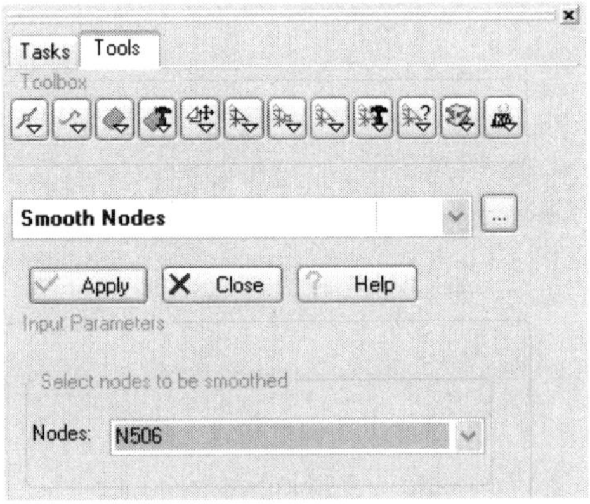

※ Node를 클릭 → Apply
※ Ctrl을 누른 상태에서 여러 개의 노드 동시 선택 가능

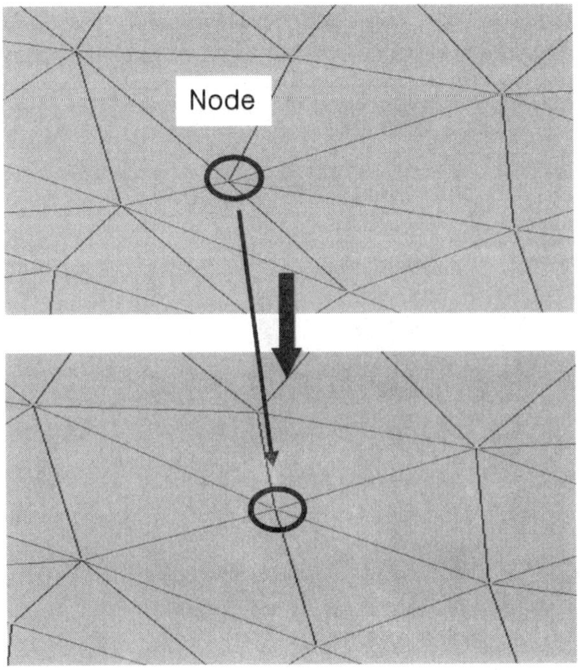

10. Orient Element

1) Mesh → Mesh Tools → Orient Element

2) Element의 Top, Bottom을 변화시키는 기능

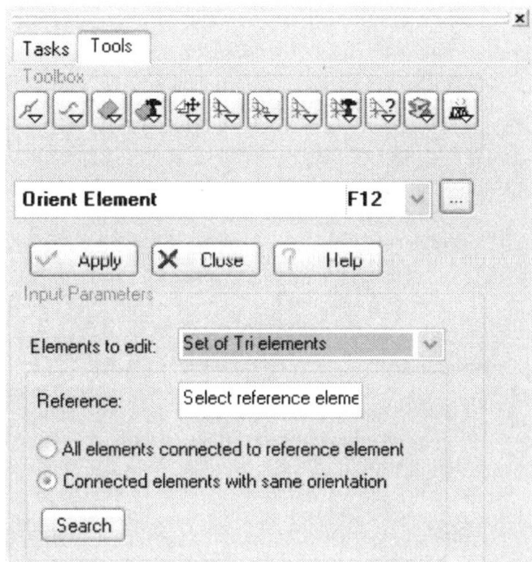

※ Element 클릭 → Apply

※ Ctrl 키를 누른 상태에서 여러 개의 노드를 동시 선택 가능

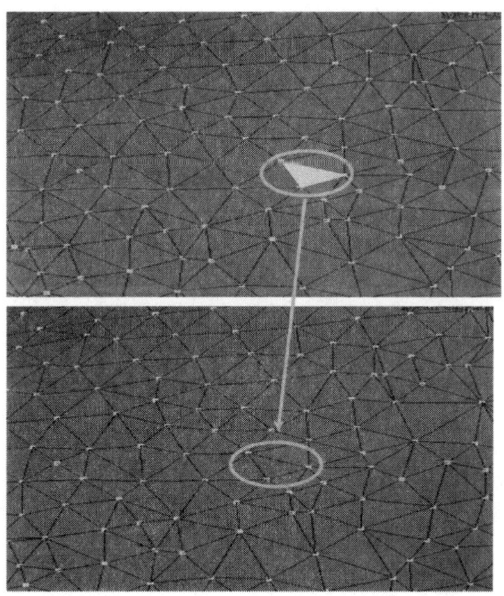

11. Global Merge

1) Mesh → Mesh Tools → Global Merge
2) 입력한 Merge tolerance 안에 해당되는 Node들을 자동으로 1개의 노드로 Merge 시키는 기능

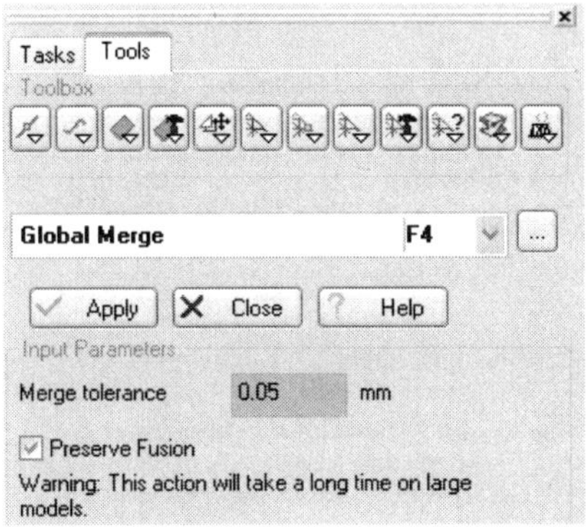

※ Merge tolerance 값을 입력 → Apply

12. Auto Repair

1) Mesh → Mesh Tools → Auto Repair
2) Intersection / Overlapping된 Element나 Aspect ratio값을 개선시키는 기능

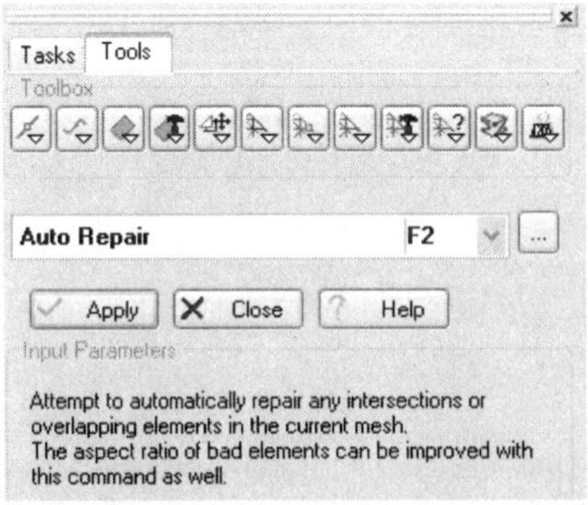

※ Apply를 클릭하면 자동 수정

13. Aspect Ratio Diagnostic

1) Mesh → Mesh Diagnostic → Aspect Ratio Diagnostic

2) 원하는 범위의 Aspect Ratio값을 가진 엘리먼트를 찾는 기능

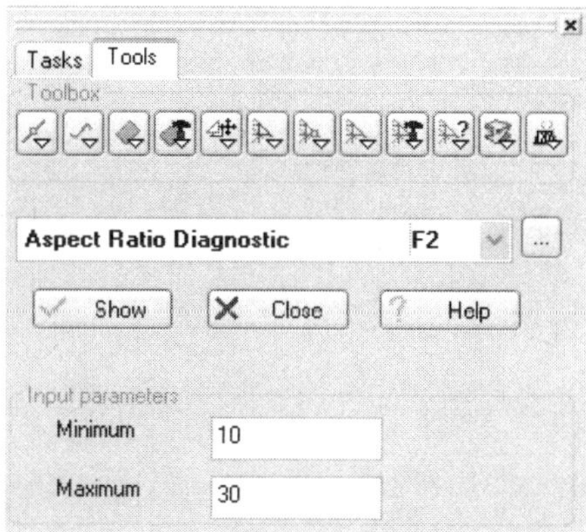

※ Minimum 값 입력 → Maximun 값 입력 → Show

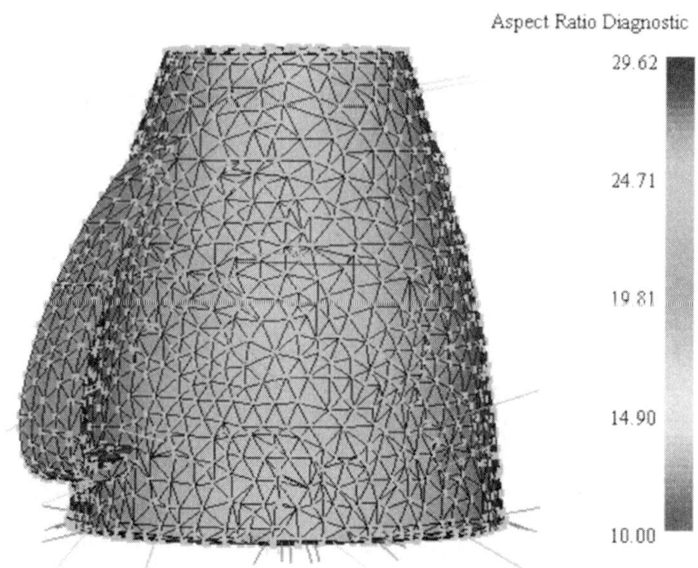

14. Overlapping Element Diagnostic

1) Mesh → Mesh Diagnostic → Overlapping Elements Diagnostic
2) Intersection / Overlaps된 엘리먼트를 찾는 기능

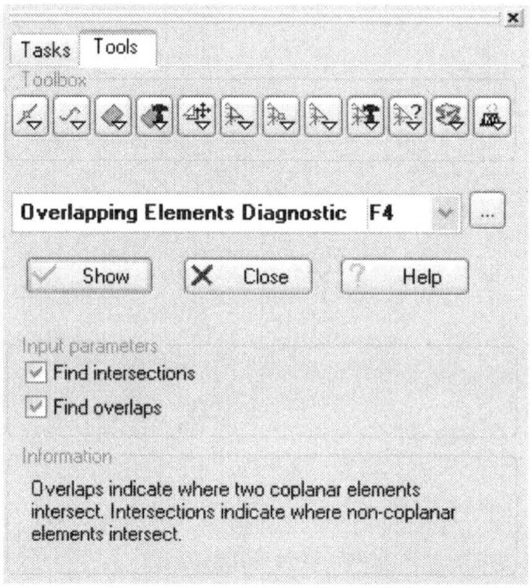

※ Find intersection / Find overlaps를 체크 → Show

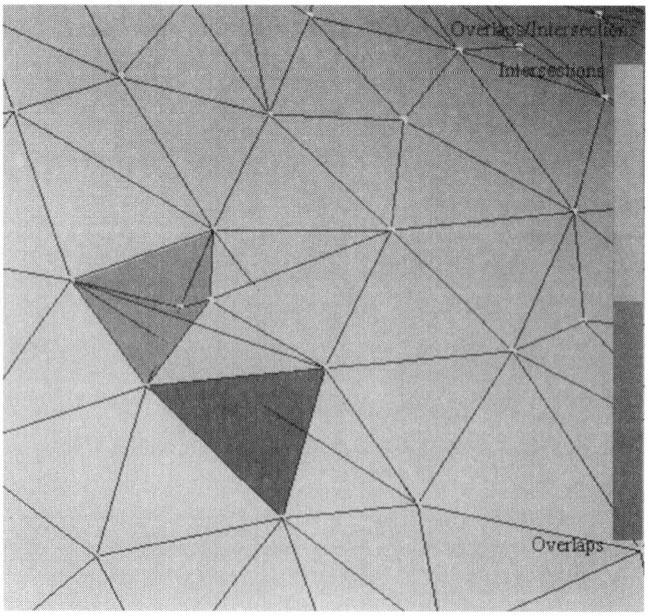

15. Orientation Diagnostic

1) Mesh → Mesh Diagnostic → Orientation Diagnostic

2) Top/ Bottom이 뒤바뀐 엘리먼트를 찾는 기능

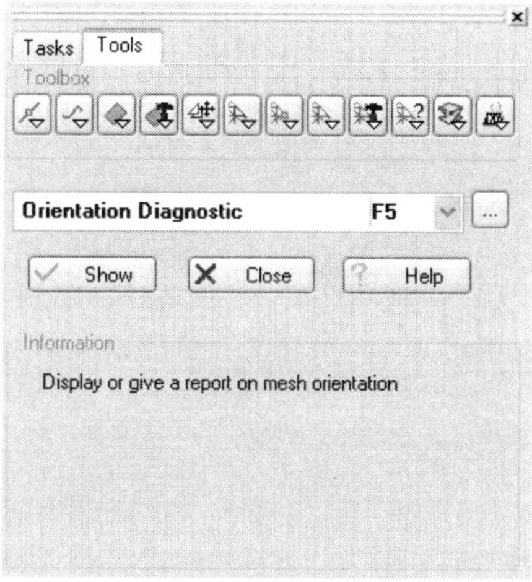

※ Show 클릭

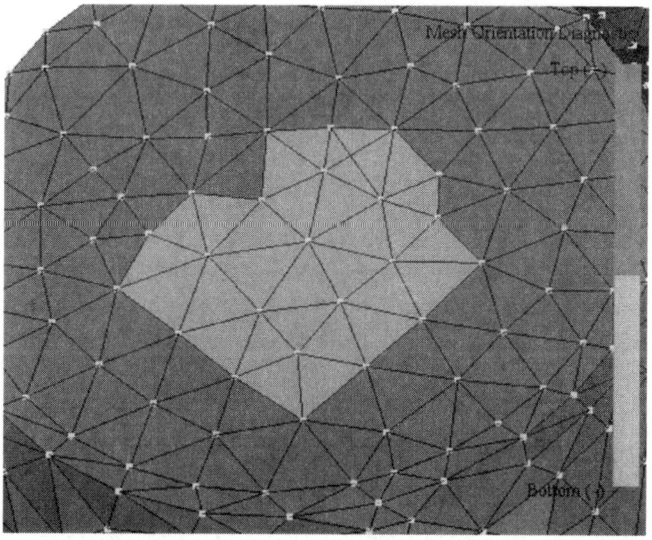

16. Connectivity Diagnostic

1) Mesh → Mesh Diagnostic → Connectivity Diagnostic
2) 엘리먼트의 연결 상태를 확인하는 기능

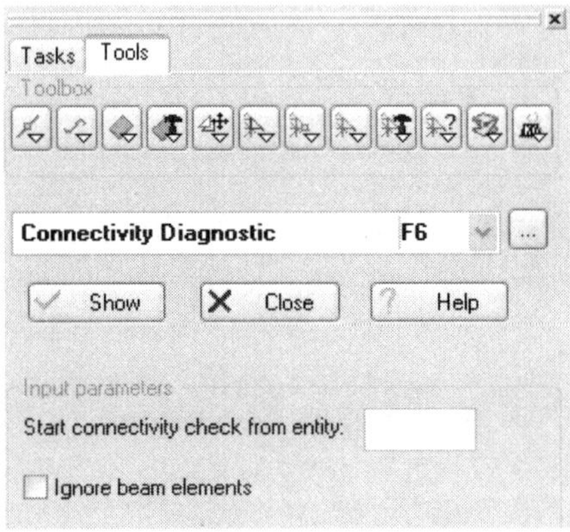

※ 모델 중의 한 엘리먼트 클릭한 후 Show 클릭

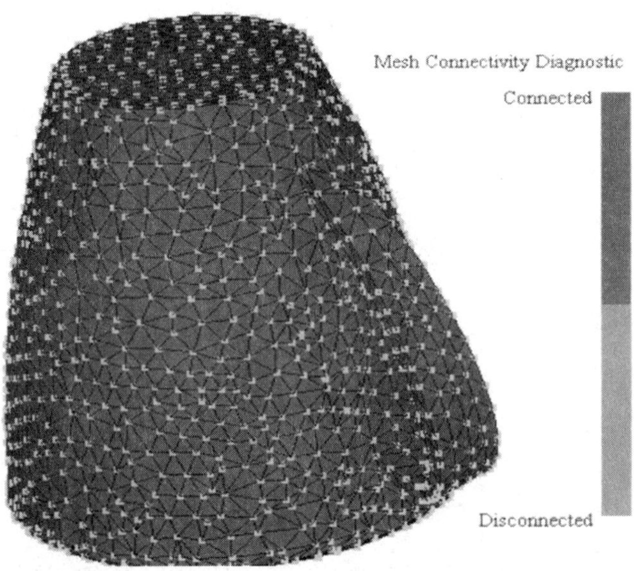

17. Free Edges Diagnostic

1) Mesh → Mesh Diagnostic → Free Edges Diagnostic

2) Free edge / Non-manifold edge를 찾는 기능

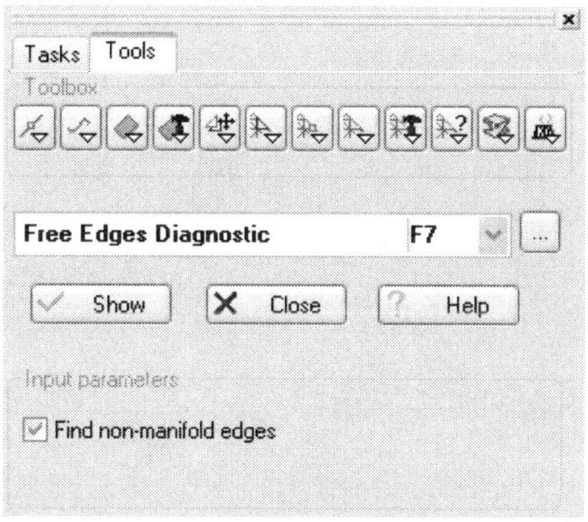

※ Show 클릭

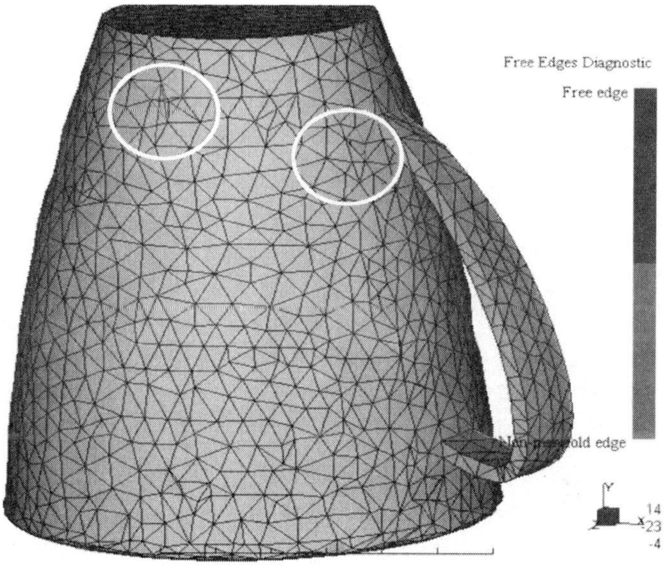

18. Thickness Diagnostic

1) Mesh → Mesh Diagnostic → Thickness Diagnostic
2) 모델에서 두께 값을 보여주는 기능

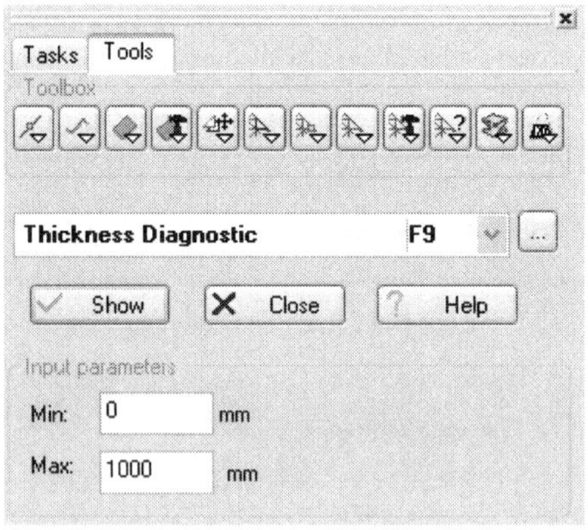

※ 찾고자 하는 모델 두께의 최소 / 최대 값 입력 → Show 클릭

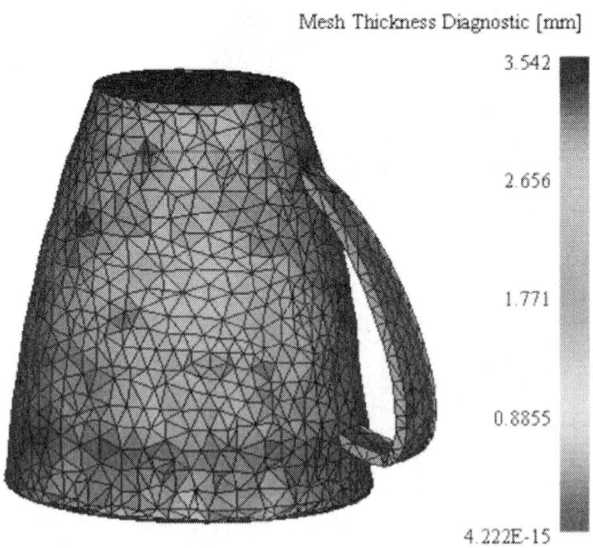

19. Fusion Mesh Match Diagnostic

1) Mesh → Mesh Diagnostic → Fusion Mesh Match Diagnostic
2) Fusion 모델에서 Mesh Match를 보는 기능

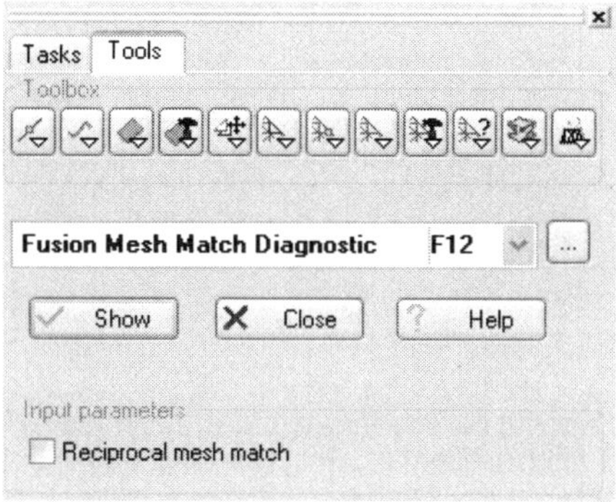

※ Show 클릭

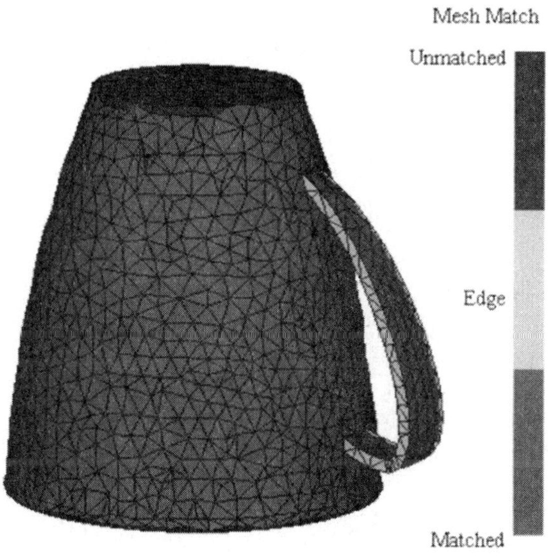

20. Centroid Closeness Diagnostic

1) Mesh → Mesh Diagnostic → Centroid Closeness Diagnostic

2) 너무 가깝게 근접해 있는 엘리먼트를 보여주는 기능

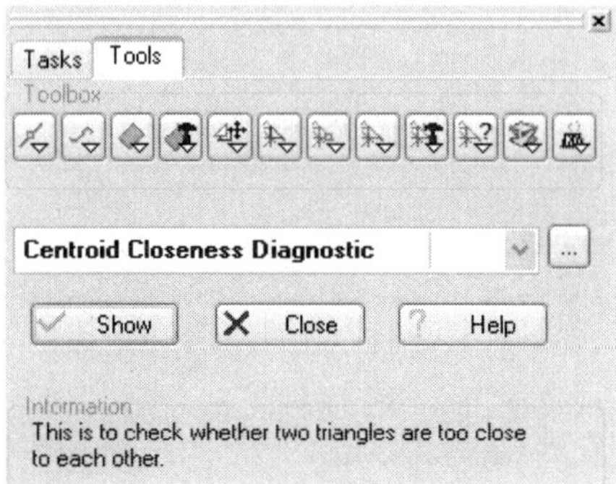

※ Show 클릭

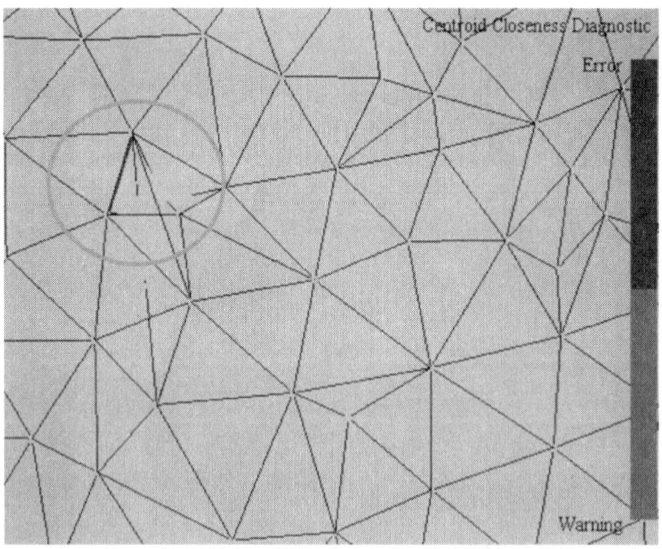

21. Cooling Circuit Diagnostic

1) Mesh → Mesh Diagnostic → Cooling Circuit Diagnostic
2) 냉각수의 입수와 출수가 설정되지 않은 냉각수를 찾는 기능

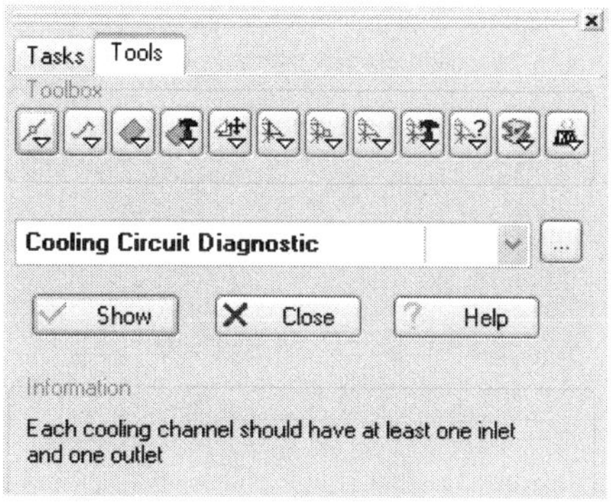

※ Show 클릭
※ 냉각수의 입수 방향을 올바로 설정하여 Show를 클릭하면 아무런 변화가 없음

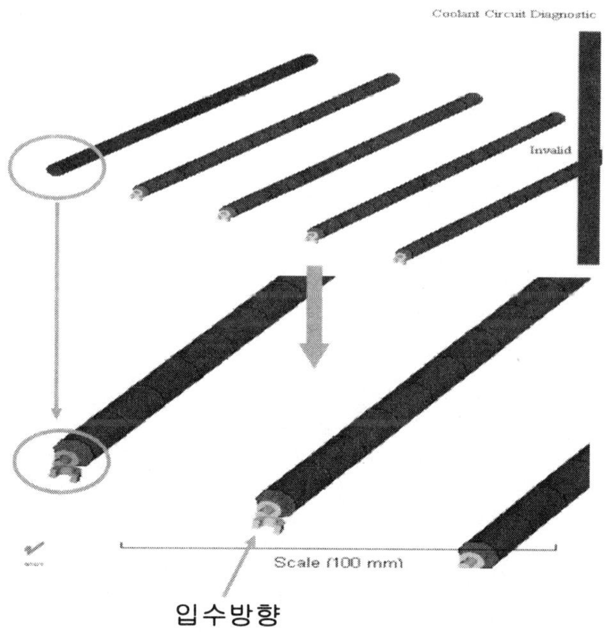

부록 2

몰드플로우 튜토리얼 ; 메쉬 툴의 활용 따라하기

이 튜토리얼은 MPI에서 많이 사용하고 있는 메쉬 수정 편집 작업을 소개할 목적으로 준비된 것으로서 다음과 같은 내용이 포함되어 있다.

(1) 메쉬 품질의 이해
(2) 멧싱 툴(mashing tool)을 이용한 메쉬 수정
(3) 3D 메쉬를 사용한 제품모델의 메쉬 작업

이 튜토리얼을 학습하는 데 걸리는 시간은 약 30분 정도이며, 따라하기 순서는 다음과 같다.

(1) 프로젝트 열기
(2) 메쉬 품질 체크
(3) 잘못된 일체화(Connectivity)의 수성
(4) 높은 형상비(Aspect ratio)의 수정
(5) 교차요소(Intersecting)의 수정
(6) 잘못된 후리 엣지(Free edge)의 제거
(7) 3D 메쉬 작입

따라하기 1 : 프로젝트 열기

이 작업에서는 미리 메쉬 작업이 되어있는 모델을 불러와서 새로운 프로젝트를 만든다.

1. 이미 열려있는 어떤 프로젝트가 있을 경우에는 (File → Close Project)를 클릭하여 그 프로젝트를 닫는다.
2. (File → Import)를 클릭한다.
3. MPI가 설치되어 있는 폴더 내에 있는 Tutorial 폴더로 찾아간다.
   (C:\MoldFlow\Plastics Insight 6.0\Tutorial)
4. Files of Type 내에 있는 Study files (*.sdy)를 선택한다.
5. 파일 Tutorial_3_task_1.sdy를 클릭한 후 open을 클릭한다.
6. Import 대화 창에 있는 Project name을 입력 (예를 들면 Tutorial 3) 한 후 OK를 클릭한다.
7. 모델의 형상특징을 조사하기 위해 메뉴 (Rotate)를 이용하여 모델을 회전시켜 본다. 이 예세의 모델은 퓨전 메쉬로 되어 있는 것을 Study Task 창을 통해 알 수 있다. 필요하면 (Dynamic Zoom)이란 툴을 사용하여 모델의 사이즈를 조정할 수 있다.

다음 작업에서 Mesh Statistics 리포트를 열어 봄으로서 메쉬의 품질을 체크할 수 있다. 따라하기의 다음 페이지로 옮겨가기 위해서는 우측 화살표를 클릭한다.

따라하기 2 : 메쉬 품질 체크

이 작업에서는 메쉬 품질 대화 창을 열어서 메쉬에 어떤 문제점들이 있는 지를 알아보기 위해 품질 체크의 결과 값들을 조사한다.

1. 필요하면 Mesh Manipulation 툴 바를 나타내어, (Mesh → Mesh Statistics)를 클릭하면 Mesh Statistics 창이 나타난다.
2. 이 창에는 여러 가지 결과 값이 나타나는데, 이 중에서 어떤 것을 수정할 것인지를 결정한다. 다음은 각 결과 값이 어떤 의미를 갖는 지에 대해 설명한 것이다.

Entity Counts : 이 결과는 성형품이 멧싱 되었으며, 모델 내에는 2D 형상특징(러너, 냉각라인)이 없다는 것을 알려준다(Beams의 값이 0이다). 2개의 일체화 영역(Two connectivity regions)이 있다는 것을 의미하므로 주의해야 한다. 성형품은 반드시 1개의 일체화 영역(Connectivity region 값이 1이 되어야 함)으로 수정해야 한다. 이 문제의 수정작업은 따라하기 3에서 실행될 것이다.

Edge Details : 미드플랜 메쉬에서는 후리 엣지(Free edge)가 성형품의 엣지에 있기 마련이다. 그러나 퓨전 또는 3D 메쉬에서는 후리 엣지는 허용되지 않는다. 이 예제의 결과 리포트에는 54개의 후리 엣지가 나타났으며, 이것은 메쉬에 결함이 있다는 것을 의미한다. 이 문제는 따라하기 6에서 수정 될 것이다.

Orientation Details : 이 결과는 미드플랜과 퓨전 메쉬에 관련이 있다. 메쉬 내의 모든 요소들이 일정하게 방향성(orient)을 가지면, 이 결과치는 0(zero)값으로 나타난다. 메쉬 방향성에 관한 상세한 내용은 온라인 Help를 참조하길 바란다.

Intersection Details : 메쉬의 종류에 상관없이, 이 값이 0보다 크면, 즉 1이상이 되면 메쉬에 문제가 있다는 것을 의미한다. 이 예제에서는 3개의 교차요소(Intersection Element)가 있다고 리포트 되어있다. 따라하기 5에서 중복 요소(Overlapping Element)를 수정하는 방법에 대해 학습할 것이다.

Surface Triangle Aspect Ratio : 삼각 형상비의 개념은 시작 따라하기(Getting Started Tutorial)에서 소개되었다. 이상적으로는 모든 요소의 형상비는 6보다 작은 값이 되어야 한다. 이 모델에서는 최대 형상비가 약 11로 나타났다. 따라하기 4에서 형상비를 감소시키는 방법을 배울 것이다.

Match Percentage : 이것은 퓨전 메쉬에만 나타나는 값이다. 이 값은 성형품의 상측과 하측 사이에 요소들이 얼마나 잘 합치되는지를 나타내는 지표이다.

다음 작업에서는 위에서 지적한 일체화(Connectivity)를 수정할 것이다.
다음 페이지의 예제로 옮겨가기 위해서는 우측 화살표를 클릭한다.

따라하기 3 : 일체화 요소 수정하기

이 작업에서는 앞 작업의 메쉬 품질 체크에서 지적된 비연속 요소 영역을 수정하기 위해 메쉬 수정용 툴들을 사용하여 멧싱을 진행시킬 것이다.

Connectivity Regions : Create Triangles

1. Viewpoint 툴 바에 있는 (Top view)를 클릭한다.
2. 메쉬의 일체화 진단 창을 나타내기 위해
   Mesh → Mesh Diagnostics → Connectivity Diagnostic을 선택한다.
3. 일체화 체크를 위한 참조 요소를 지정하기 위해서는 모델내의 임의의 요소를 클릭한다.
4. 진단 창의 Options내에 있는 Place results in diagnostics layer를 체크한다. 이것은 진단 체크 시 발견된 모든 비연속 요소들을 할당할 새로운 레이어를 생성시킨다. 이것은 문제요소를 식별하여 처리하는데 도움을 준다.
5. Show를 클릭한 후 Close시킨다. 일체화 도표는 성형품의 좌측상단에 성형품의 나머지 요소에 연속되지 않는 일련의 요소그룹이 있다는 것을 나타낸다.
6. (Banding Zoom)을 클릭하여 연속되어 있지 않는 원형 영역 주위를 박스로 그려 확대시킨다.
7. (Center)를 클릭하여 비연속 원형부의 센터를 클릭한다.
8. 일체화 문제를 조사하기 위해 모델을 회전시킨다.
   모델을 회전시켜 보면 4개의 개구부(Opening)를 발견할 수 있으며, 이 개구부를 성형품 본체와 연결시켜 비연속 문제를 해결할 것이다.
9. (Top view)를 다시 선택한다.
10. (Select)를 클릭한다.
11. (Mesh → Create Triangle)를 클릭한다.
    Create Triangle 창이 나타난다.

12. Select를 선택하여 비연속 엣지 상에 인접한 2개의 노드와 그것에 마주보는 제 3의 노드 1개를 아래 그림과 같이 선택한다.

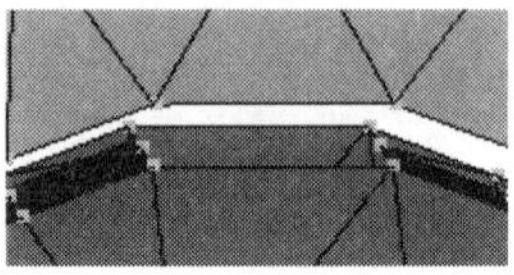

13. Apply를 클릭한다.
새로운 삼각요소가 생성되며, 진단 도표(plot)가 업 데이트 된다. 이제 본체와 비연속 부위와의 사이에 연결다리가 생겼기 때문에 도표 상에는 모든 요소가 연결된 것과 같이 나타낸다. 모든 요소가 청색으로 변한다.

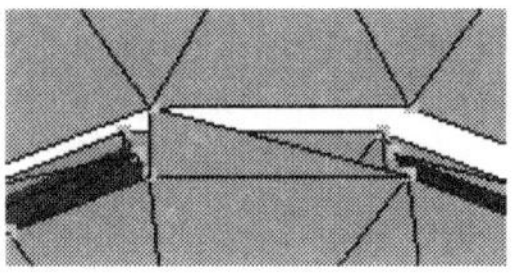

14. Create Triangles 툴을 사용하여 먼저 생성된 삼각요소에 인접한 새로운 삼각요소를 생성시킨다.

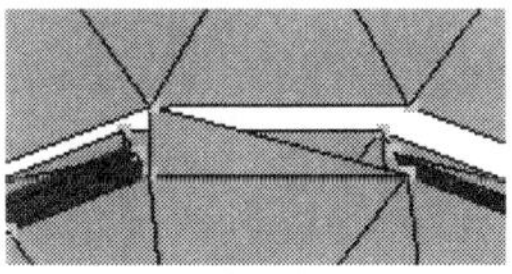

15. 직전에 작업한 면의 바닥면을 나타내기 위해 모델을 뒤집어 본다.

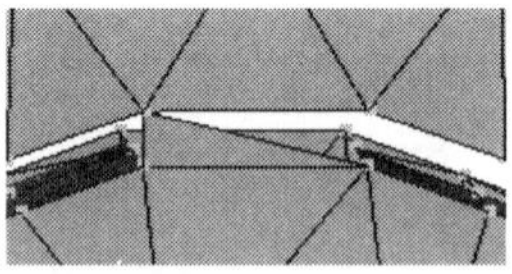

16. 밑면에 삼각요소를 생성시키기 위해서 단계 10에서 단계 13까지를 반복한다.

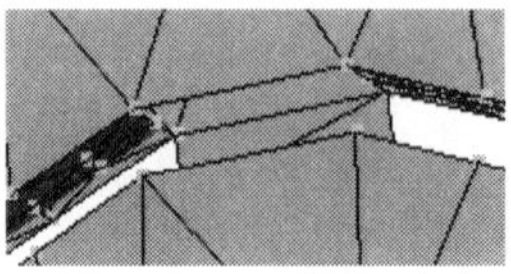

Connectivity Regions : Fill Hole

1. 우선 개구부의 전후면을 연결하는 메쉬를 생성시킨다.
   이 작업을 쉽게 하기 위해서는 Fill Holes 명령을 사용한다.
2. 채워질 측면을 보기 위해서 모델을 회전시킨다.

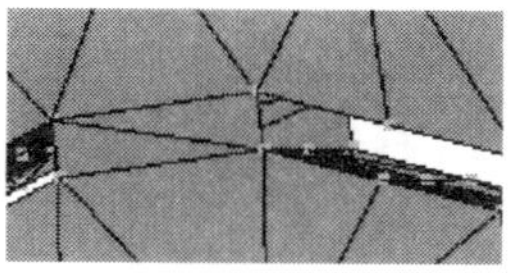

3. (Mesh → Mesh Tools → Edge Tools → Fill Hole)을 선택한다. Fill Hole 창이 나타난다.
4. 모델 상에서 구멍의 바닥에 있는 중간 노드 하나를 선택한다.

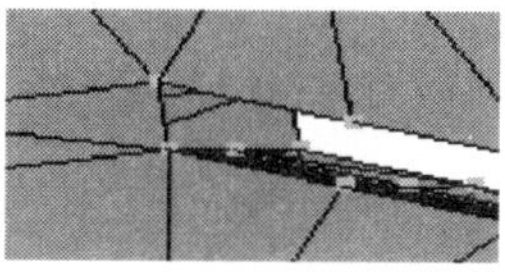

5. Search 버턴을 클릭한다. 소프트웨어는 동일 엣지 상에 있는 각 노드를 탐색하여, 그들을 하이라이트 시킬 것이다.

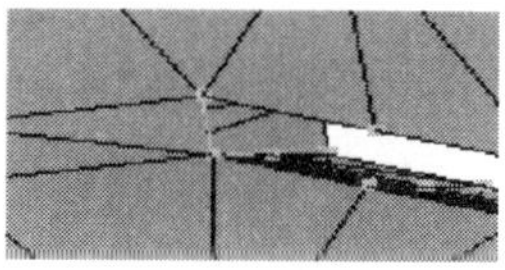

6. Apply를 클릭하면 구멍에 삼각요소들이 채워짐을 볼 수 있다.

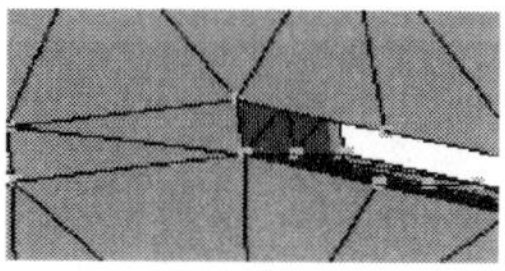

7. 반대측에 있는 구멍을 나타내기 위해 모델을 회전시킨 후 단계 4에서 단계 7까지를 반복한다.
8. Close를 클릭한다.

메쉬 수정을 완성시키기 위해 디스크 형상부에 있는 나머지 3개의 개구부에 대해서 이 작업에서 수행된 내용을 반복하면 된다.

다음 작업에서는 높은 형상비를 개선시키는 방법에 대해 배울 것이다.

다음 따라하기로 옮겨가기 위해서 우측 화살표를 클릭한다.

따라하기 4 : 높은 형상비의 수정 작업

이 작업에서 Merged, Swap Edge 2개의 메쉬 수정용 툴을 사용하여 높은 형상비를 갖는 요소를 어떻게 개선시켜 나가는 지를 보여 줄 것이다.

> ※ 주의 : 일반적으로 메쉬 수정을 수작업으로 행하기 전에 일정 수준의 형상비로 자동적으로 수정시키기 위해서는 Mesh Tools 창내에 있는 Mesh Repair Wizard인 Fix Aspect Ratio 명령을 우선적으로 사용한다.

Aspect ratio : Swap Edge

1. (File → Import)를 클릭한다.
2. MPI가 설치되어 있는 폴더 내에 Tutorial 폴더를 탐색한다.
   (C:\MoldFlow\Plastics Insight 6.0\Tutorial)
3. File of Type 내에 있는 Study Files (*.sdy)를 선택한다.
4. 파일tutorial_3_task_4.sdy를 클릭한 후 Open을 클릭한다.
5. (Mesh → Mesh Diagnostics → Aspect Ratio Diagnostic)을 클릭한다.
6. Minimum aspect ratio value에 8, Maximum aspect ratio value에 15를 각각 입력한다.
7. 위에서 지정된 범위에 속하는 형상비를 갖는 요소들을 레이어에 저장하기 위해 Place results in diagnostic layer를 선택한다.
8. Show를 클릭한 후 Close 시킨다.

9. Layer 창에서 Diagnostic results이란 이름을 갖는 레이어를 MB3으로 클릭하여 Hide All Other Layer를 선택한다. 높은 형상비를 갖는 요소에 그 요소로부터 돌출된 긴 가는 못(스파이크)형상이 하이라이트 된다. 스파이크를 보기 위해 모델을 적절히 회전시킬 필요가 있다.
10. 필요하면 Diagnostic Navigator 툴 바를 나타내어 첫 번째의 삼각요소를 나타내기 위해 (Go to first diagnostic)을 클릭한다. (Back view)를 클릭하여 스파이크가 잘 보일 수 있도록 확대와 회전 기능을 활용한다.

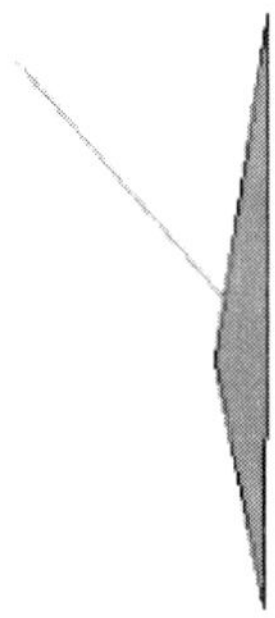

11. (Select)를 클릭하여 하이라이트 되어 있는 문제의 요소를 클릭한다.
12. 높은 형상비의 삼각요소를 처리하기 위해서, 그 삼각요소와 접하고 있는 삼각요소들을 보는 것이 유리하다. Layer 창에서 (Expand Layer)를 클릭한다. Expand Layer 창이 나타난다. Expand current section by 값의 디폴트 값은 "1"이며, 이것은 선택된 요소를 포위하고 있는 하나의 레이어까지 확장된다는 것을 의미한다.
13. OK를 클릭한다.
다음과 유사한 모양이 나타날 것이다.

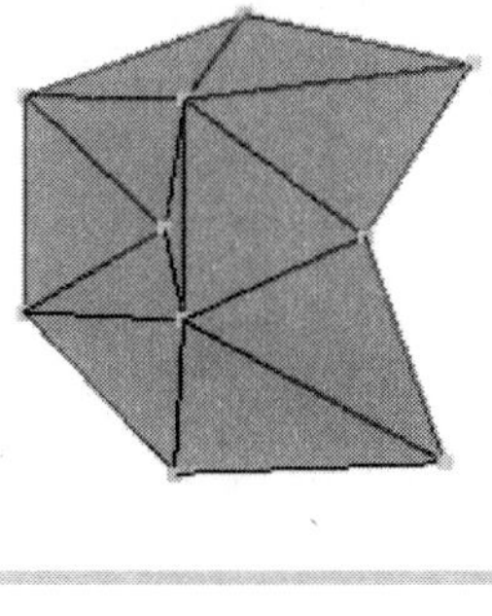

14. (Mesh → Mesh Tools)를 클릭한 후 (Swap Edge)명령을 선택한다.

15. 스파이크를 가진 요소를 클릭한다

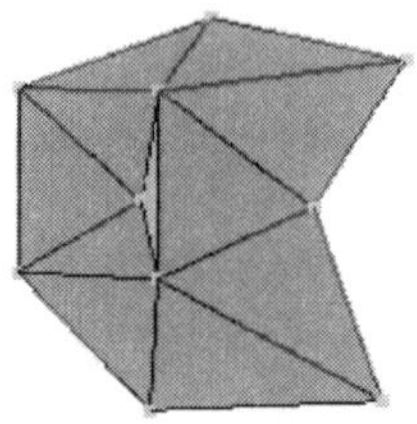

요소 번호는 Select first triangle 박스에 나타난다.

16. 높은 형상비 요소의 긴 엣지에 붙어있는 삼각요소를 클릭한다

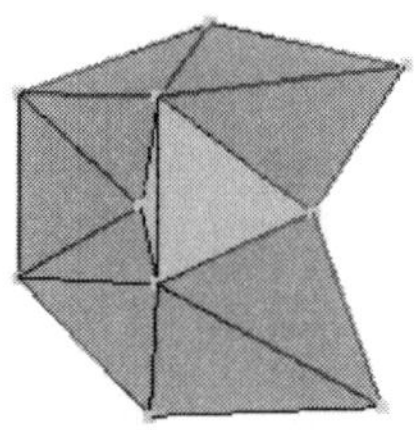

두 번째 요소 번호가 Select second triangle 박스에 표시된다.

17. Mesh Tools 창에서 Apply를 클릭하기나 모델을 니다내고 있는 창에시 MB3를 클릭한 후 Apply를 선택한다. 높은 형상비 요소의 긴 엣지는 없어지고, 이것은 인근 요소를 분리하는 새로운 엣지로 변환되어 높은 형상비의 요소를 낮은 형상비 요소로 개선시킨다.

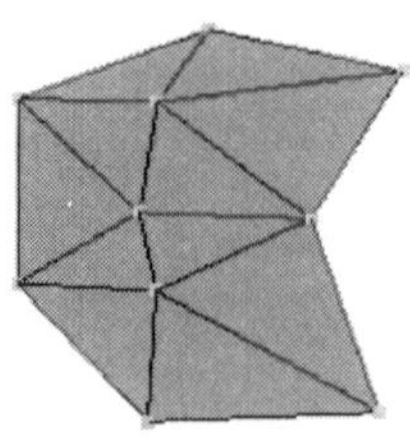

18. Close를 클릭한다.

19. Layer 창에서 Triangle 레이어를 선택한다.

Aspect ratio : Merge node

1. 요소 그룹을 더 자세히 보기위해 Layer 창에서 Triangles 레이어를 해제 한다.
2. ◀(Go to previous diagnostic)과 ▶(Go to next diagnostic)을 사용하여 이들 삼각요소를 나타내기 위해서 회전과 확대 툴을 활용한다.

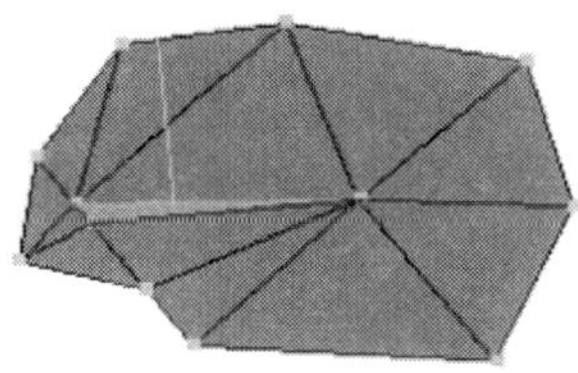

3. Mesh → Mesh Tools → Nodal Nodes를 클릭한다. Merge Nodes 창이 나타 난다.
4. 고형상비 요소의 베이스에 있는 노드 중의 하나를 클릭한다.
5. 요소의 베이스에 있는 다른 노드를 클릭한다.

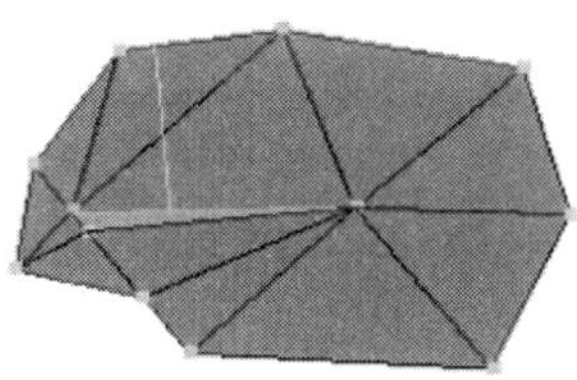

6. Apply를 클릭하거나 또는 모델 창에서 MB3를 클릭하여 Apply를 선택한다. 두 번째 노드가 첫 번째 노드에 합쳐지면서 주위의 요소가 그것에 따라 조 정 된다.

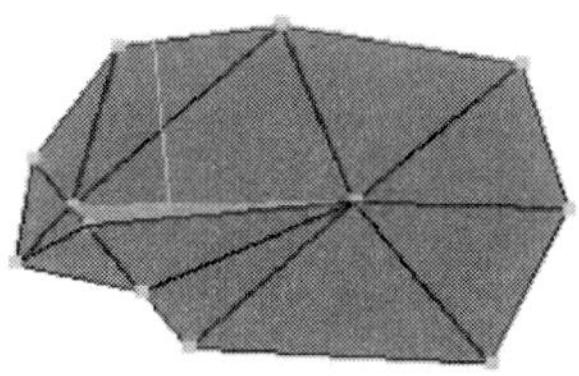

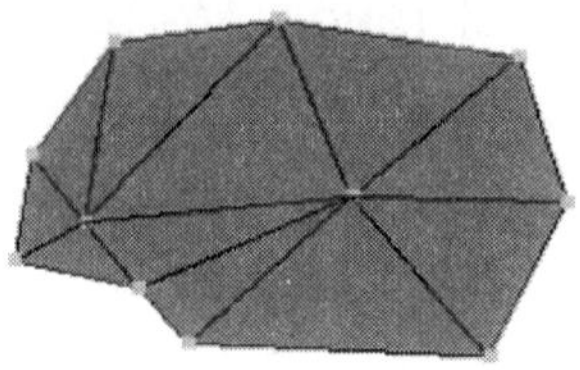

7. Mesh Tool 창을 닫는다.
   위의 방법들을 메쉬 내에 남아있는 고형상비 요소를 하나씩 개선하는데 이용될 수 있다.

다음 작업에서는 중첩(Overlapping) 요소들을 어떻게 수정하는 지에 대해 배우게 될 것이다.

다음 따라하기로 옮겨가기 위해서는 우측 화살표를 클릭한다.

따라하기 5 : 교차요소의 수정과 요소의 소멸

교차요소(Intersection mesh eleement)란 엣지나 노드 외의 다른 위치에서 요소들이 서로 접촉하고 있는 요소를 말한다. 소멸요소이란 크기가 제로인 요소를 말하다(면적을 갖지 않는 삼각형). 따라하기 2에서 보여준 메쉬 품질 상에 이런 요소가 발견되면 성형해석 전에 반드시 수정해야 한다.

Fix Intersecting Element (교차요소의 수정)

1. (File → Import)를 클릭하여 tutorial_3_task_5.sdy 파일을 불러온다.
2. Mesh → Mesh Diagnostics → Overlapping Element Diagnostic을 클릭한다.
3. Place results in diagnostic layer를 선택하다. 이것은 모든 교차요소를 레이어에 저장하여 식별과 수정을 용이하게 한다.
4. Show를 클릭한 후 close한다.
5. Layer 창에서 Diagnostic results이란 레이어를 MB3로 클릭한 후 Hide All Other Layers를 선택한다. 교차요소 2쌍이 적색으로 하이라이트 되어 모델 창에 나타난다.
6. 필요하면 Diagnostic Navigator 툴 바를 열어서 4개의 삼각요소 세트를 볼 수 있을 때까지 (Go to Next Diagnostic)를 클릭한다.

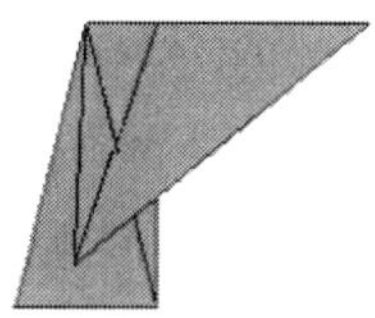

이 들 삼각요소는 단일 창에 나타나지만 조금 불명확하게 보인다. 이것은 이들 삼각요소들이 서로 교차되어 있다는 것을 의미한다.

7. 어떻게 처리해야 할지를 쉽게 판단하기 위해 (Expand Layer)를 클릭한 후 디폴트를 선택한다. 아래와 같은 뷰(view)를 볼 수 있도록 회전을 계속 한다.

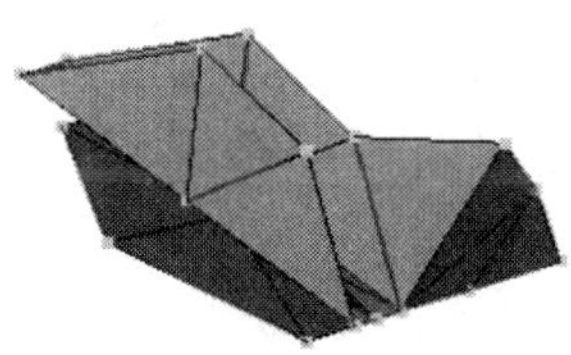

자세히 살펴보면 하이라이트 된 노드들은 서로 정렬되어 있지 않음을 알 수 있다.

8. Mesh → Mesh Tools → Nodal Tools → Align Node를 선택한다.
정렬되어 있지 않는 노드를 정렬시킬 노드에 맞추어 차례로 클릭한다.

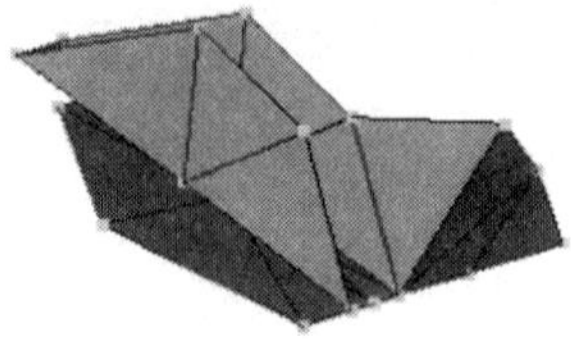

이것은 정렬되어 있지 않는 노드들을 하나의 직선상에 이동시키게 한다.

9. 정렬노드 1과 정렬노드 2에 기존의 2개의 노드를 선정한 후 비정렬 되어 있는 노드를 정렬할 노드로서 선택 클릭한 후, Apply 하고, Close를 한다. 이렇게 하면 비정렬 노드는 정렬 노드 상에 직선상으로 이동되어 더 이상 서로 교차하지 않게 된다.
10. Layer 창에 있는 Triangle에서 MB3 클릭하여 Hide All Other Layer를 선택한다. Diagnostic Results에서 MB3 클릭하여 Delete Layer를 선택한 후 Move entities to the active layer에서 선택한다.
    진단결과 리포트된 나머지 교차요소는 후리 엣지(free edge)에 의해 생긴 것으로 다음 페이지의 작업에서 수정될 것이다.

Remove Degenerate Elements (제로요소의 제거)

1. Mesh → Mesh Diagnostics → Zero Area Element Diagnostic을 클릭한다.
2. Place results in diagnostics layer를 선택한다.
3. Show를 클릭한 후 Close한다.
4. Layer 창에서 Diagnostic results란 이름의 레이어에서 MB3 클릭하여 Hide All Other Layer를 선택한다. 직선상에 3개의 노드로 구성되어 있는 삼각형을 나타내기 위해 (Go to New Diagnostic)를 클릭한다.
5. (Select)를 클릭한다.
6. 3점 주위를 사각형으로 드래그한 후 (Edit → Delete)를 클릭하거나 또는 MB3 클릭으로 Delete를 선택한다. 안내 창에서 삼각요소만을 선택한 후 OK를 누른다. 제로 면적의 삼각형이 삭제된다.
   위에서와 같이 Diagnostics results 레이어를 삭제한다.

다음 작업에서 후리 엣지를 수정하는 방법을 배울 것이다.
다음 페이지의 따라하기로 옮겨 가기 위해서는 우측 화살표를 클릭한다.

따라하기 6 : 불필요한 후리 엣지의 수정

이 작업에서는 메쉬 품질 체크에서 지적된 후리 엣지를 제거하기 위해 메쉬 수정용 툴을 사용한다.

1. Mesh → Mesh Diagnostics → Free Edges Diagnostic을 클릭하다.
2. Show를 클릭한 후 Close한다.
   9개의 후리 엣지를 갖고 있는 3개의 문제 요소가 나타난다.
3. (Top View)를 클릭한 후 Go to first diagnostic을 클릭한다. 다음과 같은 적색의 하이라이트를 볼 수 있다.

   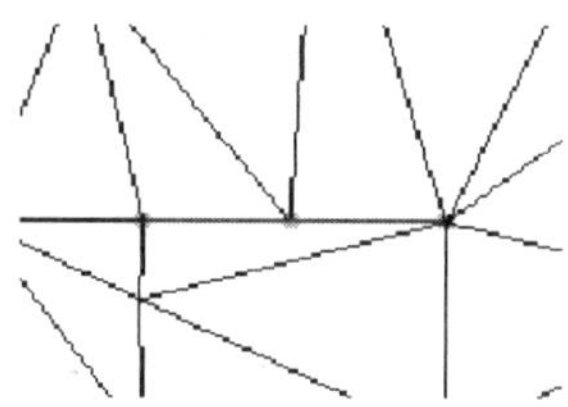

   여기에 무한소의 구멍을 갖는 인접된 삼각형에 각각 1개씩 모두 3개의 엣지가 있다.
4. Mesh → Mesh Tools → Edge Tools → Stitch Free Edge를 클릭한다.
5. 3개의 노드 주위를 사각 드래그 하여 Apply를 클릭한다. 엣지들이 서로 붙어진다(stitched)

   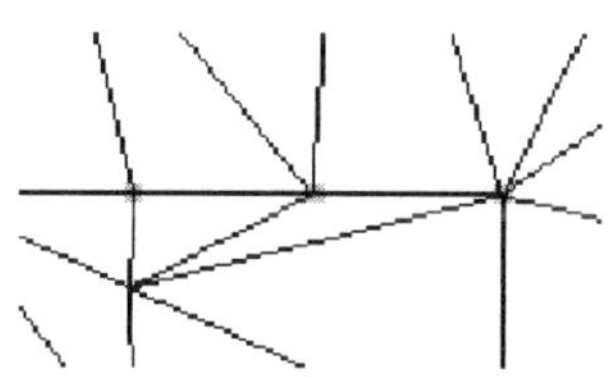

   이 과정에서 인접한 삼각형들 중의 하나가 어떻게 2개로 분리되는지 살펴볼 것.
6. Go to Next Diagnostic을 클릭하여 그 다음으로 없어진 삼각형이 보일 때까지 모델을 회전시켜 본다.

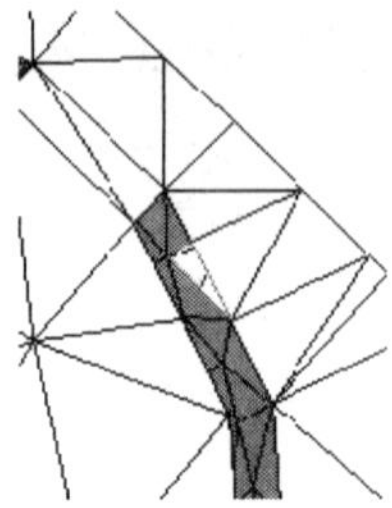

7. 이 삼각형은 stitching으로 붙이기에 너무 크므로 Fill Hole이나 Create Triangle을 사용한다. Create Triangle을 사용하기 위해서는 Nodes 레이어를 보이게 하여 (Mesh → Create Triangles)를 선택한 후 3개의 노드를 지정하고 Apply를 클릭한다.
8. 후리 엣지 3세트에 대해 붙이기(Stitching)을 계속한다. 모델에서 후리 엣지를 모두 제거한 후, (Mesh → Mesh statistics)를 클릭하여 후리 엣지가 모두 제거되어 "0"개가 되었는지를 확인한다.

다음 작업에서는 3D 메쉬를 생성시키는 방법을 배울 것이다.
다음 페이지의 따라하기로 옮겨가기 위해서는 우측 화살표를 클릭한다.

따라하기 7 : 3D 메쉬 모델

이 작업에서는 퓨전 메쉬로부터 3D 메쉬를 생성하는 방법과 3D 메쉬와 관련된 절단면, 확대 줌, MB3 기능에 대해 배우게 될 것이다.

1. (File → Import)을 클릭한다.
2. MPI가 설치되어 있는 Tutorial 폴더를 탐색한다.
   (C:\MoldFlow\Plastics Insight 6.0\Tutorial)
3. File of Type에서 Study Files(*.sdy)을 선택한다.
4. 파일 tutorial_3_task_7.sdy을 클릭한 후 Open을 클릭한다.
5. Study Task 창에서 MB3을 클릭하여 (Fusion Mesh)과 Set Mesh Type → 3D를 선택한다.
6. 나타나는 대화 창에서 Delete를 클릭한다.
7. Study Task 창에서 (3D Mesh)를 더블 클릭한다.
   Generate Mesh 대화 창이 나타난다.
8. Advanced>>를 클릭한 후 사면체 요소를 생성시키기 위한 멧싱 옵션으로 Tetra Refinement를 클릭한다.

※ 주의 : 두께별 최소 요소의 수와 테트라(Tetra) 형상비 제어 설치는 통상 일반적으로 디폴트 값으로 남겨두어야 한다. 그러나 이 예제의 목적상 이들 값을 변경하여, 그것이 결과 메쉬에 어떤 영향을 미치는지를 알아본다.

9. Minimum number of elements through the thickness 박스에 4를 입력한다.
10. Maximum allowed aspect ratio 옵션을 선택하여 25를 입력한다.
11. Mesh Now를 클릭한다.

※ 주의 : 시면체 메쉬를 생성히는 것은 디른 형식의 메쉬를 생성히는 것보디 헐씬 복잡하므로 생성 시 시간이 많이 걸린다. 양호한 3D 메쉬 결과를 얻기 위해서는 3D 메쉬를 생성하기 전에 퓨전 메쉬 내의 결함들을 수정하는 것이 필수적이다.

12. 3D 메쉬를 체크하기 위해 Mesh → Mesh Statistics를 클릭한다. 사면체 3D 메쉬의 요소수는 퓨전 메쉬보다 훨씬 많다. 이것은 3D 메쉬는 공간을 채우게 되므로, 즉 성형품의 두께에 따라 요소를 가지기 때문이다. 일체화 영역과 교차 결과는 메쉬에 별다른 문제를 일으키지 않는다.
14. Rotate를 클릭하여 모델을 좌측 전면코너가 앞쪽으로 기울어지게 회전시킨다.

15. (Edit Cutting Plane)을 클릭한 후 (New Layer)를 클릭한다.
    절단면이 생기며 Move Cutting Plane 대화 창이 나타난다.
16. 절단면을 이동시키기 위해 커서를 화면의 상하로 드래그 한다.
17. (Edit Cutting Plane)을 다시 클릭한 후 Plane#1을 해제 한다.
18. Close를 클릭한다.
19. Layer 창에서 New를 클릭한 후 숨겨두었던 새 레이어를 선택 해제한다.
    New layer는 현재 선택되어 있는 레이어 임을 나타내기 위해 하이라이트 된 채로 남아 있다.
20. (Select)를 클릭한다.
21. Layer 창에서 (Assign Layer)를 클릭한다.
    선택된 요소들은 Hidden Layer에 할당되어 더 이상 모델에 나타나지 않는다.
22. (Banding Zoom)을 클릭한 후 요소들을 보이지 않게 해 둔 코너 영역을 확대시킨다.
23. (Rotate)를 클릭하여 모델의 내측형상을 볼 수 있도록 모델을 약간 회전시킨다. 모델의 두께에 걸쳐 요소들이 4개 레이어(층)에 걸쳐 존재하고 있음을 알 수 있다.
24. (Center)를 클릭하여 노출된 영역의 중심에 있는 한 점을 지정한다.
    선택된 위치를 중심으로 모델을 회전하거나 확대 축소를 할 수 있다.

부록 3

CAE 실험 (사출 시간과 사출 압력의 관계를 이해하기 위한)

부록 3 CAE 실험 (사출시간과 사출압력의 관계를 이해하기 위한)

PUKYONG NATIONAL UNIV.
School of Mechanical Engineering
Precision Injection Molding LAB.

해석 목적

- Fill time과 RAM speed의 최적화를 통한 성형압력의 최소화

해석 내용

- 최적 Fill time의 도출과 RAM speed 조절을 통해 성형품에 발생하는 성형압력값을 감소시킨다.
- 해석대상 : 2 Cavity Cup

수지 정보

PUKYONG NATIONAL UNIV.
School of Mechanical Engineering
Precision Injection Molding LAB.

재료 물성치

Manufacturer		LG Chemical	
Commercial		AF303	
Family Name		ABS	
Density (밀도)	Melt	g/㎤	0.96622
	Solid	g/㎤	1.0541
Melt Flow Index (용융지수)		g/10min	50
Ejection Temperature (취출 가능 온도)		℃	80
Transition Temperature (전이 온도)		℃	85
Melt Temperature (수지 온도)	Min.	℃	180
	Max.	℃	220
	Suggested	℃	200
Mold Temperature (금형 온도)	Min.	℃	40
	Max.	℃	80
	Suggested	℃	60
Max. Shear Stress		MPa	0.3
Max. Shear Rate		1/s	50000

pvT 선도

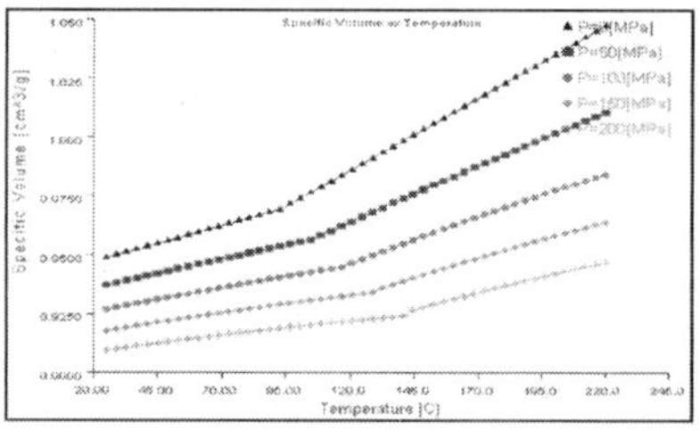

Viscosity 모델

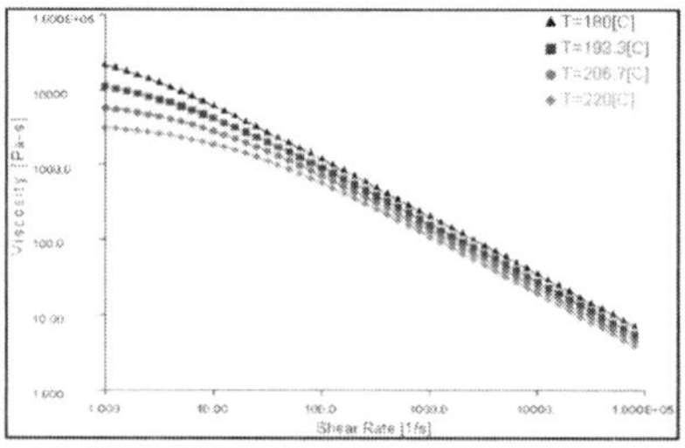

제품 형상 및 메쉬 모델

PUKYONG NATIONAL UNIV.
School of Mechanical Engineering
Precision Injection Molding LAB.

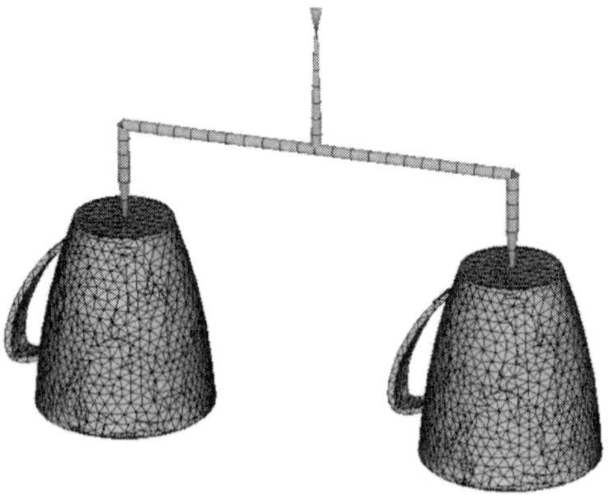

```
Entity counts-----------------------------------
    Surface triangles          10872
    Nodes                      5478
    Beams                      41
    Connectivity regions       1
    Mesh volume                152.475 cm^3
    Runner volume              8.7312 cm^3
    Mesh area                  1060.85 cm^2

Edge details------------------------------------
    Free edges                 0
    Manifold edges             16308
    Non-manifold edges         0

Orientation details-----------------------------
    Elements not oriented      0

Intersection details----------------------------
    Element intersections      0
    Fully overlapping elements 0
    Duplicate beams            0

Surface triangle aspect ratio-------------------
    Minimum aspect ratio       1.159000
    Maximum aspect ratio       9.982000
    Average aspect ratio       2.016000

Match percentage--------------------------------
    Match percentage           90.1%
    Reciprocal percentage      84.8%
```

▪ Mesh Model

Mesh Type	□ Surface ■ Fusion □ 3D
Mesh number	10,872
Aspect ratio (avrg.)	2.01

최초 유동해석결과

PUKYONG NATIONAL UNIV.
School of Mechanical Engineering
Precision Injection Molding LAB.

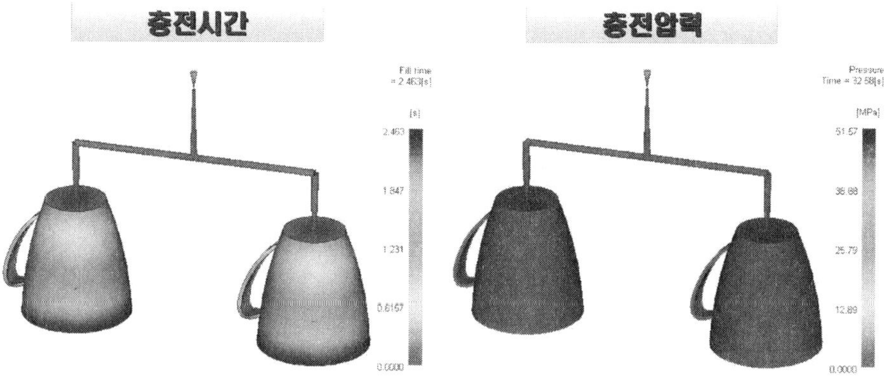

최초 유동해석은 수지를 제외한 모든 조건은 default값으로 설정되었다.
최초 충전시간은 2.463sec이며, 최고 충전압력은 51.57MPa이다.

최적 Fill time

PUKYONG NATIONAL UNIV.
School of Mechanical Engineering
Precision Injection Molding LAB.

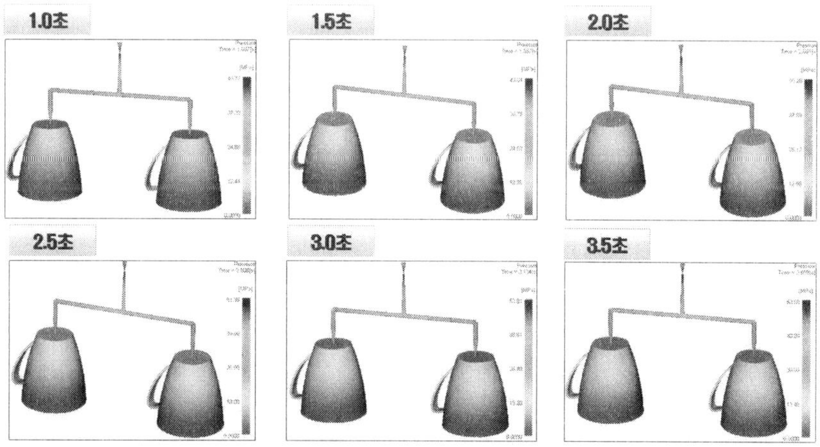

충전압력이 최소가 되는 Fill time을 도출하기 위하여 위와 같이 6단계의 사출시간에 대해 충전해석을 수행하였다.

최적 Fill time

PUKYONG NATIONAL UNIV.
School of Mechanical Engineering
Precision Injection Molding LAB.

Fill time (sec)	Pressure (MPa)
1.0	49.77
1.5	49.04
2.0	50.26
2.5	51.99
3.0	52.81
3.5	53.60

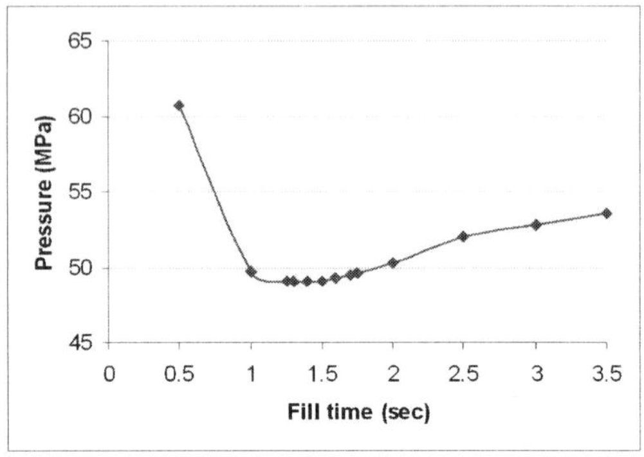

각 Fill time에 대한 충전압력값이며, 충전시간이 1.5초일 때 사출압력이 49.04 MPa로 가장 적게 나타났다.

최적 Fill time

PUKYONG NATIONAL UNIV.
School of Mechanical Engineering
Precision Injection Molding LAB.

Recommended RAM speed

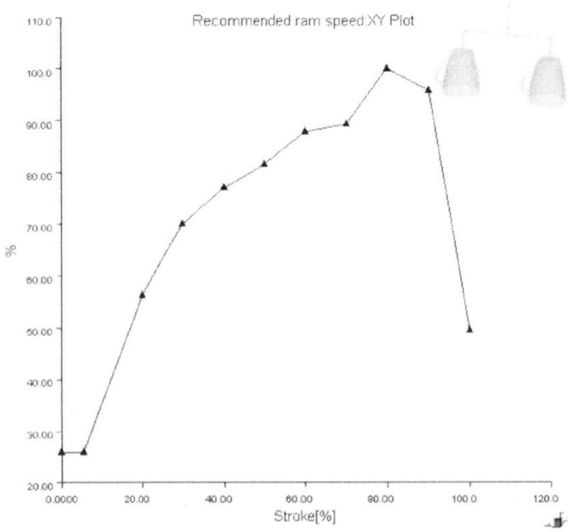

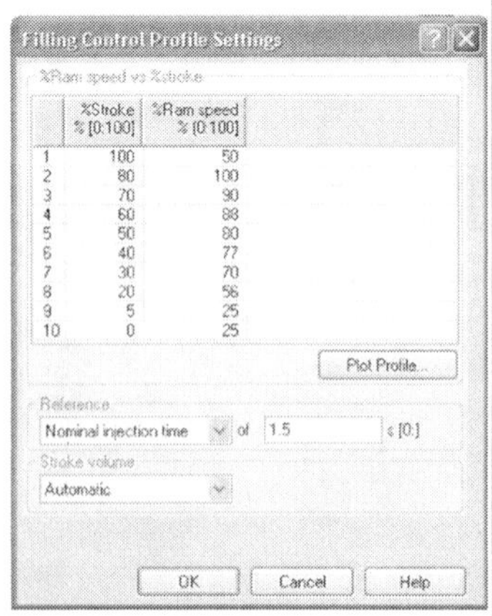

최소 성형압력

PUKYONG NATIONAL UNIV.
School of Mechanical Engineering
Precision Injection Molding LAB.

RAM speed를 적용한 성형해석

추천 RAM speed를 통하여 충전해석을 한 결과, 위와 같은 압력값이 나타났으며, 이 때, 최대 압력값은 43.7 Mpa이다.

성형해석 결론

PUKYONG NATIONAL UNIV.
School of Mechanical Engineering
Precision Injection Molding LAB.

사출성형시 최적 Fill time과 가변 RAM speed를 적용하여 사출성형압력이 감소되는 것을 보여 주기 위한 성형해석을 수행하였으며, 그 결과는 다음과 같다.

1. Fill time이 1.5초 일 때, 최소 성형압력값이 발생하였으며, 그 압력값은 49.04 MPa이었다.
2. Fill time 1.5초 일 때의 추천된 가변형 RAM speed를 통하여 충전해석을 수행한 결과, 그 압력값은 43.7 MPa이었다.
3. Fill time을 default 값으로 하여 충전해석을 수행하였을 때의 압력값은 51.57 MPa이었으며, 최적 Fill time과 가변형 RAM speed를 적용했을 때의 압력값은 43.7 MPa이이므로, 이는 약 20%의 성형압력을 감소시키는 효과를 나타낸다.

부록 4

종합과제 해석결과

다음은 종합과제에 대한 유동, 냉각 및 변형해석 결과를 나타낸 것이다.

1. 유동해석 결과

(1) Fill time : 부록 4-1은 제품이 충전되는데 걸린 시간을 나타낸 것이다. 충전 시간은 2.804초로 나타났으며, 제품의 가운데 양 측면에서 가장 늦게 충전되었다.

(2) Pressure : 부록 4-2는 충전이 완료되었을 때의 압력을 나타낸 것이다. 최대 사출 압력은 95.62 MPa로 나타났으며, 러너와 게이트에서 압력이 가장 높게 나타났다.

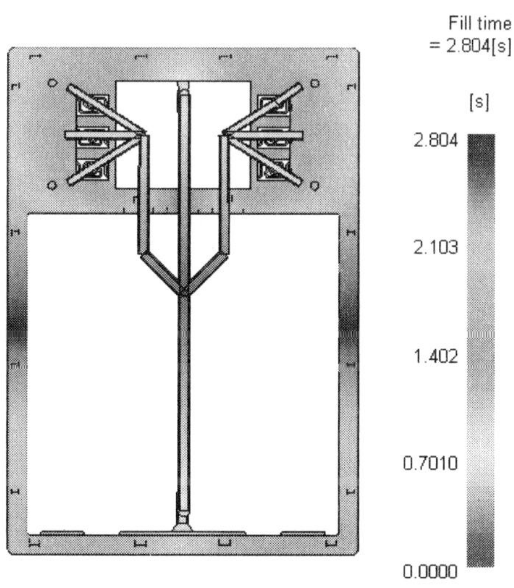

▲ 부록 4-1 Fill time

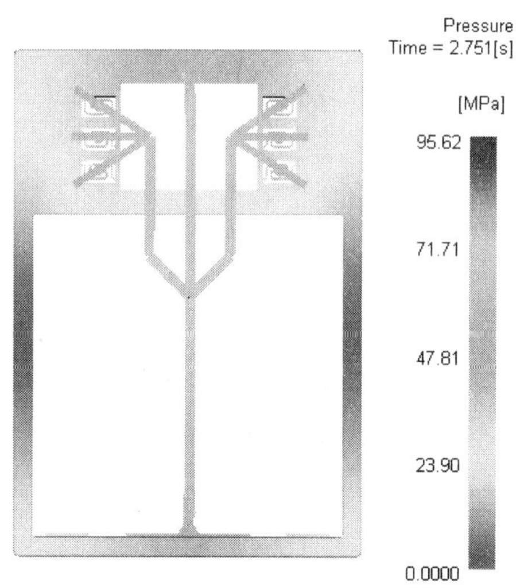

▲ 부록 4-2 Pressure

(3) Clamp force : 부록 4-3은 형체력을 나타낸 것이다. 2.46초에 보압 절환이 되었으며, 이때 형체력은 149.56 ton으로 나타났다. 그리고 2.81초에 제품이 100% 충전

되었으며, 이때 형체력은 153.12 ton으로 나타났다. 최대 형체력은 4.21초에 나타났으며, 그 값은 173.3 ton이다. 안전율을 감안하여 200 ton 이상의 사출성형기에서 성형 가능할 것으로 판단된다.

(4) Time to freeze : 부록 4-4는 제품의 고화시간을 나타낸 것이다. 러너에서 고화시간이 가장 높게 나타났으며, 러너가 완전히 고화되는데 약 50초가 걸렸다. 반면 제품의 고화시간은 약 12초로 나타났다.

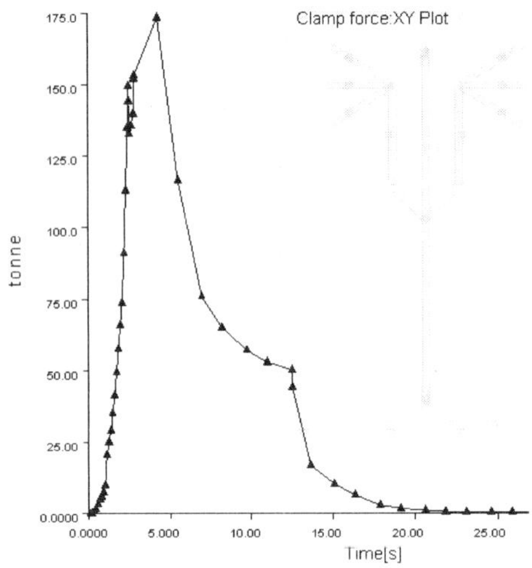

▲ 부록 4-3 Clamp force

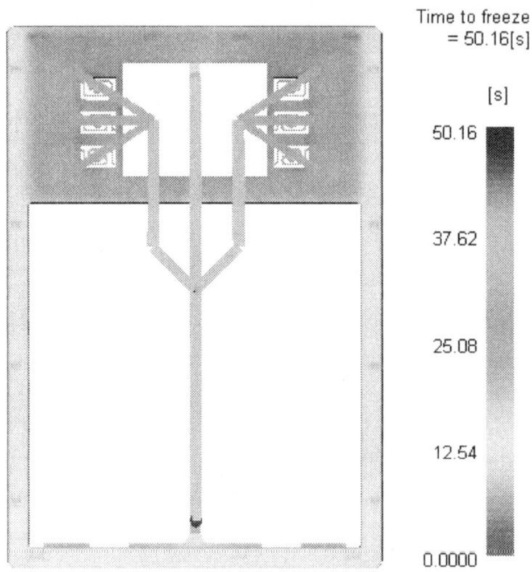

▲ 부록 4-4 Time to freeze

(5) Volumetric shrinkage : 부록 4-5는 성형 후 제품의 체적 수축률을 나타낸 것이다. 최대 체적 수축률이 예상되는 곳은 러너부위였으며, 제품의 체적 수축률은 약 5%내외로 나타났다.

(6) Weld line & air trap : 부록 4-6은 웰드라인과 에어트랩의 위치를 나타낸 것이다. 다점게이트로 인하여 게이트 부근에 웰드라인이 다수 발생하였으며, 유동선단이 만나는 제품 가운데 측면 부에서 웰드라인이 발생되었다. 해당 제품은 외관품으로서 외관품질이 중요한 요소 가운데 하나이다. 그러므로 웰드라인에 대한 판단은 개발부서의 성능기준에 의하여 고려되어야 할 것이다. 에어트랩은 제품 가장자리나 후크의 끝부분에 미미하게 발생하였다.

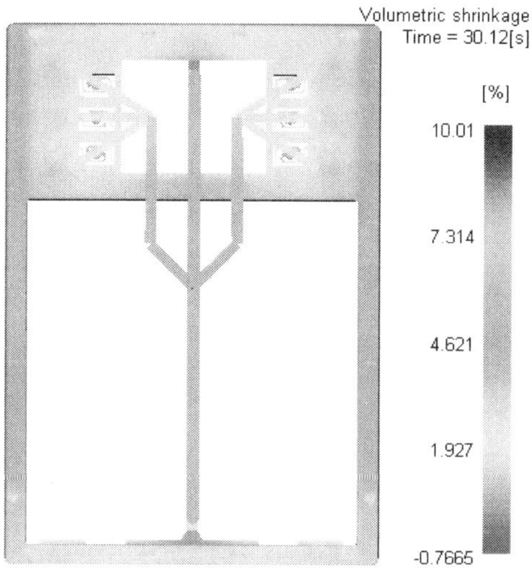

▲ 부록 4-5 Volumetric shrinkage

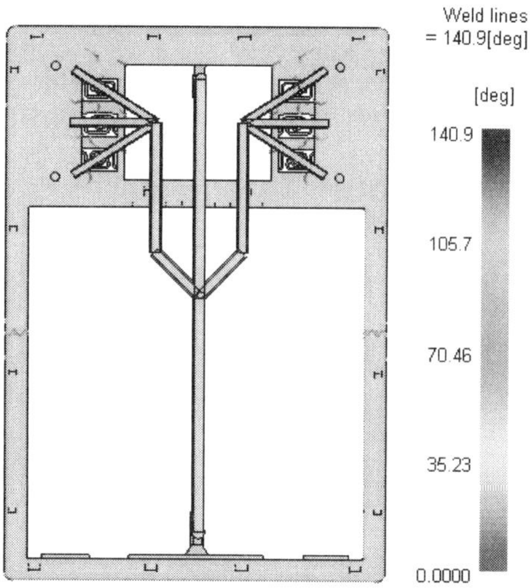

▲ 부록 4-6 Weld line & air trap

2. 냉각해석 결과

(1) circuit coolant temperature : 부록 4-7은 냉각수의 온도를 나타낸 것이다. 입수온도와 출수온도의 차이가 0.37℃로 냉각수의 온도는 양호한 것으로 나타났다.

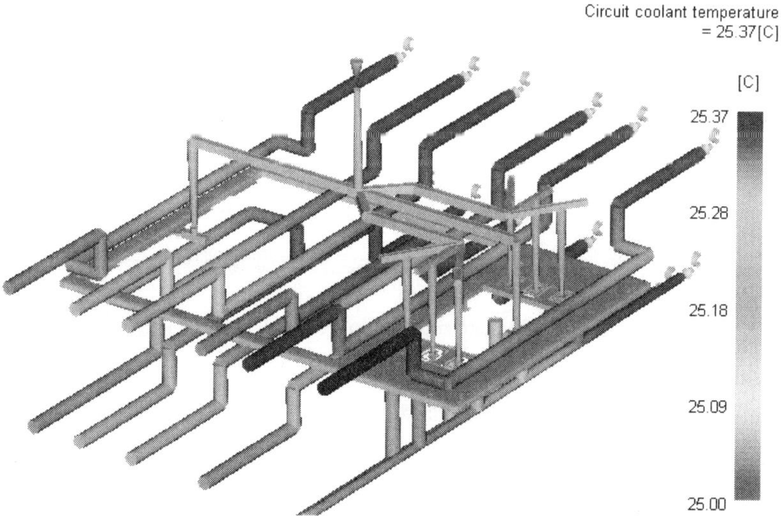

▲ 부록 4-7 Circuit coolant temperature

3. 변형해석 결과

(1) Deflection, all effects: Deflection : 부록 4-8은 제품의 변형을 나타낸 것이다. 제품의 가운데 부위가 하측으로 내려가며, 제품의 양 끝단이 위로 들리는 형태로 변형이 발생하였다. 변형량이 가장 큰 부위는 제품의 중앙부위 이었으며, 그 값은 8.305 mm로 나타났다. 이는 실제 사출 성형품을 관찰해 본 결과, 역시 해석상의 변형 패턴과 유사한 변형이 발생하였다.

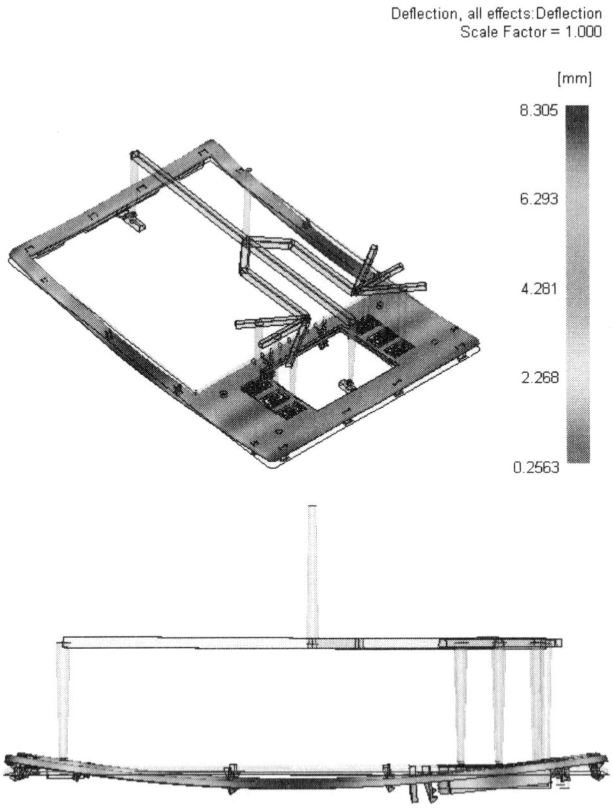

▲ 부록 4-8 Deflection, all effects: Deflection

(2) Deflection, differential cooling : 부록 4-9는 냉각에 의한 변형을 나타낸 것이다. 불균일한 냉각에 의한 최대 변형량은 0.3974 mm로 나타났으며, 이와 같은 결과로서 금형 상하측의 냉각이 제품의 변형에 크게 영향을 미치지 않는 것을 알 수 있다.

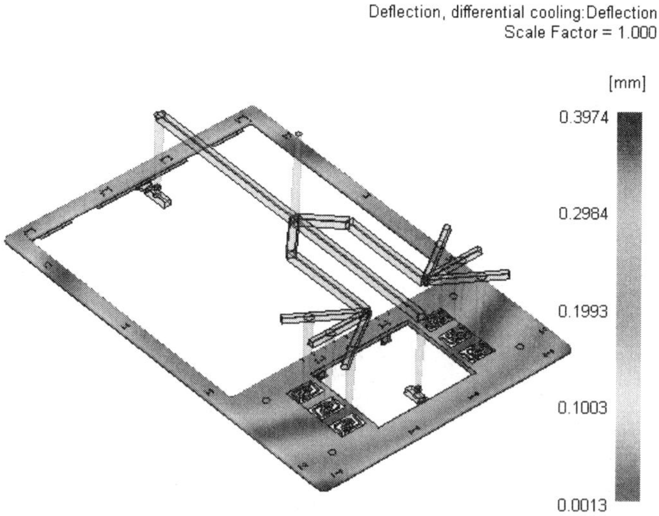

▲ **부록 4-9** Deflection, differential cooling

(3) Deflection, differential shrinkage : 부록 4-10은 수축에 의한 변형을 나타낸 것이다. 최대 변형량은 9.134 mm로 제품의 가운데 부위에서 발생하였다. 제품의 변형을 발생시키는 주된 원인은 제품의 불균일한 수축으로 판단할 수 있다.

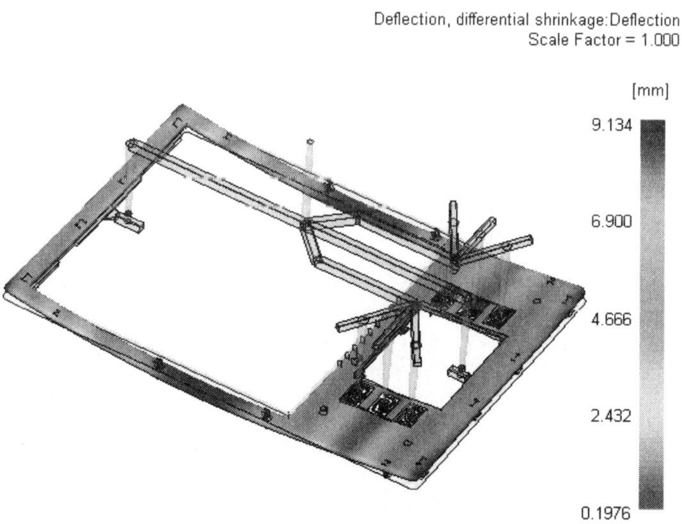

▲ **부록 4-10** Deflection, differential shrinkage

(4) Deflection, orientation effects : 부록 4-11은 수지의 배향에 의한 변형을 나타내고 있다. 배향에 의한 최대 변형량은 0.6833 mm으로 변형에 큰 영향을 미치지 않는 것을 알 수 있다.

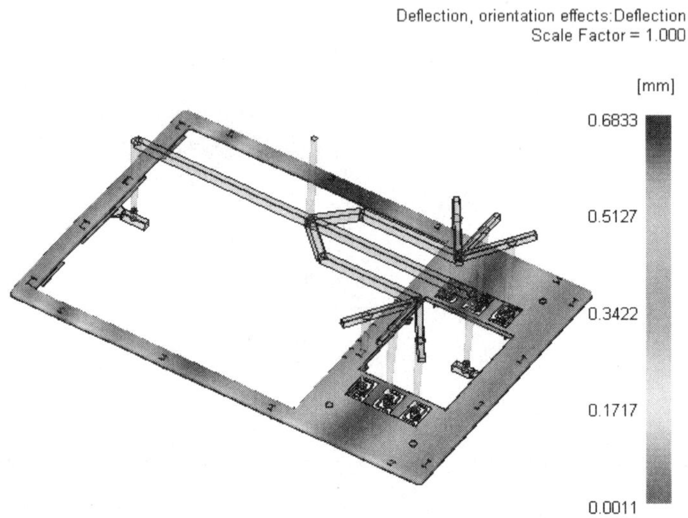

▲ 부록 4-11 Deflection, orientation effects

찾 아 보 기

저자 소개

정 영득(ydjung@pknu.ac.kr)

1967 부산대학교 공과대학 기계공학과 공학학사

1969~1983 LG전자 기계금형공장 근무/기감보

1982 기계기술사(기계공정설계) 취득

1988 금형기술사 취득

1998 부산대학교 공과대학 기계공학과 공학박사

1984~ 부경대학교 기계공학부 교수
기계기술연구소 소장 역임
금형공학과 학과장 역임
산업과학기술연구소 소장 역임
BK 21 기계산업인력육성사업단 단장 역임

예제로 쉽게 배우는 사출성형 CAE

2015년 9월 5일 초판 인쇄

2015년 9월 10일 인쇄 발행

저　　자 정영득

발 행 인 송기수

발 행 처 도서출판 GS인터비전

편 집 처 도서출판 GS인터비전

인 쇄 처 대일문예사

등록번호 세 313-2011-120 호

I S B N 979-11-5576-000-0(93550)

주　　소 서울 은평구 증산로 15길 69 2층

전　　화 02-976-7898, 02-3272-7898.

팩　　스 02-6468-7898

홈페이지 gsintervision.co.kr

E-Mail gsinter7@gmail.com

정 가 24,000원